Este livro é dedicado a

LENY, NELY e ANGÉLICA LIMA

e

aos meus queridos filhos

RENATO, CÉLIA, MAURÍCIO, FREDERICO,
LUCIOLA E DANIEL

e

aos não menos queridos netos

LAURA, BERNARDO, FLÁVIO, ANTÔNIO, BRANCA,
ALICE, NINA, ISABEL, MARIA, LUIZA, VALENTINA E FRAN-
CISCO

Sumário

Apresentação

Cândido de Mello Leitão foi o autor do primeiro dicionário de Biologia que eu utilizei, décadas atrás. Extremamente importante por conceitos ainda válidos e pela sua etimologia. Há poucos anos, relativamente (1993) apareceu o Dicionário de Biologia, do professor José Luís Soares, uma obra excelente pela amplitude e por sua exatidão.

Agora, apresento este Dicionário Básico de Biologia, não contando mais com o amigo Rubem Domingues da Silva, falecido, iluminado conhecedor de Biologia, que colaborou no Dicionário Compacto, anterior a este. Ele contribuiu com textos de alto nível, valorizando principalmente verbetes sobre Evolução, e que foram mantidos.

Este Dicionário Básico é indiretamente etimológico e voluntariamente conciso, tentando acompanhar o vertiginoso progresso do conhecimento biológico, enfatizando a Bioquímica e a Evolução. Um esforço digno foi conferido para os fundamentos da Citologia, Histologia, Fisiologia Animal e Vegetal, Parasitologia, Microbiologia, Genética, Reprodução, Embriologia, Zoologia e Botânica e para a Ecologia, cada vez mais em evidência. Procurei atingir e satisfazer em primeiro lugar os alunos que estão terminando o Ensino Médio ou já estão iniciando o Ensino Universitário.

Examinei minuciosamente a nomenclatura e o vocabulário de alguns dos excelentes autores de livros escolares e consultei também, cuidadosamente, o conteúdo e a terminologia de livros das primeiras séries do ensino universitário.

Contei com a contribuição do professor Frederico de Andrade Lessa, ajudando a modernização de diversos conceitos.

Artigos de revistas conceituadas, como "Ciência Hoje" e "Scientific American Brasil" têm auxiliado muito na atualização dos verbetes.

Com este trabalho, espero ter atingido uma abrangência atualizada em Biologia, satisfazendo, em uma primeira consulta, uma definição correta e concisa, permitindo uma localização rápida do conceito de um fenômeno ou de uma estrutura do mundo biológico.

Para viabilizar a impressão do livro, simplifiquei a grafia das raízes etimológicas, omitindo sua acentuação específica e praticamente só usei o nominativo dessas palavras.

Agradeço o empenho de Aline Marques e Janaína Salgueiro na composição deste trabalho.

Aguardo e agradeço as críticas e sugestões e desejo que este trabalho seja útil às pessoas interessadas em Biologia.

Octacílio Ribeiro Lessa

Código Genético

Aminoácido	Sigla	CODONS
Alanina	ALA	GCU, GCC, GCA, GCG
Arginina	ARG	CGU, CGC, CGA, CGG, AGA, AGG
Asparagina	ASN	AAU, AAC
Aspártico*	ASP	GAU, GAC
Cisteína	CYS	UGU, UGC
Fenilalanina	PHE	UUU, UUC
Glicina	GLY	GGU, GGC, GGA, GGG
Glutamato**	GLU	GAA, GAG
Glutamina	GLN	CAA, CAG
Histidina	HIS	CAU, CAC
Isoleucina	ILE	AUU, AUC, AUA
Leucina	LEU	UUA, UUG, CUU, CUC, CUA, CUG
Lisina	LYS	AAA, AAG
Metionina***	MET	AUG
Prolina	PRO	CCU, CCC, CCA, CCG
Serina	SER	UCU, UCC, UCA, UCG, AGU, AGC
Tirosina	TYR	UAU, UAC
Treonina	THR	ACU, ACC, ACA, ACG
Triptofane	TRP	UGG
Valina	VAL	GUU, GUC, GUA, GUG

* Sinônimo de aspartato.

** Sinônimo de glutâmico

*** Corresponde também à inicial de uma tradução

A

A. Letra designativa da Adenina existente no DNA e no RNA.

A. Símbolo do nucleotídeo (e sua base nitrogenada). Adenina, do DNA e RNA.

abelha. Nome vulgar de Insetos da ordem Himenópteros, cuja espécie principal é Apis mellifera, abelha doméstica de origem europeia, também chamada de abelha-do-reino.

aberrações cromossomiais. Quaisquer alterações num conjunto de cromossomas normal. Podem ser numéricas (poliploidia, aneuploidia) ou morfológicas (deleção, inversão, translocação).

abeto. Nome vulgar de Gimnospermas, ordem Coniferales, gênero Abies (Europa).

abiogênese. Transformação, no momento atual, de matéria não viva em seres vivos, pela ação da Força Vital. Foi crença antiga, do filósofo Aristóteles (séc IV a.C. ao séc XIX d.C.). A Teoria Origem da Vida por Evolução Química é um tipo de Abiogênese, em tempos remotos.

abióticos, fatores. Fatores ecológicos fisicoquímicos, não biológicos, tais como chuva, vento, calor, luminosidade, abundância da água, pH etc.

abissal, zona. Parte do talassociclo abaixo de 2.000m de profundidade. Alguns autores consideram abaixo de 4.000m.

ABO e ABO (Imunologia). Tipos sanguíneos humanos (e em chimpanzés) com importância médica (em transfusões e transplantes), antropológica e legal. Nas membranas das hemácias pode haver antígenos (aglutinogênios, A ou B) e, no plasma sanguíneo, anticorpos (aglutininas, anti-A e anti-B) dando quatro tipos de sangue: zero ou 0 (sem antígenos, com anti-A e anti-B), AB (antígenos A e B, sem anticorpos), A (antígeno A e anticorpo anti-B) e B (antígeno B e anticorpo anti-A). Em transfusões de êxito (A→A, B→B, 0→0, 0→A, 0→B, 0→AB, AB→AB, A→AB, B→AB) nas hemácias do doador não há antígeno ou aglutinogênio que corresponda ao anticorpo ou aglutinina do plasma do receptor. Se nas hemácias do doador há antígeno que corresponda a anticorpo do plasma do receptor (A→B, B→A, AB→A, AB→B, AB→0, A→0, B 0), este aglutinará as hemácias do doador formando grumos que obstruirão vasos do receptor e podem causar sua morte. Nesta exposição, 0 é o doador universal e AB é o receptor universal. Mas em transfusões 100% seguras, cada indivíduo deve receber o seu próprio tipo de sangue. Veja herança dos grupos sanguíneos.

abomaso. Sinônimo de coagulador, última das quatro câmaras do estômago dos ruminantes. É secretora de enzimas digestivas e corresponde ao estômago dos outros animais.

aborto. Interrupção do desenvolvimento embrionário, com a expulsão ou a destruição de embrião.

abraxas. V. determinação sexual ZW.

abscisão. Queda de folhas ou de frutos, pode ser causada pelo isolamento da parte caduca do resto da planta pela ação do ácido abscísico.

abscisão, camada de. A zona de células cuja morte, causada pelo ácido abscísico, provoca a queda da folha ou do fruto.

abscísico, ácido. Fitormônio que causa a queda, abscisão, de folhas e frutos.

Acacia. Gênero de árvores e arbustos da divisão Angiospermas, classe Dicotiledôneas, família Leguminosas.

açaí. Nome vulgar de palmeiras amazônicas, gênero Euterpe. Angiosperma, Monocotiledônea família Palmae.

Acantocéfalos. Filo de animais vermiformes, pseudocelomados, às vezes colocados como classe de Asquelmintos e sem importância médica; mas já foi encontrada uma espécie no intestino delgado humano. Macracanthorhyncus é o gênero mais citado.

acará. Nome vulgar de Osteictes. Ex.: gêneros **Geophagus** e Pterophyllum. Peixes ornamentais.

ácaros ou Acarinos. Ordem de Aracnídeos com o cefalotórax e abdômen fundidos. Vulgarmente chamados carrapatos.

aceae ou áceas. Sufixo de família em Botânica

acelomados. Animais triblásticos com todo espaço entre ectoderma e endoderma ocupado por mesoderma compacto, sem cavidades. São os Platelmintos. V. Eucelomados e Pseudocelomados.

aceptor. O mesmo que receptor.

acessórias, células. Células da epiderme vegetal adjacentes às célulasguarda dos estomas.

Acetabularia. Gênero de algas verdes, unicelulares, da divisão Clorófitas ou Clorofíceas,cujo núcleo único fica na região basal correspondente à raíz.

acetil-coenzima A. Acetil-CoA. Substância que aparece durante a respiração celular aeróbia, na matriz mitocondrial, na etapa em que o ácido pirúvico vai se transformar em ácido acético.

acetilcolina. Neurotransmissor do Sistema Nervoso Parassimpático e das sinapses motoras do SN Central com fibras musculares esqueléticas.

acetilcolinesterase. V. Colinesterase.

acetil-glicosamina. Monômero de quitina.

Achatina. Gênero de Moluscos classe Gastrópodos, com a sp. A. fulica, caramujo terrestre de grande porte, originado da África.

acicular. Em forma de agulha.

acidez. Característica de uma solução cujo pH é menor que 7.

ácido. Substância ou radical capaz de libertar H^+.

ácido acético. CH_3COOH. Substância intermediária na respiração celular aeróbica. Resulta do ácido pirúvico, na matriz mitocondrial, e vai se somar ao ácido oxaloacético para formar o ácido cítrico no ciclo de Krebs.

ácido alfa-cetoglutárico. Ácido tricarboxílico com 5 C que aparece no ciclo de Krebs. Deriva do ácido oxalo-succínico e origina o succínico.

ácido araquidônico. Ácido graxo não saturado, com 20 carbonos e com 4 ligações duplas.

ácido ascórbico. $C_6H_8O_6$. Designação química da vitamina C.

ácido aspártico. Abrev.: ASP, Símbolo: D. Aminoácido dicarboxílico, mono-aminado. Sua abundância numa proteína tende a dar carga negativa a ela. Código genético (RNA-m): GAU e GAC.

ácido butírico. Ácido graxo saturado, com 4 carbonos, encontrado no leite e seus derivados.

ácido cáprico. Ácido graxo saturado com 10 carbonos.

ácido carbônico. É um ácido fraco, resultante da reação $CO_2 + H_2O \rightarrow H_2CO_3$. Funciona em sistema tampão, libertando H^+.

ácido carboxílico. ácido orgânico com um ou mais radicais carboxila -COOH.

ácido cítrico. Ácido tricarboxílico com 6 C que aparece no ciclo de Krebs, resultante da associação do ácido acético com o ácido oxaloacético.

ácido clorídrico. HCl. Produzido por células da parede do estômago; ativa a transformação do pepsinogênio em pepsina.

ácido cólico. Ácido da bílis, derivado do colesterol.

ácido condroitino-sulfúrico. Substância característica do material intercelular do tecido cartilaginoso. É uma glicosamino-glicana (mucopo lissacarídeo).

ácido desoxirribonucleico. Símbolo: DNA ou ADN. Tipo de ácido nucleico cuja pentose é a desoxirribose e é caracterizado pela base nitrogenada Timina. O DNA é uma macromolécula formada por dois filamentos de desoxirriboses e fosfatos alternados e esses dois filamentos estão ligados transversalmente por pontes de hidrogênio que se prendem às bases nitrogenadas dos dois lados. Os filamentos formam uma longa helicoide. É o material genético de quase todos os seres vivos (a exceção corresponde a vários vírus cujo material genético é o RNA) e existe principalmente nos cromossomas. V. base nitrogenada.

ácido eicosapentanoico. Ácido graxo não saturado, do grupo ômega 3, encontrado nos óleos de peixes marinhos.

ácido esteárico. Ácido graxo saturado com 18 carbonos.

ácido fitânico. Ácido graxo ramificado, com 4 laços duplos (tetrametil-palmítico), presente em laticíneos.

ácido fólico. Vitamina que faz parte do complexo B e que tem ação antianêmica.

ácido fosfoglicérico. $CH_2OP.CHOH..COOH$. Sigla: PGA. Ácido carboxílico que aparece durante a glicólise, na respiração celular, e também durante o ciclo de Calvin, na fotossíntese.

ácido fosfórico. H_3PO_4. Dele derivam os íons fosfato e os grupamentos fosfato encontrados no DNA, RNA, ATP, ADP, NAD, NADP etc.

ácido glutâmico. Abrev.: GLU, Símbolo: E. Aminoácido dicarboxílico, monoaminado. Sua abundância numa proteína tende a torná-la eletricamente negativa. Código genético (RNA-m): GAA e GAG.

ácido hialurônico. Glicídio de alto peso molecular da categoria das glicosaminoglicanas e que faz parte do material intercelular dos tecidos conjuntivos.

ácido indol-acético (indolil-3-acético). Sin. de auxina.

ácido láctico. $CH_3.CHOH.COOH$. Ácido carboxílico, produto final da fermentação láctica.

ácido lignocérico. ácido graxo saturado, com 24 carbonos, componente de cerebrosídeos em neurônios.

ácido linoleico. É precursor da síntese do ácido aracdônico e das prostaglandinas.

ácido linoleico (do grupo ômega 6). Ácido graxo não saturado com 18 carbonos e com dois laços duplos.

ácido linolênico (do grupo ômega 3). Ácido graxo não saturado com 18carbonos e com três laços duplos.

ácido nervônico. Ácido graxo com 24 carbonos em laço duplo, componente de cerebrosídeos em neurônios.

ácido nicotínico. Carboxilácido cíclico, nitrogenado, precursor da nicotinamida.

ácido oleico. Ácido graxo não saturado com 18 carbonos e uma ligação dupla.

ácido oxaloacético. Ácido dicarboxílico com quatro carbonos que aparece no ciclo de Krebs. Vai somar-se ao ácido acético (2C), formando o ácido cítrico (6C).

ácido palmítico. Ácido graxo saturado com 16 carbonos.

ácido palmitoleico. Ácido graxo monoinsaturado com 16 carbonos.

ácido pantotênico. Componente de coenzima A (CoA) e também da sintase dos ácidos graxos.

ácido pirúvico. $CH_3.CO.COOH$. Ácido carboxílico (cetoácido), produto final da glicólise. Geralmente entra na mitocôndria.

ácido ribonucleico. Símbolo: RNA ou ARN. Tipo de ácido nucleico cuja pentose é a ribose e é caracterizado pela base nitrogenada Uracila. Formado por um só filamento de ribonucleotídeos. Tem pesos moleculares inferiores aos do DNA. Há três tipos principais: RNA-m, RNA-t e RNA-r, todos derivados da moldagem pelo DNA e todos funcionando na síntese de proteínas.

ácido succínico. Ácido dicarboxílico com 4C que aparece no ciclo de Krebs. Resulta do ácido alfa-cetoglutárico (5C) e origina o ácido fumárico (4C).

ácido sulfídrico. H_2S. Usado em vez de água na fotossíntese realizada por algumas bactérias:

$$6CO_2 + 12H_2S \xrightarrow[\text{Clorofila}]{\text{Luz}} C_6H_{12}O_6 + 6H_2O + 12S$$

ácido úrico. Nos mamíferos é produto final do catabolismo das purinas, inclusive Adenina e Guanina. Em Insetos, Répteis e Aves, é o principal "excreta" nitrogenado.

ácidos graxos essenciais. Devem ser ingeridos porque não são produzidos pelo metabolismo humano. São o ácido linolêico (precursor das prostaglandinas) e o linolênico. O ácido aracdônico será essencial quando o seu precursor, o linolênico, estiver ausente na dieta.

acidófila. Estrutura corável por corante ácido. É, portanto, uma estrutura básica.

acidófilo ou eosinófilo. Leucócito granulócito com grânulos coráveis por corantes ácidos, como a Eosina. Está envolvido com as reações do corpo às verminoses e com a alergia.

acidófilo, a. Tipo de estrutura que reage e é corada por corantes ácidos, como a eosina, a fucsina e o orange G. É portanto uma estrutura básica.

ácidos aminados. Sin. de aminoácidos.

ácidos biliares. Ácidos derivados do colesterol, ou seus ânions, "sais", da bile. Emulsionam os lipídeos alimentares facilitando sua digestão e absorção.

ácidos graxos. Ácidos monocarboxílicos geralmente com uma longa cadeia de carbonos, fazendo parte de lipídios. Alguns são saturados: todos os carbonos da cadeia estão ligados a hidrogênios, não havendo laços duplos. Exs: ácidos palmítico e esteárico. Os não saturados têm 1 ou mais laços duplos na cadeia. Exs. ácidos oleico e araquidônico.

Ácidos graxos essenciais. Devem ser ingeridos porque não são produzidos pelo metabolismo humano. São o ácido linoleico (precursor das prostaglandinas) e o linolênico. O ácido aracdônico será essencial, quando seu precursor, o linolênico, estiver ausente na dieta.

ácidos nucleicos. Substâncias que são polímeros de nucleotídeos. Têm alto peso molecular e não são carboxílicos. Compreendem o DNA e os RNA.

ácidos tricarboxílicos, ciclo dos. Sin. de ciclo de Krebs.

acidose. Abaixamento do pH sanguíneo. pH menor que 7,4 sempre muito perigoso.

ácino. Aglomerado, em forma de cacho, de partes secretoras globulares de uma glândula (dita acinosa) ou dos alvéolos pulmonares.

aclamídea. Sin. de aperiantada. Flor sem cálice, nem corola.

acomodação ou fadiga sináptica. Exaustão do neurotransmissor, diminuindo a resposta, se o estímulo é repetido sem cessar.

acondroplasia. Nanismo disforme, dominante, com pernas e braços muito curtos (desaparecimento precoce das cartilagens de crescimento), cabeça grande e piramidal invertida, nariz em sela etc.

acrocêntrico. Tipo de cromossoma cujo centrômero, para a maioria dos autores, é subterminal, quase numa extremidade do cromossoma.

acromegalia. Hipersecreção do hormônio de crescimento no adulto (em geral é tumor na hipófise) causando grotesco crescimento de crânio, face e extremidades (mãos e pés).

acrossoma ou acrossomo. Sistema do Aparelho de Golgi que cobre a parte anterior do espermatozoide. Contém hialuronidase que, lançada sobre o óvulo, hidrolisa o ácido hialurônico e desagrega a Corona Radiada, facilitando a entrada do espermatozoide.

acrossomal, reação. Descarga do conteúdo do acrossoma do espermatozoide, em contato com o óvulo.

ACTH. Sigla para Adreno Cortico Trophic Hormone. V. Cortico-estimulina.

actina. Proteína que forma os filamentos mais finos da miofibrila e que serve de "apoio" para o deslizamento da miosina na contração muscular. / Proteína típica das fibras musculares. Encontrada também no citossol das células em geral, constituindo os microfilamentos. Relacionada diretamente com a movimentação celular.

actínia. Sin. de anêmona. Nome vulgar de pólipo livre de Celenterados, da classe Antozoários. Ex.: gênero Bunodosoma.

Actinopterígios. Subclasse de Osteictes (peixes ósseos) com nadadeiras com raios. Contém quase todos os Osteictes conhecidos.V. Crossopterígios.

actomiosina. Antigo nome dado à mistura de actina e miosina.

açúcares. Nome vulgar de glicídios das categorias oses ou monossacarídeos e dissacarídeos e com sabor doce.

acúleo. Falso espinho, apenas um espessamento suberoso, sem vasos e facilmente destacável, como os da roseira.

adaptação. 1) Considerando a população, e em sentido bem amplo, é o grau de eficiência reprodutiva de um ser no meio em que vive, devido às estruturas, processos fisiológicos e comportamentos que possui. Em outras palavras, adaptações são as estruturas, processos fisiológicos e comportamentos úteis à sobrevivência e à reprodução de um ser vivo no meio em que vive. De um modo geral, as adaptações não são perfeitas, apenas funcionam com um grau maior ou menor de eficiência, porque são sempre um compromisso histórico entre o que é necessário e o que pode ser feito na longa história evolutiva do ser vivo. Em certo sentido, cada ser vivo é um conjunto de adaptações. Mesmo caracteres que podem parecer neutros, ou quase, como hemoglobina 0,1% mais eficiente no transporte de O_2,podem, em conjunto com outras "minúcias", criar uma norma de reação mais ampla, possibilitando vida em meios um pouco diferentes, onde a seleção natural não atuará exatamente do mesmo modo etc., resultando em caracteres diferentes para a população e contribuindo para a diferenciação que essa população possa ter em relação à população principal. Essa presença constante fica mais fácil de apreender quando deixamos de valorizar exclusivamente detalhes adaptativos, do tipo semelhança de um inseto com uma folha (de fato, uma adaptação muito interessante, mas, restrita), e reconhecemos que a importância adaptativa de caracteres muito espalhados entre os seres vivos pode ser quase invisível. Por exemplo: os pulmões, que os Vertebrados terrestres e muitos outros animais têm, são eficientes adaptações à respiração do ar atmosférico. É claro que não é a única, há outras (como as traqueias dos Insetos), mas isto não diminui sua importância como adaptação. 2) Adaptação individual é o ajuste na fisiologia, e até na morfologia, em resposta a uma variação ambiental que está dentro da norma de reação. Por exemplo, se a temperatura ambiental varia dentro dos limites compatíveis com a vida, os mecanismos de Termorregulação como sudorese, vasoconstrição etc. entram em ação e nossa temperatura interna tende a se manter dentro do intervalo ótimo de funcionamento.

adelfos. Mamíferos sem útero. Correspondem à subclasse Prototérios cuja ordem única é a dos Monotremados (ornitorrinco e equidna).

adenilato-ciclase. Enzima que catalisa a síntese do AMP cíclico.

adenina. Símbolo: A. Base nitrogenada da categoria purínica ou púrica, encontrada no DNA, RNA, ATP, ADP, NAD, NADP etc. Liga-se à Timina, no DNA, por duas pontes de Hidrogênio.

adenite. Inflamação, com aumento de volume, de uma glândula ou de um nódulo linfático.

adeno-hipófise. Lobo anterior da Hipófise (LAH). Produz três tipos de hormônios: de crescimento ou Somatotrófico ou Somatotrofina ou GH, Prólactina ou Lactogênico e Estimulinas (TSH, FSH, LH ou ICSH e ACTH).

adenoides. Hipertrofias linfáticas localizadas na região nasal da faringe.

adenoma. Tumor glandular, em geral benigno.

adenosina. Nucleosídeo correspondente a adenina + ribose. Aparece em ATP, ADP, RNA e etc.

adenosina difosfato. Ou ADP. Adenosina – ◯ ⍰~ ◯. Substância que recebe energia e fosfato e se torna ATP.

adenosina monofosfato (ou AMP). Nucleotídeo correspondente à associação de adenina, ribose e fosfato. Na forma cíclica (AMP-cíclico) age geralmente como intermediário, dentro das células, entre um hormônio e uma enzima.

adenosina trifosfato. ou ATP. Substância altamente energética formada pela respiração celular, pela fotossíntese e pela quimiossíntese. O ATP formado é rapidamente hidrolisado libertando ADP, fosfato e energia.

adenosina-trifosfatase. ou ATP-ase. Enzima que catalisa a quebra, por hidrólise, do ATP, libertando ADP, fosfato e energia.

adesão, zona de. Sin. de união média e de "Zonula adhaerens". Região lateral, próxima ao polo apical, das células epiteliais. Há um pequeno espaço nessa região entre as células vizinhas.

ADH. Sigla para Antidiuretic Hormone. V. Hormônio antidiurético. Sin. de Vasopressina.

adipócito. Célula do TCPD que acumula lipídios. É o principal tipo celular do tecido adiposo.

adiposo, TCPD. Tecido conjuntivo propriamente dito com ilhas de adipócitos envolvidas por TCPD frouxo. Há dois tipos de TCPD adiposo; amarelo e cinza ou marrom. Este, produtor de calor em animais hibernantes e em recém-nascidos.

ADN. Sigla do ácido desoxiribonucleico (q.v.).

ADP. Sigla de Adenosina difosfato.

adrenal. Sin. de Supra-renal.

adrenalina. Sin. de epinefrina. Hormônio da medula supra-renal produzido sob estímulo do SN simpático. Também é produzido pelas próprias sinapses do SN Simpático, como mediador químico, em situações de emergência e/ou esforço físico.

É destruída pela MAO (Monoaminoxidase). Sua ação: aceleração cardíaca e respiratória, hiperglicemia, inibição intestinal (e salivar) etc. prepara o corpo diante de uma situação de perigo, real ou imaginário.

adrenérgicas. Diz-se das fibras do SN Simpático que produzem adrenalina.

adrenérgico. Diz-se do grupo de neurônios, sinapses e receptores em tecidos e órgãos que têm adrenalina e/ou noradrenalina como neurotransmissor.

adrenocorticotrofina. Adrenocorticotropina ou corticoestimulina. V. ACTH.

adrenoleuco distrofia. Defeito no metabolismo lipídico, causando degeneração neurológica. Provocado por mutação no cromossoma X.

adsorção. 1) Adesão de pequenas moléculas ou partículas à superfície de uma molécula ou partícula maior. Ex.: camada de solvatação (moléculas de água paralisadas) ao redor de uma proteína. 2) Fase do ciclo vital de um vírus. V. Lítica, multiplicação.

Aedes. Gênero de Insetos da ordem Dípteros, popularmente mosquitos, cujas fêmeas são transmissoras do vírus da febre amarela e da dengue.

aerênquima. Parênquima com grandes lacunas cheias de ar. Tecido que faz a flutuação de plantas aquáticas.

aerífero, parênquima. Aerênquima.

aeróbia, respiração. Respiração celular que usa oxigênio.

afecção. Distúrbio, anomalia, doença sem especificação.

aferente. O que leva de fora para dentro.

Afídeos. Família de Insetos ordem Homópteros, vulgarmente pulgões.

aflatoxina. V. micose.

afótica, zona. Parte do talassociclo sem luz. Para alguns autores, vai de 200m de profundidade para baixo.

agâmica. Sin. de reprodução assexuada.

ágar. ou gelose. Mistura glicídica produzida por Rodófitas.

agave. Nome vulgar de Angiospermas Monocotiledôneas, fam. Agaváceas, gênero Agave.

áglifa. Tipo de cobra cujos dentes são iguais entre si, tanto no maxilar superior quanto na mandíbula. Não há inoculadores de peçonha (presas). Jiboia, sucuri e cobras-d'água são assim.

aglutinação do sangue. Aglomeração das hemácias do doador em transfusão incompatível, quando as aglutininas ou anticorpos do plasma do receptor atacam e aglomeram as hemácias do sangue doado, que possuem o aglutinogênio (antígeno) correspondente. O receptor sofre graves lesões e pode morrer por obstrução de vasos sanguíneos.

aglutininas. Anticorpos anti-A e anti-B. Aglutinam hemácias em cuja membrana há antígenos especiais, respectivamente aglutinogênios A e B. Ter aglutinogênios e/ou aglutininas, e de que tipo, é traço hereditário. V. Grupos Sanguíneos.

aglutinogênio. Antígeno da membrana de hemácias que pode ser atacado por aglutinina.

agnatostomados. Vertebrados sem mandíbula. Sua boca é circular e correspondem à classe dos Ciclóstomos (lampreias e feiticeiras).

agranulócito. Leucócito com citoplasma hialino (sem grânulos), núcleo inteiriço – daí Mononucleares. Há dois tipos: linfócitos e monócitos.

agreste. Tipo de caatinga próxima ao litoral, onde há maior umidade e a vegetação é mais alta e densa, ao contrário do sertão, mais ao interior do NE do Brasil.

agrotóxicos. Substâncias usadas para proteger as plantas contra seus inimigos naturais. São os inseticidas, fungicidas, herbicidas etc.

água-pé. Nome vulgar de Angiospermas Monocotiledôneas, fam. Pontederiáceas, sinônimo de gigogas, gênero Eichornia.

água-viva. Nome vulgar de Celenterados que causam sensação de queimadura. É uma medusa ou uma caravela.

águia. Nome vulgar de Aves, ordem Acipitriformes. Ex.: gêneros Harpia (Neotrópica) e Aquila (Paleártica e Neártica).

águia-de-cabeça-branca. Nome vulgar de Aves, ordem Acipitriformes, espécie Haliaetus leucocephalus. Símbolo dos Estados Unidos.

AIDS. Síndrome de Imunodeficiência Adquirida. Causada por um retrovírus, o HIV, do gênero Lentivirus. Ele se reproduz dentro de linfócitos T4 humanos cuja destruição diminui a capacidade de defesa imunitária do ser humano, facilitando as infecções oportunistas. A transmissão é principalmente por sexo anal, sexo convencional, transfusão de sangue, agulhas de injeção infectadas e também via placenta, da mãe para o filho.

ALA. Abreviatura convencional do aminoácido alanina.

álamo. Sin. de choupo. Nome vulgar de Angiospermas Dicotiledôneas, fam. Salicáceas, gênero Populus.

alanina. Aminoácido (CH_3.CH.NH_2..COOH). Abrev.: ALA, símbolo: A. Código genético (RNA-m): GCU, GCC,GCA e GCG.

alantoide. Anexo embrionário, endodérmico. Em Répteis e Aves é um saco vascularizado que absorve proteínas (da clara), cálcio (da casca) e oxigênio através da casca e é depósito de excreta. Nos Mamíferos, é vestigial e tem suas funções feitas pela placenta. Com o Amnio, foi decisivo para a "conquista" do meio terrestre pelos Répteis.

alantoidianos. Vertebrados com alantoide, e também âmnio. São os Répteis, as Aves e os Mamíferos.

albatroz. Nome vulgar de Aves ordem Procelariformes. Ex. gêneros Thalarche e Diomedea.

albinismo. Sem pigmentação. As plantas albinas não têm clorofila e morrem ao acabar a reserva da semente. Em Mamíferos, exemplo de epistasia recessiva, não há formação de melanina por deficiência enzimática (em geral da tirosinase).

albino. Indivíduo portador de Albinismo.

albugínea. Camada de TCPD densofibroso branco que recobre um órgão.

albume ou albúmen. Sin. de endosperma. Tecido de reserva da semente, triploide (3n), desenvolvido a partir da fusão de um dos núcleos espermáticos (n) com a grande célula binucleada (2n) central do gametófito feminino ou macrogametófito. Em Monocotiledôneas sua reserva é absorvida pelo cotilédone e utilizada somente durante a germinação, mas, nas Dicotiledôneas, é precocemente absorvida pelos 2 cotilédones, que passam a ter o papel de armazenadores.

albuminas. Tipo de proteína encontrada no sangue ("serum" albumina), na clara do ovo (ovo-albumina) e no leite (lactalbumina). São solúveis em água e em soluções diluídas de sais.

alburno. Parte mais clara da madeira dos troncos.

alcaptonúria. Causa artrite. Defeito genético do metabolismo da fenilalanina e da tirosina, produzindo o ácido homogentísico (alcapton) que escurece a urina, caráter autossômico recessivo.

alça de Henle. V. Henle, alça de.

alça néfrica. Sinônimo da alça de Henle.

alça sigmoide. Parte final do cólon descendente. Sinuosa, leva ao reto e ao ânus.

alcalinidade ou basicidade. Característica de uma solução cujo pH é maior que 7.

alcaloide. Grupo variado de substâncias orgânicas com nitrogênio e com propriedades alcalinas, produzidas por plantas. Nicotina, cafeína, cocaína, morfina, quinina, estricnina são exemplos.

alcalose. pH sanguíneo acima de 7,4. O máximo para a sobrevivência é 8,0.

alcaptonúria. Defeito genético do metabolismo da fenilalanina e da tirosina, produzindo o ácido homogentísico (alcápton) que escurece a urina, caracter autossômico recessivo.

alcatraz. Nome vulgar de Aves, ordem Pelecaniformes. ex. gêneros Fregata e Morus.

alce. Nome vulgar de Mamíferos, ordem Artiodátilos com as espécies Alces alces e Cervus canadensis ('wapiti").

aldeído fosfoglicérico. $H_2COP..CHOH.CHO$. Substância que aparece no ciclo de Calvin. É o primeiro glicídio (triose) formado pela fotossíntese e deriva do ácido fosfoglicérico. Sigla: PGAL.

aldeído glicérico. $C_3H_6O_3$. Tipo de ose da categoria das trioses. Corresponde ao aldeído fosfoglicérico sem o radical fosfato.

aldoses. Oses com grupo aldeído. Ex.: aldeído glicérico ou gliceraldeído, glicose, galactose.

aldosterona. Principal hormônio mineralocorticoide das glândulas supra-renais.

alécito. Tipo de óvulo ou de zigoto (célula-ovo). Sinônimos: oligolécito, homolécito ou isolécito ou microlécito. Ovo sem vitelo ou com pouco vitelo, distribuído de modo homogêneo. De Espongiários e Equinodermas. Nos mamíferos, o ovo (célula-ovo) é assim, mas tem o nome especial de metalécito.

alelomorfos, gens. V. Alelos e gens.

alelos múltiplos. Polialelia.

alelos, gens. Gens do mesmo locus cromossomial. Atuam no mesmo caráter e se trocam no crossing-over. Formam pares homozigotos ou heterozigotos em cromossomas homólogos.

alerce. Nome vulgar de Gimnospermas ordem Coniferales, gênero Fitzroya. Grande árvore com até 55 m no Sul do Chile com madeira excelente.

alérgeno. Qualquer antígeno, como pólen, medicamento, alimento, cosmético etc. Que provoca reação alérgica.

alergia. Hipersensibilidade ou reação imunológica desmedida, patológica em si mesma, a um antígeno, que pode até ser, por outros aspectos, inofensivo.

ales. Sufixo de ordem em Botânica.

alevino. Forma jovem (para alguns autores, larva) de Osteictes. Na realidade é um peixe muito jovem, ainda com um saco vitelino bem visível.

alfa hélice. Estrutura secundária de várias proteínas em que a sequência dos aminoácidos forma uma espiral.

alfafa. Nome vulgar de Angiospermas Dicotiledôneas, fam. Leguminosas, gênero Medicago, que alimenta o gado.

algas azuis. Sin. de Cianofíceas, Cianófitas ou Cianobactérias.

algas pardas. V. Algas Feofíceas ou Feófitas.

algas verdes. Sin. de Clorófitas.

algas vermelhas. Rodofíceas ou Rodófitas.

algodoeiro. Nome vulgar de Angiospermas Dicotiledôneas, fam. Malváceas espécie Gossypium herbaceum.

alienígena. Espécie de animal ou planta que não é nativa na região em que é encontrada.

aligator. Nome vulgar de Répteis, subclasse Crocodilianos. Ex. Alligator mississipiensis (EEUU).

Allen, lei de. Em espécies de ampla distribuição geográfica, principalmente em Mamíferos, os indivíduos de regiões mais quentes têm cauda, orelhas, patas e focinhos mais longos que os indivíduos de regiões mais frias. Extremidades mais longas dissipam melhor o calor.

alóctone. Que teve origem em lugar diferente daquele em que vive.

aloe. Nome vulgar de Angiospermas Monocotiledôneas, fam. Liliáceas com espécies vulgarmente chamadas de babosa.

aloenxerto. Enxerto entre indivíduos de diferentes genótipos, mas da mesma espécie.

alometria. Desenvolvimento com velocidades diferentes das partes do corpo, ao longo de uma série evolutiva.

alopátricas. Espécies de um mesmo gênero que vivem em áreas geográficas diferentes.

alopoliploidia. Poliploidia originada no cruzamento de duas espécies. O híbrido se torna fértil por duplicação cromossomial, formando pares funcionais na meiose (2x2n).

alossoma. V. Cromossoma sexual.

alostérica, zona. Região da molécula de uma enzima onde pode se alojar uma outra molécula. A enzima por isso se deforma, tem sua zona ativa morfologicamente modificada e não pode receber o verdadeiro substrato. Ocorreu uma inibição alostérica.

alternância de gerações. V. Metagênese.

altruismo. Sacrifício, até da própria vida, em prol de filhos ou parentes consanguíneos, de modo a maximizar a contribuição de um dado genótipo na próxima geração. É um conceito próximo ao do gene egoísta.

alvéolo. 1) Dilatação terminal das vias aéreas pulmonares, em grupo de células como um cacho de uvas, de epitélio simples pavimentoso, onde ocorre a hematose. 2) Cavidade dos ossos maxilares dos Mamíferos onde se encaixa a raiz do dente.

Alzheimer, doença de. Degeneração cerebral progressiva, associada à demência em idade avançada.

Alzheimer, mal de. Lesão cerebral progressiva, de origem genética (mutação) geralmente em idade avançada. entre os sintomas há perda de memória e de movimentação coerente, seguida de imobilidade. Há também o término do conhecimento e do relacionamento familiar e social.

Amanita. Gênero de Fungos Basidiomicetos, ordem Himenomícetales (Agaricales) com uma espécie venenosa (Amanita phalloides).

amastigota. Forma de Protozoários tripanossomatídeos arredondada ou oval, com flagelo muito curto, que não se exterioriza.

amarelão. Sin. de opilação.

amaurótica, idiotia. Ou doença de Tay-Sachs. Sensibilidade dolorosa ao ruído, degeneração cerebral progressiva e morte precoce (geralmente até os 5 anos). Causada por gene autossômico recessivo.

âmbar. Resina de Coníferas fósseis, amarelada e translúcida, usada para produzir pequenos objetos. Pode conter insetos "capturados", com anatomia e até DNA bem preservados.

ambulacrário. Sistema de locomoção por rastejamento de alguns Equinodermas como ouriços e estrelas-do-mar.

ameba. Nome vulgar de vários Protozoários da classe Sarcodinos ou Rizópodos.

amebíase. Ou disenteria amebiana. Causada pela Entamoeba histolytica que destroi o revestimento do intestino grosso humano podendo haver metástases no fígado, nos pulmões e até no cérebro.

amebócitos. Células ameboides, móveis, transportadoras de alimentos dentro do mesênquima da esponja.

Células primitivas de esponjas. Originam todos os tipos de células deste animal e são responsáveis pelo crescimento e pela regeneração das esponjas.

ameboide, movimento. Deslocamento lento de algumas células, com deformação celular, em meio líquido e geralmente sobre um substrato sólido, por meio de pseudópodos. Amebas, leucócitos e macrófagos fazem isto.

amêndoa. A parte interna da semente, formada de plântula com/sem endosperma

amenorreia. Ausência de menstruação.

amensalismo. Sin. de antibiose.

ametábolo. Diz-se do inseto que tem desenvolvimento direto, sem metamorfose.

amianto. Nome comercial de asbesto.

amido ou amilo. Glicídio da categoria dos polissacarídeos; é um polímero ramificado da glicose. Corresponde aos alimentos mais usados pelos seres humanos (arroz, feijão, macarrão, batata, angu, aipim, pão, biscoitos etc.). É a reserva glicídica típica dos vegetais. Na realidade, é uma mistura de dois polissacarídeos: amilopectina (maior) e amilose.

amígdalas. Pequenos órgãos linfáticos nas regiões nasal e oral da faringe. Sinônimo de tonsilas.

amilase. Enzima que catalisa a hidrólise de amido e glicogênio produzindo maltose. Em, Mamíferos há duas amilases: 1-salivar ou ptialina, de breve ação, da boca até a inativação no estômago; e 2-pancreática, mais importante, que atua no intestino delgado. Ambas produzem, além da maltose, um pouco de glicose. Em plantas, há outros tipos que só produzem maltose.

amilo. Sin. de amido (q.v.).

amiloides. Proteínas alongadas que caracterizam o tecido nervoso afetado por encefalopatias espongiformes e também pelas doenças de Alzheimer e de Parkinson.

amiloplasto. Plasto branco (leucoplasto) caracterizado pelo acúmulo de amilo ou amido.

amino. grupo NH_2. Grupo básico, típico de um aminoácido.

aminoácido. Categoria de ácidos orgânicos (carboxilácidos) cujo carbono α (ligado ao grupo –COOH) está ligado também a um grupo NH2 (amino). Une-se também a um H e a um radical que dá personalidade a cada aminoácido. Há 20 tipos diferentes de aminoácidos que fazem parte das proteínas: aspártico, glutâmico, lisina, arginina, histidina, serina, treonina, tirosina, triptofano, asparagina, glutamina, cisteína, glicina, alanina, valina, leucina, isoleucina, fenilalanina, prolina e metionina.

aminoácidos essenciais. São os que devem ser ingeridos obrigatoriamente pelo homem porque não podem ser produzidos através da transaminação (q.v.): leucina, isoleucina, lisina, metionina, fenilalanina, treonina, triptofano e valina.

aminoacil/RNA-t/sintetases. Enzimas que catalisam a união dos aminoácidos com os respectivos RNA-t.

aminopeptidase. Enzima que catalisa a hidrólise de um peptídeo, retirando o aminoácido da extremidade NH_2. Age no intestino delgado.

aminotransferases. Correspondem às transaminases.

âmnio. Anexo embrionário ectodérmico, de Répteis, Aves e Mamíferos. Forma uma grande bolsa cheia de líquido amniótico que protege o embrião contra choques mecânicos, desidratação e ação gravitacional. Junto com o alantoide, foi decisivo para a "conquista" do meio terrestre pelos Répteis.

amniocentese. Coleta de células embrionárias livres no líquido amniótico para análise de cariótipo.

Outra pesquisa dos cromossomas do embrião é o exame das vilosidades coriônicas, observando-se as células dos anexos embrionários. As células embrionárias em cultura têm suas mitoses interrompidas em metáfase de mitose, evidenciando seus cromossomas

amniotas. Vertebrados com âmnio (e alantoide). São Répteis, Aves e Mamíferos. V. Alantoidiano.

amocete. larva de Ciclóstomos.

amônia. 1) NH_3. Ecologicamente resulta da decomposição das proteínas dos cadáveres e normalmente é oxidada por bactérias de nitrosação, originando nitritos, iniciando a nitrificação que originará nitratos. 2) Substância que resulta da oxidação ou da decomposição de aminoácidos. É uma substância de excreção e pode ser ingerida por bactérias de nitrosação e aí ser transformada em nitritos. Nos Mamíferos, nos Anfíbios e nos Condrictes a amônia é transformada em ureia, que passa a ser a substância de excreção. NH_3 é a substância de excreção dos Osteictes. Amônia ou amoníaco é o "excreta" nitrogenado dos animais amoniotélicos (invertebrados aquáticos e peixes ósseos). Dos três "excreta" nitrogenados é o mais tóxico e o mais solúvel em água, que deve ser eliminada em abundância para sua excreção – o ácido úrico é o menos solúvel e a ureia o menos tóxico.

amonificação. Libertação de amônia dos cadáveres pelos decompositores, no solo ou na água.

amoniotélico. Animal que excreta amônia, como produto final do metabolismo do Nitrogênio. São os Invertebrados aquáticos e os Osteícties ou Peixes Ósseos.

Amonitas. Moluscos Cefalópodes extintos (Devônico →⍰ Cretáceo) de concha enrolada e septada.

AMP. Sigla de adenosina monofosfato.

AMP cíclico. V. Adenosina monofosfato.

Anabaena. Gênero de Cianofícea (cianobactéria) fixadora de N.

anabólico. Referente ao anabolismo (q.v.).

anabolismo. Etapa inicial do metabolismo; conjunto de reações de síntese ou construção molecular.

anabolizante. Substância que estimula o anabolismo. Em linguagem corrente corresponde a uma substância que estimula a síntese de proteínas, desenvolvendo a musculatura.

anaeróbia, respiração. Respiração celular que não usa oxigênio. Quando realizada sobre glicídios, chama-se fermentação.

anaeróbio facultativo. Organismo que pode viver na presença ou na ausência de oxigênio.

anáfase. Fase da mitose em que os centrômeros se bipartem: os cromossomas filhos, cada um com uma só cromátide, deslizam para os polos opostos da célula. O mesmo acontece na anáfase II da meiose. Na anáfase I da meiose, os cromossomas homólogos que estavam emparelhados no equador celular se separam: dois grupos n de cromossomas que deslizam para os polos opostos.

anafilatoxina. Substância vasodilatadora liberada nos tecidos quando antígeno e anticorpo reagem.

anaforese. V. eletroforese.

anagênese. É a transformação gradual de um espécie em outra que, com o tempo, a substituirá. Há uma teoria que supõe que a espécie humana se originou desse modo, com uma linha única passando por um tipo de Australopithecus, pelo Homo erectus e chegando ao Homo sapiens.

analantoidianos. Vertebrados sem alantoide, e também sem âmnio. São os Peixes e Anfíbios, cuja reprodução é limitada ao meio aquático.

análise. Divisão, fragmentação. O contrário de síntese.

analogia. Quando órgãos de diferentes origens, evolutiva e embrionária, têm a mesma função. V. Convergência.

análogos. Órgãos com diferentes ancestralidade e origem embrionária mas funções semelhantes. Ex. asa de inseto e de ave.

anamniotas. Vertebrados sem âmnio, e sem alantoide. Sua reprodução fica limitada ao meio aquático. São os Peixes e os Anfíbios.

anamorfose ou anamorfismo. Gradual aumento de complexidade de forma e função ao longo da evolução de um grupo vegetal ou animal. Não é uma obrigatoriedade evolutiva.

anastomose. Interligação de estruturas, como por exemplo vasos e nervos, em geral formando rede.

anastral. Mitose sem centro celular, sem áster, típica de plantas superiores.

anatomia. Estudo da forma e disposição de órgãos e aparelhos de um organismo.

anátropo. Óvulo vegetal, invertido em relação ao ortótropo (rotação de 180°) de modo que a micrópila fica junto do funículo.

ancilostomose. Sin. de opilação e amarelão. Doença causada por vermes do filo Nematódeos das espécies Ancylostoma duodenale e Necator americanus. Perfuram e cortam a parede do intestino delgado humano causando hemorragia constante e, portanto anemia. Transmissão direta. Ovos libertados com as fezes humanas desenvolvem no solo larvas, primeiro rabditoides que se tornam filarioides. Estas penetram ativamente pela pele do pé humano.

Ancylostoma. Gênero de vermes do filo Nematódeos com as espécies A. duodenale, causadora da ancilostomose ou opilação e A caninum causadora da "larva migrans".

andorinha. Nome vulgar de Aves, ordem Passeriformes. Ex.: gênero Hirundo.

androceu. Conjunto de estames, tradicionalmente considerado a parte masculina da flor.

androgênio ou andrógeno. Qualquer hormônio masculino.

andrógino. Organismo que tem caracteres biológicos bissexuais, sem ser, necessariamente, hermafrodita ou estar em mudança de sexo.

andropausa. Diminuição progressiva das funções sexuais masculinas, inclusive do desejo sexual, produção de testosterona e de espermatozoides e diminuição da potência sexual.

androsterona. Em geral considerado um andrógeno, é apenas um produto, menos ativo, da metabolização hepática da testosterona.

anéis anuais. Os anéis concêntricos de cores alternantes clara e escura vistos em corte transversal de um tronco. Podem ser usados para estimar a idade do tronco porque dois correspondem a um ano de vida. São produzidos pelo câmbio.

anel terminal. Estrutura derivada do centríolo na extremidade posterior da peça intermediária do espermatozoide.

Anelídeos. Filo de vermes com o corpo metamerizado (segmentado), triblásticos e celomados. Inauguraram o aparelho circulatório, que é fechado ou vascular e a excreção é feita por nefrídias ou metanefrídias. Compreende as classes: Poliquetas (vermes marinhos), Oligoquetas (minhocas) e Hirudíneos (sanguessugas). Há mais de 9.000 espécies de Anelídeos atuais.

anemia. Teor de hemoglobina do sangue menor que o normal. Resulta em menor eficiência no transporte de oxigênio. Pode ser número menor de hemácias e/ou menos hemoglobina em cada hemácia.

anemia falciforme ou siclemia. Anemia hereditária, mais comum na descendência negra. Resulta da produção de hemoglobina anormal Hs na qual a troca de ácido glutâmico, polar, por valina, apolar, altera a estrutura molecular. As hemácias siclêmicas em baixa tensão de O_2 se deformam tomando típica forma de foice que facilita a formação de coágulos e a obstrução de vasos. A maciça destruição dessas hemácias sobrecarrega fígado e baço e produz icterícia, devido ao depósito de produtos da decomposição da hemoglobina. A herança é co-dominante: o gene N produz hemoglobina normal e seu alelo S produz hemoglobina anormal. Os homozigotos NN, normais, têm 100% de hemoglobina normal. Os homozigotos SS, 100% de hemoglobina anormal, têm anemia grave, fatal na infância. Os heterozigotos, NS, 50% de hemoglobina normal e 50% de Hs têm anemia branda e resistência à malária.

anemia perniciosa. Anemia grave, característica da avitaminose B12. É uma anemia macrocítica; hemácias maiores e menos numerosas.

anemofilia ou anemocoria. Polinização pelo vento.

anêmona. Ou actínia. Tipo de pólipo do filo Celenterados.

anencefalia. Não desenvolvimento do encéfalo, por causas hereditárias ou congênitas.

anestro. Fase não reprodutiva, de quietude sexual, que alterna com as fase estral, reprodutiva. Característica de Mamíferos femininos.

aneuploidia. Número de cromossomas diferente de n e diferente de múltiplo inteiro de n. Pode ser 2n-1 (monossomia), 2n+l (trissomia), 2n+2 (tetrassomia) etc.

aneurina. Sinônimo de tiamina: vitamina B1.

anexo embrionário. Estrutura existente durante a embriogênese, de origem só embrionária ou maternoembrionária, que não pertence ao corpo do embrião e não existirá depois no corpo do indivíduo. Os anexos embrionários encontráveis em Vertebrados são; saco vitelino, cório, âmnio, alantoide, cordão umbilical e placenta.

anexos da pele. V. Fâneros da pele.

anfiastral. Mitose com a presença de centríolos e ásteres, típica de animais.

Anfíbios. Classe de Vertebrados ectotérmicos ou pecilotérmicos, anamniotas e analantoidianos, com ovos heterolécitos e tetrápodos (os primeiros Vertebrados a ter quatro patas). Têm uma fase inicial de vida aquática (água doce) com larvas branquiadas (girinos) e depois vida adulta terrestre, geralmente em ambientes úmidos. A respiração se torna principalmente cutânea e também por pulmões muito primitivos. A pele é fina e úmida com muitas glândulas mucosas, sem escamas. Sapos, rãs e pererecas são exemplos.

anfícrina, glândula. Tem secreções interna e externa. Sin. de glândula mista. Ex. pâncreas.

anfimixia. Clímax da fecundação, união dos núcleos dos dois gametas, masculino e feminino, ambos haploides, formando o núcleo do zigoto, diploide. / Fusão do material nuclear do espermatozoide (pronúcleo masculino) com material nuclear do óvulo ou ovócito II (pronúcleo feminino).

Anfineuros. Classe de Moluscos com uma concha elíptica dividida em oito placas transversais, que cobre o corpo dorsalmente. Têm um grande pé achatado, rádula e são todos marinhos. Ex.: gênero Chiton (não há nome vulgar no Brasil).

anfion. Sinônimo de "zwitterion". q.v.

anfioxo. Nome vulgar de Cefalocordados do gênero Branchiostoma.

anfipática. Molécula com uma extremidade hidrófila e a outra hidrófoba. Ex.: fosfolipídios onde a região do fosfato e da substância nitrogenada é solúvel em H_2O e os ácidos graxos formam uma estrutura insolúvel em água.

anfixenose. Parasitose que circula indiferentemente em homens e animais; tanto o homem quanto os animais funcionam como hospedeiros. Ex.: doença de Chagas onde o Protozoário circula em diferentes ciclos: 1) ciclo silvestre: gambá-tripanossoma-gambá; 2) ciclo peridoméstico: rato, cão-tripanossoma-rato, cão; 3) ciclo doméstico: homem-tripanossoma-homem; cão, gato-tripanossoma-cão, gato.

anfólita. Sinônimo de anfótera.

anfótera. Sin. de anfólita. Substância que é ao mesmo tempo ácida e básica.

anfotericina B. Antibiótico que desorganiza a membrana plasmática bacteriana.

angiogênese. Formação (produção) de vasos sanguíneos.

Angiospermas. Espermatófitas com carpelos fechados formando ovários contendo os óvulos. Após a fecundação, os ovários tornam-se frutos e os óvulos tornam-se sementes. As Angiospermas, com cerca de 250.000 das 300.000 espécies de plantas verdes incluem as Monocotiledôneas, em geral herbáceas, e as Dicotiledôneas, herbáceas ou lenhosas.

angiotensina. Hormônio que resulta do angiotensinogênio do plasma sanguíneo pela ação da renina e estimula a produção de aldosterona pela córtex supra-renal.

angiotensinogênio. Proteína plasmática transformada pela renina em angiotensina.

angstrom. Décima milésima parte de um micrômetro.

anhinga. Nome vulgar de Aves, ordem Pelecaniformes. Ex.: gênero Anhinga.

anidrase carbônica. Enzima das hemácias que transforma, de modo reversível, gás carbônico em íon bicarbonato, pela reação com a água: $CO_2 + H_2O \leftrightarrow H^+ + HCO_{-3}$

Animal. Reino de organismos pluricelulares, eucariontes, sem clorofila nem celulose e heterótrofos. São móveis, pelo menos numa fase de sua vida. Filos mais importantes: Poríferos, Celenterados ou Cnidários, Platelmintos, Asquelmintos (Nematódeos), Anelídeos, Artrópodos, Moluscos, Equinodermas e Cordados (Protocordados e Vertebrados).

anisogamia. Fecundação entre gametas diferentes. Em geral, um deles, o maior (macrogameta), com mais reserva alimentar e menor mobilidade é dito feminino, e o outro, o menor (microgameta), com menos reserva e mais móvel é dito masculino.

anódio. V. eletroforese.

Anopheles. Sin. de mosquito-prego. Gênero de Insetos da ordem Dípteros com espécies cujas fêmeas transmitem os Protozoários da malária.

Anopluros. Ordem de pequenos Insetos ápteros, hemimetábolos, com aparelho bucal pungitivo, são os piolhos.

anovulatório. Diz-se do que impede a ovulação e, por isso, é contraconceptivo (anticoncepcional).

anóxia. Insuficiência de oxigênio para uma célula ou um tecido ou órgão.

anta. Sin. de tapir. Nome vulgar de Mamíferos, ordem Perissodátilos, com a espécie Tapirus terrestris (região Neotrópica). Há também uma espécie na região Oriental.

antagonista. Molécula que tem suficiente semelhança estrutural com outra molécula para competir com ela pela ligação com uma terceira molécula.

antena. Tipo de apêndice articulado cefálico, geralmente longo, característico de Artrópodos. São dois nos Insetos, Quilópodos e Diplópodos, quatro em Crustáceos, e estão ausentes nos Aracnídeos.

antera. Parte do estame produtora de grãos de pólen.

anterídios. Órgãos masculinos produtores de anterozoides em muitas algas, nas Briófitas e nas Pteridófitas.

anterozoide. Gameta masculino vegetal móvel, flagelado, típico das Criptógamas.

antibiograma. Processo de laboratório para identificar o mais adequado antibiótico para enfrentar uma infecção determinada.

antibiose. Sin. de amensalismo. Classicamente, é a destruição ou o afastamento de indivíduos de uma espécie por substâncias liberadas por indivíduos de outra espécie. Por exemplo, Fungos que libertam antibióticos que matam bactérias.

anticoagulante. Diz-se do agente que impede a coagulação do sanque, atacando um dos componentes da "cascata" de reações que resulta na formação do coágulo.

anticódon. Trio de bases nitrogenadas que caracteriza um determinado RNA-t. É complementar a um códon do RNA-m.

anticoncepcional. Sin. de contraceptivo.

anticoncepcional, pílula. Contém estrógeno e progesterona ou substâncias congêneres que impedem a ovulação. Inibem a produção de FSH e LH pela hipófise.

anticorpo. Tipo de proteína produzida por linfócitos B e por plasmócitos em resposta à invasão de antígenos em nosso organismo. Quimicamente, os anticorpos são gamaglobulinas, modernamente imunoglobulinas.

anticorpo monoclonal. Anticorpo produzido em grande quantidade por um clone celular cuja célula inicial resultou da fusão de um linfócito ativo na produção desse anticorpo com uma célula de câncer linfoide, que se multiplica rapidamente.

anticorpo, locais de ligação do. As partes da molécula do anticorpo, as duas pontas do Y, que se ligam às moléculas do antígeno, uma em cada. São os locais responsáveis pela especificidade contra o antígeno.

anticorpos. Gamaglobulinas, ou imunoglobulinas (Ig), produzidas pelos linfócitos B e plasmócitos contra antígenos específicos (um anticorpo só ataca o antígeno que induziu sua produção). Há cinco tipos de Ig: IgA, D, E, G e M. O mais importante é a IgG, por quantidade e por circular pelo corpo. Ativam neutrófilos, macrófagos e o complemento.

antídoto. Ou contraveneno, é uma substância que impede a ação de um veneno ou uma peçonha.

antígeno. Macromolécula estranha ao corpo, capaz de causar produção de anticorpo. Em geral, é proteína ou polissacarídeo que existe como molécula isolada ou faz parte de um microrganismo (bactéria, vírus ou protozoário) ou de células de outro ser vivo (hemácias transfundidas, grãos de pólen, tecidos transplantados). / Frequentemente, os antígenos estão no revestimento de organismos invasores, microrganismos e também de vermes.

antílope. Nome vulgar de Mamíferos, ordem Artiodátilos com a espécie Antilocapra americana.

antiparalela. Estrutura típica do DNA na qual um filamento de nucleotídeos tem sentido oposto ao do outro filamento que lhe é complementar.

antípodas. As três células haploides que ficam no polo oposto ao da oosfera, no gametófito feminino de Espermáfitas.

antiporte. V. co-transporte.

antisoro. Sin. de soro imune.

antitrombina. Substância do plasma, como a heparina, ou uma substância exógena que inibe a formação ou a ação da trombina, impedindo a coagulação do sangue. É um tipo de anticoagulante.

antocianinas. Pigmentos de cor variada existentes nos vacúolos de suco celular de pétalas.

antófitas. Plantas com flores: Gimnospermas e Angiospermas.

antropoides. Primatas mais semelhantes ao Homem (gorila, chimpanzé, orangotango, gibão), com quem tiveram ancestral comum.

antroponose. Qualquer parasitose exclusivamente humana, não passando para outras espécies.

antropozoonose. Doença parasitária típica de um animal e que pode acidentalmente ser transmitida para o homem. Ex.: brucelose.

antúrio. Nome vulgar de Angiospermas Monocotiledôneas, fam. Aráceas gênero Anthurium.

anu. Nome vulgar de Aves, ordem Cuculiformes. Ex.: gêneros Crotophaga e Guira.

Anuros. Subclasse de Anfíbios; adultos sem cauda. Ex.: sapos, rãs e pererecas. Cerca de 3.500 espécies.

ânus. Orifício terminal do tubo digestivo.

aorta. Principal artéria dos Vertebrados. Na circulação simples leva sangue venoso, para as brânquias e na circulação dupla leva sangue arterial para o corpo.

apêndice cecal. Em Mamíferos, evaginação do ceco, perto da junção com o íleo. Em herbívoros não ruminantes, o ceco e seu apêndice são grandes e contêm grande flora bacteriana que digere celulose. Em outros Mamíferos o apêndice é vestigial e contém tecido linfoide.

aperiantada. Flor sem perianto.

apical, polo. Face superior de uma célula, oposta à base.

apical, dominância. Inibição das gemas axilares pela auxina produzida pela gema apical de uma planta.

Apicomplexos. Filo moderno de Protozoários com um complexo na região apical visível só ao microscópio eletrônico, formado por um anel polar, micronemas e conoides. Todas as espécies são parasitas e não têm cílios. Encerra a classe Esporozoários. Ex.: Plasmodium.

aplacentário. Diz-se dos Mamíferos Prototérios, ovíparos sem placenta, como o ornitorrinco.

apneia. Parada respiratória. Pode ser voluntária e temporária ou resultante de patologia, potencialmente permanente e extremamente perigosa para a vida.

apócrinas, glândulas. Glândulas cujas células perdem parte do citoplasma, junto com a secreção.

ápodos. Sin. de Gimnofionos.

apoenzima. Proteína simples que faz parte de uma enzima complexa ou holoenzima.

apófise. Protuberância óssea para fixação de um músculo, ou para articulação com outro osso.

aponeurose. Uma larga camada de TCPD denso-fibroso que envolve um músculo ou liga um músculo plano a um osso.

apoptose. Suicídio celular, programado pelo próprio DNA. As células condensam-se e diminuem, depois desmancham o citoesqueleto e a cariomembrana. O DNA fragmenta-se e as células são fagocitadas.

Apterigogêneos. Subclasse de Insetos sem asas e sem metamorfose. Ex.: traça-de-livro.

aquaporinas. Proteínas que formam canais na membrana plasmática. Aumentam a passagem da água entre a célula e o ambiente.

aquecimento global. Aumento global da temperatura, causada pela elevação da taxa de CO_2 e CH_4 (metano) no ar.

aquênio. Pequeno fruto seco indeiscente com uma única semente. Ex.: castanha do caju.

aquífero. V. Guarani.

aquoso, humor. Líquido entre a íris e o cristalino.

Aracnídeos. Classe de Artrópodos com o corpo dividido em cefalotórax e abdômen (aranhas), céfalotórax, abdômen e pós-abdômen ou cauda (escorpiões) ou com cefalotórax e abdômen fundidos (carrapatos). Ausência de antenas, presença de quelíceras e palpos e com quatro pares de patas. Desenvolvimento direto, sem larvas. Compreende três ordens principais: Araneídeos (aranhas), Escorpionídeos (escorpiões) e Acarinos (carrapatos).

aracnoide. Meninge entre a pia-máter e a dura-máter. Tem duas membranas interligadas por filamentos ramificados entre os quais circula líquido cefalorraquidiano.

Araneideos. Ordem de Aracnídeos correspondente às aranhas. Corpo dividido em cefalotórax (com quatro pares de patas) e abdômem (com fiandeiras, glândulas produtoras do fio da teia).

aranha. Nome vulgar de Aracnídeos da ordem Araneídeos. Alguns gêneros: Lycosa, Latrodectus, Argiope. Grammostola, Ctenus, Avicularia e Lasidora são caranguejeiras, praticamente inofensivas apesar do tamanho e do aspecto peludo e agressivo.

araponga. Nome vulgar de Aves, gênero Passeriformes. Ex. gênero Procnias.

arara. Nome vulgar de Aves, ordem Psitaciformes. Ex. gênero Ara.

araucária. Gênero de Gimnospermas ordem Coníferas com as espécies A. angustifolia (pinheiro-do-paraná), A. araucana (Chile e sul da Argentina), A. excelsa (ilhas Norfolk).

arbovírus "Arthropod borne virus". Vírus transmitido por Artrópodo. Ex.: vírus da febre amarela e da dengue.

arbusto. Vegetal lenhoso de porte pequeno ou médio (até poucos metros).

Archaea ou arqueas. Autores modernos estão dividindo os seres vivos em três domínios ou Reinos: Bactéria, Archaea e Eukaria. Bactérias e Arqueas são unicelulares, microscópicas, procariontes e sem cariomembrana. Mas as Arqueas têm características muito singulares. Muitas de suas espécies são extremófilas; vivem em ambientes extremamente hostis, tais como água fervente (espécies termófilas) ambiente muito ácidos ou muito básicos, extremamente salgados (espécies halófilas). Arqueas diferem de Bactérias na composição da parede celular, em características dos seus ácidos nucleicos e principalmente na estrutura de sua membrana plasmática. Ela tem L--glicerol, e não Dglicerol como os outros seres vivos. Em vez de dois ácidos graxos, cada glicerol está ligado a dois filamentos de substâncias isoprenoides e que são ramificadas. As ligações entre o glicerol e os isoprenoides são do tipo éter e não éster como nos demais seres vivos. as Arqueas, Por isso, foram elevadas a Reino independente das Bactérias e são filogeneticamente mais ligadas a Eukaria (eucariontes). Exemplos de gêneros de Arqueas: Halobacterium, Pyrococcus, Thermologa e Methanothermes. Há espécies de Arqueas produtoras de metano, inclusive dentro do tubo digestivo de Mamíferos.

Archaeopteryx. Fóssil do Triássico com esqueleto e dentes de réptil; asas e penas de ave.

arco aórtico. Ramo da aorta dos Peixes que leva sangue venoso para as brânquias. Há quatro pares de arcos aórticos funcionais. Nos demais Vertebrados esses arcos, só do embrião, originam várias artérias, como aorta e pulmonar, e veias como pulmonar e jugular.

arco reflexo. Conjunto de dois ou três neurônios responsáveis pela recepção de um estímulo e pela resposta a ele. O primeiro neurônio é o sensitivo ou aferente. É longo, recebe o estímulo e o transfere para o segundo neurônio (não obrigatório) chamado intermediário ou intercalar. É muito curto e geralmente está na medula espinhal. Aí o estímulo é transferido para o neurônio eferente ou motor, longo, e que vai a uma estrutura de resposta que pode ser um músculo ou uma glândula.

arcos branquiais. Vasos sanguíneos pares entre as fendas branquiais dos peixes.

arcossauros. Répteis – Tecodontes, Pterossauros, Dinossauros (todos extintos) e Crocodilianos.

Ardipithecus. Gênero de Hominidae fósseis africanos de mais de 5 milhões de anos.

Primeiros fósseis "humanos" encontrados na Etiópia.

arenque. Nome vulgar de Osteictes gênero Clupea.

ARG. Abreviatura convencional do aminoácido arginina.

arginina. Aminoácido dibásico (diaminado), monocarboxílico. Sua abundância numa proteína tende a torná-la eletricamente positiva. Abrev.: ARG, símbolo: R. Código genético (RNA-m): CGU, CGC, CGA, CGG, AGA e AGG. / Aminoácido proteínico que, no ciclo da ureia, resulta da Citrulina + NH_3 e produz Ornitina e Ureia.

arilo. Apêndice do funículo de algumas sementes. Às vezes cobre a semente.

ariranha. Nome vulgar de Mamíferos, ordem Carnívoros com a espécie Pleuronura brasiliensis. Hábitos gregários e semiaquáticos.

Aristóteles, lanterna de. Aparelho bucal de ouriço-do-mar (Equinoderma, classe Equinoides).

Armillaria. Gênero de Fungos Basidiomicetos. A espécie A. ostoyae é exemplificada pelo (provavelmente) maior ser vivo do planeta Terra. É formado por uma rede de filamentos subterrâneos ocupando cerca de 9 km^2 numa localidade de Oregon, nos Estados Unidos.

arminho. Nome vulgar de Mamíferos, ordem Carnívoros com a espécie Mustela erminea.

Pele valiosa.

ARN. Sigla de ácido ribonucleico (q.v.).

arqueano, eon. Antiga era Azoica ou Arqueozoica. Eon entre a origem da Vida há uns 3,8 bilhões de anos e o início da Proterozoica, há 2,5 bilhões de anos.

Aparecem os primeiros estromatólitos e bactérias fósseis.

arqueas. V. Archaea.

arquegoniadas. Plantas terrestres sem flores e cujos gametas masculinos flagelados, anterozoides, formados nos anterídios (órgãos masculinos), necessitam de meio aquático para atingir a oosfera no arquegônio, órgão feminino, e daí sua dependência de lugares úmidos. São as Briófitas, sem vasos condutores de seiva, e as Pteridófitas, com vasos condutores de seiva.

arquegônio. Órgão reprodutor feminino do gametófito de Briófitas e Pteridófitas, as Arquegoniadas. Tem forma de garrafa e contém a oosfera. Os anterozoides nadam, entram pela "boca", descem pelo "gargalo" e um deles fecunda a oosfera iniciando, com o zigoto, a fase diploide.

arquêntero. Cavidade da gástrula, formada pelo endoderma, e comunicada com o exterior pelo blastóporo. Mais tarde será o tubo digestivo.

arqueozoica. V. Arqueano, eon.

Arqueozoários. Em um sistema recente de classificação, são Eucariontes de estrutura muito primitiva, como os gêneros Giardia, um parasita intestinal, e Trichomonas, que não possuem plastos nem mitocôndrias.

arquétipo. Modelo teórico de um animal ou de uma planta concebido com o essencial, sem especializações. Desse arquétipo podem ser derivados os tipos reais acrescentando variações. Há quem imagine o real ancestral de um animal ou uma planta como um arquétipo.

arrenótoca, partenogênese. É a partenogênese que só origina machos. Nas espécies onde ocorre, as fêmeas são produto de fecundação. É típica dos Insetos Himenópteros, como as abelhas.

arroz com feijão. Prato brasileiro. O arroz tem metionina e não tem lisina. O feijão tem lisina e não tem metionina. V. aminoácidos essenciais.

artéria. Vaso sanguíneo eferente ao coração (sai do coração). Leva sangue do ventrículo para o corpo ou para o Aparelho Respiratório. Tem forte parede elástica e, no cadáver, apresenta-se sem sangue, cheia de ar.

artéria pulmonar. Leva sangue venoso do ventrículo direito para os pulmões.

arteríola. Ramo final de uma artéria, divide-se em capilares.

arteriosclerose. Perda da elasticidade da artéria pelo endurecimento de sua parede.

Artiodátilos. Ordem de Mamíferos com número par de dedos (ao contrário dos Perissodátilos). São os bois, porcos, veados, camelos, lhamas, carneiros, cabras, girafas etc.

artrite. Inflamação numa articulação.

Artrópodos. O maior dos filos animais, com acima de 1 milhão de espécies. São triblásticos celomados, frequentemente com ovos centrolécitos. Têm apêndices articulados, esqueleto externo com quitina, corpo segmentado dividido em anéis, crescimento descontínuo por meio de mudas, sistema nervoso ganglionar com eixo ventral, e aparelho circulatório aberto ou lacunar. Inauguraram os músculos estriados, daí maior potência e velocidade nos movimentos. Compreendem cinco classes principais: Aracnídeos, Crustáceos, Insetos, Quilópodos e Diplópodos.

Artrópodos. Classificação moderna – Subfilo 1) Crustáceos: com mandíbulas, maxilas e outros apêndices bucais, dois pares de antenas e corpo geralmente dividido em cefalotórax e abdômen. Subfilo 2) Quelicerados: com quelíceras e palpos. Não têm antenas e o corpo é dividido em cefalotórax e abdômen ou em cefalotórax, abdômen e pos-abdômen ou cauda ou em cefalotórax e abdômen fundidos. Este subfilo corresponde aos Aracnídeos e os Merostomados. Subfilo 3) Unirrâmeos: com mandíbulas, maxilas e outros apêndices bucais, um par de antenas. São os Insetos, Quilópodos e Diplópodos.

árvore. Vegetal lenhoso de porte médio ou grande (até dezenas de metros) com caule único, o tronco, que se ramifica muito acima do solo dando galhos bem mais finos.

árvore brônquica. Os brônquios e seus ramos, os bronquíolos, no interior dos pulmões.

árvore estranguladora. Nome vulgar de Angiospermas Dicotiledôneas, como por ex. da família das Moráceas, gênero Coussapoa com a espécie C. microcarpa, cujas raízes envolvem e matam outras árvores, e gêneros Clusia da família Gutíferas e Ficus das Moráceas.

asbesto. Mistura de silicatos de cálcio e de magnésio, altamente resistente ao calor e a agentes químicos. Poluente, pode causar câncer. Amianto é o nome comercial do asbesto.

asbestose. Afecção pulmonar causada pela inspiração de fibras de amianto usadas por exemplo em telhados, lonas e pastilhas de freio de veículos automotores.

Ascamicatos. Divisão de Fungos cujos esporângios são do tipo asco. Exemplificados pelo levedo (Saccharomyces) pelas trufas (comestíveis) e pelo gênero Penicillium.

ascarel. Óleo correspondente à bifenila policlorada, altamente tóxico.

ascaridiose. Doença causada por vermes do filo Nematódeos e da espécie Ascaris lumbricoides, vulgarmente lombriga. Parasitam o intestino delgado humano, absorvendo os alimentos que já havíamos digerido. Transmissão direta pela ingestão de ovos contidos nas fezes humanas, evacuadas no solo ou na água.

Ascaris. Gênero de vermes de filo Nematódeos e da espécie Ascaris lumbricoides, vulgarmente lombriga.

ascensão polar. Movimento que os cromossomas fazem na anáfase, dirigindo-se para os polos da célula.

ascídia. Exemplo de animal de subfilo Protocordados e da classe Urocordados. Sin.: maminha-de-porca. Gênero Ascidia.

asco. Esporângio em forma de saco alongado onde se formam ascosporos (sempre oito), característicos dos Ascomicetos.

ascolíquens. Líquens dos quais participa um cogumelo da classe Ascomicetos.

ascon. Tipo estrutural mais simples de uma esponja, com uma cavidade central única e relativamente grande, ligada ao exterior por meio de poros laterais por onde a água entra, e um orifício superior, maior (ósculo), por onde a água sai. Células flageladas (coanócitos)impulsionam a água. Os tipos mais complexos de esponjas são o sicon e o leucon.

ascorbato. Forma iônica do ácido ascórbico.

ascosporo. Um dos oito esporos dos ascos.

ase. Sufixo designando enzima.

ASN. Abreviatura convencional do aminoácido asparagina.

asno. Sin. de burro. Nome vulgar de Mamíferos, ordem Perissodátilos com a espécie Equus asinus.

ASP. Abreviatura convencional do aminoácido aspártico.

asparagina. Aminoácido, abreviatura ASN, símbolo N. Código genético (RNA-m) AAU e AAC.

aspartame. Adoçante artificial, quimicamente um dipeptídeo, formado pela união de dois aminoácidos: aspártico e fenilalanina. A carboxila deste segundo aminoácido é esterificada pelo metanol.

aspártico. V. ácido aspártico.

Aspergillus. Gênero de Fungos Ascomicetos, ordem Plectascales com a espécie A. orizae usada na produção de sakê (vinho japonês à base de arroz) e com espécies patogênicas para o homem. V. micose.

Asquelmintos. Filo muito complexo, com várias classes, mas a única com real interesse é a dos Nematódeos, às vezes chamada de Nematelmintos e elevada a filo. Corpo cilíndrico não segmentado envolvido por uma cutícula capaz de sofrer mudas. São triblásticos, pseudocelomados com simetria bilateral e têm tubo digestivo completo, com boca e ânus. Reprodução por fecundação, sexos separados. Muitas espécies são parasitas, como por exemplo, nos gêneros: Ascaris, Ancylostoma, Necator e Wuchereria. Há cerca de 12.000 espécies de Nematódeos.

assimilação. Transformação das substâncias alimentares em material celular.

associação desarmônica. Associação ecológica em que há prejuízo para um dos associados. Parasitismo e predatismo, por exemplo.

associação harmônica. Associação ecológica em que não há prejuízo para nenhum dos associados.

associação interespecífica. Associação ecológica entre indivíduos de espécies diferentes.

associação intraespecífica. Associação ecológica entre indivíduos da mesma espécie. Colônia e sociedade, por exemplo.

assoreamento. Aumento da quantidade de materiais inorgânicos (areia, argila) e orgânicos (lodo) no leito dos rios, canais e estuários, diminuindo a sua profundidade e a correnteza.

astélico. Sem estelo ou cilindro central. Diz-se de caules e raízes de Monocotiledôneas, onde os feixes vasculares, sem câmbio, estão espalhados ao acaso.

áster. Conjunto de fibrilas, em forma de estrela, ao redor de um centríolo durante uma mitose ou uma meiose.

Asteroides. Classe de Equinodermas representada pela estrela-do-mar.

astrócito. Célula da neuroglia, nutridora dos neurônios.

A-T. Dupla de bases nitrogenadas (Adenina + Timina) transversal da molécula do DNA, unidas por pontes de hidrogênio. O par A-T só tem duas pontes e é menos estável que o par C-G, que tem três pontes de hidrogênio.

atavismo. Expressão de um caráter, oculto durante várias gerações, parecendo que pulou de um ancestral para o presente. Em geral, ocorre com gene recessivos, carreados sem se manifestarem, em heterozigose. Só aparecendo o fenótipo quando em homozigose.

ateroma. Acúmulo de placas de material lipídico com colesterol na face interna de artérias diminuindo seu calibre e induzindo coagulação local. O conjunto desses fatores corresponde à aterosclerose.

aterosclerose. V. ateroma.

atlas. Primeiro vértebra cervical (primeira vértebra do pescoço), articula-se com o osso occipital.

ato reflexo. Reação automática a um estímulo. Este, levado por uma fibra sensitiva ao SNC, retorna ao sistema periférico por uma fibra motora e estimula um órgão efetor, músculo ou glândula, que executa a resposta. Pode até haver percepção do estímulo a nível cerebral, mas a resposta não depende disso.

atobá. Nome vulgar de Aves, ordem Pelecaniformes. Ex: gênero Sula.

ATP. Sigla de adenosina trifosfato.

ATP-ase. Sigla de Adenosina-trifosfatase, enzima que catalisa a hidrólise do ATP.

ATP-sintetase. Enzima existente nos oxissomas ou partículas elementares das mitocôndrias e que catalisa a reação: ADP+ ◯ +energia→ATP

atresia folicular. Degeneração de vários folículos dentro do ovário, à medida que um deles cresce e desenvolve um óvulo, em cada ciclo menstrual.

átrio direito ou aurícula direita. Cavidade cardíaca que recebe sangue venoso trazido pelas veias cavas. Através de um orifício controlado pela válvula tricúspide, envia este sangue venoso para o ventrículo direito.

átrio esquerdo ou aurícula esquerda. Cavidade cardíaca que recebe sangue arterial trazido pelas veias pulmonares. Através de um orifício controlado pela válvula bicúspide ou mitral, envia este sangue arterial para o ventrículo esquerdo.

atualismo. Conceito, inicialmente geológico, e expresso na frase "O presente é a chave do passado", o Atualismo estabelece que as causas e fenômenos (como a lenta erosão feita pelo vento, pelas ondas do mar ou pelos rios que escavam seus leitos e levam material do solo para o mar, onde ocorre a sedimentação etc.), que modificam a Terra hoje são as mesmas que a modificaram no passado – nenhuma causa ou fenômeno ocorrido no passado deixou de atuar no planeta e continua atuando com intensidade semelhante. Pode ter havido episódios vulcânicos localizados, impacto de asteroides ou cometas etc., mas, em geral, as transformações foram gradativas e acumulativas. Por conseguinte, as transformações sofridas pela Terra foram e são sempre naturais, sem "milagres" ou catástrofes. Em um sentido mais amplo, e estendido ao espaço, o Atualismo é a base na qual se apoia toda ciência: a constância das leis da física tanto aqui e agora como lá e então. Por exemplo: aceitamos que o fenômeno da reflexão da luz segue as mesmas leis na Terra hoje e em Marte há 1 bilhão de anos atrás e que fervemos água hoje no Brasil sob as mesmas leis naturais que atuavam em Roma há 2 mil anos. O Atualismo está ligado ao conceito de tempo "profundo", isto é, os inimagináveis bilhões de anos de que nos falam a astronomia e a geologia. Por exemplo: quanto tempo levou para que se depositassem, no fundo dos oceanos do passado, sedimentos (camadas de terra e areia compactadas) com quilômetros de espessura.

atum. Nome vulgar de Osteictes, gênero Thunnus.

AUG. Códon que determina o início de uma tradução e também determina o aminoácido metionina.

aurícula ou átrio. Câmara cardíaca receptora, local onde desemboca uma veia. Nos Peixes, só há uma, venosa. Em outros Vertebrados, onde há duas, a direita recebe sangue venoso do corpo e a esquerda, sangue arterial do pulmão.

australiana, região. Região zoogeográfica correspondente à Austrália, Nova Guiné, Nova Zelândia e ilhas do sudeste do Pacífico, a leste da linha de Wallace. Caracterizada por Mamíferos da ordem Monotremados (onitorrinco e equidna), Marsupiais (como o canguru e o coala) e Aves como o quivi.

Australopitecíneos. Subfamília da família Hominídeos do Plioceno e Pleistoceno da África. Com várias espécies bípedes e arborícolas, de pequeno porte (1,2m em média) e com volume cerebral de uns 450cm^3. V. Lucy (Australopithecus afarensis).

autocatálise. Processo em que a formação de uma determinada substância é acelerada pela própria substância. Exemplo: o acúmulo de tripsina catalisa a produção de mais tripsina. V. enteroquinase.

autocromossoma. V. Autossoma.

autóctone. Diz-se daquele que se originou no local onde vive.

autofagia. Englobamento de organócitos por vesículas onde são introduzidas enzimas digestivas, por um ou mais lisossomas. Daí a consequente hidrólise e destruição desses organócitos.

autofecundação. Processo de fecundação em um indivíduo hermafrodita, onde seus espermatozoides fecundam seus próprios óvulos. / Ou autogamia: fecundação entre gametas feminino e masculino do mesmo indivíduo. Só ocorre em hermafroditas e, mesmo assim, há mecanismos para evitá-la, como a protandria, favorecendo a fecundação cruzada, que produz maior variabilidade genética.

autogamia. Sin. de autofecundação.

auto-imunidade. Falha de reconhecimento, pelo Sistema Imune, de uma ou mais proteínas do próprio corpo, as quais são tratadas como antígenos. O Sistema Imune produz anticorpos contra elas e destroi os tecidos e órgãos a que pertencem. Em geral, resulta em doenças graves, ditas auto-imunes. Ex.: diabete 1, artrite reumatoide e celíase.

autólise. Sin. de citólise. Digestão (hidrólise) e consequente dissolução de uma célula pelas enzimas digestivas que se libertam de seus próprios lisossomas.

autônomo, SN. Parte do SN, exclusivamente motora, que inerva as vísceras, controla as funções orgânicas e faz as adaptações imediatas do corpo às mudanças ambientais. Tem dois divisões: Simpático e Parassimpático ou Vagal.

autopoliploidia. Poliploidia originada dentro da espécie, pela duplicação do seu genoma, uma ou mais vezes.

autossoma. Tipo de cromossoma comum, não dedicado especificamente à determinação do sexo. / Cromossomas cujos pares são iguais nos machos e nas fêmeas. Os outros são os alossomas.

autotomia. Perda voluntária de uma parte do corpo e que geralmente depois é regenerada. Procedimento que confunde o inimigo natural. Ex.: patas de aranhas, cauda de lagartixa, braços de estrela-do-mar.

autótrofa. Tipo de nutrição de indivíduos que produzem matéria orgânica a partir da matéria inorgânica por meio da fotossíntese (plantas e algas e algumas bactérias) e da quimiossíntese (algumas bactérias).

auxina ou ácido indol-acético. Hormônio vegetal que alonga as células abaixo da gema apical (caule) e acima da coifa (raiz). Atua no fototropismo e no geotropismo. Para o crescimento deve haver um teor ótimo de auxina – pouco não estimula, muito inibe. A raiz reage com teores mais baixos que o caule.

AV, nó. V. Nó ou nódulo AV.

avasculares. Plantas sem vasos lenhosos e liberianos. São Briófitas (musgos) e Algas.

avenca. nome vulgar de Pteridófitas, ordem Filicales, fam. Polipodiáceas gênero Adiantum.

Aves. Classe de Vertebrados com cerca de 9.000 espécies. São amniotas, alantoidianos, homeotérmicos, ovíparos, têm ossos pneumáticos, sacos aéreos, ausência de dentes e presença de bico córneo. Não têm bexiga urinária. O corpo é coberto de penas e o primeiro par de patas é modificado como asas. A classe se divide em duas subclasses: 1) Ratitas ou Paleognatas, com o osso esterno sem quilha impossibilitando o vôo (quivi, casuar, ema e avestruz) e 2) Carinatas ou Neognatas, com o osso esterno em quilha onde se inserem os músculos peitorais que movem as asas. Aqui se classificam as demais aves.

avestruz. Nome vulgar de Aves, subclasse Ratitas, ordem Estrucioniformes, gênero Struthio (com até 2,10 m de altura e 130Kg, com dois dedos, África).

Avicennia. Gênero de Angiospermas Dicotiledôneas, fam. Verbenáceas com as espécies A. nitida e A. tomentosa, em manguezais. Sinônima de Siriuba ou mangue branco ou amarelo.

Forma pneumatóforos, estruturas aéreas curtas e mais ou menos cilíndricas a partir de raízes, permitindo a respiração subterrânea. Ajudam também a fixação da planta no solo lodoso. V. pneumatódios e pneumatóforos.

avitaminose. Carência de uma determinada vitamina.

axeroftol. Sin. de retinol: vitamina A.

axial ou pivotante, raiz. Raiz principal longa e grossa com raízes secundárias de menor diâmetro. É típica de Gimnospermas e Dicotiledôneas.

axila. Ângulo entre a estrutura e o eixo que a origina, como a axila braço-tórax e a axila folha-caule.

axis. Em Vertebrados, a segunda vértebra da coluna vertebral no pescoço (cervical).

axolote. Tipo de Vertebrado da classe dos Anfíbios, subclasse Urodelos e que apresenta neotenia.

axonema. Estrutura axial (central) de um flagelo ou cílio, que apresenta dois microtúbulos longitudinais.

axônio. Prolongamento geralmente mais longo em cada neurônio. Tem função eferente, isto é leva estímulos para outros neurônios, músculos e glândulas.

azoica. V. era Azoica.

Azolla. Gênero de Pteridófitas aquáticas flutuantes, comum no Brasil.

azoospermia. Ausência de espermatozoides móveis, ou mesmo de espermatozoides, no esperma e consequente esterilidade do portador.

Azotobacter. Gênero de bactérias livres no solo e que fazem fixação do N_2 do ar formando NH_3.

Azteca. Gênero de formigas (Insetos, ordem Himenópteros) que habitam e defendem a imbaúba.

B

babaçu. Nome vulgar de Angiospermas Monocotiledôneas, fam. Palmáceas gênero Orbignya.

babosa. V. Aloe.

babuíno. Nome vulgar de Mamíferos, ordem Primatas Cercopitecoides (Velho Mundo). Ex. gênero Papio.

bacalhau. Nome vulgar de Osteictes, gênero Gadus.

Bacilariófitas. Nova denominação de Diatomáceas, algas de parede celular silicosa de uso industrial e importância paleontológica, pelos extensos depósitos sedimentares formados. / Algas unicelulares, solitárias ou coloniais geralmente planctônicas. A parede celular, com sílica, é dividida em duas partes, como se fosse uma caixa com a sua tampa. Têm plastos marrons-dourados.

Bacillus thuringiensis. Espécie de Bactéria produtora de uma toxina que ataca Insetos. Seu gene específico para esta produção tem sido usado em Engenharia Genética.

bacilo. Bactéria em forma alongada, de bastonete.

bacilo láctico. Ou lactobacilo. Tipo de bacilo que faz fermentação láctica.

bacinete. Ponta superior dos ureteres, em forma de taça ou bacia, dentro do rim.

backcross. Sin. de Retrocruzamento.

baço. Em Vertebrados, grande órgão linfoide abdominal, abaixo das costelas, à esquerda. No embrião, produz hemácias, mas, no adulto, as destrói, após muito circularem.

bactérias. Procariontes, atualmente Monera, que vivem em todos os nichos imagináveis, desde o interior de rochas (em terra firme) a quilômetros de profundidade até o alto de montanhas nevadas, passando pelo fundo dos oceanos junto a fontes quentes sulfurosas, fora e dentro de outros organismos mantendo com eles todas as relações biológicas possíveis. Entre as Bactérias encontramos todas as variedades possíveis de heterotrofismo e autotrofismo, algumas exclusivas. Muitas espécies são parasitas. V. procariota. Bactérias são seres unicelulares ou coloniais, com DNA circular, sem cariomembrana, geralmente com parede celular e sempre sem celulose. Não têm membranas internas, mas na membrana plasmática há diferentes enzimas, inclusive respiratórias.

bacterioclorofila. Semelhante à clorofila de algas e Plantas, age na fotossíntese de algumas bactérias que não usam H_2O como fonte de H.

bacteriófago. Ou fago. Tipo de vírus de DNA que ataca e destrói bactérias.

bacteriorrodopsina. Pigmento fotossintetizante de bactérias não clorofiladas que vivem em águas extremamente salgadas (halobactérias). Formado por retinal associado a proteínas. Quando a bacteriorrodopsina é excitada pela luz, libera energia que expulsa prótons (H^+) para fora da bactéria. O fluxo dos prótons fornece energia para a produção de ATP, desencadeando a fotossíntese. Veja Bomba de prótons.

bacurau. Nome vulgar de Aves, ordem Caprimulgiformes. Ex.: gênero Caprimulgus.

badejo. Nome vulgar de Osteictes, gênero Mycteroperca.

baga. Fruto carnoso de pericarpo suculento e nutritivo, como a uva e o abacate.

bagre. Nome vulgar de Osteictes, gênero Pimelodus. De água doce.

baiacu. Nome vulgar de Osteictes, gênero Diodon.

bainha. 1) Em anatomia vegetal: parte alargada do pecíolo da folha que envolve total ou parcialmente o nó do caule ou do ramo. 2) Em anatomia animal: revestimento membranoso de uma estrutura.

Balanoglossus. Gênero típico do filo Hemicordados. Animais que vivem enterrados na areia do mar.

Balantidium. Gênero de Protozoários da classe Ciliados cuja espécie Balantidium coli parasita o porco, mas pode ser também encontrada no intestino delgado humano. Transmissão direta por meio de cistos.

baleia. Nome vulgar de Mamíferos, ordem Cetáceos.

baleia-azul. Nome vulgar de Mamíferos da ordem Cetáceos, subordem Mistacocetos, da espécie Balaenoptera musculus. A maior das baleias, com até 30 m de comprimento e 140 toneladas.

baleia-bicuda. Nome vulgar de Mamíferos da ordem Cetáceos, subordem Odontocetos dos gêneros Hypercodon, Ziphius e Mesoplodon.

baleia-fin. Nome vulgar de Mamíferos da ordem Cetáceos, subordem Mistacocetos espécies Balaenoptera physalys. A segunda maior baleia.

baleia-franca. Nome vulgar de Mamíferos da ordem Cetáceos, subordem Mistacocetos, da espécie Eubalaena australis.

baleia-jubarte. Nome vulgar de Mamíferos da ordem Cetáceos, subordem Mistacocetos com a espécie Megaptera novaeanglia.

baleia-minke. Nome vulgar de Mamíferos da ordem Cetáceos, subordem Mistacocetos com a espécie Balaenoptera acutorostrata.

baleia-piloto. Nome vulgar de Mamíferos da ordem Cetáceos, subordem Mistacocetos. Ex: gênero Globicephala.

baleia-sei. Nome vulgar de Mamíferos da ordem Cetáceos, subordem Mistacocetos, com a espécie Balaenoptera borealis.

bambu. Nome vulgar de Angiospermas Monocotiledôneas da família Gramíneas.

Ex.: gêneros Phyllostachys, Dendrocalamus e Bambusa.

bananeira. Nome vulgar de Angiospermas Monocotiledôneas, fam. Musáceas, gênero Musa.

banda A ou disco escuro. Parte da estrutura da miofibrila estriada, com actina e miosina, tendo na região equatorial uma faixa estreita, clara, chamada linha H. V. sarcômero.

banda I ou disco claro. Parte da estrutura da miofibrila estriada, com actina e sem miosina. No seu equador há uma linha Z, escura. V. sarcômero.

bandeamento cromossomial. (Técnicas). Métodos de coloração que mostram listras transversais (band = listra ou faixa), como código de barras, características de cada cromossoma, melhorando sua identificação, a comparação com outros cromossomas e a percepção de alterações de sua estrutura. O mais usado é o método com o corante Giemsa (G).

baobá. Nome vulgar de Angiospermas Dicotiledôneas, fam. Bombacáceas, com a espécie Adansonia digitata. Grande árvore das savanas africanas.

baqueta. Ou "drumstick", é uma pequena protuberância que aparece no núcleo de neutrófilos de mulheres. É o cromossoma X inativo. Corresponde ao corpúsculo de Barr ou cromatina sexual e, portanto, inexiste em neutrófilos de homens, XY.

barata. Inseto da ordem Ortópteros e, para vários autores, da ordem Blatárias. Gêneros importantes: Periplaneta (grande barata voadora), Blatta e Blattella.

barata d'água. Nome vulgar de Insetos Hemípteros, de água doce, dos gêneros Bellostoma e Lethocerus. Picam severamente quando manuseados.

barata-da-praia. Nome vulgar de Crustáceos da ordem Isópodes, exemplo gênero Ligia em praias com pedras.

barbeiro. Nome vulgar de alguns Insetos da ordem Hemípteros. São percevejos hematófagos dos gêneros Triatoma, Panstrongylus e Rhodnius, transmissores da tripanossomíase americana ou doença de Chagas.

Barr, corpúsculo de. Ou cromatina sexual: granulação nuclear correspondente a um cromossoma X que permanece espiralizado durante uma intérfase. O número de corpúsculos de Barr é igual ao número de cromossomas X menos 1. Por exemplo; Mulher XX = 1 corpúsculo, Homem XY = sem corpúsculo, Homem Klinefelter XXY = 1 corpúsculo, Mulher metafêmea XXX = 2 corpúsculos.

barracuda. Nome vulgar de Osteictes. Ex: gen Sphyraena.

barreira geográfica. Qualquer acidente geográfico: rio, montanha, deserto, cordilheira, etc., que atue no isolamento reprodutivo de espécies, impedindo que seus membros se encontrem.

barreiras reprodutivas. São os caracteres que não permitem o cruzamento entre duas espécies e fazem com que os novos caracteres surgidos em cada espécie sejam exclusivamente seus. Assim, as duas espécies se tornam, cada vez mais, diferentes uma da outra. Podem ser barreiras Pré-zigóticas ou Pós-zigóticas.

barrete ou reticulum. segunda câmara do estômago dos Ruminantes. Aí também há digestão de celulose por bactérias e protozoários.

barriguda. Nome vulgar de Angiospermas Dicotiledôneas fam. Bombacáceas dos gêneros Ceiba e Cavanilesia. Árvores da caatinga.

barrigudinho. Nome vulgar de Osteictes, gêneros Phalloceros e Gambusia. Peixes fluviais larvófagos, comem larvas de mosquitos.

Bartholin, glândulas de. Glândulas exócrinas femininas cujos canais se abrem na região da vulva entre as margens do hímen e os pequenos lábios, despejando líquido lubrificante.

basal ou basilar. Referente, pertencente ou situado na base de uma estrutura.

basal, camada da epiderme. Camada celular geradora da epiderme. É a mais profunda, em contato com a membrana basal. Tem uma só camada de células cúbicas que, com frequentes mitoses, originam as demais camadas da epiderme e todos os anexos. O mesmo que camada germinativa.

basal, membrana. Membrana acelular, adesiva e permeável, que fixa um tecido epitelial ao TCPD subjacente. Através dela o epitélio recebe nutrição dos vasos do TCPD (Tecido Conjuntivo Propriamente Dito).

base nitrogenada. Categoria de substâncias caracteristicamente encontradas nos ácidos nucleicos (DNA e RNA). São heterocíclicas, havendo cinco tipos principais: Adenina (A), Citosina (C), Guanina (G), as três existentes no DNA e no RNA; Timina

(T) só no DNA e Uracila (U) só no RNA. T, C e U são pirimidínicas, bases nitrogenadas monocíclicas enquanto A e G são purínicas, bases bicíclicas, molecularmente maiores.

bases nitrogenadas no DNA. A = adenina, C = citosina, G = guanina e T = timina. Quantidades: A = T, C = G, A + G = T + C e A + C = T + G. As bases correspondem aos respectivos nucleotídeos.

basicidade. Sin. de alcalinidade.

básico ou alcalino. Referente a uma solução com pH maior que 7.

basídio. Esporângio em forma de clava dos Basidiomicetos.

basidiocarpo. Estrutura que contém os esporângios dos Basidiomicetos, os basidiosporângios. É o chapéu de sapo ou a orelha de pau.

basidiolíquens. Líquens dos quais participam cogumelos do tipo Basidiomicetos.

Basidiomicetos. Classe de Fungi, como os cogumelos-de-chapéu e a orelha-de-pau, cujos esporângios são do tipo basídio. A outra classe são os Ascomicetos, cujos esporângios são do tipo asco.

basidiosporo. Esporo dos Basidiomicetos, produzido em basídios.

basófila. Estrutura corada por corante básico. É, portanto, uma estrutura ácida, como por exemplo, os ribossomas.

basófilo. 1) Raro leucócito granulócito, com grânulos coráveis por corantes básicos e função controvertida. 2) Adjetivo: qualquer estrutura corável por corante básico e, portanto, ácida. / Tipo de estrutura com afinidade por corantes básicos. Ribossomas são organócitos basófilos porque contêm RNA, que é um ácido. Hematoxilina, azul de metileno e azul de toluidina são corantes básicos.

bastonetes. Células retinianas cuja parte fotossensível tem diâmetro igual, da base, junto do corpo celular, à extremidade. Fazem a visão em preto e branco, mesmo em baixa luminosidade. / Células retinianas que atuam em luz intensa ou muito fraca e dão a visão em preto e branco.

batial, zona. Parte do talassociclo entre 200 e 2000m de profundidade.

Bauru, úlcera de. Sin. de Leishmaniose tegumentar americana.

BCG. Bacilo Calmette-Guerin – O bacilo da tuberculose humana atenuado e usado como vacina. / Vacina anti-tuberculose.

beija-flor. Sin.: colibri. Nome vulgar de Aves, ordem Apodiformes. Ex.: gêneros Phaetornis, Stephanoxis, Polytnus.

bem-te-vi. Nome vulgar de Aves, ordem Passeriformes. Ex. gênero Pitangus.

bentos. Conjunto de seres que vivem no fundo das águas (doces e salgadas); fixos, rastejantes, maus nadadores, enterrados ou semi-enterrados no fundo.

Bergman, Lei de. Nas espécies de Mamíferos com ampla distribuição geográfica, as populações de regiões mais frias têm indivíduos maiores que aquelas de regiões mais quentes.

beribéri. Sintoma da carência da vitamina B1. É uma polineurite (inflamação generalizada dos nervos) resultando em atrofia muscular e paralisia.

bernardo-eremita. Sin. de ermitão ou paguro. Nome vulgar de Crustáceos Malacostráceos, ordem Decápodos. Com abdômen mole. Ex.: gênero Eupagurus.

berne. V. miíase.

besouro. Nome vulgar de Insetos da ordem Coleópteros (mais de 300.000 espécies em quase 200 famílias). Ex.: de gêneros: Pyrophorus (vagalume), Rhina (gorgulho), Dinastes, Hypothenemus (broca-do-café), Zabrotes (caruncho-do-feijão).

beta-oxidação. Sequência de oxidações aeróbias sobre ácidos graxos na matriz mitocondrial e também em peroxissomas. É lenta e desprende muita energia, originando muito ATP. Beta-oxidase é o complexo enzimático que catalisa este processo.

beta-oxidase. Complexo enzimático que catalisa a beta-oxidação. Estimula a introdução de um átomo de oxigênio na posição do carbono beta de um ácido graxo, determinando a libertação de uma pequena molécula de 2C (correspondente ao ácido acético). O ácido graxo diminui em 2C. O processo vai sendo repetido e o ácido graxo vai diminuindo, perdendo repetidamente 2C. As moléculas de ácido acético vão entrar no ciclo de Krebs.

bexiga natatória. Bolsa de ar, primitivamente ligada à faringe, com função respiratória complementar em peixes de água doce, fósseis e atuais. Em outros peixes, especialmente marinhos, tornou-se órgão hidrostático, ajustando o peso específico do peixe de modo que ele fique a uma certa profundidade sem esforço. Nestes peixes, a bexiga natatória envia ar para o sangue ou recebe ar dele. Tubarões e raias, que não têm bexiga natatória, nadam o tempo todo ou afundam.

BHC. "benzene hexachloride" – Inseticida.

biblioteca de DNA. Conjunto de fragmentos clonados de DNA, sem introns, que idealmente contém o genoma de uma espécie.

bicarbonato. Íon resultante do ácido carbônico. Funciona como tampão, recebendo H^+. É a principal forma de transporte de CO_2 no sangue, via plasma sanguíneo, rumo aos pulmões.

bicho-da-seda. Inseto da ordem Lepidópteros e da espécie Bombyx mori.

bicho-de-ouvido. Um dos nomes vulgares de Diplópodos. Sin.: embuá.

bicho-do-pé. Inseto da ordem Sifonápteros, gênero Tunga. É um tipo modificado de pulga, cuja fêmea se desenvolve dentro da pele humana.

bicho geográfico. Sin. de larva migrans.

bicho-pau. Inseto da ordem Ortópteros (Fasmídios para alguns autores) Ex.: Bactridium grande, a maior espécie brasileira com 26,5 cm de comprimento. possui camuflagem em forma de graveto.

bicho-preguiça. V. preguiça.

bicúspide, válvula. Sin. de válvula mitral.

bigorna. V. martelo.

bile ou bilis. Secreção digestiva do fígado, armazenada na vesícula biliar e lançada no duodeno. Não contém enzimas digestivas e sim ácidos biliares emulsionadores dos lipídeos alimentares.

bilharziose. Sin. de esquistossomose.

bilirrubina. Produto da decomposição do radical heme, da hemoglobina e dos citocromos, presente na bile e responsável pela cor das fezes.

biliverdina. Ocorre junto da bilirrubina e resulta de sua oxidação.

bioacumulação. Sin. de magnificação trófica.

biocenose. Sin. de comunidade ecológica.

biociclo. Cada uma das três grandes regiões da biosfera: epinocido – terra firme, talassociclo – água salgada e limnociclo – água doce.

biodiversidade. Diversidade biológica em vários níveis: ecossistemas, espécies e genes. Definição de E. O. Wilson, biólogo americano fundador da sociobiologia.

biogeografia. Estudo da distribuição dos seres vivos do planeta, suas causas e seu significado.

bioluminescência. Sin. de fotogênese. Capacidade que alguns seres vivos têm de emitir luz. Vagalumes, algumas algas unicelulares plânctônicas eucariotas, algumas bactérias e alguns Peixes fazem isto usando uma enzima fotogenase ou luciferase que catalisa a oxidação da fotogenina.

bioma. Grande ecossistema com comunidade clímax e com amplitude geográfica. Ex.: floresta, campina, savana.

biomassa. Total das massas dos corpos dos seres vivos expresso em peso seco ou fresco, por unidade de área habitada, num determinado momento.

Biomphalaria. Gênero de caramujos de água doce (filo Moluscos, classe Gastrópodos e ordem Pulmonados) que é hospedeiro intermediário do Schistosoma mansoni. Teve como sinônimos Planorbis, Tropicorbis e Australorbis.

biosfera. Região superficial do planeta Terra, compreendendo os solos, os mares, as águas doces e a atmosfera, isto é, o conjunto das regiões onde há seres vivos.

biota. Sin. de comunidade ecológica ou biocenose.

biotecnologia. Uso de técnicas genéticas e bioquímicas para produção de novos seres vivos com genótipos diferentes dos naturais e, pelo menos esta é a intenção, melhorados.

bióticos, fatores. Fatores ecológicos diretamente derivados dos seres vivos, tais como competição, mutualismo, predatismo, parasitismo etc.

biótopo. Ambiente fisicoquímico de um ecossistema.

bipedalismo. Comportamento ereto, inclusive caminhando sobre os pés. É considerado um passo crucial na evolução humana, adotado pelos Australopitecíneos. Permitiu boa locomoção, ótima postura para a visão e liberou as mãos.

bipinária. Larva de Equinodermas da classe Asteroides.

birigui. Nome vulgar do mosquito palha (Lutzomyia), transmissor das leishmanioses.

bisão. Sin. de búfalo americano. Nome vulgar de Mamíferos, ordem Artiodátilos, com a espécie Bison bison quase extinta.

bisso. Conjunto de filamentos resistentes produzidos pelos mexilhões e que prendem esses animais a rochas e outros substratos marinhos.

bivalente. Par de cromossomas formando uma tétrade: dois cromossomas homólogos emparelhados, num total de quatro cromatides. Típico do paquíteno.

Bivalvos. Sin. de Lamelibrânquios.

Blackman, reação de. O mesmo que etapa ou fase escura da fotossíntese.

blastocele. Ou cavidade de segmentação. É a cavidade da blástula, com paredes formadas de blastômeros.

blastocisto. Fase pós-clivagem, correspondente à blástula, exclusiva de Mamíferos vivíparos. É formado pelo envoltório (trofoblasto) esférico contendo um grupo de células internas, o botão embrionário ou embrioblasto, embrião propriamente dito, já que o trofoblasto é apenas um envoltório embrionário. Nessa fase, o embrião chega ao útero.

As células internas do blastocisto são os blastômeros. São totipotentes, correspondendo a células-tronco ideais (por enquanto).

blastoderme. A camada de blastômeros que limita o blastocele, uniestratificada em invertebrados, multiestratificada em Vertebrados.

blastodisco. Blástula da clivagem meroblástica discoidal de ovos megalécitos, formada por um disco de células que cobre o polo animal. Pode ser entendida como uma celoblástula aberta no polo vegetal e tornada quase plana em Répteis e Aves.

blastômeros. Células resultantes da segmentação ou clivagem do zigoto.

blastomicose. Doença caracterizada por lesões na pele e em mucosas. Causada por fungos da espécie Paracoccidiodes brasiliensis.

blastóporo. Orifício da gástrula, comunicando o arquêntero ao exterior. Nos Metazoários Protostômios será a boca e nos Deuterostômios o ânus.

blástula. Esfera de blastômeros resultante da clivagem. Os blastômeros formam sua parede ou blastoderme e a cavidade é a blastocele.

Blatárias. Ordem de Insetos hemimetábolos, achatados, com aparelho bucal mastigador, com quatro asas, sendo o primeiro par mais rígido. São as baratas, frequentemente colocadas na ordem Ortópteros.

blefaroplasto. Centríolo que serve de origem e de base para um cílio ou flagelo.

blenorragia. Sin. de gonorreia.

bócio. Hipertofia da tireoide, resultando em inchação da base do pescoço.

bócio endêmico. Bócio por falta de iodo na dieta, comum em altitudes onde solo e água têm pouco iodo. Há pouca tiroxina, hipotireoidismo e excesso de TSH, causa da hipertrofia.

bócio exoftálmico. Hipertireoidismo com pequeno bócio e protrusão do globo ocular (olhos "saltados").

Bohr, efeito. Ação reversível do CO_2, diminuindo a afinidade entre a hemoglobina e o O_2. Nos alvéolos pulmonares, onde o CO_2 sai do sangue para o ar, a hemoglobina, com afinidade aumentada, se liga ao O_2. Nos tecidos, onde o CO_2 entra no sangue, a hemoglobina, com afinidade diminuída, solta o O_2.

boi-almiscarado. Nome vulgar de Mamíferos, ordem Artiodátilos com a espécie Ovibos moschatus, em terras árticas.

Bojanus, órgão de. Órgão excretor dos Moluscos, semelhante à glândula verde dos Crustáceos.

bolor ou mofo. Nome vulgar de vários tipos de Fungos.

bomba de cálcio. Mecanismo proteico de transporte ativo situado, por exemplo, na membrana interna da mitocôndria e que puxa Ca^{++} para dentro da mitocôndria (matriz mitocondrial).

bomba de prótons. Sistema proteico na membrana interna das mitocôndrias que lança H^+ (prótons) contra o gradiente, no sentido do espaço entre as duas membranas mitocondriais. Também existe na membrana dos tilacoides; lança H^+ contra o gradiente, no sentido da luz do tilacoide. Veja Quimiosmótico, processo.

bomba de sódio-potássio. Mecanismo de transporte ativo correspondente a uma proteína da membrana plasmática que usa energia da célula (ATP) para expulsar constantemente Na^+ e puxar K^+ para dentro da célula.

Bombaim. Ou falso O. Raro tipo sanguíneo, exemplo de epistasia. Um gen recessivo h, não alelo de A, a, B e b; em dose dupla (hh) impede a expressão dos gens A e B. Indivíduos hh (muito raros) são do tipo Bombaim, fenotipicamente zero ou O.

bonobo. Macaco da sp. Pan paniscus, semelhante e menor que o chimpanzé comum. Vive na África Central. Sexo predominante sobre a agressividade.

borboleta. Tipo de Insetos, ordem Lepidópteros. Ex. de gêneros: Brassolis (praga-das-palmeiras), Ascia, Morpho, Heliconius, Agrias, Papilio.

borda estriada. Nome antigo designando a face superior de um enterócito (célula da parede do intestino delgado) onde há milhares de microvilos.

Bordetella. Gênero de bactérias causadoras da coqueluche. Sin. de Haemophilus.

bordo. Nome vulgar de árvores cuja folha está estampada na bandeira do Canadá. São Angiospermas Dicotiledôneas, família Aceraceas, gênero Acer. O nome vulgar em inglês é maple.

borrachudo. V. Simulium.

bosque. V. Floresta.

botão embrionário. Ou nó embrionário ou embrioblasto. Aglomerado celular colado à face interna do trofoblasto do blastocisto de Mamíferos. É o embrião propriamente dito, isto é, de onde se forma o corpo do indivíduo. O trofoblasto é um anexo embrionário precoce.

boto. Nome vulgar de Mamíferos, ordem Cetáceos subordem Odontocetos. Exs: gêneros Inia (boto cor-de-rosa das bacias do Amazonas e Orinoco) Phocoena e Sotalia (com uma variedade no rio Amazonas, o tucuxi, e outra marinha).

botulismo. Intoxicação grave causada pela bactéria Clostridium botulinum.

bouba. Doença tropical, contagiosa, causada pela bactéria Treponema pertenue. Lesões cutâneas seguidas por erupções granulomatosas generalizadas.

Bowman, cápsula de. Extremidade do túbulo renal invaginada, onde fica o glomérulo de Malpighi. A ela segue-se o tubo contorcido proximal.

bráctea. Grande folha, em geral vistosa e colorida, associada a uma flor ou uma inflorescência.

bradicardia. Diminuição do ritmo cardíaco. Em geral é resultante da ação do SN Parassimpático.

braditelia. Evolução em ritmo lento.

branca, substância. Parte do encéfalo e da medula espinhal onde há fibras mielínicas e não há corpos celulares de neurônios. Interna no encéfalo e externa na medula.

brânquia. Expansão do corpo, ricamente vascularizada que absorve oxigênio dissolvido na água. Só ocorre em animais aquáticos.

braquidactilia. Vários tipos anatômicos e vários modos de herança com um resultado: dedos curtos.

braquiolária. Larva de Equinodermas Asteroides.

Braquiópodos. Ramo de invertebrados marinhos não coloniais, bivalvos (valvas dorsal e ventral) surgidos no Cambriano e, em maioria, extintos.

Briófitas. Ramo de vegetais terrestres de pequeno porte (musgos), que vivem em lugares úmidos, e não têm raízes, caule ou folhas nem vasos condutores de seiva. Têm ciclo reprodutivo haplodiplobionte com Gametófito predominante (o musgo) e Esporófito (o esporogônio) menor e dependente do gametófito.

broca. Nome vulgar de larvas principalmente de Coleópteros (besouros). Muito pequenas, atacam a madeira.

Bromelia. Gênero de Angiospermas Monocotiledôneas, fam. Bromeliáceas com espécies correspondentes ao gravatá.

bronquíolos. Ramificações dos brônquios, dentro dos pulmões. Terminam em alvéolos.

brônquios. As duas divisões da traqueia. Penetram nos pulmões, onde se ramificam em bronquíolos.

brotamento. Reprodução assexuada onde o início do novo indivíduo é uma protuberância (broto ou gêmula) do corpo de outro indivíduo. O broto se destaca do antigo indivíduo (que não desaparece) e forma o novo indivíduo. Se os brotos não se destacarem forma-se uma colônia. Ocorre em Espongiários, Cnidários e vegetais. O mesmo que gemiparidade.

browniano, movimento. Movimento caótico, desordenado das partículas coloidais induzido pela energia cinética das moléculas de água.

brucelose. Doença causada por bactérias do gênero Brucella no gado bovino e também em porcos e cabras. Atinge o homem pela ingestão do leite infectado.

bubão. Inflamação e engurgitamento em gânglios linfáticos. Característico da peste bubônica.

búfalo. Nome vulgar de Mamíferos, ordem Artiodátilos com a espécie Bubalus bubalis, búfalo aquático da Índia e domesticado praticamente em todo o mundo.

búfalo-americano. Sin. de bisão.

bugio. Nome vulgar de Mamíferos, ordem Primatas superfamília Ceboidea (Neotropical). Ex. gênero Alouatta.

bulbo. Caule subterrâneo curto e grosso. Exemplos: alho e cebola.

bulbo arterial. Pequena dilatação após o ventrículo dos peixes levando sangue venoso para a aorta ventral. V. seio venoso.

bulbo raquidiano. Ou medula oblonga, na base do cérebro, em contato com a medula espinhal ou raquidiana, controla as musculaturas cardíaca, respiratória e do sistema digestivo. Um grupo de neurônios do bulbo (sistema reticular) conserva o cérebro alerta e consciente. V. reticular, substância.

burgess shale. Folhelhos (rochas sedimentares originadas da lama de grãos microscópicos que possibilitaram a fossilização de seres moles e delicados) nas Montanhas Rochosas do Canadá, com 550 milhões de anos, início do período Cambriano. Com Anelídeos, Trilobitas e seres de classificação incerta.

burro. Sin. de asno, Mamífero Perissodátilo.

Burkit, linfoma. Tumor maligno do tecido linfático. Causado pela translocação de um gene (oncogen) do cromossoma 8 para o cromossoma 14, onde ele é ativado.

bursite. Inflamação de bolsas serosas, com membrana dupla, que envolvem estruturas como o pericárdio que envolve o coração, as pleuras ao redor dos pulmões e o peritôneo que reveste estruturas abdominais.

C

C. Símbolo da base nitrogenada Citosina, existente no DNA e no RNA.

C-terminal. Extremidade de uma molécula de proteína ou de um peptídeo onde há uma carboxila (– COOH).

C_3 e C_4, plantas. V. plantas C_3 eC_4.

caatinga. Vegetação xerófila, típica do NE brasileiro, com mais ou menos um milhão de km², cujas plantas, ao contrário do deserto, têm corpo vegetativo permanente. Os arbustos e as poucas árvores têm raízes, caules e galhos permanentes na estação seca. Desapareceram apenas as folhas que reaparecerão na próxima estação chuvosa. Os períodos de seca são prolongados e além dos arbustos, a vegetação é caracterizada pelos cactos. Agreste e sertão são as duas modalidades da caatinga.

cabra-montês. Nome vulgar de Mamíferos, ordem Artiodátilos com a espécie Capra hircus.

cação. Nome vulgar de Condrictes. Ex.: gêneros Mustelus, Squalus e Rhina.

cacatua. Nome vulgar de Aves, ordem Psitaciformes. Ex.: gênero Cacatua (Austrália e Nova Guiné).

cacaueiro. Nome vulgar de Angiospermas Dicotiledôneas, fam. Esterculiáceas, gênero Theobroma.

cachalote. Nome vulgar de Mamíferos, ordem Cetáceos, subordem Odontocetos, espécie Physeter macrocephalus. Chega a 18 m de comprimento e tem uma grande cabeça rombuda. Há também duas espécies de cachalotes pequenos, do gênero Kogia.

cacho. 1) Inflorescência racemosa com longo eixo central dominante e ramos secundários com flores. 2) Infrutescência originada pela inflorescência desse nome.

cachorro-do-mato. Nome vulgar de Mamíferos, ordem Carnívoros com os gêneros Atelocynus, Speothos e Cerdocyon.

cacto. Nome vulgar de muitas espécies de Angiospermas Dicotiledôneas, fam. Cactáceas. Ex.: gêneros Rhipsalia, Peireskia, Phyllocactus, Lophophora ("peiyotl" produtor da mescalina), Opuntia (palmatória), Cereus (mandacaru), Pilocereus (chique-chique), Melocactus (coroa-de-frade).

cadeia alimentar ou trófica. Conjunto de níveis de alimentação numa comunidade. Indivíduos de um determinado nível alimentar ou trófico servem de alimento para os indivíduos do nível imediatamente acima e se alimentam dos indivíduos do nível imediatamente abaixo. A cadeia sempre começa pelos Produtores (geralmente plantas ou fitoplâncton) e a sequência simplificada é: produtores (plantas) = consumidores primários (herbívoros) = consumidores secundários (carnívoros). Podem existir mais de três níveis. Os Decompositores se alimentam dos cadáveres dos indivíduos da cadeia e dos detritos derivados.

cadeia respiratória. Sequência fisiológica de moléculas (principalmente de citocromos) existentes na membrana interna da mitocôndria e nas cristas mitocondriais e que conduzem H^+ e elétrons para o oxigênio. É a fase da respiração celular aeróbia que produz mais ATP.

cadeia trófica. Sin. de cadeia alimentar.

caderinas. Proteínas da membrana plasmática que mantêm adesão entre células vizinhas e para isto dependem dos íons Ca^{++}.

caducas. Em Botânica, diz-se das folhas que caem (outono e inverno) deixando o caule e ramos desnudos. Sin. de decíduas.

caducifolia. Literalmente, folhas que caem. V. Floresta Temperada. / Em Botânica é a planta cujas folhas são caducas, no inverno ou na estação seca.

Caenorhabditis. Gênero de Nematódeos com a espécie C. elegans com 1mm de comprimento, comumente encontrada no solo. Famosa por ser objeto de estudo do mecanismo da formação dos órgãos e da dinâmica das populações celulares durante a embriogênese.

cafeeiro ou cafezeiro. Nome vulgar de Angiospermas Dicotiledôneas, fam. Rubiáceas, gênero Coffea. Arbusto.

cafeína. Alcaloide estimulante do SNC e do coração. Encontrado no café, guaraná, mate.

cágado. Nome vulgar de Répteis, subclasse Quelônios e que vivem em água doce. Ex.: gênero Hydraspis.

caiman. Sin. de jacaré.

cãimbra. Contração dolorosa do músculo estriado esquelético por deficiência local de O_2 e subprodução de ATP.

caitetu. Nome vulgar de Mamíferos, ordem Artiodátilos com as espécies Tayassu tajacu e T. pecari, vulgarmente queixada.

calango. Nome vulgar de pequenos lagartos brasileiros, Répteis da ordem Lacertílios, gênero Ameiva.

calaza. 1) parte do óvulo vegetal onde se prende seu suporte nutridor, o funículo. 2) um dos dois cordões espiralados que sustentam a gema dentro da clara em ovos megalécitos, como os das Aves.

calazar. Sin. de kalazar.

calcemia. Concentração ou taxa de Ca^{++} no sangue. O normal é 5mg de Ca^{++}/ 100ml de sangue. É regulada pelas secreções de paratirina, que a faz subir, e de tireocalciotonina, que a faz baixar. Por sua vez, a hipocalcemia (<5mg) ativa a secreção de paratirina e inibe a secreção de tireocalciotonina. A hipercalcemia (>5mg) faz o inverso.

calciferol. Tipo de substância correspondente às vitaminas D: ergocalciferol é a vitamina D2, e colecalciferol é a vitamina D3.

cálcio. Elemento químico, que entra na composição dos ossos na forma de fosfato de Cálcio $Ca_3(PO_4)_2$. Faz parte também da concha de Moluscos e de outros animais, inclusive da carapaça de diversos Artrópodos. Os íons Ca^{++} frequentemente funcionam como ativadores de enzimas.

calcitonina. Sin. de Tireocalcitonina. Hormônio produzido pela tireoide, estimula a concentração de cálcio nos ossos e diminui a calcemia.

cálice. Verticilo externo do perianto, constituído de sépalos ou sépalas, geralmente verdes.

caliciforme, célula. Tipo de célula em forma de cálice em tecido epitelial pseudo-estratificado. Produz secreção, muco, derivada do complexo de Golgi.

calíptra. Sin. de coifa.

calmodulina. Pequena proteína receptora de Ca^{++} que faz parte da fosforilase quinase. A recepção de Ca^{++} ativa a enzima.

calor específico. Quantidade de calor necessária para elevar em 1 grau a temperatura da unidade de massa de uma substância. A água tem grande calor específico; recebe calor e custa a esquentar e quando perde calor custa a esfriar.

calose. Polissacarídeo que forma calos, obstruções nos vasos crivados ou liberianos de plantas de locais com inverno rigoroso.

calota polar. Condensação do hialoplasma que aparece durante a divisão das células dos vegetais superiores correspondendo ao centríolo das células animais.

Calvin, ciclo de. Sequência de reações da fase escura da fotossíntese, em que entram ATP, NADP.2H e CO_2 e saem PGAL (aldeído fosfoglicérico), NADP, (ADP e ◯). A partir do CO_2, o ciclo de Calvin produz inicialmente o PGA (ácido fosfoglicérico) que é transformado em PGAL (aldeído fosfoglicérico); é uma triose, o primeiro glicídio formado pela fotossíntese. O ciclo liberta moléculas de PGAL (C3) que originam a glicose (C6). Simplificadamente, 2 PGAL = 1 glicose.

CAM. V. plantas CAM.

CAMs. Moléculas de Adesão Celular, sigla em inglês. São glicoproteínas, com essa função adesiva, incluindo as caderinas.

camada basal. V. basal, camada.

camada córnea. V. córnea, camada.

camada espinhosa. V. espinhosa, camada.

camaleão. Nome vulgar de Répteis ordem Lacertílios, gênero Chamaeleo (África, Madagascar e Índia).

camarão. Nome vulgar de Crustáceos Malacostráceos da ordem Decápodos. Ex.: gênero Penaeus.

câmbio. V. meristema secundário.

câmbio subero-felodérmico. V. Felogênio.

câmbio vascular. Meristema secundário interno que produz xilema para dentro e floema para fora.

cambriana, explosão. Surgimento repentino, em poucos milhões de anos, no registro fóssil do início do Cambriano, de todos os Ramos de Metazoários atuais e de mais alguns outros, logo extintos.

Cambriano ou câmbrico. Primeiro período da Era Paleozoica, teve começo há 570 milhões de anos e o domínio dos Trilobitas (Artrópodes marinhos) e algas. Sem evidência de vida em terra firme.

camelo. Nome vulgar de Mamíferos, ordem Artiodátilos, com o gênero Camelus. C. dromedarius é encontrado na África, tem uma corcova e o nome correto é dromedário. C. bactrianus é a espécie da Ásia Central, tem duas corcovas e é corretamente chamada de camelo.

camisinha. Sin.: condom. Membrana elástica e impermeável que é colocada envolvendo o pênis ereto, impedindo a passagem de espermatozoide para a vagina. É um método anticoncepcional e ao mesmo tempo é um protetor contra a transmissão de doenças sexuais. Já existe uma camisinha feminina que deve ser colocada na vagina.

campilótropo. Óvulo vegetal com giro de 90° em relação ao ortótropo.

campina. Tipo de vegetação com plantas baixas, herbáceas, como o capim. Sin. de campo e de pradaria. Ex.: pampa.

campo. Sin. de campina e de pradaria.

camptodactilia. Anomalia causada por um gene autossômico dominante, caracterizada por dedos curtos e curvos.

camuflagem. Semelhança de um animal com o aspecto ou a cor do ambiente onde vive. Alguns autores dão a isto o nome de mimetismo.

camundongo. Nome vulgar de Mamíferos, ordem Roedores, com gênero Mus. A espécie M. musculus é cosmopolita.

camurça. Nome vulgar de Mamíferos, ordem Artiodátilos com o gênero Rupricapra (montanhas da Eurásia).

cana-de-açúcar. Nome vulgar de Angiospermas Monocotiledôneas, fam. Gramí-neas da espécie Saccharum officinarum.

canais semicirculares. V. labirinto.

canais torácicos linfáticos. Grandes vasos ascendentes, resultantes de fusão de muitos vasos ou canais linfáticos e que despejam seu líquido nas veias subclávias, abaixo das clavículas. V vasos linfáticos.

canal central. Sinônimo de canal de Havers.

canal perfurante. Sinônimo de Volkman, canal de.

canal resinífero. Tubo produtor de resinas protetoras em Vegetais.

canário. Nome vulgar de Aves, ordem Passeriformes. Ex.: gênero Sicalis.

câncer. Processo maligno em que as células do organismo perdem a capacidade de controlar suas mitoses. Daí o aumento do número de células formando um tumor e causando metástases. As causas de câncer podem ser químicas, radioativas e biológicas, inclusive genéticas.

cancerígeno. Agente causador de um câncer.

cancro mole. Infecção sexual causada pela bactéria Hemophilus ducreyi.

Candida. Gênero de fungos Deuteromicetos que causa a moniliase ou candidíase na boca (sapinho) na região genital feminina, na pele e em órgãos internos. A espécie responsável é Cândida albicans. O gênero também é citado como Monilia. V. micose.

candidíase. V. micose.

candiru. Nome vulgar de Osteictes, gênero Vandellia. Peixe amazônico que, segundo a crença popular, penetra pela uretra masculina e feminina.

cangambá ou "skunk". Nome vulgar de Mamíferos, ordem Carnívoros com os gêneros Mephitis e Spilogale (Neártica). Com cheiro nauseabundo.

canguru. Nome vulgar de Mamíferos, ordem Marsupiais. Ex.: gênero Macropus.

canibalismo. Associação ecológica desarmônica, intra-específica, em que um indivíduo mata e devora outro da mesma espécie.

canino. Dente pontiagudo entre um incisivo e um pré-molar. Só tem uma raiz. Dilacera o alimento e é mais desenvolvido nos Mamíferos carnívoros.

Cannabis. Gênero de Angiospermas Dicotiledôneas, fam. Moraceae, representado pelo cânhamo, C. sativa e pela maconha C. sativa var. indica.

cão. Nome vulgar de Mamíferos, ordem Carnívoros com a espécie Canis familiaris.

cão-das-pradarias. Nome vulgar de Mamíferos, ordem Roedores. Com o gênero Cynomys, da região Neártica.

capilar, vaso. Vaso muito fino, cuja parede é endotélio pavimentoso, onde ocorrem as trocas entre o sangue ou linfa e os tecidos ou o exterior, no caso de pulmões ou de brânquias.

capim. Nome vulgar de várias espécies de Angiospermas Monocotiledôneas, fam. Gramíneas, gêneros principais: Cymbopagon, Cortaderia, Sporobolus, Setaria, Stenotaphron, Paspalum, Panicum.

capítulo. Em Botânica: inflorescência com numerosas e pequeninas flores sobre um suporte como uma bandeja, como o girassol.

capivara. Nome vulgar de Mamíferos, ordem Roedores, com o gênero Hydrochoerus na região Neotrópica. O maior dos Roedores.

capsídio ou cápside. Envoltório proteico de um vírus, ao redor do seu ácido nucleico.

capsômero. Grupo de moléculas de proteínas; o conjunto desses grupos forma o capsídio.

cápsula. Qualquer estrutura mais ou menos rígida que envolve um órgão, sementes etc.

cápsula de Bowman. Estrutura epitelial porosa, invaginada como uma taça de parede dupla, que inicia o túbulo que constitui o néfron. Contém o glomérulo de Malpighi do qual recebe o filtrado de plasma sanguíneo que será passado à alça de Henle.

capucho cefálico. Envoltório interno da membrana plasmática do espermatozoide, protegendo a parte anterior do núcleo.

caracol. Sin. de caramujo. V. cóclea (ouvido interno).

caracteres sexuais. Qualquer diferença entre o macho e a fêmea de uma espécie dioica. São: 1) Primários – Testículo ou Ovário. 2) Secundários – Tamanho, cor, forma do corpo, distribuição de escamas, pêlos ou penas, processos fisiológicos, glândulas específicas etc., com grande dependência hormonal. No Homem, discute-se a origem (biológica e/ou cultural) das diferenças psicológicas.

caramujo. Tipo de Molusco da classe Gastrópodos. Gêneros importantes: Helix, Haliotis, Biomphalaria (hospedeiro intermediário de Schistosoma mansoni) e Lymnaea (hospedeiro intermediário de Fasciola hepatica).

caranguejeira, aranha. Nome vulgar de Araneídeos. V. aranha.

caranguejo. Nome vulgar de Crustáceos Malacostráceos da ordem Decápodos. Ex.: gênero Cardisoma.

caranguejo ferradura. V. Quelicerados

caráter. Tudo aquilo que um ser vivo tem ou é. Pode ser morfológico, fisiológico, psíquico, comportamental.

caráter adquirido. Caráter diretamente causado pelo meio sobre o fenótipo. Não é hereditário.

caráter congênito. V. congênito, caráter. / Adquirido durante o desenvolvimento embrionário.

caráter mendeliano. Traço hereditário que se distribui de acordo com as leis de Mendel.

caravela. Nome vulgar de colônias marinhas do filo Celenterados contendo um indivíduo mais volumoso, cheio de ar (pneumatóforo) que é o flutuador. Em baixo dele e ligados a ele há vários outros indivíduos mais ou menos filamentosos tais como os datilozoides (com cnidoblastos agressivos), gastrozoides (que fazem digestão) e gonozoides que produzem gametos. Gênero importante: Physalia que causa "queimaduras", às vezes graves, em banhistas.

carbohemoglobina ou $HbCO_2$. Hemoglobina ligada ao gás carbônico, CO_2. 35% do transporte de gás carbônico no sangue são feitos pela carbohemoglobina.

carboidratos. Sin. de glicídios (q.v.) e de hidratos de Carbono (q.v.)

Carbonífero ou carbônico. quinto período, penúltimo da era Paleozoica, após o Devônico, antes do Pérmico e, tendo início há 350 milhões de anos. Reinam Anfíbios, surgem Cotilossauros (primeiros Répteis) e há florestas de Pteridospermas (primeiras Gimnospermas), que originaram grandes depósitos de carvão. Nos EUA substituem o período Carbônico por Mississipiano, mais antigo, e Pensilvaniano.

carbono alfa (a). átomo de carbono situado logo após a carboxila.

carbono, ciclo do. Caminho cíclico percorrido pelo carbono na Biosfera. CO_2 é absorvido pelas plantas (e outros seres clorofilados) e é usado pela fotossíntese, junto com a água, e a luz, para formar carboidratos e outros compostos orgânicos que alimentarão os animais. A respiração liberta CO_2 reiniciando o ciclo. Cadáveres e detritos são normalmente decompostos assim como os combustíveis fósseis (como o carvão e o petróleo), libertando CO_2.

carboxihemoglobina ou HbCO. Hemoglobina ligada ao CO, monóxido de carbono, e inutilizada, de modo irreversível, para o transporte de O_2.

carboxila. Grupo ácido COOH.

carboxilácido. Sin. de ácido carboxílico.

carboxipeptidase. Enzima que catalisa a hidrólise de peptídios, libertando o aminoácido da extremidade COOH. Age no intestino delgado.

carcinogênico. O mesmo que cancerígeno, causador de câncer.

cárdia. Orifício entre o esôfago e o estômago. Pode ser considerado um esfineter.

cardíaco, ciclo. Sucessão de contrações (sístoles) e dilatações (diástoles) do coração dos Vertebrados – da chegada de sangue venoso vindo do corpo até o envio de sangue arterial ao corpo. É observado de fora do corpo pelos ruídos e alterações elétricas que produz.

cardiolipina. Fosfolipído (difosfatidil-glicerol) em membranas de células animais.

carga genética. Proporção de genes não adaptativos que os indivíduos normais de uma espécie têm em seu genótipo, sem expressão fenotípica, em geral por sua recessividade ao traço normal. Quando há homozigose, surgem seus efeitos em deficiências e sofrimento. É o "preço" do potencial evolutivo, da variabilidade genética. Na espécie humana, a carga genética é de quatro genes nocivos por indivíduo normal.

caribu ou rena. Nome vulgar de Mamíferos da ordem Artíodátilos, na taiga e na tundra.

cárie. Cavidade que se desenvolve nos dentes podendo atingir a polpa. Causada pela acidez resultante da ação da bactéria Streptococcus mutans.

Carinatas. V. Aves.

cariocinese. Sinônimo de mitose. Pode também se referir à divisão do núcleo em dois, antes da divisão do citoplasma (citodiérese ou citocinese).

cariogamia. Sin. de anfimixia.

cariolinfa. ou carioplasma ou nucleoplasma. Parte mais ou menos líquida, homogênea, do núcleo.

cariomembrana. Sinônimo de carioteca ou membrana nuclear. Estrutura envoltora do núcleo e que só existe nas células eucariotas. É uma espécie de cisterna achatada com grandes poros e com ribossomas na face em contato com o citoplasma.

carioplasma. Ver cariolinfa.

cariopse. Aquênio com o endocarpo colado à semente.

cariossoma. Ou nucléolo falso. Granulação nuclear caracterizada pela presença de DNA.

carioteca. Sin. de cariomembrana.

cariótipo. Conjunto de características cromossomiais (forma, tamanho e número) de uma célula diploide. Cromossomas são dispostos e fotografados aos pares, colocados em ordem decrescente de tamanho. Corresponde ao idiograma, que é característico para cada espécie de ser vivo. Cromossomas são fotografados em metáfase da mitose. Depois, na fotografia, são dispostos em pares homólogos e o conjunto das fotografias é arrumado em ordem decrescente do tamanho dos cromossomas. Na espécie humana há um conjunto de sete grupos de cromossomas.

carnaubeira. Nome vulgar de Angiospermas Monocotiledôneas, fam. Palmáceas gênero Copernicia.

carne. Designação vulgar, genérica do músculo estriado, vermelho (com mioglobina) ou branco (sem mioglobina).

carneiro. Nome vulgar de Mamíferos, ordem Artiodátilos, gênero Ovis.

carnitina. Substância orgânica nitrogenada existente na membrana interna da mitocôndria e que transporta ácidos graxos para dentro da matriz mitocondrial.

carnívoro. Indivíduo que se alimenta de herbívoros (e neste caso será consumidor secundário) ou se alimenta de outro carnívoro (e neste caso será consumidor terciário ou talvez quaternário).

Carnívoros. Ordem de Mamíferos, incluindo leão, tigre, gato, onça, cão, lobo, urso etc.

caroteno. Substância orgânica correspondente a um pigmento auxiliar da fotossíntese, vermelho ou alaranjado. Funciona também, principalmente na forma de beta-caroteno, como provitamina A.

carotenoides. Pigmentos vegetais amarelos, vermelhos e avermelhados que geralmente acompanham a clorofila nos cloroplastos. Incluem os carotenos alfa, beta e gama, o licopeno, a xantofila, ficoxantina etc.

carótida, artéria. Em Vertebrados, um par de artérias que suprem a cabeça de sangue arterial.

carpa. Nome vulgar de Osteictes com a espécie Carpinus carpio, originária da Europa Oriental.

carpelo. Folha com função reprodutiva (macrosporófilo) única ou múltipla, formando o gineceu, tradicionalmente considerado como órgão feminino da flor e formado por um vaso, o ovário (que contém os óvulos), uma haste, o estilete e uma plataforma coletora de grãos de pólen, o estigma. Hoje se considera que, como a planta que produz flores é homóloga do esporófito das Pteridófitas, fase reprodutiva assexuada, o carpelo é macrosporófilo.

carragenina ou carrageano. Substância polissacarídea da parede celular das algas vermelhas (Rodófitas). Usada na preparação de gelatinas.

carrapato. V. Acarinos.

carrapato-estrela. Nome vulgar de Aracnídeo da ordem Acarinos, espécie Amblyomma cajennense. Parasita dos equinos, mas tem pouca especificidade; principalmente na fase de larva (micuim) que ataca o homem, Transmite a Rickettsia causadora da febre maculosa.

cartilagem. Peça esquelética constituída de tecido cartilaginoso, revestido de TCPD denso-fibroso, o pericôndrio.

cartilagem fibrosa. Tem matriz muito densa e com muitas fibras de colágeno.

cartilagem hialina. Tem matriz pouco densa e com poucas fibras.

carvalho. Nome vulgar de Angiospermas Dicotiledôneas, fam. Fagáceas gênero Quercus.

casca. Corresponde ao córtex.

cascavel. Nome vulgar de Répteis, ordem Ofídios, gênero Crotalus. Cobra peçonhenta.

caseina. Proteína típica do leite.

caspases. Enzimas do citossol que podem ativar a apoptose.

casta. Tipo de indivíduo de uma sociedade de cupins ou de formigas com forma e funções definidas, como: sexuados, soldados ou operárias. Na sociedade das abelhas há apenas dois castas: sexuados e operárias.

castanheira-do-pará. Nome vulgar de árvore Angiosperma Dicotiledônea, família Lecitidáceas, gênero Bertholletia.

castor. Nome vulgar de Mamíferos, ordem Roedores, gênero Castor (Eurásia).

castração. Retirada ou esmagamento das glândulas sexuais.

casuar. Nome vulgar de Aves subclasse Ratitas, ordem Casuariformes. Gênero Casuaris (N. Guiné e NE da Austrália).

casuarina. Nome vulgar de Angiospermas Dicotiledôneas, fam. Casuarináceas gênero Casuarina. Espécies arbóreas trazidas da Austrália.

catabólico. Referente ao catabolismo (q.v.)

catabolismo. Etapa do metabolismo que corresponde ao conjunto de reações químicas de fragmentação molecular. A respiração celular é o principal processo catabólico.

cataforese. V. Eletroforese.

catalase. Enzima que acelera a reação $2H_2O_2 \rightarrow 2H_2O + O_2$. Atua principalmente nos peroxissomas.

catalisador. Agente que modifica a velocidade de uma reação química. Quase sempre se refere a um acelerador da reação. As enzimas são bons exemplos.

catapora. Ou varicela. Doença causada por vírus de DNA, gênero Varicella virus, família Herpesviridae. A variedade "zoster" é a reativação da infecção.

Catarrinos. Infraordem da ordem primatas subordem Antropoides. Contém a família Hominídea, incluindo os Australopitecineos e também o gorila, o chimpanzé e o orangotango. Catarrinos, etimologicamente, significa narinas para baixo.

catastrofismo. Visão criacionista, acomodando a história da Terra aos poucos milhares de anos bíblicos e tentando explicar os fósseis. Teria havido extinções globais de toda vida, como o dilúvio, com novas criações por Deus. Novo catastrofismo, não religioso e não criacionista, surgiu com a ideia de que o impacto de um cometa há 65 milhões de anos destruiu cerca de 50% da vida na Terra.

catecolaminas. Aminas biologicamente ativas; dopamine, noradrenalina ou norepinefrina e epinefrina ou adrenalina. As 2 primeiras agem como neurotransmissores no cérebro e no sistema nervoso autônomo. Fora do sistema nervoso, a epinefrina e a norepinefrina estimulam a degeneração do glicerol e do glicogênio e também estimulam as batidas cardíacas e o aumento da pressão arterial. Preparam o organismo Diante de uma emergência real ou imaginária. As catecolaminas são produzidas no organismo a partir do aminoácido tirosina.

caule. Órgão vegetal, em geral acima do solo e ereto, onde se originam as folhas. Faz a sustentação mecânica de folhas, flores e frutos, conduz seiva entre as folhas e a raiz e expõe as folhas à luz.

caulículo ou calículo. Parte do embrião de Espermatófitas entre cotilédones e radícula.

cauloide. Estrutura de Briófitas semelhante a um pequeno caule, mas sem vasos condutores de seiva, e pertencente ao gametófito.

cavaleiro. Muda de um vegetal que é colocada por enxerto em outra planta, denominada cavalo.

cavalo. 1) Nome vulgar de Mamíferos, ordem Perissodátilos com a espécie Equus caballus. 2) Planta que recebe um enxerto.

cavalo marinho. Nome vulgar de Osteictes. Ex.: gênero Hippocampus.

cavas. Veias que trazem sangue venoso para o átrio direito.

caxinguelê. Nome vulgar de Mamíferos, ordem Roedores, com o gênero Guerlinguetus.

caxumba. Ou parotidite. Doença causada por vírus de RNA, gênero Paramyxovirus, família Paramyxoviridae. Provoca inflamação nas glândulas salivares, parótidas. Num adulto, pode afetar os testículos e daí uma possível esterilidade.

CD4, e CD8. Designam, respectivamente os linfócitos T auxiliares e linfócitos T citotóxicos.

cDNA. V. DNAc.

ceboides. Superfamília de Primatas da região Neotrópica. Geralmente pequenos e com cauda preensora: micos, saguis, macaco aranha, bugio.

ceco. Em Vertebrados, a primeira parte do intestino grosso. No Homem, é pouco desenvolvido e tem um apêndice vestigial, mas é grande em herbívoros não ruminantes, contendo bactérias que digerem celulose.

cedro. Nome vulgar de Angiospermas Dicotiledôneas, fam. Meliáceas gênero Cedrella. Árvores ornamentais com madeira excelente.

cedro-do-líbano. Nome vulgar de Gimnospermas ordem Coniferales gênero Cedrus. Está na bandeira do Líbano.

cefalinas. Tipo de fosfolipídios em que a substância nitrogenada é a etanolamina ou a serina (aminoácido) ou a treonina (aminoácido).

Cefalocordados. Classe do subfilo Protocordados com animais marinhos semelhantes a pequenos peixes achatados lateralmente e com as extremidades afiladas. Mantêm o notocórdio, o tubo neural, as fendas branquiais e a cauda. Vivem semi-enterrados no fundo do mar, nadando esporadicamente. Ex.: anfioxo.

Cefalópodos. Classe de Moluscos com cabeça distinta com oito tentáculos (polvos) ou 10 (lulas). Concha interna atrofiada ou ausente. Divididos em duas ordens principais: Octópodos (polvos) e Decápodos (lulas e sibas). Todos marinhos.

cefalorraquidiano, líquido ou líquor. Líquido produzido no SN Central. Circula nos ventrículos encefálicos, na aracnoide e no canal da medula espinhal. Faz proteção mecânica, aliviando impactos externos.

cefalosporina. Antibiótico que inibe a síntese da parede bacteriana.

cefalotórax. Estrutura característica de crustáceos e aranhas, unindo a cabeça e o tórax.

cegonha. Nome vulgar de Aves, ordem Ciconiiformes. Ex. gênero Ciconia.

cegueira noturna. Sin. de nictalopia ou hemeralopia. Dificuldade anormal para enxergar na semiobscuridade. Sintoma da avitaminose A.

celacanto. V. Crossopterígios.

Celenterados. Sin. de Cnidários. Filo de animais aquáticos diblásticos, com sistema nervoso difuso (ainda não há um centro nervoso), tubo digestivo incompleto (com um só orifício, ao mesmo tempo boca e ânus). A digestão é em parte extra-celular e parcialmente intracelular. As células típicas são os cnidoblastos que contêm um filamento ejetável em alta velocidade e que penetra na pele da vítima levando substâncias irritantes e tóxicas que causam no mínimo uma sensação de queimadura. Medusas e pólipos são indivíduos, enquanto caravelas e corais são colônias de Celenterados ou Cnidários. Há mais de 11.000 espécies diferentes desses animais.

celíaca, doença. Sinônimo de celíase. Lesões no intestino delgado e diarreia. Causadas por intolerância do glúten, proteína encontrada no trigo, aveia e outros cereais.

celíaco. Pertencente à cavidade abdominal.

celíase. Intolerância de natureza genética ao glúten, causando atrofia das vilosidades da parede do intestino delgado.

celobiase. Enzima que catalisa a hidrólise da celobiose, dividindo-a em dois molécula de glicose.

celobiose. Dissacarídeo formado por dois moléculas associadas de glicose. Resulta da hidrólise da celulose.

celoblástula. Blástula de clivagem holoblástica, com blastocele.

celoma. Grande cavidade embrionária, totalmente limitada por mesoderma, entre a parede do corpo e a parede do tubo digestivo, em geral ocupada por líquido e/ou órgãos. Caracteriza os animais celomados, de Anelídeos em diante.

celomados ou eucelomados. Animais com celoma verdadeiro, todo revestido de mesoderma. São os Anelídios, Artrópodes, Moluscos, Equinodermas e Cordados. V. Acelomados e Pseudocelomados.

celomoduto. Em Invertebrados, canal comunicando o celoma com o exterior, em geral com função excretora ou reprodutora.

célula. Estrutura fundamental dos seres vivos, geralmente microscópica. Sempre envolvida por uma membrana plasmática e sempre contendo DNA, RNA, ribossomas e também enzimas para seu metabolismo. Produz ATP pela respiração celular, por fotossíntese ou por quimiossíntese. É capaz de se reproduzir por divisão, principalmente por mitose ou por meiose.

célula caliciforme. V. caliciforme, célula.

célula somática. Célula diploide, 2n, não reprodutora e que faz parte do corpo de um ser vivo.

célula-chama. Célula-flama.

célula-flama. Caracteriza os Platelmintos. Célula cujos cílios movimentam, dentro da Protonefrídia, o líquido com excreta para o exterior.

célula-ovo. Sin. de zigoto.

células, número de. Bactérias, Cianobactérias e Protozoários, além de alguns fungos são unicelulares.

Vegetais e Animais, inclusive o homem, são pluricelulares. No corpo humano há até 100 trilhões de células hóspedes, principalmente Bactérias. Convivem harmoniosamente conosco. É um número até 10 vezes maior que o conjunto de células que constituem o nosso próprio corpo.

células alfa. Células das ilhotas de Langerhans produtoras de glucagon.

células beta. Células das ilhotas de Langerhans produtoras de insulina.

células dendríticas. Células de forma irregular, não fagocitárias, derivadas de monócitos e que amadurecem em linfonodos. Capturam e apresentam antígenos principalmente para linfócitos T, iniciando uma resposta imunológica.

células estomáticas. Células que rodeiam o ostíolo do estoma ou estômato (células-guarda).

células-guarda. Duas células reniformes (forma de rim ou de feijão) que constituem um estoma ou estômato.

células M. Células epiteliais que recobrem os nódulos de vasos linfáticos do íleo. Elas têm invaginações da membrana plasmática contendo macrófagos e linfócitos. Fornecem antígenos da luz do íleo para os linfócitos.

células mesenquimais (do TCPD). Fibroblastos remanescentes noTCPD. São capazes de divisão e diferenciação nas demais células. Atuam no crescimento do tecido e na cicatrização.

células-tronco. Células animais muito simples (indiferenciadas) que podem originar outros tipos de células. Podem ser totipo-tentes como o zigoto e células do interior do blastocisto ou apenas multipotentes como as mesenquimais.

celulase. Enzima que catalisa a hidrólise da celulose, dividindo-a em moléculas de celobiose (dissacarídeo formado por dois glicoses). / Ocorre nas bactérias da pança de Ruminantes, nos Protozoários Flagelados do intestino de cupins, Protozoários Ciliados da pança de Ruminantes e em fungos.

celulose. Glicídio da categoria dos polissacarídeos. É um polímero não ramificado da glicose. Principal constituinte da parede celular vegetal.

cemento ou cimento. Tecido conjuntivo calcificado que reveste a raiz do dente, ligando-a ao alvéolo.

cenócito. Sin. de polienérgide.

Cenozoica. V. era Cenozoica

centopeia. Sin. de lacraia.

centrifugação fraccionada. Técnica correspondente a uma sequência de centrifugações com velocidades crescentes e, portanto, com forças centrífugas cada vez maiores. Uma célula, assim tratada, separa em cada estágio estruturas com uma determinada faixa de densidade. Assim podem ser isolados os diferentes organócitos, facilitando seu estudo.

centríolo. Organócito não vesiculoso formado por nove trios de microtúbulos longitudinais. Age na divisão das células animais orientando a formação do fuso acromático. Em várias células, o centríolo origina e serve de base para um filamento que pode ser um cílio ou um flagelo.

centro ativo. Região da molécula de uma enzima que recebe uma ou mais moléculas específicas (substrato) e a partir daí esta(s) molécula(s) sofre(m) uma reação química muito rápida.

centro celular. Sin. de centrossoma.

centrolécitos. São os ovos dos Artrópodes, com vitelo central (ao redor do núcleo) e citoplasma periférico.

centrômero. Sin. de cinetócoro. Mas há autores que consideram o centrômero como uma região cromossomial mais estreita (constrição primária) e que aparece como um vértice durante a movimentação na anáfase, enquanto o cinetócoro é uma granulação nessa região, onde se prende uma fíbrila do fuso acromático.

centrossoma. Organócito correspondente ao centríolo mais os seus envoltórios, incluindo o áster. Só aparece durante a divisão celular (células animais).

cepa. Linhagem de seres vivos, geralmente microscópicos, agentes infecciosos ou não, de ascendência comum dentro de uma espécie e que se caracteriza por alguma propriedade biológica.

ceras. Equivalentes a cerídios. Substâncias da categoria dos lipídios; ésteres de um ácido graxo com um álcool (monol) de cadeia longa. Exs.: espermacete (no crânio de cachalotes), ceras de abelhas e cera de carnaúba.

Ceratium. Gênero de Pirrófitas (Dinoflagelados) marinhos e planctônicos.

cercária. Larva com cauda bifurcada de Schistosoma mansoni, produzida assexuadamente dentro do caramujo do gênero Biomphalaria. Nada na água doce e penetra ativamente na pele humana ou através de uma mucosa.

Cercopitecoides. Superfamília de Primatas das regiões Paleártica, Etiópica e Oriental. Com cauda não preensora: babuíno, mandril, rhesus.

cereais. Nome vulgar de várias espécies de Angiospermas Monocotiledôneas, fam. Gramíneas. Ex. arroz (Oryza), trigo (Triticum), milho (Zea), cevada (Hordeum), centeio (Secale), aveia (Avena)

cerebelo. Em Vertebrados, terceira parte do encéfalo, sob o cérebro. Coordena movimentos e equilíbrio. Corresponde ao Metencéfalo.

cérebro. Parte principal do encéfalo e de todo o Sistema Nervoso Central, preenche a parte superior do crânio. É formado por duas metades (hemisférios cerebrais) unidas pelo corpo caloso. A camada superficial do cérebro é o córtex cerebral ou matéria cinzenta formada pelos corpos dos neurônios com seus respectivos núcleos e massas de ribossomas. O córtex é a sede do controle de várias funções, desde a inteligência até a memória. O cérebro corresponde ao telencéfalo.

cerídios. V. ceras.

cerne. A parte central de alguma coisa. Em anatomia vegetal, a parte mais dura da madeira.

cerrado. Vegetação típica do Brasil Central com 1,5 a 2 milhões de km2. Corresponde a uma savana. Vegetação herbácea com árvores esparsas com até 5m de altura, arbustos e gramíneas. Raízes muito compridas porque o lençol freático é muito profundo. Os caules são grossos e as folhas frequentemente são coriáceas.

cervical. Região da coluna vertebral correspondente ao pescoço.

cérvix. Sin. de colo do útero. Extremidade inferior do útero, delgada, em contato com o canal da vagina.

césio 137. Forma radioativa do elemento césio que causou acidente sério em Goiânia em 1987, afetando pessoas que manipularam lixo atômico.

Cestódeos. Classe do filo Platelmintos com o corpo dividido em proglotes ou anéis achatados. Cabeça distinta geralmente com ventosas e não têm tubo digestivo. São hermafroditas e parasitas. Ex.: Tênias ou solitárias e Echinococcus.

Cetáceos. Ordem de Mamíferos que inclui baleias, cachalotes, orca, golfinhos etc.

cetoácidos. Carboxilácidos com carbonila cetônica exemplificados pelo ácido pirúvico $CH_3.CO.COOH$.

cetose. Excesso de substâncias cetônicas no sangue. Resulta do maior catabolismo lipídico típico da diabetes mellitus.

cetoses. Oses com o grupo cetona. Ex.: frutose.

cevada. Cereal rico em maltose.

CFC. Sigla de clorofluorcarbonos. V. ozônio, camada de.

chacal. Nome vulgar de Mamíferos, ordem Carnívoros com o gênero Thus.

Chagas, Carlos. Cientista que, em 1909 descreveu a patologia, a epidemiologia, o inseto transmissor (vetor) e o agente causador da doença que leva o seu nome.

Indicado 2 vezes ao Prêmio Nobel, foi derrotado em 1913 e não houve ganhador em 1921. Alguns cientistas brasileiros combateram a obra de Chagas, afirmando que o Trypanosoma era inofensivo e a doença (mal de Chagas) não era epidêmica, nem endêmica.

Chagas, doença de. Trypanossomíase causada pelo Protozoário Flagelado da espécie Trypanosoma cruzi e transmitido pelo "barbeiro" um percevejo da espécie Panstrongylus megistus. A doença ataca a tireoide (produzindo bócio), o cérebro e o coração. Doença endêmica na América do Sul.

champignon. Corresponde a espécies de Fungos Basidiomicetos, ordem Himenomicetales ou Agaricales, gênero Agaricus, que é um cogumelo de chapéu.

chaparral. Vegetação xerófila, típica do sudoeste dos Estados Unidos e norte do México.

chaperonas. Proteínas que induzem e comandam o processo de enovelamento específico de diversas proteínas, numa etapa final de sua síntese.

chato. V. piolho.

cherne. Nome vulgar de Osteictes, gênero Epinephelus.

Chernobyl. Cidade na Ucrânia onde a 26 de abril de 1986 explodiu um reator nuclear lançando 50 toneladas de partículas radioativas na atmosfera, com graves consequências para as populações adjacentes, tendo atingido vários países da Europa.

chifre-de-veado. Nome vulgar de Pteridófitas de gênero Platycerium.

chimpanzé. Nome vulgar de macacos da ordem Primatas, subordem Antropoidea infraordem Catarrinos, família Pongidae, espécie Pan troglodytes, africana. São os animais evolutivamente mais próximos do homem, segundo o DNA. Para alguns autores, pertencem à família Hominidae junto com gorilas e os humanos.

chinchila. Nome vulgar de Mamíferos, ordem Roedores com a espécie Chinchilla laniger (Andes).

chique-chique. Nome vulgar de Angiospermas Dicotiledôneas fam. Cactáceas do gênero Pilocereus, na caatinga.

Chlamydia. Gênero de Bactérias muito primitivas, com a espécie C. trachomatis causadora do tracoma. Parasita monóxeno que pode afetar também vias urogenitais. As clamídias são parasitas intracelulares obrigatórias.

Chlorella. Gênero de Clorófitas com espécies unicelulares usadas em experiências que determinaram a sequência cronológica de substâncias formadas pela fotossíntese.

Chondrus. Gênero de Rodófitas do Atlântico Norte produtoras de carragenina, gel usado em doces e sorvetes.

choque anafilático. Reação alérgica aguda com grande eliminação de histamina pelos mastócitos.

choupo. Sin. de álamo.

chuva ácida. Chuva cuja água tem pH muito baixo. Frequentemente causada pela emanação de dióxido de enxofre SO_2, que é oxidado na atmosfera, tornando-se trióxido de enxofre SO_3 o qual reage com o vapor d'água atmosférico formando o ácido sulfúrico H_2SO_4, que cai com a chuva afetando o equilíbrio ecológico.

cianeto. Derivado de ácido cianídrico. Inibe proteínas que contém ferro trivalente Fe^{+++}, como o citocromo A_3, paralisando a cadeia respiratória e a produção de ATP

Cianobactérias. Ou Cianofíceas, ou Cianófitas ou algas azuis. Organismos unicelulares procariontes, solitários ou coloniais do Reino Monera. Têm clorofila em membranas internas e realizam fotossíntese usando H_2O como fonte de hidrogênio. Há espécies fixadoras de Nitrogênio. Gêneros importantes: Anabaena, Nostoc, Microcystis, Oscillatoria.

cianocobalamina. Ou simplesmente cobalamina. Vitamina B12.

Cianofíceas. Modernamente, Cianobactérias. Sin. de Cianófitas e algas azuis.

cianossomas. Granulações no citoplasma de Cianófitas ou cianobactérias; estão aderidas a membranas internas e contêm ficobilinas; pigmentos azuis – ficocianinas e vermelhos – ficoeritrinas.

cicatrícula. V. megalécitos.

ciclo celular. Sequência de acontecimentos abrangendo uma intérfase e a mitose seguinte, até nova intérfase. Compreende, portanto, a interfase (períodos G1, S e G2) e a mitose.

ciclo circadiano. Ciclo de atividades metabólicas em períodos de 24h, independente do ciclo de dia-luz / noite-escuro, atribuído ao suposto Relógio biológico.

ciclo da ureia. V. ornitina.

ciclo do ácido cítrico. Sin. de ciclo de Krebs. V. Krebs, ciclo de.

ciclo do Carbono. V. Carbono, ciclo do.

ciclo do Nitrogênio. V. Nitrogênio, ciclo do.

ciclo dos ácidos tricarboxílicos. Sin. de ciclo de Krebs. V. Krebs, ciclo de.

ciclo menstrual. Alteração cíclica (a cada 28 dias), morfológica, fisiológica e psíquica, em relacão com a função sexual reprodutiva da mulher. Sob controle da adeno-hipófise, inicia e termina com a menstruação, com duas fases. De início, com estímulo do FSH, o folículo ovariano e o ovócito nele contido se desenvolvem e o folículo produz estrógenos. Estes causam proliferação das células do endométrio e outras alterações no organismo feminino.

Como os estrógenos inibem a secreção de FSH e estimulam a de LH, o folículo se rompe, lança o óvulo na trompa (ovulação) e se torna corpo amarelo. Este produz principalmente progesterona e termina o preparo uterino para uma possível gestação. Se esta não ocorrer, como a progesterona inibe a secreção de LH e estimula a de FSH, o corpo amarelo atrofia. Sem a produção de progesterona, o endométrio se desorganiza, eliminando células epiteliais, muco e sangue; a menstruação. Nesse momento, um novo ciclo se iniciou, com a secreção de FSH estimulan-do novo folículo. Nada no sexo masculino se compara a isso. / Sequência de acontecimentos envolvendo a hipófise, os ovários e o útero. No primeiro dia do ciclo, um dos folículos começa a crescer e ao mesmo tempo a maior parte do endométrio, acompanhado de sangue começa a sair pela vagina (menstruação). O folículo cresce, incentivado pelo FSH da hipófise e em resposta a ovogênese vai se desenvolvendo e o folículo vai produzindo principalmente hormônios estrógenos. Do dia 4 ou 5 em diante, a menstruação cessa e o endométrio vai se espessando estimulado pelos estrógenos e pela progesterona. No dia 14, em média, o folículo, já volumoso, arrebenta a parede do ovário e expulsa o óvulo, na realidade o ovócito II (ovulação). O folículo se transforma no corpo lúteo que existirá até o último dia do ciclo, 28, produzindo até então, principalmente progesterona. O hormônio LH, resultante do lobo anterior da hipófise, excita a ovulação e a produção de progesterona.

ciclo da ornitina. Sin. de ciclo da ureia. V. ornitina.

ciclo de Calvin. V. Calvin, ciclo de.

ciclo mitótico. Sin. de ciclo celular.

ciclos biogeoquímicos. Os vários tipos de circulação de componentes químicos da Biosfera. V. Carbono, ciclo do e Nitrogênio, ciclo do.

ciclose. Correnteza citoplasmática que desloca organócitos e moléculas.

ciclosporina. Peptídeo cíclico (11 aminoácidos) que inibe a ação dos linfócitos T, diminuindo a ação contra células estranhas, isto é, atua como imunossupressor. Pouco tóxico para a medula óssea, é usado para impedir rejeição de transplantes e no tratamento de doenças auto-imunes.

A ciclosporina é produzida por Fungos do gênero Tolypocladium.

Ciclóstomos. Classe única de Vertebrados da superclasse Agnatostomados. Semelhantes a peixes cilíndricos e não têm mandíbula: a boca é circular. Corpo alongado serpentiforme, sem nadadeiras laterais e com fendas branquiais visíveis, esqueleto cartilaginoso. Vivem nas águas doces e salgadas e não existem no Brasil. Exs.: lampreias e feiticeiras são parasitas de peixes e por vezes predadoras. Há cerca de 50 espécies.

cifístoma. Larva de medusa (filo Cnidários, classe Cifozoários) em forma de pólipo que vai sofrer reprodução assexuada por brotamento, formando uma pilha de indivíduos achatados (um estróbilo). Os indivíduos se libertam sob a forma de medusas jovens, as éfiras, que se tornarão adultas.

C ≡ G. Dupla de bases nitrogenadas transversal na molécula de DNA unidas por três pontes de hidrogênio. É mais estável que a dupla A = T, que só tem duas pontes.

cigarra. Tipo de Inseto da ordem Homópteros. Ex.: gênero Cicada. Os gêneros Carineta e Fidicina têm espécies que parasitam os cafezeiros.

ciliado, epitélio. Epitélio cujas células em contato com o meio têm cílios que deslocam o animal em meio líquido ou deslocam o líquido e/ou partículas, se a estrutura é fixa.

Ciliados. Classe de Protozoários que se locomovem por cílios e normalmente se reproduzem alternando conjugação com uma série de divisões binárias transversais. Exs.: Paramecium (vida livre em água doce) e Balantidium (com uma espécie eventualmente parasita do homem).

ciliar. V. mata ciliar.

cilíndrico, epitélio. V. Epitélio colunar.

cilindro central. Sin. de Estelo.

cilindro-eixo. Antigo nome para axônio.

cílio. Filamento curto e numeroso encontrado em alguns tipos de células. Formado a partir de um centríolo, e envolvido pela membrana plasmática, ele é extrovertido em relação à célula e é formado por nove duplas de microtúbulos longitudinais e periféricos e dois microtúbulos centrais ou axiais. Em Protozoários Ciliados, os cílios servem para natação e em alguns epitélios, os cílios deslocam um líquido adjacente que por sua vez conduz partículas, ou até mesmo outras células.

cimeira. Sin. de cimosa ou definida.

cimosa ou definida, inflorescência. Inflorescência cujo eixo inicial dá uma flor e, abaixo dela, um ou mais eixos que também terminam por uma flor... etc.

cinetina. Citocinina sintética muito usada para clonagem de plantas.

cinetócoro. V. centrômero.

cinetoplasto. Centríolo que origina um cílio ou um flagelo e serve de base para este filamento.

cinetossoma. Sin. de cinetoplasto.

cintura. Em Vertebrados tetrápodes, estrutura esquelética ligada à coluna vertebral. Serve de apoio para as patas, sustentando o peso do corpo. Há duas cinturas: escapular (anterior/superior) e pélvica (posterior/inferior).

cintura escapular. Cintura óssea anterior/ superior, apoio para as patas anteriores (ou para os braços). Tem estrutura complexa incluindo omoplatas e clavículas, dependendo do tipo de Tetrápode.

cintura pélvica ou bacia. Cintura óssea posterior – inferior, apoio para as patas trazeiras ou pernas. Tem 3 partes ósseas: 1) ilíaco ou íleo, dorsal ou posterior. 2) ísquio, inferior 3) púbis, ventral ou anterior.

cinza, substância. Parte do encéfalo e da medula espinhal onde há corpos celulares de neurônios. No encéfalo, a substância cinza é externa (córtex), e na medula espinhal ela é interna.

cio. Sin. de estro.

cipó. Sin. de liana. Nome vulgar de numerosas espécies de diferentes famílias de plantas trepadeiras ou sarmentosas que se trançam nas árvores e ficam pendendo. Exs.: cipó amargo (gen. Abruta, Menispermáceas), cipó-azougue (Apodanthera, Cucurbitáceas), cipó-brasil (Tynnanthus, Bignoniáceas), cipó-capado (Echita, Apocináceas), cipó-timbó (muitos gêneros de Sapindáceas).

cipó-chumbo. Nome vulgar de Angiospermas Dicotiledôneas, fam. Convolvuláceas, gênero Cuscuta (holoparasita).

cipreste. Nome vulgar de Gimnospermas, ordem Coniferales, gênero Cupressus. Origem asiática.

circadiano, ciclo. V. ciclo circadiano.

circulação. Movimento de líquidos do corpo, em tubos (vasos) ou em espaços entre tecidos e órgãos, com ou sem órgão propulsor. O líquido circulante (sangue nos animais, seiva nos vegetais) transporta substâncias (e até células) com várias origens, destinos e papéis. Em vegetais não há um circuito real, e sim, duas "mãos" de transporte: raiz→folha e folha→raiz.

circulação aberta (circulação lacunar). Circulação onde parte do trajeto do sangue não ocorre dentro de vasos. O retorno do sangue ao coração, apenas um tubo musculoso, se faz nas lacunas entre os tecidos e entre os órgãos, chamado hemocele. O sangue tem poucas células e não é muito diferente do Líquido Extracelular. Por ser de baixa pressão não é compatível com grande tamanho de corpo. É característica dos Artrópodos.

circulação dupla. É típica dos Anfíbios adultos, Répteis, Aves e Mamíferos, que têm pulmões. Tem dois circuitos sanguíneos: a Pequena Circulação: coração → Pulmão → coração e a Grande circulação: coração → resto do corpo → coração ou Circulação Sistêmica.

circulação fechada. Circulação na qual todo trajeto do sangue ocorre dentro de vasos. No sistema há vasos muito finos e de paredes delgadas, os capilares, onde ocorrem as trocas entre o sangue e o LEC (líquido extracelular) que se diferenciam bem porque o sangue contém muitas células e transporta oxigênio. É um sistema de alta pressão compatível com grande tamanho do corpo.

circulação lacunar. Sin. de Circulação aberta.

circulação simples. Típica dos Peixes, tem coração venoso e um só circuito sanguíneo (Ventrículo = Brânquias = Tecidos = Átrio). Ocorre ambém nos Anfíbios em fase larvar.

circulatório, sistema. V. circulação, V. coração.

circumnutação. Movimento helicoidal da ponta do caule ou da raiz durante o crescimento causado por variações de alongamento em sua circunferência.

circuncisão. Retirada cirúrgica (ritual ou não) do prepúcio, que é o revestimento da glande. Este procedimento facilita a penetração do pênis no ato sexual, além de permitir uma higiene peniana melhor.

circunvolução. Cada uma das elevações curvas e sinuosas da superfície do cérebro e do cerebelo, separadas umas da outras por sulcos, ou cissuras. Aumenta a área da córtex, acomodando maior número de neurônios.

Cirrípedes. Subclasse de Crustáceos marinhos com adultos fixos, envolvidos por uma carapaça calcárea semelhante a um pequeno vulcão, exemplificados pelas cracas do gênero Balanus.

cis. 1) Configuração de linkage com dois alelos dominantes em um cromossoma e dois recessivos no outro (AB/ab). V. trans. 2) V. Golgi, sistema.

cisne. Nome vulgar de Aves, ordem Ardeiformes. Ex.: gêneros Cygnus e Coscoroba.

cissiparidade. Reprodução por divisão do corpo em 2 indivíduos (divisão binária) ou em muitos (divisão múltipla). O ser inicial desaparece. A cissiparidade pode ocorrer de modos muito variados.

cisteína. Aminoácido contendo enxofre. Abrev.: CYS, símbolo: C. Código genético (RNA-m): UGU e UGG.

cisticerco. Larva de solitária (Taenia solium e Taenia saginata) que normalmente se aloja nos músculos do porco e nos músculos do boi, respectivamente. Quando essas carnes são ingeridas cruas ou mal cozidas, os cisticercos se desenvolvem no intestino delgado humano e geralmente um deles originará uma solitária adulta.

cisticercose. Doença causada pela ingestão, por um homem, de embriões hexacantos ou oncosferas que saíram com as fezes de um homem que tem teníase. Os embriões ingeridos vão originar larvas (cisticercos) que podem habitar várias regiões do corpo, incluindo cérebro e olhos.

cistina. Aminoácido; na realidade é o produto da associação de duas moléculas de cisteína.

cisto hidático. V. Hidatidose.

cistron ou gen estrutural. Em procariontes, é o segmento de DNA que contém apenas a informação para determinar um único produto gênico, uma proteína.

citidina. Nucleosídeo (citosina + ribose).

citocinas. Glicoproteínas que funcionam como mensageiros químicos entre os sistemas imunológico (defesa do organismo), hematopoiético (produção de células sanguíneas) e neuroendócrino (hormônios e neuro-transmissores). Citocinas importantes nos processos inflamatórios são as interleucinas, o fator de necrose tumoral e o interferon gama. Pesquisas estão se desenvolvendo para obter citocinas e anticorpos anticitocinas que induzam linfócitos T citotóxicos ("killers") a atacar só células cancerosas e células de agentes patogênicos, evitando as doenças autoimunes que destroem células do próprio organismo.

citocinese. Ou citodierese ou plasmocinese ou plasmodierese. Divisão do citoplasma após a divisão do núcleo. Ocorre no final da telófase e liberta ou separa as duas células filhas.

citocininas. Fitormônios aceleradores de mitoses. Há sintéticos, como a cinetina.

citocromooxidase. Enzima que catalisa a oxidação dos citocromos. Faz parte da cadeia respiratória nas mitocôndrias.

citocromos. Proteínas complexas contendo Ferro. Conduzem elétrons, são quimicamente semelhantes à hemoglobina e existem na cadeia respiratória e nos tilacoides dos cloroplastos.

citodierese. Sin. de plasmodierese, plasmocinese e citocinese. Divisão do cito-plasma em dois, durante a telófase, logo depois da divisão do núcleo. Nas células animais ocorre por estrangulamento da célula entre os dois núcleos filhos, e nas células vegetais a divisão é feita pela lamela média: uma placa que cresce equatorialmente do centro para a periferia, sem estrangulamento.

citoesqueleto. Estrutura proteica em forma de rede tridimensional, correspondendo a um esqueleto celular. Formado por microfilamentos e microtúbulos no citossol. Além da função arquitetônica, é responsável pelos movimentos celulares tipo ameboide, contrações e ciclose.

citólise. Sin. de autólise.

citologia. Parte da Biologia que estuda a célula.

citônio. Corpo celular de neurônios.

citopígio. Estrutura correspondente à nádega de Protozoários da classe Ciliados. Rodeia o citoprocto que é o ânus celular.

citoplasma. Conceito espacial; tudo que existe entre a membrana plasmática e a membrana nuclear. Contêm o citossol ou hialoplasma e os organócitos.

citoprocto. Ânus celular, típico de Protozoários de classe Ciliados.

citosina. Símbolo C. Base nitrogenada pirimídinica, do DNA e do RNA. Liga-se à Guanina, no DNA, por três pontes de hidrogênio.

citossol. Sin. de hialoplasma. Parte do citoplasma que aparece homogênea ao microscópio óptico. É uma estrutura viscosa, aparentemente coloidal e envolve os organócitos. Contêm microfilamentos e microtúbulos.

citostático. Qualquer produto capaz de inibir as divisões celulares.

citóstoma. Estrutura correspondente à boca de Protozoários principalmente da classe Ciliados.

citotóxico, linfócito T. Linfócito T que mata células parasitadas por vírus, identificadas pelos anticorpos expostos em suas membranas. Ataca também células cancerígenas e outras identificadas com antígenos estranhos.

citotrofoblasto. Parte do trofoblasto que tem células bem definidas. Tem menor participação na invasão do endométrio pelo embrião.

citrulina. Aminoácido não proteínico do ciclo da ureia. Resulta, com a ureia, da hidrólise da arginina. V. ornitina.

cladística. Método de classificação em que o objetivo declarado e exclusivo é a construção da árvore filogenética (cladograma) do grupo de seres vivos em estudo. É a expressão da história evolutiva do grupo.

clado. Qualquer uma das linhas evolutivas resultantes de um ancestral comum.

cladódio. Caule modificado, verde, fotossintetizante e/ou armazenador de água. Ex.: cactos.

cladogênese. É a origem de uma espécie a partir da progressiva diferenciação de uma população de uma outra espécie. Assim, onde havia uma espécie, a espécie inicial, agora existem duas: a espécie inicial e a nova espécie, aumentando a diversidade da vida. Este parece ter sido o modo mais comum de formação de novas espécies. V. Anagênese.

clamídia. V. Chlamydia.

clasmatose. Sin. da exocitose ou clasmocitose. É o inverso da endocitose. Consiste na evacuação celular, expulsão do material que não foi digerido pela célula.

clasmocitose. Sin. de clasmatose.

clásper. Duas estruturas correspondentes a pênis, em tubarões.

classe. Conjunto de ordens com caracteres semelhantes.

classificação natural. Classificação de seres vivos considerando vários caracteres ao mesmo tempo: morfológicos, fisiológicos, bioquímicos, paleontológicos, embriológicos, filogenéticos etc.

clatrinas. Tipos de proteínas que revestem os endossomas chamados de vesículas cobertas.

Claviceps. Esporão de centeio, nome vulgar de um Fungo da espécie C. purpura, produtor da ergotamina, substância venenosa precursora de LSD.

cleistogamia. Autofecundação de flores antes de desabrochar.

clímax. Etapa final de uma sucessão. É o máximo desenvolvimento da fauna, da vegetação e da flora permitido pelo solo e pelo clima de uma região. Mantém pelo menos durante muito tempo as mesmas espécies nessa região.

clitelo. Conjunto de anéis (segmentos ou metâmeros) das minhocas ou Oligoquetas. Importante para a união dos dois indivíduos que fazem a cópula recíproca.

clitóris. Pequeno órgão erétil, bem vascularizado e inervado, região de prazer sexual feminino. Situado acima do orifício vaginal.

clivagem. Ou segmentação. Mitoses que ocorrem no zigoto ou no óvulo partenogenético dando início à embriogênese. As divisões de clivagem são sucessivas e simultâneas dando 2, 4, 8, 16... células chamadas blastômeros, sem aumento do volume global. A clivagem termina com a formação da blástula. Em alguns animais, a blástula é precedida pela mórula.

clivagem desigual. Clivagem holoblástica de ovos mesolécitos. Um hemisfério da blástula ("polo" animal) fica com blastômeros menores (micrômeros), com pouco vitelo e o outro ("polo" vegetal) fica com blastômeros maiores (macrômeros), com muito vitelo.

clivagem espiral. Clivagem holoblástica desigual com blastômeros situados em linhas oblíquas, que espiralam a partir do "polo" animal.

clivagem holoblástica. Clivagem de ovos oligolécitos e mesolécitos na qual todo o volume da célula-ovo se divide em blastômeros. Pode ser igual/desigual ou radial/espiral.

clivagem igual. Clivagem holoblástica de ovos oligolécitos na qual a blástula tem blastômeros de tamanhos iguais.

clivagem meroblástica. Clivagem na qual só parte do volume do ovo forma blastômeros – o grande vitelo fica indiviso. Pode ser discoidal, em ovos megalécitos, e superficial, em ovos centrolécitos.

clivagem radial. Clivagem holoblática com blastômeros em linhas meridianas que vão de um "polo" a outro da blástula.

cloaca. Câmara e abertura ao exterior, onde desembocam os aparelhos digestivo, excretor e reprodutor. / Orifício que serve pelo menos para duas funções, ou até três: excreção (expulsão da urina), sexo (ato sexual ou cópula e postura de ovos) e evacuação.

clone. Conjunto de indivíduos idênticos entre si, descendentes de um ancestral comum por reprodução assexuada. Indica também um indivíduo resultante desse processo ou um indivíduo idêntico a outro e dele derivado por via assexuada. A expressão também é valida para um DNA ou um plasmídio resultante de replicação e sequência de duplicações, originando estruturas iguais à inicial.

clonus. Contrações musculares anormais, rítmicas e alternadas.

cloranfenicol. Antibiótico que inibe a síntese proteica bacteriana, ao nível dos ribossomos.

clorênquima. Sin. de Parênquima clorofiliano.

clorocruorina. Proteína verde, com Fe, que transporta O_2 no plasma sanguíneo de alguns Anelídios Poliquetas.

Clorofíceas ou Algas Verdes. V. Clorófitas.

clorofila. Pigmento verde de natureza orgânica e que caracteriza os Vegetais. É uma porfirina que contém um átomo de Magnésio e é completada por um álcool de cadeia longa (fitol). Transforma a luz em energia química (ATP) e é, portanto, responsável pela fotossíntese.

Clorófitas. Algas clorofiladas, verdes, de água doce ou marinha, unicelulares, filamentosas ou membranosas. Muitas são objeto de estudo para produção de alimento para humanos e/ou animais.

clorofluorcarbonos ou CFC. Substâncias que atacam a camada de ozônio, O_3, podendo diminuí-la ou desfazê-la. O gás freon é um exemplo de CFC usado em geladeira e aparelhos de ar-condicionado.

cloroplasto. Organócito vesiculoso, verde, com membrana dupla, típico de células vegetais e de alguns Protistas. Contém clorofila e pigmentos auxiliares e faz fotossíntese. Também apresenta DNA, RNA, pequenos ribossomas e citocromos.

clorose. Descoloração de plantas pela não produção de clorofila.

clorotaxia. Movimentação dos cloroplastos dentro das células vegetais.

Clostridium. Gênero de bactérias com espécies que fazem a fixação do Nitrogênio. A este gênero pertence à espécie Clostridium tetani, causadora do tétano.

Cnidários. Sin. de Celenterados.

cnidoblasto. Célula típica de Celenterados ou Cnidários, contendo uma vesícula, o nematocisto, que possui um filamento espiralado e uma substância agressiva que são ejetados quando o cnidoblasto é tocado. V. Celenterados e V. nematocitos

coacervação. Aglomeração de algumas poucas partículas coloidais ou micelas, formando um conjunto chamado coacervado, com uma camada de solvatação comum, única.

coacervado. Aglomerado de micelas coloidais de proteínas e/ou ácidos nuclêicos, visível ao microscópio. Um coacervado pode crescer pela incorporação de micelas do meio, e se partir, originando outros coacervados menores, que podem repetir o processo. Algo parecido pode ter sido uma etapa na origem da vida na Terra. / Aglomerado de poucas partículas coloidais que se juntaram, mantendo uma camada de solvatação para o conjunto.

Pode precipitar ou não, conforme sua densidade.

coagulação. Precipitação das partículas coloidais ou micelas em um bloco único.

coagulação sanguínea. Sequência de reações que ocorrem após a ruptura de um vaso e formam o coágulo sanguíneo, que obtura o vaso rompido. A coagulação do sangue faz hemostasia (impede a perda de sangue), que é parte da homeostasia. Na coagulação atuam substâncias, em geral proteínas, do plasma, das plaquetas e dos tecidos lesados em torno do vaso. Algumas preexistem no plasma (protrombina, fibrinogênio e íons Ca^{++}) e outras surgem no momento da coagulação (tromboquinase, trombina, fibrina e os fatores plaquetários) e dos tecidos. Simplificando, o processo é o seguinte: as plaquetas aderem às bordas rompidas do vaso e liberam substâncias que interagem com proteínas do plasma (globulina anti-hemofílica, GAH, e fator Christmas) e dos tecidos, produzindo tromboquinase ou tromboplastina. Esta transforma, com o auxílio do Ca^{++}, protrombina em trombina que, por sua vez, polimeriza fibrinogênio em filamentos de fibrina. Estes formam uma rede obstruída pelas células sanguíneas, o coágulo sanguíneo, que obtura o vaso. Em seguida, o coágulo se contrai (retrai) e diminui a abertura do vaso. A hemofilia A, deficiência de GAH, e a hemofilia B, deficiência de Fator Christmas, são doenças hemorrágicas Sex-linked. O processo de coagulação pode ocorrer acidentalmente, espontaneamente, sem ruptura de vasos sanguíneos.

coagulador. Sin. de Abomaso.

coágulo sanguíneo. Massa que fecha a lesão de um vaso sanguíneo impedindo a perda de sangue. É formado pela rede de fibrina obstruída pelos glóbulos vermelhos, brancos e plaquetas.

coala. Nome vulgar de Mamíferos, ordem Marsupiais com o gênero Phascolarctus (região Australiana).

coanócitos. Células típicas de Poríferos. Forram a(s) cavidade(s) da esponja. São fixas, flageladas e movimentam a água para dentro e para fora da esponja. Fagucitam partículas alimentares (trazidas pela água) que são hidrolisadas em seus vacúolos digestivos.

cobaia. Nome vulgar de Mamíferos, ordem Roedores com o gênero Cavia.

cobalamina. Ou cianocobalamina; vitamina B12.

cobalto. Elemento químico que entra na composição da molécula da vitamina B12.

cobra. Nome vulgar de Répteis, ordem Ofídios.

cobra-cega. Sin. de cobra-de-duas-cabeças. 1) Nome vulgar de Anfíbios, Gimnofionos ou Apodos. Exs: gêneros Cecilia e Siphonops. 2) Nome vulgar de Répteis ordem Lacertilia. Ex.: gêneros de lagartos com patas muito atrofiadas ou ausentes: Amphisbaena, Rhineura e Bipes.

cobra-de-esculápio. Nome vulgar de Répteis, ordem Ofídios, da espécie Elaphe longissima (símbolo de saúde).

cocaína. Alcaloide derivado de folhas do arbusto Erythroxylon coca.

cocais, mata dos. Vegetação típica do Maranhão e do oeste do Piauí com predominância de palmeiras; babaçu, carnaúba, buriti e outras.

cóccix. quatro ou cinco vértebras finais da coluna vertebral de alguns Primatas, inclusive o homem. É órgão vestigial, homólogo da cauda de outros Mamíferos.

cóclea ou caracol. Tubo enrolado em espiral que faz parte do ouvido interno. A partir da cóclea sai o nervo acústico ou auditivo, que vai para o cérebro.

coco ou "coccus". Tipo de bactéria de forma esférica.

	2ª letra				
1ª letra	U	C	A	G	3ª letra
U	Fen	Ser	Tyr	Cis	U
	Fen	Ser	Tyr	Cis	C
	Leu	Ser	S/sentido	S/sentido	A
	Leu	Ser	S/sentido	Trp	G
C	Leu	Pro	His	Arg	U
	Leu	Pro	His	Arg	C
	Leu	Pro	Gln	Arg	A
	Leu	Pro	Gln	Arg	G
A	Ile	Thr	Asn	Ser	U
	Ile	Thr	Asn	Ser	C
	Ile	Thr	Lis	Arg	A
	Met	Thr	Lis	Arg	G
G	Val	Ala	Asp	Gli	U
	Val	Ala	Asp	Gli	C
	Val	Ala	Glu	Gli	A
	Val	Ala	Glu	Gli	G

código genético degenerado. É assim considerado porque alguns aminoácidos têm dois ou mais códons determinantes.

co-dominância. Relação entre dois genes alelos na qual os dois se manifestam no heterozigoto, que tem fenótipo duplo, como os indivíduos com sangue AB derivado de dois genes dominantes, IA e IB.

códon. Um trio de bases do RNA-m, responsável pela determinação de um tipo de aminoácido.

códon de iniciação. AUG, que também determina o aminoácido metianina.

códon sem sentido. Tipo de códon que não determina nenhum aminoácido. Simplesmente interrompe a mensagem que determinava a formação de uma proteína. Sem sentido são os códons UAA, UAG

codorna. Nome vulgar de Aves, subclasse Ratitas, ordem Tinamiformes. Ex. gênero Nothura.

coelho. Nome vulgar de Mamíferos ordem Lagomorfos. Ex.: gêneros Sylvilagus (região Neotrópica) e Oryctolagus (no Velho Mundo).

coenzima. Parte não proteica (radical prostético) de uma enzima complexa ou holo-enzima. É um grupamento químico que faz parte do centro ativo e que sai da enzima e nela se reencaixa facilmente. Ex.: NAD, coenzima de desidrogenases.

coenzima Q. Sin. de ubiquinona. Substância que faz parte da cadeia respiratória. Na sequência fisiológica, aparece antes dos citocromos. Envia elétrons para os citocromos e liberta H^+.

co-evolução. Evolução de duas linhas de seres vivos que influenciam uma à outra. Exemplos muito citados são Insetos x Angiospermas e hospedeiros x seus parasitas, mas ocorre com todas as espécies, que sempre interagem com outras que vivem na mesma região. A evolução de uma espécie é fator de seleção de outra espécie e vice-versa. Como um predador que aperfeiçoa o modo de atacar X presa que aperfeiçoa a defesa ou a eficiência da fuga.

cogumelo. Sin. de Fungos Ascomicetos e Basidiomicetos.

cogumelo-de-chapéu. Tipo de fungo Basidiomiceto da ordem Himenomicetales (Agaricales), principalmente dos gêneros Agaricus, Amanita, Boletus, Caprinus e Lepiota.

coifa. Sin. de caliptra. Tecido cutinoso que protege o meristema primário da ponta da raiz.

coiote. Nome vulgar de Mamíferos, ordem Carnívoros com a espécie Canis latrans.

coito interrompido. Método anticoncepcional que consiste na interrupção do ato sexual, retirando-se o pênis antes da ejaculação. Método falho porque o homem pode demorar a decidir o momento da retirada.

colágeno. Proteína fibrosa que constitui as fibras mais importantes e abundantes do tecido conjuntivo; fibras colágenas e as fibras reticulares.

colagogo. Que provoca o fluxo de bile.

colchicina. V. colquicina.

colchicum. Nome vulgar de Angiospermas Monocotiledôneas, fam. Liliáceas com a espécie C. autumnale. Daí se extrai a col-quicina ou colchicina.

colecalciferol. Vitamina D3.

colecistoquinina. Hormônio produzido pelo duodeno ao receber o quimo. Provoca contração da vesícula biliar, que lança a bile no duodeno, neutralizando o quimo. Além disso estimula a produção de enzimas do suco pancreático.

colédoco, canal. Junção dos canais cístico, da vesícula, e hepático, do fígado. Leva a bile ao duodeno.

colênquima. Tecido esquelético vegetal, primário, de vegetais herbáceos, com células vivas, espessas paredes celulósicas e grande vacúolo de suco celular cuja turgência participa da resistência mecânica do tecido. É um tecido de sustentação mecânica.

Coleópteros. Ordem de Insetos holometábolos com aparelho bucal mastigador. Têm dois pares de asas e o primeiro par é blindado, impróprio para o vôo e o segundo par é membranoso. São os besouros e escaravelhos, incluindo as joaninhas. Há mais de 300.000 espécies.

coleóptilo. Capuz que protege o caulículo do embrião de Monocotiledôneas na germinação. Logo após é rompido pelo crescimento do caulículo. É usado em experimentos sobre fototropismo e sobre a ação da auxina. É uma estrutura fototrópica positiva e geotrópica negativa.

cólera. Doença causada por bactérias da espécie Vibrio cholerae, transmitida diretamente pela água ou por alimentos contaminados. Causa diarreia e desidratação.

colesterol. Álcool (monol) policíclico da categoria dos esteroides. Produzido normalmente no fígado e em vários tecidos humanos, inclusive o córtex adrenal e as gônadas. Presente na membrana plasmáticas das células animais (V. mosaico fluido) e em alimentos gordurosos, como a gema do ovo. O colesterol é a substância precursora da vitamina D e de hormônios esteroides como os sexuais e os corticoides e também os ácidos e sais biliares. V. HDL, LDL e ateroma.

coleto. Transição entre raiz e caule.

colhereiro. Nome vulgar de Aves, ordem Ciconiiformes. Ex.: gênero Ajaja.

colibri. Sin. de beija-flor.

coliformes fecais. Bactérias da espécie Escherichia coli, comum nas fezes humanas. Sua concentração alta na água do mar ou de um lago indica poluição. Geralmente não tem importância médica, mas sua abundância sugere presença também de espécies patogênicas.

colina. Base orgânica nitrogenada que faz parte das lecitinas.

colinérgicas. Diz-se das fibras do S.N. Parassimpático produtoras de acetilcolina.

colinérgico. Conjunto de neurônios, sinapses e receptores em tecidos e órgãos que têm acetilcolina como neurotransmissor.

colinesterase. Sin. de acetil-colinesterase. Enzima que destrói a acetilcolina nas placas motoras dos músculos estriados assegurando a relação 1:1 entre o estímulo nervoso e a contração muscular.

colmo ou cana. Caule típico de Monocotiledôneas, cilíndrico com nós e entrenós bem definidos e nítidos. Pode ser oco, como no bambu, ou cheio de parênquima de reserva, como na cana-de-açúcar.

colo do espermatozoide. Sin. de peça intermediária.

colo do útero. Sin. de cérvix.

coloide. Sistema físico cujas partículas têm 0,001 a 0,1 micrômetro de diâmetro e estão envolvidas por um meio dispersante. Ex.: moléculas de proteína em água, no citossol.

colon ou colo. A maior parte do intestino grosso. Aí ocorre a absorção da água contida nos alimentos. Divide-se em três regiões:

colon ascendente (à direita), colon transverso e colon descendente (à esquerda).

colônia. Associação harmônica intraespecífica cujos indivíduos, todos da mesma espécie, estão interligados morfologicamente e são interdependentes. Corais e caravelas são exemplos.

colorau. Sin.: urucu. Nome vulgar de Angiospermas Dicotiledôneas, fam. Bixáceas gênero Bixa. Produz um corante inofensivo.

colostro. Primeiras secreções de leite, logo após o parto, muito ricas em anticorpos, que são passados ao recém-nascido como imunização passiva temporária, útil enquanto ele não produz seus próprios anticorpos de modo eficiente.

colquicina. Substância alcaloide que impede o desenvolvimento do fuso acromático, cancelando o movimento cromossomial na anáfase.

coluna vertebral. Sin. de coluna raquidiana. Na espécie humana é uma sequência de 33 ou 34 vértebras superpostas, dividida em cinco regiões: 1ª) Cervical (pescoço) com sete vértebras. 2ª) Torácica ou dorsal com 12 vértebras. 3ª) Lombar com 5 vértebras. 4ª) Sacra com 5 vértebras soldadas. 5ª) Coccigia, com quatro ou cinco vértebras soldadas e atrofiadas. A coluna envolve a medula espinhal.

colunar, epitélio. Epitélio com células altas. O mesmo que cilíndrico ou prismático.

combustíveis fósseis. Originados de materiais fósseis como o carvão mineral e o petróleo.

comensalismo. É qualquer associação interespecífica em que uma espécie se beneficia e a outra não tem benefício nem prejuízo. Classicamente, é também harmônica e interespecífica em que um indivíduo se nutre das sobras de alimento de outro de espécie diferente, sem prejudicá-lo.

companheira, célula. Célula justaposta ao tubo crivado, ou liberiano. Atua na manutenção do tubo crivado e na condução de seiva elaborada.

compensação, ponto de. Grau de luminosidade em que a fotossíntese e a respiração celular têm a mesma intensidade. Todo o CO_2 produzido pela respiração é usado pela fotossíntese e todo o O_2 produzido pela fotossíntese é usado pela respiração, num processo auto-suficiente e momentâneo. Típico para cada espécie vegetal.

competição. Seres vivos com o mesmo nicho usam os mesmos recursos do meio para sobrevida e reprodução. Os que melhor atuarem no uso desses recursos propagarão os genes que lhes conferem esse sucesso para a nova geração. É na competição que ocorre a Seleção Natural.

complementares, genes. V. genes complementares.

complemento. Conjunto de proteínas do plasma sanguíneo ativadas por IgM, IgG, ou por polissacarídeos bacterianos. Fazem orifícios na membrana das células-alvo, em geral bactérias, matando-as. Além disso, atraem mais neutrófilos ao local da invasão bacteriana e causam a liberação de histamina pelos mastócitos.

complexo B. Conjunto de vitaminas hidrossolúveis compreendendo as vitaminas B1, B2,B6,B12, PP, ácido fólico etc.

complexo golgiense. V. Golgi (sinônimo).

complexo juncional. Sin. de complexo unitivo. Conjunto formado pela zona de oclusão mais a zona de adesão entre as células epiteliais.

composta, folha. Folha cujo limbo tem reentrâncias que atingem a nervura central e o dividem em partes, os folíolos, muito semelhantes a folhas em miniatura.

comunidade. Conjunto de seres de espécies diferentes, que vivem e se relacionam ecologicamente numa região. Sinônimo de biocenose.

conceptáculos. Estruturas em forma de taças típicas de Briófitas e que abrigam propágulos (massas de células meristemáticas que reproduzem assexuadamente esses vegetais).

condilartros. Mamíferos placentários herbívoros extintos (Paleoceno e Eoceno), ancestrais dos Perissodátilos, Artiodátilos e Proboscídeos, atuais, além de Litopternas e Notoungulados, ambos extintos.

côndilo. Expansão lisa e arredondada de um osso, para articulação.

côndilo occipital. Expansão arredondada, convexa, do osso occipital permitindo sua articulação com a primeira vértebra do pescoço.

condiloma. Sinônimo de papiloma.

condiloma acuminado. Ou crista de galo. Doença sexualmente transmissível, causada por vírus de vários tipos de HPV. Acarreta lesões verrugosas nas regiões sexuais externas. Sinônimo de papiloma.

condom. Sin. de camisinha.

Condrictes. Praticamente sinônimo de Elasmobrânquios. Classe de Vertebrados correspondente aos peixes com esqueleto cartilaginoso. As fendas branquiais estão abertas diretamente ao exterior, não havendo opérculo. Boca ventral subterminal, nadadeira caudal heterocerca (sua parte dorsal é maior). Não há bexiga natatória. Coração, semelhante ao dos Osteictes, é totalmente venoso e só tem duas cavidades, uma aurícula (ou átrio) e um ventrículo. A ordem principal é a dos Elasmobrânquios: tubarão, cação, raia, peixe-serra e peixe-martelo. Cerca de 800 espécies.

condrioma. Conjunto de mitocôndrias de uma célula.

condroblasto. Célula cartilaginosa jovem, produtora da matriz cartilaginosa. Também é o antigo nome para condrócito.

condrócito. Célula cartilaginosa adulta em cavidade (lacuna) da matriz cartilaginosa.

condroplasto. Antigo nome da "lacuna" cartilaginosa. Na realidade, é uma região com menor densidade.

cone ou pinha. A flor lenhosa das Gimnospermas.

conectivo. Sin. de tecido conjuntivo.

cones. Células retinianas cuja parte fotossensível afina da base, junto do corpo celular, para a extremidade. Atuam, sob forte iluminação, na visão das cores (há três tipos, sensíveis ao vermelho, ao verde e ao azul) e em fino detalhe. A mácula lútea, o ponto de visão máximo, tem quase todos os cones da retina.

congênito, caráter. Caráter adquirido antes do nascimento, durante a vida embrionária. Não hereditário.

conidiosporos. Esporos de Ascomicetos dispostos em fileiras, como contas em um colar.

Coníferas. Principal ordem das Gimnospermas, em geral arbóreas, com flores, chamadas cones ou estróbilos, masculinas, com estames, e femininas com grandes óvulos. São coníferas: pinheiros, araucárias, cedros, ciprestes, sequoias etc.

conjugação. União temporária de dois Protozoários da classe Ciliados da mesma espécie, de linhagens diferentes, pelos citóstomas; seguida de troca de material nuclear entre eles, que depois se separam rejuvenescidos, reiniciando uma nova sequência de divisões binárias transversais.

conjugação bacteriana. Tipo de reprodução sexuada em Bactérias. Uma bactéria "macho" se une a uma bactéria "fêmea" e transfere DNA para ela. A transmissão é de um plasmídio F do macho e ocorre através de pêlos sexuais que existem na parede bacteriana. Pode haver a passagem de um plasmídio ou então de parte do plasmídio ligada a um trecho de um cromossoma da bactéria "macho". Recebendo o plasmídio F, a bactéria "fêmea" vira "macho".

conjuntiva. Epiderme que reveste as pálpebras e a parte anterior do olho, sobre a córnea.

consanguíneo. Termo antigo que designa parentesco genético.

constricção primária. Região estrangulada (mais delgada) do cromossoma e que corresponde ao centrômero.

constricção secundária. Região estrangulada (mais delgada) de um cromossoma e que não corresponde ao centrômero.

consumidores. Organismos que se nutrem diretamente (herbívoros) ou indiretamente (carnívoros) dos Produtores (plantas e algas como exemplos gerais). Correspondem aos animais em geral.

consumidores primários. Herbívoros.

consumidores secundários. Carnívoros que comem herbívoros.

consumidores terciários. Carnívoros que comem carnívoros.

contorcido distal, tubo. Fica após a alça de Henle, reabsorve aminoácidos, ajusta o pH (eliminação ativa de H^+) e reabsorve mais água (sob estímulo do ADH), dando à urina sua concentração final.

contorcido proximal, tubo. Fica entre a cápsula de Bowman e a alça de Henle. Recebe o filtrado glomerular e reabsorve, por transporte ativo, Na^+, Cl^- e glicose, tornando hipertônico o sangue que circula nos capilares que o envolvem e, por isso reabsorve água.

contraceptivo. Sin. de anticoncepcional. Método que impede a fecundação. Num enfoque mais amplo, impede também o desenvolvimento do zigoto ou mesmo do embrião.

controle biológico. Uso de inimigos naturais que atacam uma praga. Lagartas prejudiciais à agricultura sendo atacadas por vespas que foram trazidas pelo agricultor. As vespas introduzem ovos nas lagartas e as larvas da vespa, que aí se desenvolvem e destroem as lagartas.

convergência. Evolução de caracteres semelhantes em seres de diferentes ancestralidades pela adoção de vida com nichos ecológicos e hábitats similares. A causa é que há poucas soluções para os problemas físicos e químicos que os seres vivos enfrentam durante a evolução.

convoluta. Prefoliação na qual as folhas estão enroladas longitudinalmente.

Copépodos. Subclasse de Crustáceos microscópicos ou muito pequenos que fazem parte do zooplâncton.

coprófago. Indivíduo que ingere fezes.

cópula. Ato sexual, coito.

coqueiro-da-bahia. Nome vulgar de Angiospermas Monocotiledôneas, fam. Palmáceas, gênero Cocos.

coqueluche. Doença causada por bactéria da espécie Bordetella pertussis. Transmissão direta por secreções nasais e saliva.

coração. Órgão muscular oco que movimenta o sangue nos vasos sanguíneos. Usando-se A para designar átrio ou aurícula e V para ventrículos, colocamos a constituição cardíaca dos Vertebrados: Ciclóstomos e Peixes – 1A1V. Anfíbios e maioria dos Répteis – 2A1V crocodilianos. Aves e Mamíferos – 2A2V.

coral. Nome vulgar de colônias marinhas de pólipos de Celenterados podendo formar recifes. Corallium e Penatula são gêneros importantes.

coral-verdadeira. Nome vulgar de Répteis, ordem Ofídios. Ex.: Micrurus. Cobra peçonhenta.

corda dorsal. Sin. de notocórdio.

corda ou cordão espinhal. V. Medula espinhal.

Cordados. Filo de animais triblásticos, eucelomados, deuterostômios com três características principais: 1) notocórdio ou corda dorsal; 2) tubo nervoso dorsal; e 3) fendas branquiais faringianas. Pelo menos na fase embrionária, estas características aparecem. Dividem-se em dois subfilos: 1) Protocordados, cujo notocórdio não é substituído pela coluna vertebral, e 2) Vertebrados onde ocorre esta substituição. Há mais ou menos 55.000 espécies de Cordados.

cordão (corda) dorsal. V. Notocórdio.

cordão umbilical. Cordão que liga o embrião à placenta. Tem duas artérias que levam CO_2 e substâncias de excreção do embrião para a mãe e uma veia que traz O_2, alimentos e hormônios da mãe para o embrião. Contém ainda tecido conjuntivo gelatinoso chamado de geleia de Wharton.

cordas vocais. Estruturas vibráteis situadas na laringe e que emitem sons, com a passagem do ar.

corimbo. Tipo de cacho com eixo principal reduzido e todas as flores no mesmo plano.

cório ou corion. 1) União do trofoblasto com o mesoderma extra-embrionário. Origina a parte embrionária da placenta. 2). Parte profunda, muito vascularizada, da derme da pele.

cormo. Sin. de tronco.

Cormófitas. As plantas com tronco, como as Espermatófitas ou Fanerógamas.

cormorão. Nome vulgar de Aves, ordem Pelecaniformes. Ex: gênero Phalacrocorax.

córnea (olho). Epitélio ectodérmico transparente que cobre a parte anterior do olho, sob a conjuntiva.

córnea, camada. Camada mais externa e impermeabilizada da epiderme dos Vertebrados, com células mortas, achatadas e queratinizadas. É importante adaptação à vida em ambiente terrestre.

córneo. Qualquer envoltório de origem epidérmica, muito duro, pelo acúmulo de queratina.

coroide. terceira camada, a mais interna do envoltório do globo ocular. A coroide é uma membrana fina, pigmentada e vascularizada. Na região externa do olho, a coroide origina a íris. As três camadas envoltoras são a córnea, a esclerótica e a coroide, de fora para dentro.

corola. Verticilo interno do perianto, constituído de pétalas, de cor não verde.

corona radiata. Envoltório mais externo do óvulo. É pluricelular e suas células estão presas umas às outras por um cimento que contém o ácido hialurônico.

coronárias. Conjunto de pequenas artérias que envolvem e cedem O_2 ao miocárdio (músculo cardíaco)

corpo "albicans". Cicatriz branca na superfície do ovário, formada pela involução do corpo amarelo.

corpo amarelo. Sin. de corpo lúteo. Glândula endócrina temporária dentro do ovário, formada a partir do folículo, após a ovulação, sob a ação do LH. Produz principalmente progesterona.

corpo celular. Região de um neurônio que inclui a maior parte do citoplasma e as organelas, em torno do núcleo. Como os dendritos, recebe estímulos. Sin. de citônio.

corpo esponjoso. Estrutura longitudinal, esponjosa, na região ventral do pênis, envolvendo a uretra.

corpo lúteo. Sin. de corpo amarelo. Estrutura correspondente a um folículo que perdeu o óvulo (ovócito II) na ovulação. O corpo lúteo cresce e produz principalmente progesterona até o dia 28, quando praticamente se desfaz. V. ciclo menstrual.

corpora allata. Par de glândulas próximas ao esôfago de Insetos, produtoras do Hormônio Juvenil (HJ). O HJ regula a sequência larvar e algumas funções reprodutivas do adulto.

corpos cavernosos. Duas estruturas longitudinais, paralelas, esponjosas, dorsais no pênis e que acumulam sangue, causando a ereção.

corpúsculo basal. Sin.: blefaroplasto, cinetoplasto, cinetossoma.

corpúsculo de Barr. Sin. de cromatina sexual. V. Barr, corpúsculo de.

corpúsculo residual. Lisossoma secundário após as hidrólises, contendo o material que não conseguiu ser digerido.

córtex. Parte externa de um órgão, como o cérebro e a glândula suprarrenal. Na anatomia vegetal é a parte externa da raiz e do caule. O córtex primário tem epiderme, parênquima e endoderme. O córtex secundário tem súber, felogênio e parênquima.

córtex cerebral. Camada de substância cinza da superfície do cérebro.

córtex supra-renal. Parte externa da glândula supra-renal, de origem mesodérmica, que produz hormônios corticoides e andrógenos.

Corti, órgãos de. Estruturas receptoras das ondas sonoras no ouvido interno.

cortiça. Súber muito espesso usado como isolante térmoacústico, tampas, flutuantes. Nesse material, Hooke descobriu a célula.

corticoestimulina. Sin. de ACTH. Hormônio da adeno-hipófise, peptídeo, com 36 aminoácidos. Atua no córtex-supra-renal, desenvolve-o e estimula a secreção de glicocorticoides.

corticosteroide. Hormônio esteroide da córtex supra-renal. Há dois tipos: 1. Mineralocorticoides – controlam a eliminação de Na^+ e de água, e 2. Glicocorticoides – atuam no metabolismo das proteínas e da glicose.

corticotrofina. Sinônimo de corticoestimulina.

cortisol. Hidrocortisona, um tipo de glicocorticoide.

cortisona. Principal glicocorticoide.

coruja. Nome vulgar de Aves, ordem Estrigiformes. ex.: gêneros Otus, Strix e Tyto.

corvo. Nome vulgar de Aves, ordem Passeriformes. Ex: gênero Corvus (regiões Neártica, Paleártica e Oriental).

Corynebacterium. Gênero de bactéria causadora de difteria.

cosmopolita. Organismo que tem distribuição mundial.

cotilédone. Primeira folha do embrião vegetal da Espermatófitas, uma nas Monocotiledôneas, duas nas Dicotiledôneas e várias nas Gimnospermas. Sua função é absorver as reservas do endosperma para a nutrição da plântula. Isto ocorre no momento da germinação das Gimnospermas e Monocotiledôneas e antes da germinação das Dicotiledôneas.

co-transporte. Tipo de difusão através da membrana plasmática em que a proteína carreadora ou permease leva dois ingredientes (por exemplo: um íon e uma molécula), atravessando a membrana plasmática. Quando os dois ingredientes vão no mesmo sentido, usa-se a expressão simporte. Ex.: glicose e Na^+ vão juntos para dentro da célula epitelial (enterócito). Usa-se a expressão antiporte quando o transporte é em dois sentidos opostos (íon num sentido e molécula no outro).

Cowper, glândula de. V. glândulas bulbo-uretrais.

craca. Pequeno Crustáceo fixo da ordem Cirrípedes. Ex.: gênero Balanus. Vive dentro de uma concha calcárea parecida com um vulcão em miniatura. Encontrada na zona intertidal (entre as marés).

crânio. Conjunto de ossos formando o invólucro da cabeça. Dois ossos parietais, chatos na região látero-superior do crânio, articulando-se, por baixo com os 2 temporais pela frente, os 2 parietais estão soldados ao osso frontal (testa) e por trás, com o occipital, que fica na parte posterior e inferior da cabeça.

Crassuláceas. Família de plantas superiores, Fanerógamas e Dicotiledôneas, herbáceas. Com espécies principalmente na África do Sul, costas do Mediterrâneo e México, em Regiões áridas. Suas folhas abrem seus estômatos à noite e fecham durante o dia.

cravo. Concentração excessiva de material lipídico em glândulas sebáceas da pele.

creatina. Sob a forma de Fosfocreatina (Creatina – PO_4), é reserva de fosfato de alta energia de uso imediato na contração muscular em Vertebrados.

crenação. Plasmólise de uma hemácia, que diminui e fica enrugada.

crescimento, hormônio do. Hormônio do Lobo Anterior da Hipófise, peptídeo (191 aminoácidos), responsável pelo crescimento dos tecidos conjuntivo, cartilaginoso, ósseo e muscular. Sin. de GH ou somatotrofina.

Cretáceo ou cretácico. Terceiro, e último período da era Mesozoica. Começou há 145 milhões de anos e terminou há 65 milhões de anos com uma extinção em massa, resultante talvez do impacto de um asteroide, cujas consequências findaram o domínio dos grandes Répteis, facilitando o desenvolvimento dos Mamíferos. Surgem os Primatas e as plantas Angiospermas.

cretinismo. Hipotireoidismo infantil, com nanismo disforme e deficiência mental.

Creutzfeldt-Jacob, doença de. V. encefalopatias espongiformes.

criação especial. Crença religiosa em que cada animal ou vegetal foi criado em separado, i. é, teve uma criação especial por Deus. V. Criacionismo.

criacionismo. Crença judaica, cristã e muçulmana no relato bíblico da Criação do Universo, da Terra, dos seres vivos e do Homem, por Deus, em sete dias. Como crença, é indiscutível e irrefutável. Entretanto, qualquer tentativa de prová-la de modo científico só mostra sua fraqueza.

Crinoides. Classe de Equinodermas correspondente aos lírios-do-mar.

Criptógamas. Designação antiga dos vegetais sem flores e sem sementes. São as Briófitas (musgos) e as Pteridófitas (samambaias).

criptomeria. O mesmo que epistasia.

criptorquidia. Permanência dos testículos dentro da cavidade abdominal, podendo causar esterilidade.

crisálida. Sin. de pupa.

Crisófitas. Algas unicelulares, solitárias ou coloniais, em sua maioria de água doce, com plastos marrons-dourados.

criss-cross. Cruzamento em que genes sex-linked se distribuem de tal modo que as filhas tenham o fenótipo do pai e os filhos, o da mãe.

crista mitocondrial. Dobra geralmente transversal da membrana interna da mitocôndria. Sede da cadeia respiratória e dos oxissomas.

cristalino. Lente convergente elástica transparente, formada de células ectodérmicas mortas, achatadas e compactadas. O cristalino, atrás da pupila, foca a imagem sobre a fóvea. Sua opacidade constitui a catarata.

Crocodilianos. Subclasse de Répteis com ventrículo cardíaco praticamente dividido em dois. Nomes vulgares: crocodilo, caimã, jacaré, aligator, gavial. Com 21 espécies.

crocodilo. Nome vulgar de Répteis, subclasse Crocodilianos. Pode ser sinônimo de jacaré. Designa também a espécie Crocodilus niloticus do rio Nilo.

Cro-magnon, homem de. Mais antigo representante da nossa subespécie, Homo sapiens sapiens. Viveu há cerca de 30 mil anos.

cromátide. Estrutura cromossomial geralmente alongada e visível ao microscópio óptico, sob a forma de um bastonete. Um cromossoma pode apresentar uma ou duas cromátides, conforme a fase da divisão celular, mas sempre tem só um centrômero.

cromátides irmãs. As duas cromátides de um mesmo cromossoma.

cromátides não irmãs. As duas cromátides de dois cromossomas homólogos emparelhados, cada uma pertencente a um cromossoma. Esta conformação aparece na meiose (paquíteno e diplóteno).

cromatina. Material químico existente nos cromossomas. Consiste na associação do DNA com proteínas básicas, principalmente as histonas.

cromatina sexual. Cromossoma X condensado e inativo na interfase, aparecendo como um pequeno nucléolo, chamado corpúsculo de Barr (cB), junto da carioteca de células somáticas. O número de cBs é igual ao número de X – 1. Mulheres normais (XX) têm 1 cB e homens normais (XY) não têm cBs.

cromatografia. Processo de separação e identificação de substâncias que estão numa solução ou numa mistura. Moléculas de tamanhos e de densidades diferentes migram com velocidades diferentes numa folha de papel ou numa placa especializada, por capilaridade. Com a interrupção do movimento, as moléculas ficam separadas e podem ser identificadas.

cromidial, substância. V. Nissl, corpúsculos de.

cromocentro. Nucléolo falso por enovelamento do material cromossomial.

cromômeros. Pequenas dilatações ao longo dos cromossomas visíveis principalmente no início da meiose.

cromonema. Filamento cujo conjunto formaria a estrutura da cromátide.

cromoplasto. Plasto colorido. Designa normalmente um plasto que não é branco nem verde e que contém clorofila, mascarada por outros pigmentos. Exs.: eritroplastos, feoplastos, xantoplastos.

cromoproteínas. Sin. de metaloporfirinoproteínas. Categoria de proteínas complexas cujo radical prostético é uma porfirina à qual está ligado um átomo de metal. Ex: hemoglobina, cujo radical prostético é o grupamento 'heme' que contém ferro.

cromossoma plumulado. Tipo de cromossomas grandes, particularmente visíveis na prófase I da meiose em ovócitos de Anfíbios. Apresenta duas cromátides com grandes alças laterais, são regiões com grande intensidade de transcrição (síntese de RNA).

cromossomas. Estruturas individualizadas a partir do núcleo na maioria das células e que são formadas principalmente pela cromatina. São autoduplicáveis, funcionam como portadores de genes, e geralmente têm forma alongada, em bastonete. Cada cromossoma tem um centrômero e uma ou 2 cromátides.

cromossomas homólogos. Cromossomas que constituem um par com características morfológicas idênticas e têm, com exceção dos cromossomas sexuais, a mesma sequência de genes, para os mesmos caracteres.

cromossomas politênicos. Cromossomas gigantescos (comprimento de quase 0,5mm) encontrados principalmente nas glândulas salivares de larvas de drosófilas e outras moscas. Resultam da união de dois homólogos, cujos filamentos se multiplicaram várias vezes, engrossando a estrutura. Ao mesmo tempo, os filamentos se desespiralizam, aumentando o comprimento.

cromossomas sexuais. Cromossomas cuja presença, ou ausência, tem relação com a determinação do sexo de seu portador. Constituem um par, X e Y ou Z e W e ocorrem na maioria dos seres dioicos. Sua homologia é problemática, pois não têm a mesma sequência de genes em toda extensão nos indivíduos heterogaméticos. Sin. de alossomas ou heterocro-mossomas. Par que diferencia os cariótipos do macho e da fêmea (iguais na fêmea e diferentes no macho, ou vice-versa) e determina o sexo. São os cromossomas X,Y,Z e W em diferentes espécies de animais.

crossing-over. Sin.de permuta ou sobre-cruzamento. Fenômeno que acontece na Divisão I da meiose (paquíteno ou diplóteno) e que consiste na fratura de cromátides não irmãs ou internas de uma tétrade e logo depois a troca de segmentos e ressoldagem entre elas. / Troca de genes alelos entre cromossomas homólogos, devido à troca de segmentos entre suas cromátides, na Prófase I. Faz recombinação entre genes "linked", criando maior variedade de genótipos. Sua descoberta foi decisiva para a teoria cromossomial da herança.

crossing, taxa de. Proporção (%) de gametas que mostram a ocorrência de "crossing-over" entre dois genes "linked". Convencionou-se considerar cada 1% de taxa de crossing entre dois genes como uma unidade de distância entre eles no cromossoma, isto é, um morganídeo.

Crossopterígios. Grupo de Osteictes com nadadeiras lobadas (ao contrário dos Acti-nopterígios, principal grupo de Osteictes, cujas nadadeiras são radiadas). Crossopterígios eram considerados peixes fósseis (paleozoicos) até a descoberta do celacanto (peixe atual do gen. Latimeria) no oceano Índico, no sudeste da África.

crupe diftérica. V. difteria.

Crustáceos. Classe de Artrópodos caracterizados por terem quatro antenas, número variado de patas, corpo geralmente dividido em cefalotórax e abdômen e respiração por brânquias. Desenvolvimento indireto, com larvas. Em sua maioria são animais marinhos, com diversas espécies dulcícolas e raras espécies terrestres. Ex.: lagosta, camarão, tamburutaca, caran-guejo, siri, craca e tatuzinho (este último, é terrestre).

cruzamento teste ou "test cross" ou cruzamento-prova. Tipo de cruzamento utilizado para pesquisa de genótipos. Um indivíduo A com fenótipo dominante, (que pode ser homozigoto dominante ou heterozigoto) é cruzado com outro de fenótipo recessivo, portanto, homozigoto recessivo. Pela análise da F1, verifica-se o genótipo de A.

cruzamentos recíprocos. Cruzamentos (macho A x fêmea B e macho B x fêmea A) usados para estudar herança ligada ao sexo e herança autossômica.

Ctenóforos. Animais marinhos pequenos e muito primitivos, mais ou menos semelhantes às medusas, mas não têm cnidoblastos (células agressivas). Corpo gelatinoso com placas ciliadas nadadoras. Tubo digestivo sem ânus, substituído por orifícios corporais. Este filo é representado pelo gênero Beroe, vulgarmente "água-viva boa"

CTP. citidina-trifosfato.

cúbico, epitélio. Epitélio cujas células, em corte perpendicular à superfície epitelial, aparecem mais ou menos quadradas.

cuica-d'água. V. gambá.

Culex. Gênero de Insetos da ordem Dípteros, vulgarmente pernilongo, corresponde ao hospedeiro intermediário de Wuchereria bancrofti que é o causador da filariose ou elefantíase.

cultura. Em Biologia, população de microrganismos ou de células de um tecido em ambiente nutritivo adequado (meio de cultura), para experiências.

cupim. Ou térmita. Nome vulgar de Insetos da ordem Isópteros. Exs. de gêneros: Nasutitermes, Syntermes, Coptotermes (Rio de Janeiro e Santos), Neotermes.

cupuaçu. Fruto de Angiospermas Dicotiledôneas da família Esterculiáceas, gênero Theobroma (o mesmo do cacaueiro).

curió. Nome vulgar de Aves, ordem Passeriformes. Ex. gênero Oryzoborus.

curvinérvia, folha. Folha elíptica cujo limbo tem nervuras que divergem próximo ao pecíolo e se curvam, unindo-se na outra ponta.

cutia. Nome vulgar de Mamíferos, ordem Roedores com gênero Dasyprocta.

cutícula. Fina camada acelular de substância protetora, sobre a epiderme vegetal (na qual há cutina) ou sobre a epiderme de Artrópodes (na qual há quitina).

cutina. Mistura de ácidos graxos que impermeabiliza as paredes externas das células da epiderme do caule primário, das folhas e das flores. A epiderme da raiz não tem cutina e é permeável.

cyca. V. sagu, planta do.

Cyclops. Gênero de Crustáceos da classe Copépodos (microcrustáceo), com espécies hospedeiras intermediárias da dracunculose. Faz parte do fitoplancton.

CYS. Abreviatura convencional do aminoácido cisteína.

D

D.I.U.. Dispositivo intrauterino. Objeto alongado, de plástico ou de metal, que é colocado no útero e que provavelmente impede a nidação (fixação do embrião).

dalton. Unidade de massa molecular. Na prática equivale à massa de um átomo de H.

daltonismo. "Cegueira das cores". Dificuldade de distinguir cores, em geral verde e vermelho, causada por um gene sex-linked recessivo.

Danielli, modelo plasmático de. Modelo proposto para explicar a estrutura da membrana plasmática; ela seria formada por uma dupla camada de fosfolipídios, ensanduichada por duas camadas de proteínas. Modelo suplantado pelo mosaico fluido.

Daphnia. Gênero de Crustáceos da ordem Branquiópodos, vulgarmente chamados de pulga-d'água. (Microcrustáceos).

Darwin, Charles Robert (1809 1882). Filho de um abastado médico, Robert Darwin, Charles Darwin foi encaminhado, de início, para substituir o pai, que já substituíra o avô, Erasmus Darwin, na carreira médica, ideia à qual não se dedicou. Depois, surgiu a sugestão de uma carreira religiosa, na qual teria oportunidade de estudar a obra de Deus na natureza. Esta ideia teve o mesmo sucesso da anterior. Em 1831, fez uma viagem de circumnavegação a bordo do HMS Beagle, na qual pôde fazer observações e coletar material importante para o desenvolvimento de sua obra: colocar todos os seres vivos, inclusive a espécie humana, dentro do contexto evolutivo. Isto se constituiu na segunda grande revolução no pensamento ocidental. A primeira revolução foi de Copérnico e Galileu, que colocaram a Terra em seu devido lugar, um pequeno planeta, importante para nós, mas possivelmente insignificante no contexto do universo. Após regressar de sua viagem, em 1836, com 27 anos, Darwin passou cerca de 40 anos como um recluso semi-inválido em sua propriedade rural, Down House, a 25km de Londres. Aí escreveu 17 livros e 150 artigos científicos, inclusive o grande trabalho sobre as cracas e a teoria da formação dos recifes de coral. Em 1859, embora relutante com relação à repercussão de suas ideias, mas temendo a iminente publicação do trabalho do naturalista Alfred Russell Wallace (que chegara a uma teoria idêntica à sua) e a perda da prioridade de suas ideias, Darwin publicou A Origem das Espécies, resultado do estudo de milhares de rochas e seres vivos (com frequência com o auxílio de especialistas), de experimentos relacionados com as hipóteses que fazia sobre seu significado e de longo processo de análise do material coletado, de seus cadernos de viagem e das perguntas que tudo isso lhe suscitava. Essa obra repercute até hoje em todo pensamento ocidental.

darwinismo. Teoria de Charles Darwin para explicar o processo evolutivo. Em resumo, o darwinismo original ou "clássico" base-ia-se em: a) O número de "filhotes" produzidos em uma geração é muito maior que o número de indivíduos que consegue sobreviver até chegar à fase adulta e se reproduzir. Portanto, há competição pelos recursos necessários à sobrevivência e à reprodução. b) Os indivíduos de uma espécie não são iguais – há sempre variação – e alguns deles são mais bem adaptados ao meio físico e biológico, isto é, mais aptos, que outros; c) Na competição pelos recursos vitais, os mais aptos sobrevivem e se reproduzem transmitindo seus caracteres vantajosos aos descendentes, enquanto os menos aptos sucumbem e não deixam descendentes. Essa "sobrevivência do mais apto" foi chamada de "seleção natural".

datilozoides. Indivíduos que fazem parte de uma colônia flutuante chamada caravela (filo Celenterados). Possuem cnidoblastos que agridem indivíduos de outra espécie, causando sensação de queimadura, paralisia ou até mesmo a morte.

DBO. Demanda bioquímica de oxigênio.

DDT. V. organoclorados.

Decápodos. 1) Ordem de Moluscos da classe Cefalópodos com 10 tentáculos, representada por lulas e sibas; 2) ordem de Crustáceos Malacostráceos com 10 patas: siri, caranguejo, lagosta e camarão.

decibel. Unidade de medida da intensidade do som. 90 decibéis já correspondem a um nível perigoso de ruído.

decídua. V. Floresta temperada.

decompositores. Sin. de mineralizadores. Seres (diversos Fungos e bactérias) que se alimentam de cadáveres e detritos orgânicos e que dividem suas moléculas primeiro por hidrólise, libertando aminoácidos, glicose, ácidos graxos, glicerol, nucleotídeos etc, e depois, pela respiração celular, dividem essas pequenas molécu-las orgânicas em CO_2, H_2O, NH_3 e íons inorgânicos. Estes produtos finais alimentarão os Produtores.

deferente, canal. Tubo que conduz os espermatozoides produzidos no testículo para a uretra.

deiscência. Espontânea abertura de frutos, ditos deiscentes, como as vagens, liberando as sementes. Os frutos que não se abrem, como as mangas, são indeiscentes.

delaminação. Modo de gastrulação de discoblástulas no qual células se destacam do blastodisco e, abaixo dele, contribuem para formar o endoderma.

deleção. Perda de parte de um cromossoma.

demanda bioquímica de oxigênio (DBO). Quantidade de oxigênio exigida pelos seres vivos para oxidar a matéria orgânica numa amostra de água.

Demodex. Pequeno ácaro que era considerado o causador dos cravos da pele.

dendê, coqueiro. Nome vulgar de Angiospermas Monocotiledôneas, fam. Palmáceas, gênero Elaeis.

dendríticas. V. células dendríticas.

dendrito. Ramificação de um neurônio receptor de estímulos, i.é, celulípede ou aferente. Em geral, há mais de um dendrito em cada neurônio.

Dendrobates. Gênero de Anfíbios subclasse Anuros: sapos, em cuja pele há secreções muito tóxicas (Neotropicais).

dengue. Doença causada por vírus de RNA da família Flaviviridae. O transmissor é um mosquito fêmea do gênero Aedes, o mesmo da febre amarela.

denso-fibroso, TCPD. Tecido conjuntivo propriamente dito com matriz consistente e muitas fibras de colágeno I, dispostas em rede (nãomodelado) ou em feixes paralelos (modelado).

dente. Estrutura dura, cônica, com uma ou várias pontas ou cúspides. Os dentes dos Vertebrados são de origem ectodérmica (o esmalte) e conjuntiva (dentina, polpa e cemento) e podem estar "colados" aos ossos da boca, como na maioria dos Vertebrados, ou dentro de cavidades ósseas, os alvéolos dentários, como nos Mamíferos. Evoluíram de escamas placoides como as da pele dos Elasmobrânquios ou Condrictes.

dente molar. Dente de Mamíferos, em geral usado para esmagar, que não é precedido por dentes de leite. No Homem, são os três grandes molares ou molares propriamente ditos, em cada meia arcada.

dentina. Tecido conjuntivo calcificado, sob o esmalte, na coroa, e sob o cemento, na raiz. É o marfim das presas de elefantes.

deriva continental. Teoria de Wegener; os continentes sofreram deslocamento em várias direções, até ocuparem as posi-ções atuais. E continuam se deslocando.

deriva genética. Variação dos genes de uma população pequena, aleatória, não relacionada com a Seleção natural. Sin. de "genetic drift" e de "efeito Sewall Wright".

Dermatobia. Gênero de moscas que causam a miíase chamada berne.

dermatógeno ou dermatogênio. Meristema primário que origina a epiderme do caule e da raiz.

dermatóglifos. Ou impressões digitais, podem ser usados no diagnóstico de aneuploidias, como a Síndrome de Down e nas identificações em geral.

derme ou derma. Camada interna da pele dos Vertebrados (sob a epiderme), formada de

TCPD denso-fibroso.

dérmicas, escamas. Formadas principalmente pela derme e revestidas por uma fina camada de epiderme. Caracteriza os Osteictes.

descarboxilação. Retirada de CO_2 de uma molécula, desfazendo a carboxila. Acontece na matriz mitocondrial, transformando o ácido pirúvico (CH_3.CO.COOH) em aldeído acético (CH_3.CHO) que acontece na formação de acetil-coenzima A.

descarboxilase. Enzima que catalisa descarboxilação, por ex. do ácido pirúvico. Sua coenzima contém a vitamina B1 (tiamina).

Desdentados. Sin. de Xenartros.

desdiferenciação celular. Retorno de células diferenciadas e especializadas à condição embrionária indiferenciada, voltando a ser capazes de realizar mitoses. É fenômeno mal conhecido.

desenvolvimento direto. Tipo de desenvolvimento no qual a embriogênese produz um indivíduo jovem semelhante ao adulto e com o mesmo tipo de vida dele, no qual se transforma, crescendo e amadurecendo sexualmente

desenvolvimento indireto. Tipo de desenvolvimento no qual a embriogênese produz um indivíduo jovem, a larva, diferente do adulto em morfologia, hábitos e hábitat. A larva se torna adulto na metamorfose, radical reestruturação orgânica.

desenvolvimento sustentável. Desenvolvimento econômico que permite a manutenção do equilíbrio ecológico.

deserto. Tipo de bioma em regiões com baixa precipitação de chuva, menos de 250mm/ano, com solos arenosos ou pedregosos. O clima é árido e a vegetação é ausente, ou quase, e a fauna é pobre.

desidrogenase. Tipo de enzima que retira H de uma molécula. Sua coenzima frequentemente é o NAD ou o NADP e menos frequentemente é o FAD.

Desmodus. Gênero de morcegos hematófagos. V. vampiro.

desmossoma. Estrutura visível apenas ao microscópio óptico, que dá coesão prendendo firmemente duas células, geralmente epiteliais, uma à outra.

desnaturação das proteínas. Perda da forma natural, tridimensional da molécula de uma proteína. Corresponde, a "grosso modo", à perda de sua estrutura terciária e por isso a proteína perde suas propriedades normais que caracterizam sua atividade biológica. Pode ser causada pelo calor, pelos raios ultravioleta, ultra-sons, variação exagerada do pH etc. A proteína desnaturada mantém seu valor nutritivo porque conserva todos os seus aminoácidos.

desnaturação do DNA. Separação dos dois filamentos do DNA por meio da ruptura das pontes de hidrogênio, causada, por exemplo, pelo calor excessivo.

desnitrificação. Processo realizado por algumas bactérias anaeróbias (por exemplo Pseudomonas) desfazendo nitratos e liberando N_2 na atmosfera.

desoxirribonucleotídeo. Nucleotídeo constituinte do DNA, formado por fosfato, desoxirribose e uma base nitrogenada (Adenina ou Timina ou Citosina ou Guanina).

desoxirribose. $C_5H_{10}O_4$. Pentose típica do DNA.

desoxitimidina. Nucleosídeo formado pela Timina associada à desoxirribose.

desplasmólise. Turgência após uma plasmólise.

despolarização (no neurônio). Termo impróprio porque de fato não desaparece a polaridade elétrica da membrana do neurônio em repouso (+) fora, (-) dentro, tornando-o sem carga elétrica – (0) fora e dentro, e sim inversão dessa polaridade: (-) fora, (+) dentro. Ocorre pela entrada de Na^+ no neurônio.

determinação sexual n/2n. Determinação do sexo em espécies onde não há cromossomas sexuais. Os machos são haploides, origem partenogenética, e as fêmeas são diploides, produto de fecundação em Himenópteros (formigas, abelhas, marimbondos).

determinação sexual X0. Em espécies em que só há heterossomas X, não existindo o Y. As fêmeas são homogaméticas XX e os machos são heterogaméticos X0 (sem um heterossoma). A determinação sexual é feita pelo espermatozoide fecundante, X determina fêmea e 0 (sem heterossoma) determina macho. Em diversos Insetos, determinação tipo Protenor.

determinação sexual XY. Com heterossomas denominados X e Y, machos heterogaméticos XY e fêmeas homogaméticas XX. A determinação sexual é feita pelo espermatozoide fecundante, X determinando fêmea e Y determinando macho. Corresponde à maioria dos animais.

determinação sexual Z0. Só tem heterossoma Z, fêmeas heterogaméticas Z0 (0 = sem heterossoma) e machos homogaméticas ZZ. Os óvulos determinam o sexo: Z resulta em machos e,com 0, resulta em fêmeas, em galináceos.

determinação sexual ZW (tipo Abraxas). Tem heterossomas denominados Z e W. Os machos são homogaméticos ZZ e as fêmeas heterogaméticas ZW. O sexo é determinado pelo óvulo fecundado. Se Z, resulta macho em Aves em geral, lagartos e mariposas.

detritívoro. Consumidor que se alimenta de detritos orgânicos.

Deuteromicetos. Sinônimo de Fungos imperfeitos. Não possuem fase sexuada ou ela não é conhecida. Quando estruturas sexuais são descobertas, sua classificação é modificada. Ex.: Fusarium moniliforme era Deuteromiceto. Descobriu-se que produzia ascos e tornou-se Gibberella fujikuroi (filo Ascomicetos).

deuterostômios. Animais nos quais o blastóporo do embrião se torna o ânus. A boca é formada depois. São os Equinodermas e os Cordados.

deuterótoca, partenogênese. Partenogênese na qual alguns óvulos dão machos, enquanto outros dão fêmeas. Ocorre em alguns pulgões, alternando com fase onde há partenogênese arrenótoca e fase onde há fecundação.

deutoplasma. Sinônimo de vitelo.

Devoniano ou devônico. quarto (de 6) período da era Paleozoica, depois do Silúrico e antes do Carbônico. Começou há 410 milhões de anos e terminou há uns 280 milhões. Domínio dos Peixes Gnatóstomos (peixes propriamente ditos, com mandíbula) surgiram os primeiros Anfíbios (labirintodontes) e primeiros Insetos.

dextrina. Produto intermediário de hidrólise do amido, antes da libertação da maltose.

dextrose. Sin. de glicose.

DHRN. Doença Hemolítica do Recém-Nascido. V. Eritroblastose fetal.

dia primeiro. Momento do ciclo menstrual em que o folículo primordial começa a crescer e ao mesmo tempo começa a menstruação, isto é, a saída do material endometrial pela vagina.

diabetes insípida. Extrema produção de urina muito diluída, poliúria, por secreção insuficiente de ADH.

diabetes mellitus ou sacarina. Resulta da deficiente produção de insulina pelo pâncreas. A absorção celular de glicose é prejudicada, há hiperglicemia (com ou sem glicosúria), alterações no metabolismo de proteínas e lipídeos, cetose, acidose, uremia e vários processos degenerativos daí resultantes. Ocorre também poliúria (urina excessiva).

diabo-da-tasmânia. Nome vulgar de Mamíferos, ordem Marsupiais, "carnívoros". Região Australiana. Gênero Sarcophilus.

diacinese. Última subfase da Prófase I da meiose. Os dois cromossomas de cada tétrade já estão razoavelmente separados, num processo de terminalização.

díade. Conjunto de dois cromossomas homólogos emparelhados no zigóteno de uma meiose.

diadelfo(a). O androceu e a flor que têm os estames unidos em dois grupos.

diáfise. Tubo de tecido ósseo compacto na porção mediana dos ossos longos contendo a medula óssea amarela. É revestida pelo periósteo (externo) e pelo endósteo.

diafragma. 1) Disco semi-rígido que é colocado no fundo da vagina, em contato com o colo do útero e que impede a passagem dos espermatozoides. 2) Grande músculo estriado, em forma de cúpola, exclusivo dos Mamíferos, sob os pulmões. Separa a cavidade torácica da abdominal. Sua contração aumenta o volume da cavidade torácica (inspiração). Seu relaxamento diminui o volume da cavidade torácica (expiração).

dialelia. Existência em um população de apenas dois alelos para um dado locus cromossomial.

dialipétala. Flor cuja corola tem pétalas separadas.

dialissépala. Flor cujo cálice tem pétalas separadas.

diapausa. Parada temporária no desenvolvimento de ovos ou larvas, geralmente de insetos, correspondendo a um período de dormência.

diapedese. Passagem de leucócitos (neutrófilos e monócitos) do interior dos capilares para o TCPD, onde se tornam fagocitários, atraídos por produtos da decomposição de ácidos nucléicos (quimiotaxia). / Passagem de uma célula (por ex. um leucócito neutrófilo) por um espaço muito pequeno, que pode ser uma fresta na parede de um vaso capilar sanguíneo.

diástema. Espaço natural entre os dentes de um maxilar, em geral entre incisivo e pré-molar, para acomodar um grande dente do outro "maxilar" (mandíbula), em geral o canino, quando a boca se fecha.

diástole. Distensão do músculo cardíaco causando diminuição da pressão sanguínea interna e admissão de sangue no(s) átrio(s).

Diatomáceas. Sin. de Pirrófitas.

diblásticos. Animais com apenas dois folhetos embrionários: ectoderma e endoderma. São os Cnidários ou Celenterados.

Dibotriocephalus. Sin. de Diphyllobothrium.

díceros. Artrópodos com 2 antenas. São os Insetos, Quilópodos (lacraias) e Diplópodos (embuás).

díclino. Vegetal monoico com flores masculinas e flores femininas no mesmo pé.

dicogamia. Amadurecimento dos órgãos masculinos e femininos em tempos diferentes num organismo, impedindo a autofecundação. V. protandria e protoginia.

Dicotiledôneas. Angiospermas, com estelo bem definido, raízes axiais, crescimento secundário, flores tetrâmeras ou pentâmeras (perianto com elementos em número de quatro ou cinco ou múltiplo), folhas largas e peninérvias, plântula com dois cotilédones e albumen reduzido. Incluem a maioria dos arbustos e das árvores, além de algumas plantas herbáceas.

dictiossoma. Pilha de vesículas achatadas e encurvadas que fazem parte do sistema ou aparelho de Golgi.

dictióteno. Fase da ovogênese correspondente ao diplóteno da Divisão I da meiose, quando há uma parada no processo meiótico que será recomeçado em cada início do ciclo menstrual.

didelfos. Mamíferos cujas fêmeas têm útero duplo. São os Metatérios. A ordem única é a dos Marsupiais.

didérmica, gástrula. Gástrula só com ectoderma e endoderma. Caracteriza os animais diblásticos (Cnidários) e é etapa da embriogênese dos triblásticos.

didínamo(a). O androceu e a flor que têm quatro estames, dois maiores e dois menores, num arranjo para colar pólen nas costas de Insetos polinizadores.

Didinium. Gênero de Protozoários da classe Ciliados.

diencéfalo. segunda parte do encéfalo dos Vertebrados. Contém o tálamo (com feixes de fibras), o hipotálamo (onde estão os núcleos nervosos do SN Autônomo e se liga à hipófise) e o epitálamo (onde fica a epífise ou glândula pineal).

Dientamoeba. Gênero de Protozoário da classe Rizópodos. D. fragilis é uma espécie não patogênica encontrada no intestino grosso humano.

diferenciação celular. Especialização celular, ao longo da embriogênese, por ativação e inativação de genes diferentes em cada tipo celular.

difiodonte. Animal com duas dentições ("de leite" e adulta), como por exemplo o Homem.

difteria. Doença infecciosa que causa lesões na faringe e na laringe, causada por bactérias da espécie Corynebacterium diphteríae. Transmissão direta por secreções do nariz e garganta. Sinônimo de crupe.

difusão. Movimento de partículas, moléculas e íons a favor do gradiente: de sua concentração maior para sua concentração menor.

difusão facilitada. Processo de transporte passivo através da membrana plasmática em que proteínas carregam íons ou moléculas específicas para dentro ou para fora da célula, não usando a energia da célula.

digestão. Preparação do alimento para absorção e utilização pelo metabolismo celular. Inclui processos físicos e químicos, especialmente a hidrólise enzimática de grandes moléculas de proteínas e polissacarídeos produzindo moléculas menores de aminoácidos e monossacarídeos mais facilmente absorvíveis.

digestão extracelular. Digestão que ocorre fora das células, no interior de um tubo digestivo (maioria dos animais) ou no meio ambiente (muitos fungos e bactérias). Após a digestão os nutrientes são absorvidos, pelo tubo digestivo para posterior distribuição pelo corpo, ou diretamente pelas células.

digestão extracorpórea. Bactérias e Fungos libertam enzimas que digerem (hidrolisam) o alimento no exterior desses organismos. Depois, absorvem o material digerido.

digestão intracelular. Digestão dentro das células, tipicamente em lisossomas secundários. Ocorre em Protozoários e Metazoários primitivos, como Poríferos, Cnidários e Planárias.

digestório. Sinônimo de digestivo.

digitígrado. Animal sem cascos, que anda sobre a ponta dos dedos, como os cães, lobos, leões, gatos, tigres etc.

digitinérvia. Folha com as nervuras irradiantes junto do pecíolo, como os dedos da mão aberta.

diibridismo. Cruzamento para estudo de dois pares de genes alelos ou de dois pares de caracteres hereditários.

diidroxiacetona. $C_3H_6O_3$. Triose da categoria das cetoses que aparece como substância intermediária na glicólise e na fotossíntese.

diidroxifenilalanina ou DOPA. Substância precursora na síntese de epinefrina (adrenalina), norepinefrina (noradrenalina) e dopamina.

dimorfismo sexual. Conjunto de caracteres que distinguem os machos das fêmeas de uma espécie. Há espécies com dimorfismo sexual pouco acentuado ou ausente.

dineína. Proteína encontrada em cílios e flagelos: funciona como enzima ATP-ase movimentando esses filamentos. Responsável também por movimentos intracelulares em geral.

Dinoflagelados. Sin. de Pirrófitas.

dinossauros. Répteis extintos (do Triássico ao Cretáceo). Dominaram o ambiente terrestre até 65 milhões de anos, desaparecendo na extinção em massa do fim do Cretáceo. Havia dois tipos distintos anatômica e evolutivamente: os Saurísquios e os Ornitísquios, que originaram as Aves.

dioica. Espécie de ser vivo em que os sexos são separados, com indivíduos machos, produtores de gametos masculinos, e indivíduos fêmeas, produtores de óvulos, gametos femininos.

Dionaea. Gênero de plantas carnívoras. Angiospermas da família Droseráceas. Ex.: espécie Dionaea muscipula, vulgarmente "venus fly trap".

dipeptidases. Enzimas (hidrolases) produzidas pelo intestino delgado que terminam a digestão de proteínas decompondo dipeptídios e libertando dois aminoácidos.

dipeptídeos. Substâncias formadas pela união de dois aminoácidos. Ex.: aspartame (adoçante formado pela associação de ácido aspártico e fenilalanina metilada).

diperiantada. A flor que tem cálice e corola.

Diphyllobothrium. Sin. de Dibotriocephalus. Gênero de vermes do filo Platelmintos da classe Cestódeos, com a espécie D. latum, com 10 m de comprimento. Parasita o intestino delgado humano. Transmissão por ingestão de larvas em peixes crus. Não é comum no Brasil.

diplobionte. Categoria de espécies cujos indivíduos são diploides e as únicas células haploides são os gametos e as células precursoras de gametos.

Diplococcus. Gênero de bactérias causadoras de pneumonia.

diploide. Número cromossomial duplo ou 2n. As células neste caso têm pares de cromossomas homólogos. Na espécie humana há 22 pares de cromossomas do tipo autossomas + XY ou XX.

Diplópodos. Classe de Artrópodos com duas antenas. O corpo longo é dividido em numerosos anéis e em quase todos eles há dois pares de patas. Na cabeça não há nenhum apêndice inoculador de peçonha. O desenvolvimento é direto, sem larvas. São os gongolos ou piolhos-de-cobra ou embúas, lentos e inofensivos.

diplossoma. Dupla de centríolos, geralmente dispostos em ângulo reto.

diplóteno. quarta subfase da Prófase I (q.v.) da meiose.

Dipnoicos. Grupo de Osteictes com bexiga natatória funcionando efetivamente como pulmão. Ex. brasileiro: piramboia (gen. Lepidosiren). Há três espécies; a brasileira, a africana e a australiana.

dipolo. Estrutura típica da molécula de água, onde os dois hidrogênios ficam numa posição oposta à do oxigênio. Além disso, o polo dos hidrogênios é positivo, e o do oxigênio é negativo.

Dípteros. Ordem de Insetos holometábolos com aparelho bucal pungitivo ou então sugador não pungitivo, com duas asas. São as moscas e os mosquitos.

Dipylidium. Gênero de vermes do filo Platelmintos da classe Cestódeos cuja espécie D. caninum parasita frequentemente o intestino delgado do cão, raramente o homem.

discos escuros e claros. V. banda A e banda 1.

disenteria amebiana. V. amebíase.

disenteria bacilar. Doença causada por bactérias de espécie Shigella disenteriae. Transmissão direta por água e alimentos contaminados.

disfótica, zona. Parte do talassociclo iluminada de modo precário. Para alguns autores, vai de 80 a 200m de profundidade.

disgenesia gonadal. Subdesenvolvimento de ovários, típico da síndrome de Turner, e de testículos na síndrome de Klinefelter.

disjunção. Separação dos alelos de um par ou separação dos cromossomas homólogos, na Anáfase I da meiose. / Separação dos cromossomas homólogos de cada par ocorrendo na Divisão I (anáfase I) da meiose e também a separação das cromátides de cada cromossoma, originando dois cromossomas filhos na Divisão II da meiose (anáfase II).

dismenorreia. Menstruação com cólicas.

displasia. Alteração estrutural de um tecido ou de um órgão.

dissacaridases. Enzimas que catalisam hidrólise de dissacarídeos.

dissacarídeos. Glicídios formados pela associação de duas oses. Ex.: sacarose, maltose e lactose, todas três são $C_{12}H_{22}O_{11}$.

distrofia. Desenvolvimento imperfeito de certos tecidos e órgãos.

distrofina. Proteína que liga filamentos de actina às proteínas integrais de sarcolema (membrana plasmática das células musculares estriadas). Na distrofia muscular de Duchenne a distrofina está ausente ou é defeituosa. V. Duchenne.

D.I.U.. Dispositivo intra-uterino. Objeto de plástico ou de metal, colocado dentro do útero. Tem ação espermicida e também dificulta a implantação do embrião na parede uterina.

diurese. Produção e eliminação de urina.

divisão. Categoria de classificação usada em Botânica, correspondente a filo ou ramo em Zoologia. Cada divisão é um conjunto de classes com caracteres semelhantes.

divisão binária. Cissiparidade em que o indivíduo se divide em dois.

divisão equacional. ou Divisão II (q.v.). Segunda grande etapa da meiose.

divisão I. Primeira divisão da meiose; a célula mãe, 2n, divide-se em duas células filhas, n. Compreende a prófase I, metáfase I, anáfase I e telófase I. É uma divisão reducional.

divisão II. Segunda divisão da meiose: as duas células n resultantes da Divisão I produzem quatro células finais, também n. É uma divisão equacional, semelhante a uma mitose, e compreende a prófase II, metáfase II, anáfase II, e telófase II.

divisão múltipla. Sin. de esporulação. Cissiparidade em que o indivíduo se divide em três ou mais indivíduos.

divisão reducional. ou Divisão I. É a primeira grande etapa da meiose.

Dixon, teoria de. V. tensão-coesão, teoria de.

dizigóticos (DZ), Gêmeos. Bivitelinos, fraternos ou falsos, formam-se de dois zigotos distintos, cada óvulo fecundado por um espermatozoide. Têm genótipos diferentes e, além da mesma gestação, podem ter, ou não, os mesmos traços hereditários, sexo, tipos de sangue etc. como irmãos de gestações diferentes. Sua frequência varia (0,4% a 1,6% dos partos) e é traço hereditário. Há também gêmeos fraternos ou falsos, plurizigóticos, que são derivados de três ou mais zigotos diferentes.

DNA. Sigla do ácido desoxirribonucleico (q.v.) ou ADN.

DNA-c ou DNA complementar. Tipos de DNA produzidos a partir de RNA-m, pela utilização de transcriptase reversa obtida de retrovírus. O DNA, assim obtido, não tem introns e pode constituir uma coleção de moléculas, a biblioteca de DNA. Células diferentes proporcionam diferentes bibliotecas de DNAc porque têm RNA-m diferentes para produção de proteínas diferentes.

DNA-metilação. Ligação de grupos metil às bases nitrogenadas do DNA. Nos procariontes, isso protege as células da ação de suas próprias enzimas de restrição. Em eucariontes, controla a expressão gênica. Durante a diferenciação celular, um número alto de genes é metilado e por isso, inativado, sobrando apenas os genes característicos de cada tipo celular.

DNA-mitocondrial ou DNA-m. Cada mitocôndria tem várias pequenas moléculas circulares de DNA; elas codificam cerca de 37 RNA-m. Não há trechos repetitivos, nem introns. Mas a maioria das enzimas mitocondriais são produzidas pela célula, fora da mitocôndria.

Os DNA-m ou DNA-mit codificam RNAr e RNAt, daí resultando polipeptídeos e algumas enzimas que participam da fosforilação oxidativa.

O DNA-mit é sempre herdado da mãe: as mitocôndrias dos espermatozoides não entram no óvulo.

DNA-polimerase. Enzima que catalisa o encadeamento dos desoxirribonucleotídeos e, portanto, estimula a duplicação do DNA.

DNA recombinante. DNA cujas partes provêm de fontes distintas, naturais ou artificiais. / DNA modificado pela Engenharia Genética tendo recebido uma nova sequência de nucleotídeos ou de bases nitrogenadas.

DNA recombinante, tecnologia do. Técnicas para produção de DNA Recombinante. O DNA é extraído de uma célula, modificado, ou não, copiado (clonagem) e reintroduzido em uma outra célula inclusive de outra espécie de ser vivo, como parte integrante de seu genoma. Essas técnicas, que revolucionaram a Biologia nos últimos 30 anos, permitem produzir proteínas (anticorpos, hormônios etc.) em grandes quantidades, para uso em medicina e em pesquisa.

DNA-satélite. DNA intensamente repetitivo, com vários nucleotídeos iguais.

doador universal. Indivíduo do grupo sanguíneo O, porque não tem aglutinogênios ou antígenos nas hemácias. De modo mais completo, indivíduo ORh-.

dodo. Nome vulgar de Aves da ordem Columbiformes; pombas de grande porte e de hábitos terrestres que viviam nas ilhas Maurícias (Oceano Índico). Foram exterminadas no século 17 pelos caçadores. Gênero Raphus.

doença de carência. Anomalia causada pela falta de uma vitamina ou de outro nutriente essencial.

doenças auto-imunes. V. Auto-imunidade.

doenças sexualmente transmissíveis (DST). Exs.: AIDS, condiloma (viroses), sífilis, cancro, gonorreia (bacterianas), tricomoníase (protozooses), candidíase (fúngica) etc.

domesticação. Criação seletiva de animais para atender objetivos humanos.

dominância. Relação entre dois alelos onde um deles, o dominante, se manifesta fenotipicamente e impede que o outro, o recessivo, se manifeste no heterozigoto.

dominância absoluta. V. Dominância.

dominância intermediária. Relação entre dois alelos na qual não há dominância e o heterozigoto tem mistura dos dois caracteres, como preto com branco dando cinzento.

dominante. Alelo que tem manifestação fenotípica no heterozigoto. Um caráter dominante aparece em homozigose e em heterozigose.

DOPA. Diidroxifenilalanina.

dopamina. Tipo de substância produzida por neurônios e que atua causando sensação de bem-estar, prazer e motivação.

Tipo de catecolamina que age como neurotransmissor no cérebro e no sistema nervoso autônomo. Funciona também como precursora da formação de adrenalina ou epinefrina e da noradrenalina ou norepinefrina.

dormideira. V. sensitiva.

dourado. Nome vulgar de Osteictes, gênero Salminus. Peixe fluvial brasileiro.

Down, síndrome de. Sin. de mongolismo. Conjunto de características ou sintomas em seres humanos dos dois sexos com 2n = 47 e com três cromossomas de número 21. É uma trissomia, correspondendo a fendas palpebrais oblíquas, cabeça arredondada, orelhas pequenas, baixa resistência a infecções, retardamento mental etc.

Dracaena. Gênero de Angiospermas Monocotiledôneas, fam. Agaváceas com a espécie D. draco, arbórea de grande porte.

dracunculose. Doença causada por vermes do filo Nematódeos e da espécie Dracunculus medinensis. Hospedeiro intermediário é um microcrustáceo de água doce do gênero Cyclops onde os embriões se tornam larvas. O homem bebe a água contendo os Cyclops e nesse homem as larvas se tornam adultas no tecido subcutâneo.

drepanocitose. Sin. de anemia falciforme.

Driesch, lei de. O volume da célula é constante para todas as células de um mesmo tipo de tecido, num mesmo estágio de desenvolvimento, em espécies diferentes de animais.

Driopitecíneos. Primatas que viveram no Miocênico, 25 a 12 milhões de anos atrás. Com origem africana, espalharam-se pela Eurásia há 16 milhões de anos. Não tinham postura ereta e são os ancestrais mais antigos do Homem e dos Antropoides, antes da separação das duas linhagens evolutivas.

Drosera. Gênero de Angiospermas Dicotiledôneas, fam. Droseráceas com espécies de plantas carnívoras brasileiras.

Drosophila. Gênero de Insetos da ordem Dípteros. A espécie D. melanogaster é a mosquinha usada em cruzamentos experimentais de Genética.

drumstick. V. Baqueta.

drupa. Fruto indeiscente, semicarnoso com uma semente volumosa (caroço). Ex.: manga e pêssego.

drusa. Sinônimo de ráfide.

DST. Sigla de doenças sexualmente transmissíveis.

Duchenne, distrofia muscular de. Degeneração e atrofia dos músculos estriados, esquelético e cardíaco, causada por um gene letal, recessivo sex-linked. Situado no cromossoma X, afeta, praticamente, só meninos.

duodeno. Em Vertebrados, primeira parte do Intestino delgado. Recebe o quimo, a bile e o suco pancreático.

dura-mater. Meninge mais externa, aderida aos ossos do crânio, e formada por TCPD fibroso.

duto. Sin. de canal.

E

Ebola. Vírus de RNA que em 1976 matou 500 pessoas no Zaire (Congo) e 19 anos depois causou 245 mortes na mesma região. Destrói a parede de vasos sanguíneos e linfáticos e desfaz praticamente fígado e rins.

ecdise. Sin. de muda.

ecdisona. Hormônio esteroide das glândulas protoráxicas dos Insetos. Controla as mudas ou ecdises.

ecese. Início de uma sucessão ecológica, com a instalação das espécies pioneiras, frequentemente líquens e Cianófitas ou Cianobactérias.

Echinococcus. Gênero de vermes Platelmintos, classe Cestódeos com a espécie E. granulosus, causadora da hidatidose ou equinococose. Parece uma tênia em miniatura, com três ou quatro anéis ou proglotes.

eclipse. Fase do ciclo vital de um vírus. V. Lítica, multiplicação.

eclosão. nascimento a partir da cápsula do ovo, como por exemplo numa Ave.

ecolocalização. Utilização por seres vivos (morcegos, golfinhos etc.) de emissão de som e sua posterior captação, após reflexão em um objeto, como faz o sonar; a análise do som refletido indica distância, tamanho e movimento do objeto, e no caso de uma presa, auxilia a sua captura.

ecologia. Parte da Biologia que estuda as relações dos seres vivos entre si e deles com o ambiente fisicoquímico.

ecossistema. Conjunto formado por uma comunidade ou biocenose mais o ambiente fisicoquímico associado a ela.

ecotone. Limite que separa dois ecossistemas ou dois comunidades vizinhas. Nesta faixa, há um número maior de espécies, porque aí se misturam as espécies das duas comunidades.

ectoderma. Um dos dois primeiros folhetos embrionários da gástrula, o externo. O outro é o endoderma, interno.

ectoparasita. Tipo de parasita que vive ou age na superfície do corpo do hospedeiro, como as pulgas e os piolhos. Mas há autores que consideram ectoparasitas também os que vivem na luz do tubo digestivo, que em endocrinologia é tratado como exterior do corpo.

ectoplasma. Região mais externa do citoplasma. Seu citossol é classicamente con-siderado como estrutura em gel, mais consistente que o endoplasma.

ectotérmicos. Sin. de pecilotérmicos.

edáfico. Sin. de pedológico. Referente ao solo.

edafização. Sin. de pedogênese; transformação de rocha em solo.

edafologia. Estudo do solo. Sin. de pedologia.

edema. Inchação do TCPD por acúmulo de líquido vindo do sangue. Em geral, caracteriza inflamação.

Ediacara, fauna de. Fauna pré-cambriana (750 milhões de anos), descoberta na Austrália, de animais de corpo mole com grande variedade de tipos e estruturas, inclusive filos logo extintos.

EDTA. Sigla de ácido etileno-diamino tetra acético. Substância removedora de Ca^{++}.

Edwards, síndrome de. Conjunto de características ou sintomas de seres humanos dos dois sexos com 2n = 47, com três cromossomas de número 18 (trissomia). Com subdesenvolvimento corporal, esterno encurtado, comunicação entre os dois ventrículos cardíacos (em 90% dos casos), protuberância do osso occipital etc. / Trissomia do cromossoma 18, a segunda mais comum – a primeira é a de Down, do 21.

efeito de borda. Influência em um ecossistema da proximidade de outro diferente dele.

efeito estufa. V. estufa, efeito.

efeito de posição. Mudança da expressividade de um gene com sua posição no cromossoma. V. Genes saltadores.

eferente. O que leva de dentro para fora.

efetor. Qualquer estrutura, músculo, glândula, célula pigmentar ou mioepitelial, que executa a "ordem" dada por um estímulo nervoso ou por um hormônio.

éfira. Veja Cifístoma.

eicosanoides. Substâncias com 20 átomos de carbono derivadas do ácido araquidônico, ácido graxo de fosfolipídios das membranas plasmáticas. Praticamente em todas as células animais, há quatro tipos básicos de eicosanoides: prostaglandinas, prostaciclinas, tromboxanas e leucotrienos. Agem dentro das células ("hor-mônios locais"), regulando processos alérgicos, movimentos musculares lisos, coagulação sanguínea etc.

ejaculação. Expulsão de esperma pela ponta do pênis em forma de jatos rápidos. Acompanha o orgasmo masculino.

elaioplasto. Sin. de oleoplasto. Plasto caracterizado pelo acúmulo de óleos.

Elasmobrânquios. V. Condrictes.

elastina. Proteína fibrosa que forma as fibras elásticas do tecido conjuntivo.

elefante. Nome vulgar de Mamíferos, ordem Proboscídeos com gêneros: Elephas (Ásia, incluindo Ceilão e Borneo) e Loxodonta (maior, com grandes orelhas, na África).

elefante-marinho. Nome vulgar de Mamíferos, ordem Pinípedes, gênero Mirounga.

elefantíase. Principal sintoma da filariose (pernas muito inchadas, por exemplo) e praticamente sinônimo dela.

elemento de vaso. Cada uma das células tubulares que, empilhadas, formam um vaso liberiano ou crivado.

eletroforese. 1) Movimentação de partículas e moléculas submetidas a um campo elétrico. No caso coloidal, as partículas vão para um polo e os íons livres no solvente vão para o polo oposto. Anaforese é o movimento de partículas positivas que vão para o polo negativo ou catódio, enquanto cataforese é o movimento de partículas negativas que vão para o polo positivo ou anódio. 2) Técnica de laboratório que separa moléculas diferentes. Uma mistura de moléculas é colocada num ponto do suporte, havendo polos de sinais elétricos opostos nas duas extremidades do suporte. A corrente elétrica faz, por exemplo, as moléculas positivas deslizarem para o polo negativo, mas fazem isto com velocidades diferentes em função de suas massas, seus volumes e da quantidade de carga elétrica que possuem. Assim podem ser separadas diferentes moléculas de proteínas.

élitros. Primeiro par de asas, duras, impróprias para o vôo, típico dos besouros (Insetos da ordem Coleópteros).

elo perdido. Mito falacioso que até hoje prejudica a compreensão da evolução, particularmente a humana. Não há, não houve, um elo perdido na evolução humana, um ancestral único que tivesse sido o limiar da humanidade, da mesma forma que cada um de nós não tem um ancestral, e sim muitos, dezenas,... longe no tempo e, muitas vezes, em outros países. A ancestralidade humana remonta a populações que viveram na África há 3,5 ou mais milhões de anos e foram sucedidas por outras e outras, que se diversificaram e ramificaram em muitas linhagens, a maioria extintas. Uma delas deu em nós, o que não era obrigatório e poderia não ter acontecido, por incômoda que seja essa ideia.

Elodea. Nome vulgar de Angiospermas Mo-nocotiledôneas, fam. Hidrocaritáceas, planta ornamental de aquário originada na América do Norte.

ema. Nome vulgar de Aves, ordem Reiformes. Ex.: gênero Rhea (Neotropical) com três dedos.

embolia (vascular). Obstrução de um vaso por um coágulo (trombo) formado em outro local e levado pela circulação até o local em que fez a obstrução. V. trombose.

embolia (embriologia). Gastrulação de celoblástulas, de ovos oligolécitos e mesolécitos. A parede do "hemisfério inferior" da blástula invagina, ocupa o espaço da blastocele, se constitui no endoderma, e limita o arquêntero com blastóporo. É o processo "modelo" de gastrulação.

embrião. Indivíduo em desenvolvimento, dentro do ovo ou do organismo materno ou, nos vegetais, dentro da semente. Na espécie humana, a partir do terceiro mês é comum o nome feto.

embrioblasto. Sin. nó embrionário, embrião propriamente dito, dentro do blastocisto.

embriogênese. Ou embriogenia é o período de desenvolvimento no qual o indivíduo é chamado embrião desde a célula inicial, geralmente o zigoto, até o nascimento. É a fase mais complexa da vida, na qual o programa herdado no DNA executa a formação de tecidos (histogênese) e de órgãos (organogênese). V. feto.

embriogenia. Sin. de Embriogênese.

embriologia. estudo da embriogênese.

embuá. Sin. de bicho-de-ouvido e de gongolo. Nome vulgar de espécies de Diplópodos. Ex.: gêneros Iulus e Rhinocrinus.

emigração. Saída de indivíduos de uma população.

emu. Nome vulgar de Aves, subclasse Ratitas, ordem Casuariformes; Ex: gênero Dromaeus. Semelhante a uma ema. (Austrália e N. Guiné).

emulsificação (de lipídios na digestão). Solubilização dos lipídios que são divididos em gotículas pela ação dos ácidos biliares que formam camadas de solvatação em torno das gotículas lipídicas.

encefalinas. Ou endorfinas. Pentapeptídeos de vários locais no SNC. Inibem a sensação de dor. Como seus receptores são os mesmos aos quais a morfina se liga, a morfina inibe sua produção, causando dependência bioquímica.

encefalite viral. Doença causada por vários gêneros de vírus de RNA.

encéfalo. Parte do Sistema Nervoso Central que fica dentro do crânio. Nos Mamíferos possui quatro partes: cérebro, cerebelo, bulbo e protuberância. Outra divisão, com mais sentido evolutivo e embriológico para os Vertebrados em geral, é: telencéfalo, diencéfalo, mesencéfalo, metencéfalo e mielencéfalo.

encefalopatias espongiformes. Doenças que afetam o cérebro e o cerebelo, causadas por príons. Há destruição de neurônios e acentuação de astrócitos. O tecido nervoso apresenta buracos, assemelhando-o a uma esponja. Aparecem tipicamente plaquetas de proteínas amiloides, resistentes a proteases e que correspondem aos príons. As proteínas precursoras ficam na membrana plasmática dos neurônios. Estas encefalopatias alteram as funções do SNC, afetam a coordenação do tronco e dos membros e causam invariavelmente a morte. A incubação geralmente é lenta. Exs.: kuru (indígenas antropófagos da Nova Guiné), doença de Creutzfeldt-Jacob (Europa e Américas), "scrapie" (ovelhas e cabras), doença da vaca-louca.

enchova. Nome vulgar de Osteictes, gênero Pomatomus.

endemia. Em parasitologia, é a ocorrência de uma doença numa determinada região, com um percentual de doentes mais ou menos constante.

endêmica. Entidade restrita a uma determinada região.

endergônico. Sin. de endotérmico. Processo bioquímico que recebe energia. Ocorre nas reações de anabolismo.

endocarpo. A camada mais interna do pericarpo. Com muita frequência, é muito linhificada e dura, como as nozes, e os caroços de manga, ameixa etc. Envolve a semente.

endocitose. Processo de englobamento de partículas e moléculas por uma célula. Corresponde a uma ingestão celular: o material ingerido é envolvido por prolongamentos momentâneos da célula ou há uma invaginação do citoplasma. Compreende a fagocitose, a pinocitose e a micropinocitose.

endocondral, ossificação. Formação de tecido ósseo, típica de ossos longos, na qual há progressiva substituição de um modelo de cartilagem hialina, que se destrói, por tecido ósseo.

endócrina, secreção. Secreção que, lançada no espaço intercelular, difunde até o sangue, que a espalha pelo corpo. É típica de glândulas sem canal, ditas endócrinas ou de secreção interna, hipófise, tireoide etc. e de células espalhadas em tecidos não endócrinos, como nas mucosas gástrica e intestinal.

endócrino, sistema. Conjunto de órgãos e estruturas epiteliais produtores de hormônios; tireoide, gônadas, pâncreas, etc.

endoderma. Um dos dois primeiros folhetos embrionários da gástrula, o interno. O outro é o ectoderma, externo.

endoderme. Na estrutura primária da raiz é a camada celular mais interna da córtex. É caracterizada pelas faixas de Caspari, de suberina, que envolvem suas células, obrigando a seiva bruta a passar por dentro das células e não entre elas.

endoenergético. Sin. de endergônico.

endoesqueleto. Esqueleto interno, em geral calcáreo, de Equinodermas e Vertebrados.

endógena. Produção de uma substância ou de um material, dentro de um organismo. Por exemplo, o colesterol pode ter origem endógena (no fígado humano) ou exógena (ingestão de alimento gorduroso como por exemplo, gema de ovo).

Endolimax. Gênero de Protozoários, classe Rizópodos, com a espécie E. nana, não patogênica, encontrada no intestino humano grosso.

endomembranas Membranas intracelulares. Por ex.: membranas de RER, REL, mi-tocôndrias, plastos, Golgi, lisossomas, cariomembrana.

endométrio. Camada mais interna do útero, mucosa, em contato com a luz desse órgão. Aumenta sua espessura do dia 5 ao dia 28 do ciclo. No dia seguinte, dia primeiro, e até o dia 4 ou 5, perde 2/3 de sua espessura, na fase de menstruação. Havendo fecundação, o endométrio se mantém e recebe, implanta e alimenta o embrião durante a gravidez. / É a mucosa uterina e o TCPD frouxo subjacente, responsável pela nutrição do embrião. E que parcialmente se destaca durante a menstruação.

endomísio. TCPD que envolve uma fibra muscular estriada.

endomitose. Mitose sem telófase; há duplicação do número de cromossomas, mas a célula não se divide.

endoneuro. Fina camada de TCPD que envolve cada axônio (ou dendrito) em um nervo.

endonucleases de restrição. Sin. de enzimas de restrição.

endoparasita. Tipo de parasita que vive ou age dentro do corpo do hospedeiro. Há autores que só aceitam as células e os tecidos, incluindo sangue, músculos e ossos, como interior do corpo. V. ectoparasita.

endopeptidases. Enzimas que rompem ligações "internas" de uma proteína, dividindo-a em peptídeos. As endopeptidases aumentam o número de moléculas com pontas livres, com NH_2 e com COOH, substratos das exopeptidases que, de fato, liberam aminoácidos. As mais importantes endopeptidases de Vertebrados são Pepsina, Tripsina e Quimotripsina.

endoplasma. Região mais interna do citoplasma. Corresponde classicamente a um hialoplasma onde predomina o estado sol, menos consistente.

endorfinas. V. Encefalinas.

endossimbiose. Evento que é, muito provavelmente, causa da origem de mitocôndrias e cloroplastos. Seres unicelulares primitivos devem ter ingerido bactérias aeróbias que não foram digeridas e passaram a ser mitocôndrias. Da mesma forma, organismos celulares primitivos devem ter fagocitado cianobactérias fotossintetizantes que não foram digeridas e se tornaram cloroplastos. Na simbiose clássica, há uma interdependência íntima entre duas espécies, que não podem viver separadamente. Os seres que ingeriram essas bactérias e cianobactérias foram beneficiados porque passaram a fazer respiração aeróbia e fotossíntese, respectivamente. As bactérias e cianobactérias ingeridas ganharam alimento e um abrigo confortável.

endosperma. Sin. de albúmen.

endosporo bacteriano. Cápsula de resistência formada no interior de muitas bactérias por condensação do material celular dentro de espessa membrana, quando o meio se torna desfavorável. Se e quando as condições favoráveis do meio retornarem, a célula bacteriana sai e retoma a vida normal. Os endosporos são comparáveis aos cistos dos Protozoários.

endossoma. Vacúolo ou vesícula resultante da endocitose. Pode ser um fagossoma, ou um pinossoma, ou um micropinossoma.

endósteo. Fina camada de tecido conjuntivo denso-fibroso que reveste internamente a diáfise dos ossos longos, em contato com a medula óssea amarela.

endóstilo. Sulco ciliado e secretor de muco, situado na faringe de Urocordados, conduzindo o alimento para o estômago.

endotélio. Epitélio simples pavimentoso, mesodérmico, que reveste os vasos sanguíneos e linfáticos. Constitui a parede dos capilares, onde ocorrem as trocas de substâncias entre o sangue e os tecidos. Nos vasos maiores, além do endotélio, há outros revestimentos.

endotérmico. 1) Sin. de endergônico. 2) Sin. de homeotérmico.

endotoxinas. Substâncias agressivas presentes na estrutura da parede celular de bactérias Gram-negativas. Geralmente são liberadas quando a bactéria morre.

energia de ativação. Quantidade de energia necessária para desencadear uma reação química.

enérgide. Conjunto formado por um núcleo mais o citoplasma adjacente, funcional com este núcleo. Termo mais empregado para designar um trecho de uma massa citoplasmática plurinucleada (sincício ou plasmódio). V. polienérgide.

enfarte (infarto) do miocárdio. Obstrução de artérias coronárias, prejudicando ou impedindo o transporte de O_2 para o miocárdio (músculo cardíaco).

enfisema. Redução da elasticidade e aumento da fragilidade dos tecidos pulmonares causados por substâncias tóxicas da fumaça do cigarro como o óxido de nitrogênio e dióxido de enxofre.

engenharia genética. Técnica de laboratório que permite identificar, isolar e multiplicar trechos de DNA e também introduzi-los no genoma de outros indivíduos, inclusive de espécies diferentes.

enguia. Nome vulgar de Osteictes com a espécie europeia Anguilla anguilla.

Entamoeba. Gênero de Protozoários de classe Rizópodes com a espécie Entamoeba histolytica causadora da amebíase. A espécie Entamoeba coli é apenas comensal no intestino humano.

Enterobius. Sin. de Oxyurus. Gênero de vermes do filo Nematódeos cuja espécie E. vermicularis causa irritação, prurido (coceira) anal, além de distúrbios intestinais. Transmissão direta por ingestão de ovos existentes nas fezes humanas.

enterocelomados. Animais cujo Celoma inicia como cavidades ou massas celulares laterais do arquêntero (bolsas arquentéricas ou enterocélicas) e depois se unem formando o celoma lateral e ventral. São os Equinodermas e os Cordados.

enterócito. Célula epitelial da parede do intestino delgado.

enterogastrona. Hormônio duodenal que inibe a secreção de suco gástrico.

enteroquinase ou enteropeptidade. Enzima produzida pela mucosa do intestino delgado e que estimula a transformação do tripsinogênio em tripsina. O processo depois torna-se autocatalítico, isto é, a tripsina passa a catalisar a produção de maus tripsina.

entomofilia. V. polinização.

entomologia. Estudo dos Insetos.

entrenós. Segmentos do caule entre nós sucessivos.

enxertia. Tipo de reprodução assexuada em vegetais, induzida pelo Homem. Um pequeno galho (muda) é retirado da planta-mãe e passa a ser chamado de cavaleiro. Ele é colocado numa reentrância aberta na planta pelo Homem, ou amarrado, em outra planta denominada cavalo. Passa a se alimentar e se desenvolver a partir da planta hospedeira.

enxerto. Em Botânica, sinônimo de cavaleiro. V. enxertia.

enxofre. Elemento químico que entra na composição dos aminoácidos metionina e cisteína, e por isso aparece em várias proteínas.

enzima. Tipo de proteína capaz de catalisar reações químicas, acelerando o processo e diminuindo a energia de ativação.

enzima de restrição. Tipo de enzima de origem bacteriana que hidrolisa e quebra o filamento fosfato-desoxirribose-fosfato etc. do DNA em locais específicos, geralmente de acordo com a sequência das bases nitrogenadas que ladeiam o ponto de hidrólise e da fragmentação.

eoceno ou eocênico. segundo (de sete) período da era Cenozoica, com início há 50 milhões de anos, após o Paleoceno, antes do Oligoceno. A radiação adaptativa dos Mamíferos aí se impõe.

eon. Cada uma das quatro grandes divisões do tempo geológico: 1) Hadeano, de 4,6 a 3,8 bilhões de anos. 2) Arqueano, de 3,8 a 2,5 bilhões de anos. 3) Proterozoico, de 2,5 bilhões a 570 milhões de anos. 4) Fanerozoico, de 570 milhões de anos até a atualidade. Os três primeiros eons constituem o antigo e mal definido pré-cambriano (7/8 do tempo terrestre). O eon Fanerozoico é dividido em três eras: Paleozoica, Mesozoica e Cenozoica.

eosina. Corante róseo de natureza ácida.

eosinófilos. Sin. Acidófilos.

ependimárias, células. Células gliais que revestem as cavidades do SNC.

epiblasto. Camada de células de blastocisto que participa da formação do âmnio. V. hipoblasto

epibolia. Gastrulação de blástula de clivagem holoblástica desigual (ovos mesolécitos), que ocorre junto com a embolia. Os micrômeros do "polo animal" multiplicam-se e recobrem os macrômeros do "polo vegetal". Estes se tornam endoderma e os micrômeros se tornam ectoderma.

epicarpo ou exocarpo. A camada mais externa do pericarpo.

epicótilo. Parte do caule acima do nó de inserção do(s) cotilédone(s).

epidemia. Aumento do percentual até então constante de indivíduos doentes numa região.

epiderme. 1) Em Vertebrados, epitélio estratificado escamoso queratinizado, ectodérmico, que constitui a parte superficial ou externa da pele. Origina vários "anexos": pêlos, unhas, penas, escamas córneas etc. 2) Em invertebrados, epitélio simples, ciliado ou com cutícula acelular. 3) Em plantas, camada (ou camadas) de células achatadas, aclorofiladas da superfície de órgãos primários e verdes, como folha e caule jovem, e dos verticilos florais.

epiderme dorsal. Em Dicotiledôneas é a epiderme inferior da folha.

epiderme vegetal. Sin. de Tecido cutinoso.

epiderme ventral. Em Dicotiledôneas é a epiderme superior da folha.

Epidermophyton. V. micose.

epidídimo. Canal enovelado, em cima do testículo e que comunica este órgão com o vaso deferente.

epífise, de osso longo. Cabeça do osso longo (duas em cada osso), formada de tecido ósseo esponjoso com medula óssea vermelha e coberta por cartilagem articular do tipo hialino.

epífise, glândula. Ou pineal, é uma pequena expansão dorsal do diencéfalo. Órgão vestigial, terceiro olho nos primeiros Peixes, tem função atual discutida. Há evidências de que produza a melatonina, hormônio com influência sexual e no sono.

epífita. Organismo que vive sobre uma planta. Ele se beneficia obtendo mais luz, como uma bromélia ou uma orquídea sobre uma árvore, que não é prejudicada.

epígea, germinação da semente. Germinação na qual o hipocótilo se alonga elevando os cotilédones acima do solo. É típica de Dicotiledôneas, nas quais os cotilédones precocemente absorvem o albúmen.

epigênese. Teoria que admitia que todas as partes do indivíduo surgiam e se desenvolviam, como totais novidades, na embriogênese, sem nenhum "esboço" pré-formado. V. Pré-formação.

epiglote. Em Mamíferos, prega cartilaginosa que cobre a glote (entrada da traqueia) durante a ingestão de alimento.

epilímnio. Camada superior da água de um lago, geralmente com a maior concentração de oxigênio e com um gradiente de temperatura menor que 1°C por metro de profundidade.

epimastigota. Forma de Protozoário do gênero Trypanosoma. Forma alongada com o cinetoplasto junto ao núcleo e anterior a ele, com pequena membrana ondulante.

epimerases. Enzimas da categoria das isomerases.

epímero. Parte inicial do mesoderma seguida pela estrutura chamada mesômero. Estas 2 regiões formam o somito.

epimísio. TCPD denso-fibroso que cobre um músculo estriado e contém todos os seus feixes de fibras musculares.

epinefrina. Ou adrenalina.

epineuro. TCPD denso-fibroso que cobre um nervo, envolvendo todos os feixes de fibras nervosas.

epinociclo. Conjunto de ecossistemas de terra firme: é o biociclo terrestre.

epissoma. Parte de um DNA que pode existir e se duplicar isoladamente ou associado a um cromossoma ou um plasmidio, capaz de se integrar ao cromossoma da bactéria.

epistasia dominante. Quando o gene epistático é dominante em relação ao seu próprio alelo.

epistasia ou criptomeria. É quando um gene, dito epistático, impede a manifestação de outro gene, que não é seu alelo, dito hipostático. Epistasia é uma relação entre dois genes não alelos um do outro e dominância é uma relação entre dois genes alelos um do outro.

epistasia recessiva. Quando o gene epistático é recessivo em relação ao seu próprio alelo.

epitélio. Sin. de tecido epitelial.

epitélio pseudoestratificado. Formado por uma única camada de células, com núcleos em alturas diferentes, parecendo ter 2 ou mais camadas.

epiteliócito sustentador. Sin. de célula de Sertoli.

epítopo. A parte da molécula do antígeno que se liga ao anticorpo e é co-responsável pela especificidade da reação antígeno-anticorpo.

Epstein-Barr, vírus. Vírus de DNA causador de mononucleose infecciosa favorecendo a formação do linfoma de Burkitt.

Equidna. Nome vulgar de Mamíferos, ordem Monotremados com os gêneros Zaglossus e Tachyglossus (região Australiana).

equilíbrio gênico de Hardy-Weinberg. 1) É usado para cálculo do "gene-pool" de uma população. 2) Fixa as condições para que a Evolução de uma população seja zero: população seja grande, sem mutações, sem seleção natural e sem migrações. Suas equações para um par de alelos Aa, são: $p + q = 1$ e $p^2 + 2pq + q^2 = 1$, onde p e q são frequências dos genes A e a. O equilíbrio de Hardy-Weinberg está baseado num conjunto de características em que uma população não está em processo de evolução: 1) população numerosa; 2) reprodução livre; 3) não ocorrência de mutações; 4) ausência de emigração e de imigração; 5) ausência de seleção natural.

equilíbrio pontuado. Teoria que propõe outro ritmo evolutivo ao Darwinismo ortodoxo, que vê na Evolução apenas um contínuo, lento, gradual, de modificações. Para o EP, as espécies têm longos períodos sem modificações e momentos de rápidas (do ponto de vista geológico, não significam catastróficas) mudanças evolutivas.

equinococose. Sin. de hidatidose.

Equinodermas. Filo de animais triblásticos, eucelomados, deuterostômios, com esqueleto interno e simetria radiada. Com cerca de 6.000 espécies, todas marinhas. Possuem um sistema ambulacrário que permite uma locomoção rastejante e lenta, no fundo do mar (são bênticos ou bentônicos). Têm sexos separados e fecundação interna. Dividem-se em cinco classes: 1) Asteroides (estrelas-do-mar); 2) Equinoides (ouriços-do-mar); 3) Ofiuroides (falsas-estrelas-do-mar); 4) Holoturoides (pepinos-do-mar); e 5) Crinoides (lírios-do-mar).

Equinoides. Classe de Equinodermas (q.v.).

era Azoica. Teve início com a origem do planeta, há 4,5 bilhões de anos e não apresentava vida. Durou cerca de 500.000 a 1 bilhão de anos. Seus limites, imprecisos, fazem com que se tenda a abandonar seu uso.

era Cenozoica. A terceira das três Eras geológicas. Iniciou há 60 milhões de anos. Pode ser dividida em dois períodos (Terciário e Quaternário) ou sete (Paleoceno, Eoceno, Oligoceno, Mioceno, Plioceno, Pleistoceno e Holoceno). O Terciário vai do Paleoceno ao Plioceno. O Quaternário inclui Pleistoceno e Holoceno. Domínio de Mamíferos e Aves.

era Mesozoica. Antiga Era Secundária, começou há 230 milhões de anos, após a Paleozoica e antes da Cenozoica. Tem três períodos: Triássico, o primeiro, Jurássico e Cretácico. Domínio dos Répteis incluindo os Dinossauros.

era Paleozoica. Antiga Era Primária, primeira das três grandes Eras geológicas, iniciou há 570 milhões de anos. É dividida em seis períodos: Cambriano, Ordoviciano, Siluriano, Devoniano, Carbonífero e Permiano. Antes do Cambriano, houve um tempo mal definido, necessitando melhor sistematização e chamado Pré-Cambriano. Domínio dos Peixes e aparecimento dos Anfíbios.

era Proterozoica. Parte do pré-cambriano, começou há 3,5 bilhões de anos e viu surgir a vida. Há Procariotas e, no final, surgem os invertebrados marinhos. Alguns destes, bem diferentes dos que depois dominaram a vida na Terra, logo se extinguiram sem descendentes.

eras Arqueozoica e Proterozoica. Com conceitos e limites imprecisos tendem para o desuso, como a Era Azoica.

eras geológicas. Grandes espaços de tempo, muitos milhões de anos, em que se divide a História da Terra. Caracterizam-se pelos tipos de rochas e, principalmente, pelos fósseis que estas contêm (ou não contêm). Cada era normalmente é dividida em períodos.

eras terciária e quaternária. Outro modo de dividir a Era Cenozoica: a Terciária, do Paleoceno ao Plioceno, a Quaternária o Pleistoceno e o Holoceno.

ereção. Aumento do tamanho (volume e comprimento) e enrijecimento do pênis, permitindo a sua penetração na vagina. Causado pelo acúmulo de sangue nos corpos cavernosos.

ergastoplasma. Sin. de RER (q.v.), REG ou Retículo Endoplasmático Rugoso ou Retículo Endoplasmático Granular.

ergosterol. Provitamina D2.

ergotamina. V. Claviceps.

erisipela. Doença causada por bactérias do tipo Streptoccoccus-beta-hemolítico. Transmissão direta por contato.

eritroblasto. Célula precursora das hemácias na medula óssea vermelha. Produz hemoglobina e perde o núcleo (extrusão nuclear).

eritroblastose. Presença anormal de eritroblastos no sangue devido a forte demanda de células transportadoras de oxigênio. Resulta de grande perda de hemácias.

eritroblastose fetal ou doença hemolítica do recém-nascido. Doença de um feto Rh (+), atacado por anticorpos anti-Rh vindos de sua mãe Rh(-), antes imunizada por gravidez de feto Rh(+) ou por transfusão de sangue Rh(+). Há inchação de fígado e baço, obstruções vasculares, anoxia etc. É muito lesiva, se não fatal. O casal de risco é Homem Rh(+) e Mulher Rh(-).

eritrócito. V. Hemácia. Alguns autores limitam seu uso aos glóbulos vermelhos de Peixes, Anfíbios, Répteis e Aves, nucleados.

eritromicina. Antibiótico que inibe a síntese proteica bacteriana, em nível de ribossomas.

eritroplasto. Plasto vermelho.

eritropoiese. Nome específico da produção de hemácias.

eritropoietina. Hormônio glicoproteico renal que estimula a eritropoiese. É produzido quando há deficiência de oxigenação dos tecidos.

erva. Planta não lenhosa (sem esclerênquima), pequena, com partes aéreas, vivendo um ou dois anos. As partes subterrâne-as podem ser mais duradouras.

erva-de-passarinho. Planta epífita e hemiparasita: suga seiva bruta da árvore parasitada. Corresponde a várias espécies de Dicotiledôneas da família das Lorantáceas.

ervilha. Nome vulgar de Angiospermas Dicotiledôneas, fam. Leguminosas da espécie Pisum sativum, usada por Mendel nas primeiras experiências de Genética.

escabiose. Sin. de sarna. Doença que afeta a pele e é causada por um ácaro (carrapato) da espécie Sarcoptes scabiei.

escada x arbusto. Durante muito tempo a noção de escada da vida dominou a visão humana sobre os seres vivos. E ainda há muita gente que pensa desse modo. A escada da vida é a ideia geral, progressista, criacionista ou evolutiva, de que os seres vivos foram criados ou evoluíram do imperfeito para o perfeito complexo, "da ameba ao homem". É claro que essa visão denuncia a má expressão da vaidade humana. Muito mais adequada ao que realmente ocorreu na evolução é a noção de arbusto ramificado em que cada galho representa um ancestral que origina outros e outros em uma enorme profusão de tipos e espécies. As extremidades da frondosa rama representam as espécies atuais, não superiores nem inferiores, talvez apenas menos e mais complexas.

Escafópodos. Classe de pequenos Moluscos com uma concha em forma de cone alongado ("dente de elefante"), aberto nas duas extremidades.

Escamados. Subclasse de Répteis com escamas epidérmicas e córneas, que compreende as ordens Lacertílios (lagartos e lagartixas) e Ofídios (cobras). ± 5.800 espécies.

escamoso,epitélio. Epitélio com células achatadas. O mesmo que pavimentoso.

escápula. Sin. de Omoplata.

escaravelho. Nome vulgar equivalente a besouro, de Insetos da ordem Coleópteros.

escarlatina. Doença infecciosa com toxemia generalizada. Causada por bactérias da espécie Streptococcus pyogenes.

Escherichia. Gênero de Bactérias, cuja espécie mais estudada é a Escherichia coli. Objeto de muitas pesquisas de Engenharia Genética, recebendo, por exemplo, genes humanos responsáveis pela produção de insulina. Geralmente encontrada no intestino grosso humano, é inofensiva, mas há cepas ou linhagens altamente perigosas, por mutação. A quantidade dessas bactérias (coliformes fecais) na água do mar ou na água doce é indicativa de poluição, sugerindo a presença de outras bactérias mais virulentas.

esclavagismo. O mesmo que escravismo.

esclerênquima. Tecido esquelético vegetal, de caules e raízes lenhosos. Tem células mortas de paredes endurecidas por linhina. Nas Dicotiledôneas é o maior componente da madeira. Nas Gimnospermas, a madeira é constituída apenas por vasos lenhosos do tipo traqueídios.

escleroproteína ou albuminoide. Categoria de proteínas com função estrutural e protetora; são insolúveis em água e na maioria dos solventes. Ex.: queratina, colágeno e elastina.

esclerose lateral amiotrófica. Doença progressiva, com degeneração de neurônios, que acometeu Lou Gehryg (do baseball americano) e atinge Stephen Hawking (cientista inglês). Causa a morte de células nervosas que controlam músculos e movimentos do corpo.

esclerótica. Membrana branca, dura (TCPD denso-fibroso). Cobre o globo ocular, exceto na região da íris.

escolex. Cabeça das solitárias (gen. Taenia), do Echinococcus e de Dracunculus, com ventosas.

escorbuto. Doença de carência característica da avitaminose C. Sintomas: gengivas sangrentas, dentes abalados, articulações inflamadas e doloridas, dificuldade na cicatrização e fragilidade óssea.

escorpião. Nome vulgar de Aracnídeos da ordem Escorpionídeos. Gênero importante: Tityus.

Escorpionídeos. Ordem de Aracnídeos com o corpo dividido em cefalo-tórax, abdômem e pós-abdômem ou cauda. Este último segmento termina com uma glândula produtora de peçonha e um aguilhão injetor. Os palpos são grandes e terminam em pinça. São os escorpiões.

escravismo. Associação interespecífica e desarmônica em que indivíduo de uma espécie exploram habitualmente o trabalho de outros de espécie diferente. Há exemplos entre espécies diferentes de formigas.

esfenoide. Osso craniano que fica sob o cérebro; tem uma reentrância onde se encaixa a hipófise.

esfíncter. Músculo em forma de anel, abrindo e fechando um orifício.

esfingol. ou esfingosina. Álcool (diálcool) aminado com 18 Carbonos. Faz parte de alguns lipídios.

esfingosina. Cera natural do crânio dos cachalotes.

esmalte dentário. Cutícula calcária acelular, branca, brilhante e resistente (a parte mais dura do corpo), produzida pelo ectoderma revestindo a dentina na coroa do dente.

esôfago. Tubo que liga a faringe ao estômago. Nas Aves pode ter uma expansão, o papo, armazenador e amaciador de grãos.

espada-de-são-jorge. Nome vulgar de Angiospermas Monocotiledôneas, fam. Agaváceas, gênero Sanseviera.

espadarte. Nome vulgar de Osteictes, gênero Xiphias. Importante em pesca esportiva.

esparganose. Parasitose no intestino delgado de cães e gatos, raramente em seres humanos. Causada por vermes Platelmintos, classe Cestodeos, gênero Spirometra.

especiação. Processo evolutivo que origina uma nova espécie, a partir de outra. Fundamental é surgirem barreiras reprodutivas entre a nova espécie e a anterior. Essas barreiras impedem que genes surgidos em uma passem para a outra através de cruzamentos, contribuindo para sua diferenciação.

especiação alopátrica. Formação de uma espécie nova pela interposição de uma barreira geográfica entre as duas populações, a antiga e a nova.

especiação simpátrica. Especiação que ocorre em uma pequena população que não está isolada geograficamente da população principal. Embora os processos de especiação simpátrica e alopátrica sejam semelhantes, o desenvolvimento precoce de mecanismos de isolamento reprodutivo entre as populações é crucial na especiação simpátrica.

espécie. Conjunto de indivíduos que, em condições naturais, só se reproduzem entre si. Por isso, seus membros tendem a ter muitas semelhanças, e vice-versa. / Grau de classificação de seres vivos, correspondente a um grupo de indivíduos com caracteres semelhantes e que se reproduzem normalmente em natureza, formando filhos férteis. Cada espécie está reprodutivamente isolada das demais. Escreve-se a espécie de modo binominal; a primeira palavra com inicial maiúscula representa o gênero, e a segunda palavra quase sempre com inicial minúscula é o termo específico. As duas palavras juntas formam a espécie. O termo específico pode ser escrito com inicial maiúscula quando se refere a uma pessoa. Por ex.: Trypanosoma cruzi ou Trypanosoma Cruzi, homenagem a Osvaldo Cruz. As duas palavras devem ser escritas em negrito ou em itálico (letra deitada) ou pelo menos devem ser sublinhadas. O sobrenome do autor deve ser escrito, sem sinal de separação, após o termo específico. Depois vem uma vírgula e o ano de publicação do trabalho que descreveu a espécie, em primeiro lugar. Ex. Homo sapiens Linnaeus, 1758.

espécies-chave. São aquelas que, devido ao nicho que ocupam, têm o poder, de alterar o meio de modo a influir significativamente na vida dos demais membros do ecossistema, inclusive criando, e destruindo, a possibilidade de muitos nichos. Afora o recém--chegado ser humano, são espécies-chave os corais e os elefantes.

espécies simpátricas. Espécies cujas áreas de distribuição se superpõem.

espectrina. Proteína da membrana plasmática de hemácias. É uma proteína extrínseca, fibrosa, formando uma malha na superfície interna da membrana e também do citoesqueleto.

espeleologia. Parte da Ecologia que estuda as cavernas.

esperança. Nome vulgar de Insetos da ordem Ortópteros com camuflagem semelhante a uma folha verde. Ex.: gênero Tanusia e Chlorocoelus (na Amazônia, com 6 cm de comprimento).

esperma. Líquido viscoso ejaculado pelo macho no ato sexual. É alcalino, produzido pela próstata e pelas vesículas seminais, e contém espermatozoides ainda inativos. Sin. de sêmen.

espermacete. Material lipídico (ceras) em cavidades do crânio do cachalote.

Espermáfitas. Sin. de Fanerógamas. São as plantas "superiores", com flores, óvulo e semente. Incluem as Gimnospermas, sem ovário e sem fruto, e as Angiospermas, com ovário e com fruto.

espermateca. Estrutura dentro do corpo das fêmeas de algumas espécies, onde espermatozoides são armazenados.

espermátide. Célula haploide resultante da divisão II da meiose durante a espermatogênese. Normalmente se transforma em espermatozoide.

espermatócito I. ou espermatócito primário. Célula 2n resultante do crescimento da espermatogônia, durante a espermatogênese.

espermatócito II. Ou espermatócito secundário. Célula haploide resultante da Divisão I da meiose, durante a espermatogênese.

espermatocitogênese. Conjunto das três fases iniciais da espermatogênese; multiplicação, crescimento e meiose. Não inclui portanto a espermiogênese.

espermatogênese. Produção dos espermatozoides. Ocorre nos tubos seminíferos, dentro do testículo, com as seguintes fases: Multiplicação (mitoses) formando espermatogônias 2n; Crescimento, originando espermatócitos I, ainda 2n; Meiose ou Maturação formando espermatócitos II, n e logo depois produzindo espermátides também n: Espermiogênese, transformando as espermátides n em espermatozoides também n.

espermatogônias. Células diploides da linhagem germinal masculina. Descendem das células germinais primordiais do embrião, multiplicam-se por mitoses por toda vida do macho e, normalmente, originam espermatócitos I ou primários.

espermatozoide. Gameto masculino dos animais. Alguns autores usam o termo também para designar gametos masculinos de vegetais inferiores, que são móveis e flagelados. Nos Mamíferos e em muitos outros animais, o espermatozoide se divide em três partes: 1) Cabeça – onde há um núcleo compacto e uma estrutura anterior chamada acrossoma; 2) Peça intermediária ou colo, mais fina que a cabeça. Tem dois centríolos, a parte interna de um flagelo e numerosas mitocôndrias; e 3) Cauda, que é o flagelo típico, muito longo. O comprimento total do espermatozoide humano é de 60 a 70 micrômetros.

espermiogênese. Fase final da espermatogênese; consiste na transformação das espermátides em espermatozoides. / Última fase da espermatogênese, na qual a espermátide se torna espermatozoide, nos canais seminíferos. A espermátide perde citoplasma, faz a compactação do núcleo, forma o acrossoma e produz o flagelo. Não há fase correspondente na ovogênese.

espiga. 1) inflorescência racemosa com um eixo central e numerosas flores sésseis, isto é, sem pedúnculo. 2) infrutescência originada pela inflorescência do mesmo nome.

espinho. Haste pontuda e dura (com esclerênquima), de função protetora contra animais. Tem profunda inserção no caule e resulta da transformação de uma folha jovem.

espinhosa, camada. Principal camada intermediária da epiderme, entre a basal e a córnea, rica em desmossomas e tonofibrilas.

espiráculo. Sin. de estigma. Abertura da traqueia de Artrópodos ao exterior.

espiralização cromossomial. Processo que transforma a rede de cromatina de um núcleo interfásico em cromossomas individualizados. Eles encurtam e engrossam porque se espiralizam e aparecem separados uns dos outros.

espirilo. Bactéria em forma espiralada.

esplancnopleura. Ou peritônio visceral é o mesoderma membranoso que adere ao endoderma em animais celomados. Às vezes o termo também inclui o endoderma.

Espongiários. Sin. de Poríferos.

esponja. Nome vulgar de animais do filo Poríferos.

esporângio. Local, no esporófito, da produção de esporos.

esporocisto. Larva intermediária de Schistosoma mansoni derivada por reprodução assexuada do miracídio, dentro do caramujo Biomphalaria. Também por via assexuada, originará larvas cercárias que abandonarão o caramujo e nadarão até penetrar na pele humana.

esporófilo. Folha produtora de esporos presente principalmente nos estróbilo: (cones) de Gimnospermas.

esporófito. Em muitas algas, nas Briófitas, nas Pteridófitas e nas Espermatófitas é a fase diploide, assexuada, produtora, por meiose, de esporos haploides.

esporogonia. Esporulação ou divisão múltipla em Protozoários da classe Esporozoários e do gênero Plasmodium, dentro do mosquito do gênero Anopheles, a partir do oocisto e que originará esporozoítos.

esporogônio. Esporófito das Briófitas, parasita do Gametófito.

esporotricose. Doença humana causada pelo Fungo Deuteromiceto, família Moniliaceas, espécie Sporotrichum schenkii. Causa lesões na pele, que inflamam formando úlceras purulentas.

Esporozoários. Sin. de Apicomplexos. Classe de Protozoários cujas formas adultas não têm órgãos locomotores e que se reproduzem por divisão múltipla ou esporulação. Por vezes alternada com fecundação. Ex.: Plasmodium. V. malária.

esporozoíto. Forma (etapa) alongada e bipontiaguda do Protozoário do gênero Plasmodium e que é introduzida na pele humana pela picada do mosquito do gênero Anopheles.

esporulação. O mesmo que divisão múltipla, um tipo de reprodução assexuada.

esquilo. Nome vulgar de Mamíferos ordem Roedores. Ex. de gêneros Sciurus, Sciurillus, Spermophilus (Citellus).

esquilo-voador. Nome vulgar de Mamíferos, ordem Roedores com o gênero Glaucomys. Na realidade é planador, com expansões laterais na pele. América do Norte.

esquistossomose. Doença causada por vermes do filo Platelmintos, classe Trematódeos e da espécie Schistosoma mansoni, afetando o sistema porta-hepático humano.

Transmitido pela penetração na pele de larvas cercárias presentes na água doce e que se desenvolveram nos caramujos do gênero Biomphalaria.

esquistossômulo. Larva de Schistossoma mansoni após a penetração na pele humana. Perdeu a cauda que tinha quando era cercaria.

esquizocelomados. Animais cujo celoma surge de massas celulares segmentares, os somitos mesodérmicos. São os Anelídios, os Artrópodes e os Moluscos.

Esquizofíceas. Sin. de Esquizófitas.

Esquizófitas. Em antiga classificação botânica incluía as Bactérias (Esquizomicetos) e algas Cianofíceas (Esquizofíceas).

esquizogonia. Divisão múltipla ou esporulação de Protozoários Ciliados do gênero Plasmodium no corpo humano (fígado e hemácias).

Esquizomicetos. V. Esquizófitas.

estafilococo. Bactéria com os cocos formando um conjunto como um cacho de uva.

estalactite. Forma alongada, a partir do teto de uma caverna. Estrutura principalmente de carbonato de cálcio.

estalagmite. Estrutura semelhante à estalactite, mas é a partir do chão da caverna.

estame. Órgão reprodutor da flor das Espermatófitas, parte do Androceu, tradicionalmente considerado masculino e formado por uma haste, o filete, que sustenta a antera, com lojas produtoras de grãos de pólen. Hoje se considera que, como a planta que produz flores é homóloga do esporófito das Pteridófitas, fase reprodutiva assexuada, o estame é microsporófilo, as lojas da antera são microsporângios e os grãos de pólen, ao menos no início, são microsporos.

estaquia. Tipo de reprodução assexuada em vegetais, induzida pelo Homem. Um pequeno galho (muda) é retirado de uma planta e é introduzido no solo. A partir daí a extremidade inferior desenvolve uma raiz e a superior forma folhas originando uma planta idêntica à original.

estatinas. Supostas substâncias que inibem a síntese do colesterol das células hepáticas.

estatocisto e estatolito. Estatocisto é uma pequena esfera oca presente em muitos invertebrados, dentro da qual há um estatolito, que pode ver um grão de areia ou de carbonato de cálcio. As duas expressões indicam órgão pequeno que mostra a posição do corpo do animal e o seu deslocamento indicado pelo posicionamento de grão interno.

estelo. Sin. de cilindro central. Na anatomia primária do caule e da raiz de Gimnospermas e de Dicotiledôneos, é a parte central, onde ficam xilema e floema, que envolvem a medula (parênquima aclorofilado). Em torno do estelo fica a córtex. Os Monocotiledôneos (aestélicos) não têm distinção de córtex e estelo.

estenoalino. Organismo que suporta apenas estreita variação de salinidade ambiental.

estenobárico. Ser que não suporta largas variações ambientais de pressão.

estenobionte. Ser que não suporta largas variações ambientais em geral.

estenotérmico. Ser que não suporta largas variações ambientais de temperatura.

estepe. Vegetação predominantemente rasteira em solo profundo e rico em nutrientes.

éster. Tipo de substância produzida pela associação de álcool com ácido.

esterificação. Tipo de reação que produz um éster (q.v.). Ex.: três ácidos graxos + glicerol formando um glicerídio.

estéril. 1) Indivíduo sexuado e incapaz de produzir gametas. 2) Líquido ou estrutura biológica sem microrganismos.

esterilização dirigida. Ex.: Processo usado em Juazeiro, Bahia, "fabricando" machos estéreis de mosca-do-mediterrâneo, pragas da fruticultura. Larvas são expostas a ambientes com 40°C, matando as larvas femininas. As sobreviventes são masculinas e atingem a fase da pupas, que são irradiadas por bomba de cobalto. Tornam-se machos estéreis que são liberados e vão introduzir espermatozoides imperfeitos nas fêmeas da espécie, diminuindo a população dessas pragas. V. mosca do Mediterrâneo.

esterno. Osso chato a que se ligam clavículas e costelas, fechando a caixa torácica na parte anterior.

esteroides. Substâncias orgânicas cuja estrutura molecular policíclica corresponde à do colesterol. Exs.: além do colesterol, testosterona, estrogênios, progesterona, hormônios corticosteroides, vitamina D etc.

estigma. 1) Plataforma captora de grãos de pólen no topo do estilete. 2) Sin. de espiráculo.

estilete. Coluna oca que nasce do ovário do gineceu e sustenta o estigma. É o caminho do tubo polínico.

estimulinas. Tipo de hormônio adeno-hipofisário que estimula o desenvolvimento e a função de outra glândula endócrina. O mesmo que Trofinas ou Tropinas. Exs.: ACTH, LH, FSH.

estímulo. Em Fisiologia e em Psicologia, é qualquer modificação do meio externo ou interno que provoque no organismo uma alteração dependente do seu próprio funcionamento interno. Essa alteração do organismo, resposta ou reação, pode atuar como novo estímulo, iniciando uma cadeia de estímulos e respostas. Os estímulos externos são variações ambientais (de luz, calor, pH, salinidade etc.) e os internos resultam do funcionamento normal do organismo ou da resposta a um estímulo anterior.

estipe. Caule longo, praticamente cilíndrico, sem ramificações, típico de palmeiras.

estivação. Adaptação ao verão seco e quente, especialmente em desertos, chegando até a dormência, isto é, inativação temporária. É correspondente à hibernação no inverno.

estoma. Sin. de estômato.

estoma aquífero ou hidatódio. Estoma sempre aberto que libera água sob a forma de gotículas. Em grande número nas bordas da folha.

estoma ou estômato. Estrutura microscópica geralmente encontrada em grande número na face inferior da maioria das folhas. Consta de duas células-guarda que envolvem um orifício chamado ostíolo, que pode abrir ou fechar por um mecanismo osmótico. Regula a troca de gases entre a folha e a atmosfera. / Estrutura de arejamento da epiderme vegetal. Tem duas células guardiãs ou estomáticas, clorofiladas, que limitam um orifício de abertura regulável, o ostíolo. Através do ostíolo ocorrem as trocas de gases (O_2 e CO_2) e a perda de vapor d'água.

estômago. Em Vertebrados, parte dilatada do tubo digestivo, entre o esôfago e o intestino delgado. Armazena o alimento ingerido e atua na digestão enzimática de proteínas. Nas Aves, pode ter duas partes, moela e pró-ventrículo. Nos Ruminantes, tem quatro partes: pança, barrete, folhoso e coagulador.

estômato. O mesmo que estoma (q.v.).

estradiol. O principal estrógeno.

estratificado, epitélio. Epitélio com várias camadas de células. É classificado pelo tipo de célula da camada mais externa.

estratigrafia. Estudo da sucessão de estratos ou camadas de sedimentos num corte geológico do solo. Os fósseis aí presentes evidenciam a evolução.

estrato. Camada.

estrato mielínico. Sinônimo de bainha de mielina.

estrela-do-mar. Nome vulgar de espécies de Equinodermas da classe Asteroides. Ex.: gêneros Asterias, Luidia e Echinaster.

estreptococo. Bactéria com os cocos dispostos em forma de colar.

estreptomicina. Antibiótico que inibe a síntese proteica bacteriana no nível dos ribossomos.

estribo. V. martelo.

estro. Sin. de cio. Fase reprodutiva, que alterna com o anestro, fase não reprodutiva. Essa alternância é típica de fêmeas de Mamíferos.

estróbilo. Corpo de Platelmintos da classe Cestódeos, formado por uma sequência de proglotes ou anéis achatados.

estróbilo (em Botânica). Estrutura semelhante a um cone, principalmente em Gimnospermas (pinheiros) contendo esporofilos.

estrogênio ou estrógeno. Hormônio feminilizante produzido pelo folículo ovariano em desenvolvimento durante a primeira fase do ciclo menstrual, da puberdade até a menopausa, sob o estímulo do FSH do lobo anterior da hipófise. Há vários tipos de estrógenos com efeitos diferentes uns dos outros. Alguns são placentários, produzidos durante a gestação e atuantes sobre o feto. Estradiol é o principal estrogênio.

estroma. Material homogêneo dentro do cloroplasto. Contém DNA, RNA e ribossomas 70S (pequenos e de baixa densidade).

estromatólito. Tipo de rochas sedimentares encontradas no Sul da África e no Oeste da Austrália. Relacionado com a presença de procariontes fotossintetizantes extremamente antigos. Fósseis de Cianobactérias com 3,5 bilhões de anos.

estrutura primária. 1) É a estrutura anatômica vegetal formada por tecidos originados do meristema primário. 2) Sequência linear de aminoácidos ao longo da molécula de proteína.

estrutura quaternária. Forma tridimensional global de uma molécula de proteína formada por subunidades, isto é, mais de uma cadeia ou filamento peptídico.

estrutura secundária. 1) Estrutura anatômica vegetal formada por tecidos originados do meristema secundário, M2. Só as Gimnospermas, as Dicotiledôneas e umas poucas Monocotiledôneas têm M2 e, portanto, estrutura secundária. 2) Forma espacial de uma sequência curta de aminoácidos na molécula proteica. Pode ser uma alfa-hélice em que o filamento peptídico tem a forma de um helicoide. Pode ser também uma estrutura de fita pregueada, em ziguezague, ou ainda uma sequência desordenada, ao acaso.

estrutura terciária. Forma tridimensional global de uma molécula proteica, formada por um filamento peptídico.

estufa, efeito. Aquecimento excessivo da atmosfera em baixa altitude porque não elimina o calor solar, impedido de se libertar por uma camada isolante formada principalmente por moléculas de CO_2 e CH_4. V. Kyoto, protocolo.

esturjão. Nome vulgar de Osteictes correspondentes ao gênero Acipenser. O caviar deriva de sua ova.

etanol. $CH_3.CH_2.OH$. Álcool etílico. Produto da fermentação alcoólica.

etapa clara. Sin. de etapa luminosa ou fotoquímica. Primeira fase da fotossíntese, acontece nos tilacoides dos "grana" e também nas lamelas dos cloroplastos. Exige luz. Compreende a fotofosforilação (produção de ATP usando a energia luminosa) e a fotólise da água (fratura da molécula de água que liberta O e fornece H para formar NAD.P.2H).

etapa escura. Ou etapa obscura, ou melhor, independente da luz. Segunda fase da fotossíntese. Acontece com ou sem luz, no estroma dos cloroplastos e consiste essencialmente no ciclo de Calvin, onde os H trazidos pelo NAD.P se unem ao CO_2 para formar o aldeído fosfoglicérico que por sua vez originará a glicose. Usa ATP formado na etapa clara.

etapa fotoquímica. Sin. de etapa clara ou luminosa.

etapa luminosa. Sin. de etapa clara ou fotoquímica.

eteno, $CH_2 = CH_2$. Gás produzido por frutos em amadurecimento. Acelera o processo.

etileno. Sin. de eteno.

etiológico, agente. Agente causador de uma doença.

etiópica, região. Região zoogeográfica correspondente à África, ao sul do monte Atlas, e pequena parte da Ásia. Caracterizada por leões, girafas, zebras, gorilas, chimpanzés, elefantes de orelha grande e avestruzes.

etologia. Estudo do comportamento animal, incluindo a corte sexual, agressividade, interação social, comunicação etc.

eucalipto. Nome vulgar de Angiospermas Dicotiledôneas, fam. Mirtáceas com muitas espécies do gênero Eucalyptus. Árvores de origem australiana.

eucarionte. Tipo de seres cujas células são eucariotas. São todos os seres vivos, com exceção dos vírus (que são acelulares) e dos Monera (bactérias e Cianofíceas).

eucariota. Tipo de célula com cariomembrana. Além disto é maior que a procariota, tem citoesqueleto, mitose com as fases tradicionais, organócitos vesiculosos bem desenvolvidos, ribossomas relativamente grandes e densos (80 S). Possui íntrons nos seus genes.

eucelomados. Animais com celoma verdadeiro, espaço interno revestido pelo mesoderma. São todos os animais, de Anelídeos em diante.

eucromatina. Material cromossomial que aparece espiralizado, curto e grosso durante a divisão celular e se apresenta fino e longo durante a intérfase. Oposto morfologicamente à heterocromatina.

eufótica, zona. Parte do talassociclo (mares e oceanos) bem iluminada: para alguns autores, vai de 0 a 80 m de profundidade.

eugenia. Doutrina que propõe a melhoria da humanidade pela procriação apenas de portadores de traços desejáveis, dentre os quais, é claro, se incluem seus proponentes. Proposta nazista, sua defesa é bem comum. Com objetivos menos "filosóficos", mais imediatos, índios brasileiros matam recém-nascidos deficientes.

Euglena. Gênero de Protistas Flagelados de água doce que fazem fotossíntese quando recebem luz e se tornam heterótrofos na escuridão.

Euglenófitas. Algas geralmente unicelulares, solitárias, flageladas, planctônicas. Frequentemente têm nutrição mixótrofa;

Eukaria. Super-reino em classificações modernas. Sin. de eucariontes.

euploidia. Corresponde aos números cromossomiais inteiros; n, 2n, 3n etc. Oposto à aneuplodia (q.v.).

eurialino. Organismo que suporta largas variações de salinidade. Ex.: salmão, enguia, robalo e tainha.

euribárico. Ser que suporta largas variações ambientais de pressão.

euribionte. Ser que suporta largas variações ambientais em geral.

euritérmico. Ser que suporta largas variações ambientais de temperatura.

Eustáquio, trompas de. Tubos que ligam a faringe a cada uma das cavidades timpânicas (ouvido médio), igualando sua pressão à pressão atmosférica. São homólogas a um dos pares de fendas faringeanas dos peixes.

eutérios ou euterianos. Mamíferos com útero e placenta bem desenvolvidos.

eutrofização. Excesso de material inorgânico (por exemplo, fosfatos) acrescentado a um lago, ou lagoa provoca a multiplicação de algas microscópicas que vivem na e perto da superfície. Daí resulta uma camada de algas que impede a penetração da luz impossibilitando a fotossíntese logo abaixo. Grande quantidade de algas morre provocando a multiplicação de bactérias decompositoras aeróbias, praticamente acabando com o O_2 e determinando a morte de peixes e outros animais aeróbios. A ausência de O_2 provoca a proliferação de decompositores anaeróbios libertando gases tóxicos como, por exemplo, o gás sulfídrico H_2S. O acúmulo de substâncias orgânicas na água acarreta resultados semelhantes, desastrosos.

Eva, hipótese. Sem enzimas de correção dos erros de duplicação, o DNA mitocondrial evolui 10 vezes mais rápido que o DNA nuclear e é usado para estabelecer filogenias, particularmente nos Metazoários dioicos. Nestes, o DNA mitocondrial do zigoto, e do indivíduo, é quase todo ovular, isto é, maternal. Isto levou à pesquisa de filogenias dentro da espécie humana, pela análise do DNA mitocondrial em todo mundo, o que foi conhecido pela metáfora de Hipótese Eva. Porém, para muitos, isso era a busca de uma fêmea real que, no passado africano, fosse ancestral de toda a humanidade. É claro que essa fêmea nunca existiu como realidade carnal. Se colocarmos o crachá EVA em alguma fêmea ancestral devemos lembrar que em seu tempo houve muitas "Evas" (ela vivia em uma população) e todas elas tiveram mães etc. Uma bela hipótese destruída por um fato banal, prosaico.

evaginação. O "virar do avesso", de "dentro para fora", de um tubo, de uma câmara ou de uma bolsa interna.

evolução. Processo de origem das espécies, umas das outras, por descendência modificada. A Evolução, como a História humana, ocorreu, ocorre, e o momento atual, com os seres existentes, é apenas isso mesmo, um momento da História da Terra e da Vida que nela habita. Não é um degrau da escada de aperfeiçoamento em direção a uma meta prédeterminada. O processo evolutivo resulta da casual ocorrência de mutações, novidades genéticas, que sofrem a ação da Seleção Natural, i.é, mantêm-se, ou não, nas novas gerações por conferirem a seus portadores maior ou menor eficiência reprodutiva no meio onde vivem.

evolução divergente. Sin. de radiação adaptativa.

evolução em mosaico. Velocidades diferentes de transformação de caracteres, como tamanhos de partes do corpo, em uma linha evolutiva, como foi o caso do cérebro humano, comparado ao resto do corpo. Torna muito difícil a interpretação de fósseis de transição.

evolução humana, eventos fundamentais da. Além dos caracteres compartilhados com os demais Primatas, como visão binocular tridimensional, destreza manual, rotação do úmero, dedos "tácteis" com unhas chatas (e não garras) etc., há caracteres cruciais à evolução humana. Em geral, são citados quatro eventos: 1) Terrestrialidade: a descida das árvores para o chão; 2) Bipedalismo: adoção da postura ereta e caminhar sobre dois pés, 3) Encefalização: desenvolvimento do cérebro além dos Primatas (que já têm um grande cérebro comparado ao dos demais Mamíferos); e 4) Cultura: iniciando com o uso, e depois a feitura de ferramentas (por que não dizemos armas?) de pedra. Em geral, pensa-se que a sequência dos eventos foi como acima, mas já houve quem visse a encefalização precedendo e "causando" o bipedalismo. A origem, o momento e o papel da linguagem em todo processo é objeto de grande debate.

evolução química. Teoria abiogenética moderna. V. origem da vida.

evolução, exemplos de transição. Há muitos exemplos de transição evolutiva, fósseis e atuais. Dentre os fósseis há o Archaeopteryx, com esqueleto e dentes de réptil e penas de ave, os Répteis com caracteres de Mamíferos, tanto mais acentuados quanto mais recentes, e as Pteridospermas, "samambaias" com sementes. Entre os atuais, basta ver, entre raias e tubarões, todas as possíveis etapas de transição no que se refere à posição da boca, das fendas branquiais e dos olhos e no que diz respeito à forma do corpo, incluindo as nadadeiras peitorais. Entre as plantas ressalta a palmeirinha de jardim (Cycas) de grandes óvulos com grandes gametófitos femininos e estruturas como os arquegônios de Pteridófitas.

evolução, previsibilidade em. Ainda muito nos falta saber dos processos evolutivos. Mas, em muitos casos, podemos prever desenvolvimentos evolutivos. É claro que o ser vivo em questão deve ter longevidade e número de filhotes compatíveis com a experimentação. Isto exclui alguns animais e plantas, como elefantes e sequoias. Bactérias, Insetos etc. são melhores materiais de estudo, porque têm gerações curtas e prolíficas. Por exemplo, se adicionarmos um antibiótico a bactérias sensíveis a ele, em um certo número de gerações, a ser determinado experimentalmente, a probabilidade é de que aparecerão tipos bacterianos resistentes a ele. Isto está acontecendo com as

Bactérias há 50 anos e aconteceu em menos de 10 anos, no Vietnã, com o gérmen da gonorreia, com relação à maioria, não apenas um, dos antibióticos usados pelo exército americano em seus soldados. Coisa parecida esperamos de populações de Insetos sujeitas ao DDT ou outro inseticida. Darwin fez um outro tipo de previsão evolutiva. Sabendo das adaptações recíprocas entre Insetos polinizadores e orquídeas nutridoras desses Insetos, afirmou que deveria haver uma mariposa com tromba de muitos centímetros polinizadora de um certo tipo de orquídea. Apesar das críticas mordazes, anos mais tarde a mariposa foi descoberta e denominada Praedicta.

evolucionismo. Teoria e posição filosófica que se opõe ao Fixismo e ao Criacionismo. Postula a transformação do Universo, da Terra e dos Seres Vivos, por processos e causas naturais.

exadaptação ou preadaptação. Desenvolvimento evolutivo de uma estrutura ou de uma função movida por uma "utilidade" diferente daquela que poderá ter mais tarde, abandonando ou não a "utilidade" original. Por exemplo, foi sugerido que as asas dos Insetos desenvolve-ram-se como dissipadores de calor e só depois "voaram".

exclusão competitiva. V. Princípio da exclusão competitiva.

excreção. Processo de formação e expulsão de substâncias, em geral tóxicas e nitrogenadas, que são os produtos finais do metabolismo. É uma função típica dos Animais. Nos vegetais, não há processo comparável.

excreta. Termo que designa as substâncias excretadas. Classicamente, são a amônia, a ureia e o ácido úrico. Saem com a urina.

exergônico. Processo bioquímico que liberta energia. Ocorre nas reações do catabolismo. Sin. de exotérmico e de exoenergético.

exina. A membrana externa, porosa, do grão de pólen. V. Intina.

exocitose. O mesmo que clasmatose.

exócrina, secreção. Secreção lançada sobre o epitélio que deu origem às células secretoras, ou no exterior do corpo, ou dentro de um órgão cavitário. É produzida por glândulas com canal, ditas exócrinas ou de secreção externa, sudoríparas, salivares etc. ou por células isoladas, como as células caliciformes (mucosas gástrica e intestinal).

exoenergético. Sin. de exergônico.

exoesqueleto. Esqueleto externo (carapaça ou casca) típico de Artrópodos. É quitinoso.

exoftalmia. V. bócio exoftálmico.

exógena. Substância ou material de origem externa ao organismo.

éxon. É um segmento funcional do DNA; faz parte de um gene e fica separado do éxon que é o seu complementar, por uma zona de DNA geneticamente inativa, o íntron. Uma sequência de exon-íntron-exon-íntron-etc num DNA codifica um RNA do qual os íntrons são retirados. Os exons unem-se formando um RNA-m funcional. Isto acontece nos eucariontes enquanto nos procariontes não há ou são muitos raros os íntrons.

exopeptidases. Peptidases que hidrolisam a ligação péptica de aminoácidos terminais (o primeiro ponta NH_2 e o último ponta COOH) da cadeia. Resultado: um aminoácido livre + cadeia com menos 1 aminoáci-do. Há dois tipos: aminopeptidases, que atuam na ponta N e carboxipeptidases, que atuam na ponta C.

exosqueleto. Esqueleto externo, calcáreo em Moluscos, concha e corais, ou quitinoso, cutícula, em Artrópodes.

exotérmico. Sin. de exergônico.

expiração. Saída de ar dos pulmões pela diminuição do volume da caixa torácica. Deve-se à descontração dos músculos respiratórios: o diafragma e os intercostais.

expressividade. Variação na expressão fenotípica de um genótipo, devido à interações com outros genes. Não confundir com Norma de reação, que depende da ação direta do meio no desenvolvimento do fenótipo.

exteroceptores. Órgãos sensoriais, situados na parte externa do corpo, onde recebem estímulos provenientes do exterior. São os comuns "órgãos dos sentidos".

extinção. Desaparecimento de uma espécie pela morte de todos os seus membros. Deve-se à mudança do meio físico, gradual ou catastrófica, ou à competição com outra que tem o mesmo nicho ou à eliminação direta pelo homem. Faz parte do processo evolutivo.

extinção em massa. Extinção de grande número de espécies em curto tempo geológico. Entre muitos períodos geológicos houve extinções em massa. Faunas e floras inteiras deram lugar a outras. A última há 65 milhões de anos, entre o período Cretácico e a era Cenozoica, pelo impacto de um cometa, eliminou 50% das espécies, e os Dinossauros.

extrínseca ou periférica. Proteína que se prende de modo frágil à superfície da membrana plasmática e que pode ser retirada facilmente.

extremófilos. Organismos que vivem em condições ambientais extremas; calor alto demais ou pH muito elevado ou muito baixo, pressão atmosférica ou gravitacional exagerada. Seres extremófilos são principalmente Arqueas e algumas bactérias.

exúvia. Carapaça ou exoesqueleto abandonado por um inseto após uma muda ou ecdise.

F

F1, F2. Primeira e segunda gerações filiais.

Fabricius, bursa de. Evaginação do intestino das Aves contendo tecido hematopoiético e funcionalmente comparada à medula óssea vermelha. Os linfócitos que produz são comparados aos linfócitos B de Mamíferos.

FAD. Flavina-Adenina-Dinucleotídeo. Substância transportadora de H e que é o radical prostético de algumas desidrogenases.

fago. Sinônimo de bacteriófago.

fagócito. Célula que faz fagocitose. Exs.: leucócitos neutrófilos, macrófagos e micróglia.

fagocitose. Tipo de endocitose visível ao M.O. que ocorre por meio de pseudópodos, englobando material sólido.

fagossoma. Tipo de endossoma (vacúolo ou vesícula) resultante da fagocitose.

faia. Nome vulgar de Angiospermas Dicotiledôneas, fam. Fagáceas, gênero Fagus. F. sylvatica é uma grande árvore nas florestas europeias caducifólias.

faisão. Nome vulgar de Aves, ordem Galiformes. Ex. gênero Phasianus.

falcão. Nome vulgar de Aves, ordem Falconiformes. Ex.: gêneros Falco e Micrastur.

falciforme, anemia. Doença hereditária autossômica. Há um par de alelos co-dominantes. O "normal" produz Hb (hemoglobina normal) e o outro alelo produz HbS, cuja estrutura primária é alterada. A HbS, em baixa tensão de CO_2, deforma a hemácia (fica em forma de foice) e facilita sua destruição. Os heterozigotos têm anemia branda e os homozigotos para o alelo S têm anemia grave. Sin. de siclemia.

falo. Sin. de pênis.

Falópio, trompa de. O mesmo que tuba ou oviduto. Tubo que traz óvulos do ovário para o útero. Na parte inicial da trompa é que ocorre normalmente a fecundação e um pouco mais adiante, o início da embriogênese. Neste caso, o útero receberá um embrião inicial. / Tubos, dois, homólogos dos canais de Muller, que se originam no útero e se abrem na cavidade peritonial, envolvendo cada um dos ovários e recolhendo deles o óvulo. Nelas (trompas) ocorre a fecundação e se passa a primeira semana da embriogênese.

falso O. V. Bombaim

família. Grau de classificação de seres vivos correspondente a um conjunto de gêneros com caracteres semelhantes. Em Zoologia, usa-se o sufixo idae para designar família, e em Botânica, o sufixo aceae (áceas).

Fanerófitas. Plantas cujos brotos de regeneração estão a mais de 25 cm da superfície do solo. V. geófitas e hemicriptófitas

Fanerógamas. Sin. de Espermáfitas.

fâneros. Em Vertebrados tetrápodes, estruturas originadas da camada córnea da epiderme e muito queratinizadas. Os principais são escamas, pêlos, penas, unhas, garras, chifres e cascos.

Fanerozoico. terceiro eon, precedido pelo Hadeano (primeiro) e pelo Arqueano (ter-ceiro). É terceiro dividido em três eras: Paleozoica, Mesozoica e Cenozoica.

faringe. Nos Vertebrados, é órgão comum aos aparelhos digestivo e respiratório. Nela se localizam as brânquias e se originam os pulmões.

fasciculada, raiz. Conjunto de raízes numerosas sem uma raiz principal, como uma "cabeleira". É típica das gramíneas (capim, milho, grama, arroz, trigo, cana-de-açúcar etc.

fascículo atrioventricular. V. Purkinje, fibras de.

Fasciola. Gênero de vermes do filo Platelmintos, classe Trematódeos, cuja espécie F. hepatica parasita habitualmente os canais biliares do carneiro e outros Mamíferos, ocasionalmente os seres humanos.

Ciclo semelhante ao do Schistosoma, com um caramujo (Lymnaea) de onde saem cercárias, que depois se transformam em metacercárias aderidas a plantas aquáticas que serão ingeridas pelo carneiro.

Fasmídeos. Ordem de Insetos hemimetábolos com aparelho bucal mastigador correspondente ao bicho-pau.

fator determinador testicular (TDF). É um gene do cromossoma Y responsável pela diferenciação da gônada primordial em testículo, que logo produz o hormônio testosterona, iniciando a masculinização do embrião XY.

fator intrínseco. Glicoproteína produzida na parede gástrica e que estimula a absorção da vitamina B12 no íleo.

fator limitante. 1) Condição ambiental próxima do limite de tolerância de um ser vivo, para mais ou para menos, de modo que a sobrevivência é difícil ou impossível. 2) Em um sistema, a parte de menor eficiência. O desempenho do todo não ultrapassa o que essa parte permite.

fauna. Conjunto geral das espécies de animais de uma região.

febre. Aumento da temperatura corporal. Numa taxa moderada, a febre é uma defesa do organismo contra infecções, acelerando a fagocitose de bactérias e a produção de anticorpos, mas a febre elevada pode ser prejudicial, pela aceleração exagerada do metabolismo.

febre amarela. Doença causada por vírus (arbovírus) de RNA da família Flaviviridae, atacando o fígado e outros órgãos internos. O transmissor é um mosquito dos gêneros Aedes e Haemagogus.

febre das Montanhas Rochosas. V. febre maculosa.

febre dum-dum. Sin. de leishmaniose visceral americana.

febre maculosa. Sin. de febre das Montanhas Rochosas – Infecção causada por bactérias muito simples, parasitas intracelulares obrigatórias, do gênero Rickettsia, transmitidas por carrapatos como por exemplo, do gênero Amblyomma. V. carrapato estrela.

febre negra. Sin. de leishmaniose visceral americana.

febre quartã. Febre típica da malária com periodicidade 72-72 horas, caracterizando a divisão múltipla de Plasmodium malariae, destruindo hemácias.

febre terçã benigna. Febre típica da malária, com periodicidade de 48-48 horas, correspondendo à divisão múltipla e à destruição de hemácias por Plasmodium vivax.

febre terçã maligna. Febre típica da malária, com periodicidade de 48-48 horas, correspondendo à divisão múltipla e à destruição de hemácias por Plasmodium falciparum.

febre tifoide. Infecção causada por bactéria da espécie Salmonella typhi.

fecundação. Tipo de reprodução sexuada em que os gametos masculino e feminino se fundem, formando uma célula-ovo ou zigoto que se desenvolverá em um filho.

fecundação cruzada. Ocorre entre hermafroditas, com o gameta masculino de um fecundando o feminino do outro, e vice-versa.

fecundação dupla. Em Angiospermas é a fusão dos dois núcleos espermáticos, um com a oosfera, originando o zigoto 2n e o outro com os dois núcleos polares (da antiga célula mãe dos endosperma), originando uma célula 3n que originará o albúmen ou endosperma, tecido triploide, acumulando reservas. Nas Gimnospermas não há dupla fecundação e o albúmen é o próprio gametófito feminino haploide.

feedback. Modo de funcionamento no qual o efeito influencia a causa. É positivo (quando o efeito reforça a causa) ou negativo (quando o efeito diminui a causa). O feedback (-) tende a manter um processo em equilíbrio dinâmico e é muito usado na homeostasia dos seres vivos.

feedback cruzado. Feedback exemplificado pelo ovário e a adenohipófise, no ciclo menstrual. Os estrógenos foliculares inibem a secreção de FSH e estimulam a secreção de LH, que desenvolve o corpo amarelo produtor de progesterona. Esta inibe a secreção de LH e estimula a secreção de FSH, recomeçando o ciclo.

feedback negativo. Feedback onde o efeito diminui a causa: "Quanto mais, menos" ou "Quanto menos, mais". É comum no controle de equilíbrios dinâmicos nos seres vivos.

feedback positivo. Feedback onde o efeito reforça a causa: "Quanto mais, mais" ou "Quanto menos, menos". Não é muito usado nos seres vivos, porque conduz à "explosão" ou à "extinção" de um processo. Em geral, cessa por exaustão ou por interferência de um fator externo.

feijão, feijoeiro. Nomes vulgares correspondendo a plantas Angiospemas, Dicotiledôneas, da família da Leguminosas. Ricas em proteínas, mas são carentes de metionina, um aminoácido essencial. Gênero Phaseolus. V. Zabrotes.

feiticeira. Nome vulgar de Ciclóstomos, gênero Myxine.

feixe líbero-lenhoso. Feixe de vasos condutores – xilema por dentro e floema por fora. Nas folhas, são as nervuras com xilema acima e floema abaixo. Nos caules e raizes têm xilema interno e floema externo. Em raízes e caules de Gimnospermas e Dicotiledôneas há cambio vascular entre xilema e floema e nas Monocotiledôneas não há.

felema. Tecido suberoso (súber) produzido pelo felogênio e adjacente a ele.

feloderma. Tecido suberoso secundário.

felogênio. Câmbio mais externo. Produz parênquima cortical para dentro e suber para fora.

femidom. Condom (camisinha) feminino.

fêmur. Osso longo, ímpar, da coxa.

fenda branquial. Abertura faringeana onde as brânquias se situam e são irrigadas pela água que entrou pela boca. Em todos os embriões de Vertebrados há fendas branquiais. Nos Peixes, originam as guelras e nos outros Vertebrados desaparecem ou originam outras estruturas. / Fendas nos dois lados da faringe dos embriões dos Vertebrados e que persistem em Ciclostómos adultos e peixes adultos. Nas beiradas dessas fendas se desenvolvem brânquias. Nos demais Vertebrados as fendas fecham durante o desenvolvimento embrionário e a respiração se torna pulmonar.

Fenética ou Sistemática numérica. Escola de Sistemática baseada em dados anatômicos e moleculares por análises e estatísticas não se interessando em filogênese.

fenilalanina. Aminoácido. Abrev. PHE, símbolo: F. Código genético (RNA-m): UUU e UUC. V.fenilcetonuria ou PKU.

fenilalanina-hidroxilase. V. fenilcetonúria.

fenilcetonúria. Distúrbio genético, autossômico recessivo causando um defeito na enzima Fenilalanina – Hidroxilase. Daí haverá um acúmulo do aminoácido fenilalanina que originará o ácido fenilpirúvico o qual determina retardamento mental. / Excreção urinária do ácido fenilpirúvico. É hereditária, autossômica, recessiva. Normalmente, a fenilalanina (Phe) não usada em proteínas torna-se tirosina pela fenilalanina hidroxilase. Em fenilcetonúricos essa enzima não atua e a Phe torna-se ácido fenilpirúvico, que causa retardo mental. A doença pode ser detectada nos primeiros dias, em um pouco de sangue do pé da criança.

feniltiocarbamida. Ou PTC; substância usada em testes genéticos: insípida para umas pessoas e amarga (caráter dominante autossômico) para outras.

fenocópia. Fenótipo que, embora causado pelo meio, simula uma característica hereditária.

fenótipo. O caráter hereditário manifesto. Resulta da interação do genótipo com o meio.

fenótipo expandido ou amplo. Termo de Dawkins para incluir os efeitos de um gene sobre o ambiente, além daqueles restritos ao corpo do indivíduo. Exemplos são as consequências do comportamento (fugas, capturas, corte sexual), tocas e ninhos, teias de aranha etc.

Feofíceas ou algas pardas. V. Feofíceas.

Feófitas. Algas, em geral marinhas, de superfície, com flutuadores (os Sargaços) ou fixas. Seus plastos pardos, feoplastos, têm clorofila e ficofeína. De grande porte, têm semelhança superficial com vegetais superiores. Têm reprodução sexuada e assexuada. Muitas são usadas como alimento humano ou animal, em fertilizantes ou na indústria alimentar.

feoplasto. Plasto pardo das Feófitas ou Feofíceas, com ficoxantina.

fermentação. Tipo de respiração celular anaeróbia sobre glicídios, geralmente a glicose.

fermentação alcoólica. Tipo de fermentação que fragmenta a glicose em duas moléculas de etanol e duas de CO_2, libertando dois ATP. Realizado por ex. pelo levedo ou levedura do gênero Saccharomyces.

fermentação láctica. Tipo de fermentação que fragmenta a glicose em duas moléculas de ácido láctico, libertando dois ATP. Realizada pelas bactérias do gênero Lactobacillus (bacilo láctico) e também por hemácias, condrócitos e por fibras musculares estriadas esqueléticas.

feromônio. Tipo de substâncias liberadas por alguns animais, principalmente Insetos, e que modificam o comportamento de outros indivíduos da mesma espécie. Há feromônios para traçar trilhas, para atração sexual, reconhecimento, para delimitar territórios etc.

ferredoxina. Proteína que aparece na etapa luminosa da fotossíntese como transportadora de elétrons para o NAD.P.

ferro. Elemento químico que entra na composição do grupo heme ou hemo que é o radical prostético da hemoglobina e dos citocromos.

fértil. Indivíduo sexuado, normal, capaz de produzir gametos, e portanto, de produzir filhos.

fertilização. Sin. de fecundação.

feto. 1) Embrião de Mamífero vivíparo quando lembra a forma que terá ao nascer. Na espécie humana, após três meses de gravidez. 2) Samambaia arborescente, semelhante à palmeira.

Feulgen, reação de. Reação química que identifica o DNA. Primeira etapa: o material pesquisado é mergulhado em solução aquecida de HCl causando a exposição do radical aldeído das desoxirriboses. Segunda etapa: tratamento pelo reativo de Schiff que se combina com os grupos aldeídicos formando um complexo com a cor vermelha.

fiandeiras. V. Araneídeos.

fibra motora. Fibra nervosa eferente, isto é, que conduz estímulo de uma parte central do Sistema Nervoso para um órgão efetor, um músculo ou uma glândula. Citologicamente, é sempre um axônio.

fibra muscular. Célula do tecido muscular alongada com filamentos citoplasmáticos contráteis, as miofibrilas.

fibra muscular estriada cardíaca. Fibra muscular ramificada pluricelular, com células uninucleadas, com discos claros e escuros, que forma o músculo cardíaco.

As células são interligadas pelos discos intercalares, onde há desmossomas e interdigitações. Também há junções "gap" que facilitam a progressão do estímulo pelo tecido. Movimento involuntário.

fibra muscular estriada esquelética. Fibra muscular cilíndrica, unicelular, polinucleada, de grandes dimensões, até 0,5mm/0,1mm, com miofibrilas estriadas. Constitui os músculos estriados esquelêti-cos. Movimento voluntário.

fibra muscular lenta ou vermelha. Tipo de fibra muscular estriada rica em mitocôndrias e em mioglobina. Caracterizada por movimentos lentos e duradouros, obtendo energia principalmente pela respiração celular aeróbia.

fibra muscular lisa. Fibra muscular fusiforme, uninucleada, com miofibrilas lisas que se ligam obliquamente à membrana plasmática. Constitui os músculos lisos. Movimento involuntário.

fibra muscular rápida e branca. Com poucas mitocôndrias e pobre em mioglobina. Caracterizada por movimentos bruscos e fortes. A energia usada vem principalmente da fermentação láctica.

fibra nervosa. Axônio ou dendrito que conduz o fluxo nervoso a distâncias relativamente longas. Podem ser sensitivas ou motoras e mielinizadas ou amielínicas.

fibra nervosa amielínica. Fibra nervosa, sempre axônio, sem bainha de mielina. Tem condução nervosa contínua e lenta.

fibra nervosa mielínica. Fibra nervosa, axônio ou dendrito, envolvida por mielina. Nos intervalos entre os segmentos de mielina a fibra está nua. A fibra mielínica tem condução nervosa saltatória e rápida.

fibra nervosa motora. Fibra nervosa eferente, i. é., leva o estímulo do SNC para um órgão efetor que dará a resposta, músculo (contração) ou glândula (secreção). É sempre um axônio.

fibra nervosa sensitiva. Fibra nervosa aferente, isto é, conduz o estímulo de um órgão receptor para uma região central do Sistema Nervoso. Pode ser um dendrito ou um axônio.

fibras contínuas. Fibrilas do fuso acromático não ligadas a centrômeros.

fibras cromossomiais. Fibrilas do fuso acromático ligadas a centrômeros.

fibras de Purkinje. Miócitos cardíacos condutores. V. Purkinje, fibras de.

fibrina. Proteína fibrosa que forma a rede onde os elementos figurados do sangue se acumulam, formando o coágulo sanguíneo.

fibrinogênio. Proteína plasmática que se torna fibrina pela ação da enzima trombina, no momento da coagulação do sangue.

fibroblasto. Célula mesenquimal que produz a matriz do TCPD e se torna o fibrócito.

fibrócito. Célula típica do TCPD, produtora de fibras.

fibronexo. Sequência de moléculas de proteínas que liga uma célula epitelial, a outra célula epitelial ou então liga uma célula a uma fibra colágena do tecido conjuntivo.

fibrose cística. Secreção mucosa, espessa e ressecante, principalmente por células do aparelho digestivo. Distúrbio de natureza genética autossômica e recessiva. Pseudômonas aeruginosa é uma bactéria oportunista nesta doença.

fíbula. Sin. de perônio.

ficobilinas. Categoria de pigmentos de algas compreendendo as ficocianinas (azuis) e as ficoeritrinas (vermelhas).

ficocianina. Pigmento azul das Cianofíceas. Quimicamente, corresponde a uma proteína conjugada cujo radical prostético é um tetrapirrol.

ficoeritrina. Pigmento vermelho das Rodófitas. Corresponde a uma proteína conjugada cujo radical prostético é um tetrapirrol.

Ficomicetos. Classe de Fungos inferiores, unicelulares ou cenocíticos (com hifas multinucleadas) e com aparelhos pouco diferenciados para produção de esporos. São divididos em quatro ordens principais. Mucorales é a ordem mais importante com numerosas espécies desenvolvendo-se sobre fezes e sobre alimentos. Mucor e Rhizopus são gêneros mais estudados.

ficoxantina. Pigmento amarelo de algas.

Ficus. Gênero de Angiospermas Dicotiledôneas, fam. Moráceas com várias espécies de figueiras.

fígado. Em Vertebrados, grande glândula endodérmica abaixo do diafragma, sob as costelas, à direita na cavidade abdominal. Essencial à vida, tem muitas funções: Produção de bile, estoque de glicogênio (para controle da glicemia), produção de ureia e outros "excreta", inativação de toxinas e de hormônios, síntese de proteínas do plasma sanguíneo, produção de colesterol, transaminação etc.

filarioide. Larva de Ancylostoma e de Necator: deriva da larva rabditoide e vai penetrar no pé humano.

filariose. Equivalente à elefantíase. Doença causada por vermes do filo Nematódeos, da espécie Wuchereria bancrofti. Vermes adultos se alojam principalmente nos vasos linfáticos das pernas humanas provocando o aumento exagerado do diâmetro desses membros. Transmitida por mosquitos do gênero Culex, pernilongo comum.

filete. Haste que sustenta a antera do estame.

Filicíneas. Principal grupo de Pteridófitas incluindo samambaias, avencas e xaxins.

filo. Sin. de ramo em Zoologia. Em Botânica, usa-se a palavra Divisão. Conjunto de classes com caracteres semelhantes. Ex.: Artrópodos é um filo dividido em classes: Crustáceos, Aracnídeos, Insetos, Quilópodos e Diplópodos.

filodendro. Nome vulgar de Angiospermas Monocotiledôneas, fam. Aráceas gênero Philodendron.

filódio. Pecíolo alargado, semelhante a um limbo (lâmina da folha).

filogenia ou filogênese. História evolutiva de espécies, gêneros etc., por descendência uns dos outros. A classificação, dita natural, dos seres vivos tenta mostrar essas linhas de descendência.

filoide. "Folha" de Briófitas com uma ou poucas camadas celulares e sem nervuras.

filotaxia. Disposição das folhas no caule como, por exemplo: alternas (uma em cada nó), opostas (duas em cada nó) e verticiladas (várias ao redor do nó).

filotraqueia. Pseudopulmão dos Aracnídeos. / Sin. de Pulmão-livro. Câmara de origem ectodérmica, com grande superfície para troca de gases. Em um trecho de sua parede há uma pilha de lâminas contendo sangue.

fímbrias. Expansões filamentosas da extremidade livre da tuba ou trompa de Falópio e que são responsáveis pela captura do óvulo que sai do ovário.

fitocromos. Pigmentos vegetais formados por proteínas conjugadas, localizados principalmente em células meristemáticas. Participam de vários processos fisiológicos. São azuis e sensíveis à luz vermelha do espectro solar. Esta cor se divide em vermelho-curto (comprimento de onda de 660nm) e vermelho longo (730nm). Floração e germinação são ativadas pelo vermelho-curto. O excesso de vermelho curto pode destruir o fitocromo.

fitófago. Sin. de herbívoro: segundo nível trófico, consumidor primário.

fitogeografia. Estudo da distribuição das plantas em nosso planeta, suas causas e seu significado.

fitol. Álcool de cadeia longa que faz parte da molécula de clorofila.

fitoplâncton. Plâncton produtor: faz fotossíntese. É formado principalmente por algas unicelulares eucariontes e também por Cianofíceas ou Cianobactérias.

fitormônio. Qualquer um dos hormônios vegetais.

fixação. Técnica de laboratório para preservar as estruturas celulares, permitindo sua observação ao microscópio. Formol, ácido acético, álcool e sais de ósmio são os fixadores mais usados.

fixação do nitrogênio. Transformação do N_2 em NH_3 que depois reage com cetoácidos formando aminoácidos. Posteriormente, o encadeamento dos aminoácidos originará as proteínas. É, portanto, o processo em que o N_2 (gás praticamente inerte) é introduzido em moléculas orgânicas. É realizado por algumas bactérias (Rhizobium, Azotobacter, Clostridium) e por Cianofíceas ou Cianobactérias, utilizando a enzima nitrogenase.

fixismo. Proposta antievolucionista e religiosa. Afirmava a imutabilidade das espécies, criadas por Deus, como descrito na Bíblia Judaica-Cristã-Muçulmana.

Flagelados. Sin. de Mastigóforos. Classe de Protozoários com locomoção por flagelos e reprodução normalmente por divisão binária. Ex.: Trypanosoma, Leishmania, Giardia e Trichomonas.

flagelo. Filamento longo e pouco numeroso; presente em algumas células (frequentemente, a célula flagelada só tem um flagelo). Cresce (a partir de um centríolo) para fora da célula envolvido pela membrana plasmática. Contém nove duplas de microtúbulos longitudinais e periféricos e dois microtúbulos axiais (centrais). Geralmente serve para a natação da célula (Protozoários Flagelados e espermatozoides).

flama-célula. V. célula-flama,

flamboyant. Nome vulgar de Angiospermas Dicotiledôneas, família Legumisosas com a espécie Delonix regia, árvore ornamental

flamingo. Nome vulgar de Aves, ordem Fenicopteriformes. Ex. gênero Phoenicopterus.

flavina-adenina-dinucleotídeo. V. FAD.

flavoproteína. Substância situada fisiologicamente no início da cadeia respiratória. Encontrada nas cristas e na membrana interna das mitocôndrias.

floculação. Precipitação de partículas coloidais ou micelas em pequenos grupos separados.

floema. Tecido vegetal condutor de seiva orgânica, formado por vasos liberianos ou crivados. Movimenta a seiva orgânica ou elaborada, das folhas para o resto da planta. É mais externo que o xilema. O sinônimo de floema é líber.

flor. Tradicionalmente, órgão reprodutor sexuado dos vegetais superiores. Hoje, considera-se como um ramo do esporófito 2n com folhas modificadas, os esporófilos (macrosporófilos: carpelos e microsporófilos: estames) que produzem os esporos, as células reprodutoras n da fase assexuada.

flora. Conjunto de espécies de plantas numa região. É um enfoque taxionômico de classificação. / Conjunto de espécies vegetais de uma região, como a flora amazônica, ou de um momento histórico, como a flora Pleistocênica.

floração. Desenvolvimento e abertura das flores (botão ⟶ flor) dependendo do fotoperíodo e de agentes químicos, como os fitocromos e os florígenos. Depende mais do comprimento da noite, e não o do dia.

floresta. Tipo de vegetação com muitas árvores, com as copas bastante próximas uma das outras ou então, formando um dossel contínuo. Bosque, para alguns autores, é uma floresta com árvores mais espaçadas.

floresta amazônica. Tipo de floresta tropical pluvial que corresponde a 3,5 milhões de km^2 no Brasil (40% do nosso território). Temperatura média acima de 20°C, chuvas abundantes, solo pobre em nutrientes: mas isto é compensado por uma reciclagem eficiente, a partir das folhas que caem. Compreende as matas de terra firme, de igapó e de várzea.

floresta atlântica. Grande floresta do tipo tropical que se estende mais ou menos paralela ao litoral brasileiro sobre a faixa oriental da serra do Mar, desde o Rio Grande do Norte ao Rio Grande do Sul. Muito degradada.

floresta caducifólia. V. Floresta temperada.

floresta de Araucária. Tipo especial de floresta temperada do Sul e no Sudeste do Brasil caracterizada pelo pinheiro-do-paraná ou Araucária. Extremamente desmatada.

floresta decídua. V. Floresta temperada.

floresta temperada. Floresta caducifólia ou decídua, isto é, cujas folhas caem no outono e estão ausentes no inverno. Ocorre em regiões de clima temperado, com quatro estações bem marcadas, ao sul da taiga na América do Norte, Europa e Ásia. Predominam o carvalho, o bordo, a nogueira e a faia.

floresta tropical pluvial. Tipo de floresta característica da América Central, Amazônia, África Central, SE da Ásia e Nordeste da Austrália. Clima quente e úmido com temperatura média acima de 27°C e com muita pluviosidade. Grande biodiversidade de plantas e animais, principalmente Insetos. A copa das árvores forma uma camada contínua (dossel) com muitas epífitas e cipós.

florígenos. Hormônios vegetais que estimulam a floração (desenvolvimento e desabrochamento das flores).

flúor. Elemento químico que sob a forma de fluoreto fortalece a estrutura do esmalte dentário.

flutuação (variação fenotípica). Variação gradual, contínua, de um caráter em uma população causada inteiramente pela ação do meio, sem alteração genética, como a variação de cor da pele em função da exposição ao sol na população de uma cidade praiana. O termo flutuação, ligado ao conceito de norma de reação, foi criado por contraste com mutação, variação brusca e hereditária. V. mutação, norma de reação e flutuação gênica.

flutuação gênica. V. Deriva gênica.

fluxo gênico. Troca genética entre duas populações, pelo cruzamento entre seus membros de modo que genes oriundos de uma são introduzidos no "gene pool" da outra.

fluxo nervoso. Onda de variação de polaridade elétrica que se propaga pela membrana plasmática do neurônio, causada por trocas iônicas entre o neurônio e o meio extracelular, em especial do Na^+ e do K^+ (despolarização pela entrada de Na^+ e repolarização pela saída de K^+). Fenômeno semelhante ocorre quando da excitação de células musculares e outras.

fluxo nervoso contínuo. Condução nervosa que passa por todos os "pontos" da fibra nervosa amielínica. É mais lenta que a condução saltatória das fibras mielinizadas.

fluxo nervoso saltatório. Condução nervosa das fibras mielinizadas na qual as trocas iônicas só ocorrem nos nódulos ou estrangulamentos de Ranvier, onde não há revestimento de mielina. É muito rápida, podendo atingir 100m/s ou 360km/h.

FMN. Flavina-mononucleotídeo. Radical prostético da enzima NADH–desidrogenase.

FNA. V. natriurético, fator.

foca. Nome vulgar de Mamíferos, ordem Pinípedes com gênero Phoca.

folato. Forma iônica do ácido fólico.

folha. Nas plantas vasculares (Pteridófitas e Espermatófitas), é o órgão vegetal em forma de lâmina, o limbo, presa por um cilindro, o pecíolo, em um ponto do caule chamado nó. O limbo é formado por duas epidermes com mesófilo entre elas. As epidermes são aclorofiladas e o mesófilo é formado de parênquima clorofiliano em torno de nervuras formadas de vasos lenhosos e vasos liberianos. Esses vasos são continuação dos vasos do caule, passando pelo pecíolo. Por sua forma e grande superfície relativa, a folha é o principal órgão fotossintético, mas pode adaptar-se a muitas outras funções.

folha composta. Folha de limbo dividido em partes, os folíolos, que parecem folhas menores. Sabemos o que de fato é folha pela localização do broto axilar.

folha composta penada. Folha de limbo dividido em folíolos que se dispõem como barbas de uma pena, podendo repetir a subdivisão.

folha simples. Folha de limbo inteiro, indiviso.

folhelho. V. Burgess shale.

folhetos embrionários. Camadas celulares embrionárias dos Metazoários: duas (ectoderma e endoderma) nos Diblásticos ou três (mais o mesoderma) nos Triblásticos. Formam-se na gástrula e originam os tecidos e órgãos do corpo.

folhoso. Sin. de omaso.

folículo. V. folículo primordial.

folículo ovariano. Vesícula ovariana, formada de células foliculares produtoras de estrógenos, onde se desenvolve o óvulo, sob estímulo do FSH, na primeira fase do ciclo menstrual.

folículo primordial. Pequena massa pluricelular 2n e que potencialmente produzirá um óvulo, dentro do ovário. Um folículo primordial cresce a partir do dia primeiro dia de cada ciclo menstrual e dentro dele se desenvolve um óvulo.

folíolo. V. folha composta.

forame. Orifício.

Foraminíferos. Ordem dos Protozoários Rizópodes do zooplâncton e de depósitos marinhos.

forcípulas. Dois apêndices inoculadores de peçonha na cabeça da lacraia ou centopeia (Quilópodo).

foresia. Associação harmônica interespecífica em que um indivíduo transporta outro de espécie diferente.

formiga. Nome vulgar de muitas espécies de Insetos da ordem Himenópteros. Ex. de gêneros: Atta (saúva), Paraponera (grande formiga, vulgarmente tocandira), Solenopsis (formiga-de-fogo ou lava-pés).

formiga argentina. Nome vulgar de Insetos da ordem Itimenópteros, gênero Irídomyrmex.

formiga de correição. Sin. de sacasaia. Himenóptero do gênero Eciton.

fórmula dentária. Representação dos tipos e números de dentes de um Mamífero, onde: I – são incisivos; C – caninos; PM – pré-molares; M – molares. O numerador é meia arcada superior e o denominador é meia arcada inferior. Assim, pri-meira dentição humana, de leite, é 2/2 I, 1/1, C, 2/2, M e a segunda, permanente, é 2/2 I, 1/1 C, 2/2 PM, 3/3 M.

fosfatase ácida. Enzima hidrolítica característica dos lisossomas. Retira fosfatos de substâncias orgânicas.

fosfato de cálcio. Sal mineral mais importante e mais abundante na estrutura dos ossos. $Ca_3(PO_4)_2$.

fosfatos. PO_4^{-3}, HPO_3^{-2}. Íons utilizados na síntese de ADP, ATP, NAD, NADP, DNA, RNA etc.

fosfocreatina. Em Vertebrados, substância nitrogenada que é reserva muscular de fosfatos de alta energia.

fosfogliceraldeído. ou PGAL. Forma fosforilada do aldeído glicérico.

fosfoglicérico. V. ácido fosfoglicérico e aldeído fosfoglicérico.

fosfolipídeos. Categoria de lipídios formados pelo glicerol esterificado por dois ácidos graxos e por um ácido fosfórico, o qual é complementado por uma substância nitrogenada. Exs.: lecitinas e cefalina. Encontrados na membrana plasmática e nas endomembranas. Substâncias anfipáticas; com uma extremidade hidrófoba, formada pelas duas cadeias dos ácidos graxos e a oura extremidade é hidrófila, formada pelo grupo fosfato com o radical nitrogenado.

fosforilação. Genericamente, é a adição de fosfato a uma molécula orgânica. Por ex.: a síntese de ATP: ADP+ ○. ?+energia?⟶ ATP.

fosforilação oxidativa. Síntese de ATP durante a respiração celular, tanto aeróbia quanto anaeróbia.

fosforilase. Enzima que catalisa a introdução de fosfato.

fósforo. Elemento químico que aparece na estrutura molecular do DNA, RNA, ATP, ADP, lecitinas etc.

fósseis, datação dos. A avaliação da idade relativa de um fóssil, isto é, se ele é mais antigo ou mais recente que outro, é feita comparando os tipos, a sequência das rochas onde foram achados e os outros fósseis encontrados com eles. A datação absoluta, isto é, o tempo real de sua existência é feito por métodos que usam a análise da trasmutação de elementos radiativos.

fosseta loreal. Pequeno órgão de serpentes que detecta raios infravermelhos e, portanto o calor, fica entre os olhos e as narinas do animal.

fóssil. Sinal de vida (ossos, fragmentos ósseos, carapaças, pólen, pegadas etc.) em terrenos anteriores à última glaciação, i.é, há mais de 10.000 anos.

fóssil índex. Ou fóssil zonal. Fóssil tão exclusivo e característico de uma rocha ou de um terreno que a/o identifica.

fóssil vivo. Espécie atual que muito se assemelha a seus ancestrais extintos, indicando pouca mudança evolutiva de lá para cá. Exs.: celacanto, tuatara e Limulus.

fotofosforilação. Síntese de ATP na fotossíntese. A luz arranca elétrons da clorofila e a energia deles é usada para somar fosfato ao ADP formando ATP na etapa clara.

fotofosforilação acíclica. Tipo de fotofosforilação em que os elétrons retirados da clorofila, pela luz, não retornam a este pigmento. Ocorre na etapa clara da fotos-síntese e é a fotofosforilação mais importante porque além de produzir ATP, fragmenta a água, liberta O_2 e produz NAD.P.2H que vai para a etapa escura.

fotofosforilação cíclica. Tipo de fotofosforilação mais simples em que os elétrons retirados pela luz, da clorofila, voltam para a clorofila. Produz apenas ATP, não liberta O_2 e não produz NAD.P.2H.

fotogênese. Sin. de bioluminescência. Produção de luminosidade a partir da oxidação da fotogenina, ou luciferina catalisada pela fotogenase ou luciferase.

fotólise da água. Fragmentação da molécula de água na etapa clara da fotossíntese: é indiretamente causada pela luz. Os elétrons arrancados pela luz, a partir da clorofila, tornam a clorofila um cátion que puxa elétrons da água. Esta se fragmenta, libertando Oxigênio que vai para a atmosfera e H^+ para a formação de NAD.P.2H. A clorofila refaz sua molécula (recebendo elétrons da água) e o fenômeno continua, excitado pela luz.

fotoperiodismo. Resposta fisiológica das plantas em relação ao fotoperíodo. Esta resposta geralmente se relaciona com a floração (desabrochamento da flor). Há plantas de dia curto, outras de dia longo e plantas indiferentes. O dia curto com uma interrupção durante a noite equivale fisiologicamente a um dia longo.

fotoperíodo. Número de horas de luminosidade solar em cada 24hs.

fotopsina. Pigmento fotossensível dos cones da retina.

fotoquímica, fase. Sin. de etapa clara ou luminosa da fotossíntese.

fotorreceptor. Órgão, organela ou substância sensível à luz e cuja função reside exatamente nisso.

fotossíntese. Processo em que o CO_2 e o Hidrogênio (geralmente fornecido pela água) se unem graças à energia luminosa usada pela clorofila. Daí resulta a formação de glicídios (aldeído fosfoglicérico e depois glicose etc.) e a libertação do Oxigênio.

$6CO_2+12H_2O$ ——— Clorofi-

Esta é a equação simplificada moderna da fotossíntese, evidenciando a libertação do oxigênio a partir da água. V. etapaclara e etapa escura.

fotossistema. Tipo de unidade fisiológica clorofilada, numerosa e situada na membrana de tilacoides e nas lamelas dos cloroplastos. Cada fotossistema tem moléculas de clorofila A e B, carotenoides (pigmentos auxiliares) e proteínas.

fotossistema I. Absorve muito bem comprimentos de onda de 700 nanômetros e por isso é chamado de P700. Estes fotossistemas agem sozinhos na fotofosforilação cíclica e são acompanhados pelos fotossistemas II na fotofosforilação acíclica que é a mais importante.

fotossistema II. Absorve muito bem os comprimentos de onda correspondentes a 680 nanômetros (P 680).

fototactismo. Sin. de fototaxia.

fototaxia. Ou fototactismo. Taxia onde o estímulo é a luz. É típico de Metazoários e Protistas unicelulares. É positiva em cupins sexuados, mariposas e algas verdes unicelulares e negativa em cupins operários, baratas e ratos.

fototropismo. Tropismo cujo estímulo é a luz. É positivo no caule e negativo na raiz. A incidência luminosa de um só "lado" faz o teor de auxina ficar maior do "lado" escuro. Este cresce mais no caule (curva para a luz), positivo e menos na raiz (curva para longe da luz), negativo. Tropismo típico vegetal, sob estímulo da luz (se solar: Heliotropismo). O caule tem fototropismo (+), que expõe as folhas à luz para a fotossíntese e a raiz o tem (-), que a aprofunda no solo onde absorve água e sais.

fóvea (ou mácula lútea). Local da retina onde há maior concentração de cones e bastonetes e para onde os sistemas óticos do olho, como o cristalino, focam a luz. Aí se formam imagens mais nítidas, vivas e coloridas. As aves de rapina têm duas fóveas em cada olho e visão tridimensional de 180° com a cabeça parada. Para alguns autores, a fóvea é a parte central da mácula.

fragata. Nome vulgar de Aves, ordem Pelecaniformes. Ex.: gênero Fregata.

fragmoplasto. Conjunto de vesículas derivadas do sistema de Golgi, contendo material péctico e que se situa no plano equatorial entre os dois núcleos filhos, numa telófase de célula vegetal. Vai originar a lamela média que dividirá o citoplasma em dois.

frequência gênica. Proporção (%) de um alelo em uma população. A soma total das frequências de um dado locus cromossomial é 100% (dois genes: AA ou Aa ou aa).

frieira. V. micose.

Fringilídeos. Família de aves da ordem Passeriformes, de pequeno a médio porte e forte bico cônico, com ampla distribuição geográfica. Entre elas o pardal, o canário, o pintassilgo e os tentilhões.

frouxo, TCPD. TCPD padrão, com matriz muito aquosa, poucas fibras e vários tipos de células. Ocupa os espaços entre os demais tecidos juntando-os nos órgãos e servindo de caminho para vasos e nervos.

frústula. Carapaça silicosa das algas Diatomáceas.

fruto. Após a "dupla fecundação" nas Angiospermas 1 – o ovário desenvolve-se tornando-se fruto e 2 – o óvulo se torna semente. A parede do fruto ou pericarpo, como resulta da folha carpelar, tem 3 partes: o epicarpo ou exocarpo (a epiderme externa do ovário), o mesocarpo (o mesófilo do carpelo) e o endocarpo (a epiderme interna do ovário). Os frutos secos, como as vagens, têm pericarpo duro e lenhoso, os frutos carnosos têm, pelo menos, o mesocarpo suculento, carnoso e rico em reservas. Nas bagas; laranja, uva, tomate, abóbora, berinjela etc., todo o pericarpo é carnoso e nas drupas; ameixa, pêcego, manga etc., o endocarpo é lenhoso e duro. Os frutos sãos protegem as sementes e, no caso dos carnosos, atraem animais que se alimentam deles e dispersam as sementes.

frutose. ou levulose. $C_6H_{12}O_6$. Ose do tipo cetose que aparece como substância intermediária na glicólise e na fotossíntese. Junto com a glicose forma a sacarose.

FSH. Sigla de "Follicle Stimulating Hormone". V. Hormônio folículo estimulante.

fundador, efeito. "Gene pool" (conjunto de gens) peculiar de uma população, devido ao pequeno número de indivíduos migradores que a originou, os quais não representavam o gene pool típico da população original que era muito maior.

fundo genético comum. V. "Gene pool".

Fungi (fungos). Um dos cinco Reinos dos seres vivos (os outros são Monera, Protistas, Plantas e Animais) e, portanto, não mais considerados vegetais. Os fungos são aclorofilados, heterotróficos (em geral sapróbios ou parasitas), unicelulares ou com filamentos, as hifas (que entrelaçadas formam os micélios), paredes celulares quitinosas, reserva alimentar de glicogênio, reprodução assexuada por esporos. Quando há reprodução sexuada, pode ocorrer metagênese. Simplificando a discutida classificação dos Fungi, podemos considerar duas Divisões: 1 – Mixomicetos, às vezes considerados Protistas, que podem ter fases unicelular ameboide, pluricelular e plasmodial móvel (na mesma espécie); 2 – Eumicetos, unicelulares ou filamentosos, cujos mais visíveis representantes são os mofos (Ficomicetos), os cogumelos-de-chapéu e orelha de pau (Basidiomicetos) e as trufas (Ascomicetos), além de muitos que são parasitas humanos e de animais (micoses "de praia", pé-de-atleta, sapinho, monilíase etc.) e outros, produtores de antibióticos. / Reino de organismos eucariontes pluricelulares ou pelo menos plurinucleados com paredes celulares contendo quitina e não celulose. Não tem clorofila, não fazem fotossíntese e o glicídio de reserva é o glicogênio e não o amido. São os cogumelos, bolores, mofos, levedos etc.

funículo. Haste que liga o óvulo vegetal à parede do ovário.

furão. Nome vulgar de Mamíferos, ordem Carnívoros, gênero Galictis.

furcocercária. Sin. de cercária, larva final do Schistosoma mansoni.

fuso acromático. Sin. de fuso mitótico. Conjunto de fibrilas que começa a se desenvolver na prófase de uma mitose ou meiose e que tem seu máximo desenvolvimento durante a metáfase. Na região equatorial do fuso os cromossomos ficam fixados pelos seus centrômeros e a partir daí, na anáfase, haverá a separação e a migração dos homólogos ou dos cromos-somas filhos no sentido dos opostos. O fuso nasce a partir de centríolos, nas células animais.

G

G. Símbolo do nucleotídeo (e de sua base nitrogenada) Guanina, do DNA e do RNA.

G1. Primeira etapa da intérfase com intensa síntese de proteínas e crescimento celular.

G2. Terceira etapa de intérfase com discreta síntese de proteínas.

G-zero. Fase, por vezes prolongada, em que as células não estão proliferando e sim executando suas funções características, podendo voltar a uma fase G1.

gafanhoto. Tipo de Insetos da ordem Ortópteros. Ex.: gêneros Schistocerca, Dociostaurus e Locusta.

Gaia, hipótese. O nome da antiga deusa grega Terra batiza uma hipótese segundo a qual o planeta Terra não é uma grande pedra sem vida que rola pelo espaço. Ao contrário, a Terra, incluindo os seres vivos que originou e mantém, seria um organismo vivo capaz de autoregulação e reparação, dentro de limites de tolerância, que não devem ser ultrapassados.

gaivota. Nome vulgar de Aves, ordem Lariformes. Ex. gênero Larus.

galactose. $C_6H_{12}O_6$. Ose do tipo aldose que aparece na composição da lactose.

galactosemia. Incapacidade, por defeito enzimático, de tranformar galactose em glicose. A galactose, ingerida no leite (como lactose), se acumula no sangue e causa retardo mental e outros problemas, até fatais. É doença autossômica recessiva.

Galápagos. Arquipélago vulcânico, a 800km da costa do Equador, onde Darwin passou em sua viagem ao redor do mundo no HMS Beagle entre 1832 e 1837. Isoladas do continente, e umas das outras, essas ilhas são um "laboratório" natural de evolução (atualmente observada e es-tudada), com espécies exclusivas, o que muito impressionou a Darwin.

galeria. V. mata ciliar.

galha. Tumor vegetal causado por estímulos externos, como a presença de um inseto parasita.

galo. Nome vulgar de Aves, ordem Galiformes. Ex.: gênero Gallus.

gamaglobulinas. Proteínas do plasma saguíneo entre as quais se incluem as imunoglobulinas (Ig) ou anticorpos. Há cinco tipos básicos de Ig.

gambá. Nome vulgar de Mamíferos, ordem Marsupiais. Exs. de gêneros: Didelphis, Caluromys, Philander, Chironectes (cuíca-d'água), Metachirus.

gametângio. Estrutura vegetal ou de fungo onde são formados gametos.

gameto. Célula haploide especializada para a reprodução sexuada. Gametos são produzidos por meiose nos animais e por mitose nos vegetais. Além de espermatozoides e óvulos, são exemplificados pelos anterozoides e núcleos espermáticos (masculinos de vegetais) e as oosferas, femininos de vegetais.

gametócito. 1) Célula diploide da linha germinal que, por meiose, originará gametas haploides. O espermatócito I dará quatro espermatozoides e o ovócito I originará um óvulo, e três polócitos. 2) Forma (etapa) do Protozoário do gênero Plasmodium no plasma sanguíneo, evoluída a partir de um merozoito. É uma forma unicelular pré-sexuada que deverá ser ingerida pelos mosquitos do gênero Anopheles.

gametófito. Indivíduo vegetal, n, que produz gametos também n, por mitose.

gametogênese. Processo de produção de gametos, havendo dois tipos básicos: espermatogênese e ovogênese.

gâmica. Sin. de reprodução sexuada.

gamopétala. Flor cuja corola tem pétalas unidas.

gamossépala. Flor cujo cálice tem sépalas unidas.

gânglios linfáticos. Massas de tecido hematopoiético linfoide situadas no trajeto de vasos linfáticos. Sinônimo de linfonodos.

gânglios nervosos. Grupo de corpos celulares de neurônios, bem definidos como estrutura anatômica, fora do SN Central. São típicos das raízes sensoriais dos nervos espinhais e do SN Simpático.

gangliosídeos. V. glicolipídeos.

ganso. Nome vulgar de Aves, ordem Anseriformes. Ex. gênero Anser.

gap junction. Sin. de nexo ou junção comunicante. Estrutura visível só ao M.E., constituída por um conjunto de tubos de proteína que atravessam as duas membranas plasmáticas de duas células vizinhas, geralmente epiteliais. O espaço entre duas células é mínimo e os tubos facilitam troca de íons e pequenas moléculas entre essas células.

garça. Nome vulgar de Aves, ordem Ardeiformes. Ex.: gêneros Ardea, Casmerodius, Pilherodius e Egretta.

garoupa. Nome vulgar de Osteictes, gênero Epinephelus (mesmo gênero do cherne).

gases respiratórios, transporte de. Nos Vertebrados, o O_2 é levado para os tecidos pela Oxihemoglobina das hemácias. O CO_2 é levado para os pulmões ou brânquias como íon bicarbonato, HCO_3-, dissolvido no plasma (65%), e pela Carbohemoglobina (35%) nas hemácias.

gastrina. Hormônio da mucosa gástrica produzido ao receber alimento. Estimula a própria mucosa a produzir pepsinogênio e HCl. Exemplo de secreção parácrina.

gastroenterite. Infecção no estômago e nos intestinos.

Gastrópodos. Classe de Moluscos com cabeça distinta, com tentáculos e rádula. Concha univalva ou ausente. Hermafroditas. A maioria tem brânquias mas os caramujos e lesmas terrestres ou de água doce têm pseudopulmões. Ex. de importância médica: Biomphalaria (Planorbis).

gastrozoide. Tipo de indivíduo que faz parte da colônia flutuante de Celenterados chamada caravela. Especializado para digerir o material capturado.

gástrula. Fase embrionária, após a blástula, que lhe dá origem. Nela aparecem os folhetos embrionários (ecto-, endo-e mesoderma, pelo menos os 2 primeiros), o início do tubo digestivo e a boca ou o ânus.

gastrulação. Transformação de blástula em gástrula. Em essência, é formar duas lâminas de células, uma interna (endoderma) e outra externa (ectoderma). Ocorre por embolia (ou invaginação), epibolia, inflexão (ou involução) e delaminação.

gato. Nome vulgar de Mamíferos, ordem Carnívoros espécie Felis catus.

gato-do-mato. Nome vulgar de Mamíferos, ordem Carnívoros das espécies Felis wiedii e F. tigrina.

gato-maracajá. Nome vulgar de Mamíferos, ordem Carnívoros, espécie Felis pardalis.

Gause, princípio da exclusão de. Duas espécies de mesmo nicho ecológico não podem viver no mesmo local indefinidamente. Uma delas será extinta, migrará ou mudará de nicho.

gavial. Tipo de Réptil, subclasse Crocodilianos, típico do rio Ganges. Gênero Gavialis.

gavião. Nome vulgar de Aves, ordem Acipitriformes. Ex. gêneros Buteo, Leptodon, Chondrohierax, Leucopternis.

gavinha. Filamento caulinar ou foliar, tigmotrópico, com papel de fixação de caules longos (sem auto-sustentação) em suportes, os quais podem ser outras plantas.

gel. Estrutura coloidal em que as partículas estão interligadas, formando uma rede tridimensional. O aspecto então é mais consistente que o sol e um exemplo é a gelatina fria.

gelação. Transformação de sol em gel, num coloide.

gelatina de Wharton. Tecido conjuntivo mucoso do cordão umbilical. Predomina a matriz extracelular com poucas fibras colágenas e fibroblastos.

geleia real. Material gelatinoso produzido pelas glândulas hipofaringianas das abelhas, rico em vitaminas. Quando ingerida em quantidades suficientes, contribui para transformar a larva feminina em uma rainha.

Gelidium. Gênero de Rodófitas com espécies produtoras de agar-agar ou gelose.

gelose. Sin. de ágar.

gema ou gomo. Na ponta do caule ou na axila de folha, é meristema primário protegido por folhas jovens.

gemação. Sin. de gemiparidade.

gemelaridade. É a formação de gêmeos mono-, di-, tri-etc -zigóticos, 1% dos partos, entre os brancos. Em partos múltiplos, o mais comum é haver mono-e dizigóticos misturados.

gêmeos. Indivíduos que compartilham a mesma gravidez, no mesmo útero. Há dois tipos: monozigóticos, MZ, de um só zigoto, e dizigóticos, DZ, de dois zigotos. Em partos múltiplos, em geral há MZ e DZ, mas pode haver de um único tipo. Há também gêmeos derivados de três ou mais zigotos.

gêmeos dizigóticos ou plurizigóticos. Às vezes, a mulher produz dois ou mais óvulos, praticamente ao mesmo tempo.

Cada um deles pode ser fecundado por um espermatozoide. Daí resultam 2 ou mais gêmeos DZ ou PZ; são falsos gêmeos, não--idênticos, com sexo igual ou diferente. São a forma mais frequente de gêmeos.

gêmeos monozigóticos ou univitelinos. Derivados de um único zigoto (e portanto de um só espermatozoide e um só ovulo). Resultam da divisão do zigoto ou do embrião jovem. São praticamente iguais e têm o mesmo sexo.

gêmeos univitelinos. V. gêmeos monozigóticos, (MZ).

gemiparidade. Sin. de brotamento ou gemação. Reprodução assexuada em que o indivíduo produz brotos (esboços de organismos), os quais geralmente se separam, crescem e se tornam idênticos ao indivíduo original. Quando os brotos não se separam, normalmente se forma uma colônia.

gemulação e gêmula. A primeira é um processo de reprodução assexuada típico de esponjas de água doce. É a produção de brotos chamados gêmulas. São formas de resistência em condições adversas. Cada gêmula é um conjunto de amebócitos revestido por um envoltório rígido.

gen ou gene. Segmento de DNA que tem informação para a produção de uma cadeia de aminoácidos. / Trecho de uma molécula de DNA responsável pela produção de uma molécula de RNA-m, que por sua vez é responsável pela síntese de uma cadeia polipeptídica (um filamento de aminoácidos associados). Existem proteínas formadas por mais de um filamento peptídico e portanto essas proteínas são codificadas por mais de um gene.

gene (DNA) egoista, teoria do. Teoria apresentada por Dawkinc: os seres vivos seriam máquinas produzidas e utilizadas pelos genes para sua própria multiplicação e propagação.

gene estrutural. Em operon, tipo de gene responsável diretamente pela produção de molécula de RNA-m. Só funciona se o gene promotor estiver ligado à enzima RNA-polimerase que catalisará a síntese de RNA-m.

gene indutivo. Tipo de gens que só funciona em algumas células e (ou) em certos momentos. Por exemplo, em diferentes etapas da embriogênese e do desenvolvimento.

gene modificador. Gene que altera a expressão fenotípica de outro gene, sem suprimi--la.

gene operador. Em operon, vizinho ao gene promotor. Estando livre, permite que o gene promotor se ligue à enzima RNA-polimerase.

gene promotor. Em operon, gene que se liga à enzima RNA-polimerase a qual catalisará a síntese de RNA-m. O gene promotor só funciona se o gene operador seu vizinho, estiver livre.

gene regulador. Em operon, responsável pela produção de uma proteína chamada repressor, a qual pode bloquear os genes promotor e operador.

gene saltador. Sin. de transposon.

gene pool. Ou Fundo genético comum, é o conjunto de todos os genes de uma população, com suas frequências relativas. Em sentido mais restrito, refere-se a um único locus cromossomial. Durante a Evolução, há variação do gene-pool de uma população, com alterações nas frequências gênicas.

genealogia. Ascendência e descendência de um indivíduo e, por extensão, de uma família.

genealógica, árvore. V. Heredograma.

gênero. Grau de classificação de seres vivos correspondente a um conjunto de espécies semelhantes. Não há um sufixo rígido na sua grafia que sempre tem inicial maiúscula.

gênero, transferência de. Uma espécie pode ser transferida para outro gênero desde que seja publicada uma justificativa séria. Conserva-se o termo específico. O nome do autor primitivo e o ano da publicação inicial ficam dentro de parênteses, depois do termo específico. Após o parêntese vem o nome do autor responsável pela transferência e a data (ano) de sua mudança. Ex.: Atta sexdens (Linnaeus, 1758) Fabricius, 1804. Era Formica sexdens Linnaeus, 1758. V. formiga.

gênese. formação, origem.

genética. É o estudo da Hereditariedade (os filhos se assemelham aos pais,) e da Variação. (mas não são iguais a eles). As mesmas leis explicam as duas características.

genograma. Diagrama onde se dispõem na vertical à esquerda os tipos de gametos com os respectivos genes de um sexo progenitor e na horizontal superior os tipos de gametos do outro progenitor do outro sexo. E no interior do diagrama, os resultados dos cruzamentos.

genoma. Conjunto completo de genes, i.é, da informação genética, de uma espécie, de uma célula ou de um indivíduo. Em 2n cromossomas há dois genomas. Também pode ser um conjunto n de cromossomas.

genoma humano, projeto. Seu objetivo é determinar a sequência exata das bases nitrogenadas e portanto de nucleotídeos em todos os cromossomas da espécie humana. Previa-se, antes do desenvolvimento do projeto, a descoberta de uns 100.000 genes. Mas atualmente é sabido que o nosso genoma tem apenas uns 25.000 genes. Menos que o total de genes do arroz. O número de gens fucionais humanos é semelhante ao dos camundongos e ao dos Tripanossomas da doença de Chagas. É enorme a quantidade de DNA não-codificador de proteínas (o nc-DNA) encontrado nos intervalos entre diferentes gens e mesmo dentro de gens, sob a forrma de íntrons. Mais de 90% dos genes humanos têm íntrons, com oito ou nove íntrons por gene. Há, portanto, uma imensa quantidade de DNA humano, aparentemente sem função. Muitos RNA não-codificadores de proteínas (nc-RNA) nascem de vários trechos de nc-DNA e estes novos RNA são reguladores de várias funções celulares.

genótipo. Conjunto de genes de uma célula ou de um indivíduo, todo seu patrimônio genético. Em realidade, não se herdam caracteres, herda-se o genótipo.

genes complementares. Interação gênica na qual são necessários dois alelos para a formação de um caráter, que não se desenvolve se um deles faltar. Exemplo tradicional, que pode ser interpretado de outro modo, é um tipo de surdez (surdo-mudez) relacionada com dois pares de alelos, Dd e Ee. Para a audição normal são necessários D e E em homo ou heterozigose. A homozigose de d ou e causa surdez. Assim: D( ) E( ) tem audição normal e ddE( ) ou D( ) ee são surdos.

genes influenciados pelo sexo. Genes com expressões distintas no macho e na fêmea, devido aos hormônios sexuais. O exemplo clássico é a calvície, dominante em presença de hormônios masculinos. Este mesmo gene é recessivo nas mulheres.

genes letais. V. letal completo e letal incompleto.

genes saltadores. Sin. de transposons. Genes que mudam abruptamente de lugar nos cromossomas. Com isto, mudam seus efeitos. São exemplo do fenômeno conhecido como "efeito de posição".

gentamicina. Antibiótico que inibe a síntese proteica bacteriana no nível dos ribossomas.

geófitas. Plantas perenes (praticamente permanentes) que passam a estação desfavorável de modo subterrâneo, sob a forma de raiz, bulbo ou rizoma, com o broto de renovação. Daí brotará o vegetal visível, acima do solo, quando as condições melhorarem. Pode ser sinônimo de criptófitas.

geotropismo. Tropismo cujo estímulo é a gravidade. É negativo no caule e positivo na raiz. Sinônimo de gravitropismo. Q.V.

geração agâmica ou assexuada. Geração de um ciclo metagenético que se reproduz assexuadamente.

geração espontânea. V. Abiogênese.

geração gâmica ou sexuada. Geração de um ciclo metagenético que se reproduz sexuadamente.

gérmen. 1) Micróbio. 2) Embrião vegetal na semente. 3) Termo de Weismann para a parte reprodutiva, imortal em potencial, dos seres vivos, que produzia, através das gerações, o Soma, o corpo mortal. O gérmen é hoje o DNA, de existência contínua, transmitido através do tempo, desde o passado profundo quando a vida surgiu até o futuro além, sempre se modificando, de geração em geração. Deste conceito nasceu a Teoria do "gene egoísta".

germinação da semente. Retomada do desenvolvimento do embrião de Espermatófitas após o período de dormência ou latência que se segue à embriogênese da nova planta. Depende da presença de vários fatores ambientais, principalmente água. Pode ser epígea ou hipógea.

germinais, células. Ou germinativas. Células relacionadas com a formação dos gametas. Células reprodutivas.

germinativa, camada. V. Camada basal.

gestação. Sin. de gravidez ou prenhez.

GH. Sigla de Growth Hormone. V. Hormônio do crescimento.

Giardia. Gênero de Protozoários da classe Flagelados cuja espécie G. lamblia parasita o intestino delgado humano. Transmitida diretamente pela ingestão de cistos. Não tem mitocôndrias e é parasita intracelular obrigatório.

gibão. Nome vulgar de Mamíferos, ordem Primatas superfamíla Hominoides com o gênero Hylobates (SE da Ásia).

giberelina. Fitormônio. Estimula o desenvolvimento do caule e acelera a floração. Há vários outros tipos semelhantes.

gigantismo. Elevada estatura resultante de excessiva secreção do hormônio do crescimento na infância e na adolescência. Em geral, tem traços acromegálicos.

gigoga. Sin. de água-pé.

Gila, monstro de. V. Heloderma.

Gimnofionos. Sin. de Ápodes. Subclasse de Anfíbios sem patas, com corpo serpentiforme. Cobras-cegas e cobras-de-duas-cabeças, com cerca de 170 espécies.

Gimnospermas. Espermatófitas lenhosas, arborescentes, de estelo bem definido com crescimento secundário em diâmetro, folhas pequenas e alongadas em forma de agulha, flores duras e secas, os cones ou estróbilos, cujos carpelos abertos não formam ovários ficando os óvulos expostos ao ar. Assim, após a polinização, em geral anemófila (pelo vento) e a fecundação, quando os óvulos se tornarem sementes, estas não estarão dentro de frutos. Gimnospermas são palmerinhas-de-jardim, pinheiros, araucárias, cedros, abetos, ciprestes, sequoias etc.

ginandromorfo. Indivíduo com partes do corpo masculinas e outras femininas, ambas bem definidas por ser, ou não, um hermafrodita. V. Intersexuado.

gineceu. Aparelho sexual feminino da flor: ovário, um tubo chamado estilete e uma plataforma denominada estigma.

ginecóforo, canal. Sulco longitudinal nos machos do gênero Schistosoma, onde se aninha a fêmea, mais fina e mais longa.

ginecomastia. Desenvolvimento mamário no homem, sexo masculino.

Ginkgo. Gênero com uma só espécie G. biloba, originária de China, hoje cultivada em todo o mundo. Árvore grande, Gimnosperma ordem Ginkgoales.

ginosporo. Esporo vegetal feminino. Sinômino de megasporo.

girafa. Nome vulgar de Mamíferos, ordem Artiodátilos, gênero Giraffa (África).

girencéfalo. Cérebro com circunvoluções. Típico dos Mamíferos.

girino. Larva de Anfíbios como rãs, sapos e pererecas. / Forma larvar de Anfíbio (sapos, rãs e pererecas). É aquático, com cauda e com respiração branquial.

glabro. Sem pêlos.

glaciações. Épocas de clima muito frio, separadas por épocas mais quentes, interglaciais, que ocorreram, quatro ao total, no último milhão de anos. Na última, há 12 mil anos, glaciação de Wurm, metade da Europa e grande parte da América do Norte foram cobertas de gelo e o nível dos oceanos ficou 120m abaixo do atual.

glande. Cabeça do pênis.

glândula. Tecido epitelial especializado em secreção.

glândula acinosa. Glândula exócrina com parte secretora globosa.

glândula anficrina. Com secreções interna e externa, sinônimo de glândula mista ou mesócrina.

glândula coxal. Órgão excretor dos Aracnídeos.

glândula endócrina. Sem canal, tem a parte secretora isolada do epitélio de origem. Lança sua secreção no sangue. É também chamada de glândula de secreção interna ou fechada.

glândula exócrina. Tem canal ligando ao epitélio de origem, em cuja superfície lança a secreção, fora do corpo ou no interior de uma cavidade. É também chamada de glândula aberta ou de secreção externa.

glândula mista. Ou Mesócrina. V. Glândula Anfícrina.

glândula sexual. Sin. de gônada.

glândula verde. Órgão excretor dos Crustáceos que se contitui em uma complexa nefrídia que atua a partir de uma reduzida cavidade celômica, imersa na hemocele.

glândulas apócrinas. Glândulas cujas células perdem parte do citoplasma, junto com a secreção.

glândulas bulbo-uretrais. Sin. de glândulas de Cowper. Duas pequenas estruturas ligadas à uretra, antes da base do pênis. Produzem um líquido lubrificante que antecede a saída do esperma.

glândulas lacrimais. Exócrinas, parte interna superior da órbita, são produtoras de secreção serosa, a lágrima, que mantém a parte anterior do olho transparente e combate infecções com lisozima e anticorpos.

glândulas mamárias. Em Mamíferos, glândulas compostas, acinosas, pares, ventro-laterais, que produzem leite, alimento do recém-nascido. Ocorrem rudimentares nos machos (inibição da testosterona) e desenvolvidas (estímulo dos estrógenos) e funcionais (estímulo da prolactina) nas fêmeas. Expulsam o leite por contração das células mioepiteliais dos ácinos, sob estímulo da ocitocina.

glândulas paratoídes. Duas glândulas junto à cabeça, atrás dos olhos, nos sapos. Contém veneno que se liberta quando elas são comprimidas.

glândulas salivares. Bucais, ectodérmicas, exócrinas, acinosas e mucosas. São duas parótidas na parte superior, lateral da boca, duas submaxilares sob a mandíbula e numerosas sublinguais, todas produtoras de saliva. A saliva é secreção mucosa que participa da digestão de amido e glicogênio (pela amilase salivar), da deglutição (como lubrificante) e combate infecções (com lisozima e anticorpos).

glândulas sebáceas. Epidérmicas, exócrinas, acinosas, holócrinas que se abrem nos folículos pilosos. Sua secreção flexibiliza os pêlos e impermeabiliza a pele.

glândulas sudoríparas. Exócrinas tubulosas epidérmicas que se abrem na superfície da pele. Produzem o suor, o principal meio de dissipação térmica do corpo.

glaucoma. Afecção dos olhos, caracterizada pelo aumento da pressão intra-ocular.

glia. Sin. de neuroglia.

glicemia. Concentração ou taxa de glicose no sangue: normal 70 a 110mg de glicose por 100ml de sangue total.

gliceraldeído. Sin. de aldeído glicérico.

glicerídios. Tipo de lipídios formados pelo glicerol, esterificados por ácidos graxos (geralmente três). Óleos e gorduras pertencem a esta categoria.

glicerina. Sin. de glicerol.

glicerol ou glicerina ou propanotriol. Álcool de baixo peso molecular, com três hidroxilas. Constituinte obrigatório de óleos e gorduras. $CH_2OH.CHOH.CH_2OH$.

glicídios. Sin. de carboidratos ou hidratos de carbono. Substâncias orgânicas correspondentes a oses ou associações de oses. Representados pelos açúcares, como glicose, frutose, galactose, sacarose, maltose e lactose e também por celulose, amilo e glicogênio. Todos estes exs. com três elementos: C, H e O.

glicina. ou glicocola, o menor dos aminoácidos ($CH_2.NH_2.COOH$). Abrev.: GLY, símbolo: G. Código genético (RNA-m): GGU, GGG, GGC e GGA.

glicocálix. Reforço externo das células animais, sobre, portanto, a membrana plasmática. É glicoproteico, mucoso, elástico, permeável e colado à membrana.

glicocola. Sin. de glicina.

glicocorticoides. Hormônios da córtex-supra renal de ação complexa e não totalmente esclarecida. Ativam a gliconeogênese, inibem a inflamação, a resposta imunológica e a reação alérgica, aumentam a decomposição de proteínas,etc. Sua secreção é estimulada pelo ACTH.

glicoforina. Glicoproteina intrínseca da membrana plasmática das hemácias. É transmembrana.

glicogênio. glicídio do tipo polissacarídeo. Polímero muito ramificado da glicose, é a reserva energética típica das células dos animais e dos Fungos.

glicogenólise. Divisão de moléculas de glicogênio no fígado, em moléculas de glicose, que vão para o sangue.

glicolipídios. Semelhantes a fosfolipidíos (glicerol + dois ácidos graxos), mas a extremidade polar é uma ose, geralmente galactose.

glicólise. Primeira fase da respiração celular (tanto aeróbia quanto anaeróbia) a partir da glicose. Acontece no citossol, em várias etapas e divide a molécula de glicose em duas moléculas de ácido pirúvico, libertando 2 ATP e 2 NAD.2H. É uma fase anaeróbia, mas há autores que a denominam aeróbia quando o ácido pirúvico libertado entra na mitocôndria e aí é oxidado pelo O_2.

gliconeogênese. Produção hepática de glicose a partir da degradação de proteínas. É estimulada pelos hormônios glicocorticoides.

glicoproteína. Categoria de proteínas complexas cujo radical prostético é um glicídio. Ex.: mucina.

glicoquinase. Enzima que catalisa a fosforilação da glicose transformando-a em glicose-6-fosfato (com fosfato no carbono 6). V. quinase.

glicosaminoglicanas. Sin. de mucopolissacarídeos. Polissacarídeos cujo monômero é um dissacarídeo modificado. Exs.: ácido hialurônico e ácido condroitino-sulfúrico.

glicose. Sin. de dextrose. $C_6H_{12}O_6$. Ose (aldose) do tipo hexose usada preferencialmente pela respiração celular. É o monômero cuja polimerização forma a celulose, o amido e o glicogênio. Produzida normalmente pela fotossíntese.

glicosidases. Enzimas que catalisam a hidrólise de glicídios ou carboidratos. Exemplos: maltase, lactase, sucrase ou sacarose, amilase, celulase etc.

glicosilação. Incorporação de glicídios a outros compostos orgânicos. Exemplo padrão é a adição de glicídios a proteínas formando as glicoproteínas. Acontece numa primeira etapa no RER e numa segunda fase dentro do complexo de Golgi ou complexo golgiense. Também em Golgi há glicosilação formando proteoglicanas e glicolipídios.

glicosúria. Eliminação de glicose na urina, em geral por hiperglicemia excessiva. Pode ser normal, após grande ingestão de açúcar ou sinal de patologia, como na diabetes.

gliócitos. Células da glia ou neuroglia.

glioxilato, ciclo de. Conjunto de reações em algumas bactérias e em plantas em geral, que transforma o ácido acético (acetil-CoA) em glicose. Usa inclusive moléculas de acetil-CoA derivadas da beta-oxidação, transformando lipídos em glicídios.

glioxissoma. Tipo de peroxissoma de sementes e algas. Transforma lipídios em glicídios que são mais facilmente oxidáveis pela respiração celular.

GLN. Abreviatura convencional do aminoácido glutamina.

globulina. Categoria de proteínas insolúveis em água e solúveis em soluções diluídas em sais. Exs.: anticorpos e fibrinogênio.

glóbulo branco. Sin. de leucócito.

glóbulo polar. Sin. de polócito.

glóbulo vermelho. Sin. de hemácia.

glóbulos polares. Sin. de polócitos. Células n, muito pequenas, quase sem citoplasma, resultantes das divisão I e II da meiose, no final da ovogênese. Aparecem junto do óvulo e não são fecundáveis.

Gloger, regra de. Populações de Mamíferos que vivem em regiões mais quentes e úmidas são mais pigmentadas que as de locais mais frios e secos.

glomérulo renal. Sin. de glomérulo de Malpighi. Novelo de capilares dentro da cápsula de Bowman. Filtra, sob pressão, líquido sem proteínas, oriundo do plasma sanguíneo, iniciando a produção de urina.

Glossina. Gênero representativo da mosca tsé-tsé. V. tsé-tsé.

glossofaríngeo. Nervo craniano do nono par, dando inervação sensitiva e motora à língua e ao palato.

glote. Orifício na parte inferior da faringe que dá acesso à laringe e à traqueia. Aberto durante a respiração, é fechado pela epiglote, quando da deglutição de alimento.

GLU. Abreviatura convencional do aminoácido glutâmico.

glucagon. Hormônio produzido pelas células alfa das ilhotas de Langerhans do pâncreas. Ativa a glicogenólise e eleva a glicemia. Sua secreção é regulada pela própria glicemia – a glicose é repressor de sua secreção.

glumas. Duas pequenas brácteas, de início verdes, que protegem as pequenas influorescências das Gramíneas.

glutâmico. V. Ácido glutâmico.

glutamina. Aminoácido. Abrev. convencional: GLN, símbolo Q. Código genético (RNA-m): CAA e CAG.

glúten. Mistura de proteínas, principalmente gliadina e gluteína encontrada abundantemente no trigo e outros cereais. Há pessoas que têm dificuldade para hidrolisar e absorver a partir do glúten.

glúteo. Relativo às nádegas.

GLY. Abreviatura convencional do aminoácido glicina ou glicocola.

Gnatostomados. Superclasse de Vertebrados com mandíbula. Compreende as classes Placodermos (fósseis), Condrictes (peixes cartilaginosos), Osteictes (peixes ósseos), Anfíbios, Répteis, Aves e Mamíferos.

gnu. Nome vulgar de Mamíferos, ordem Artiodátilos, gênero Connochaetes (África).

goiabeira. Nome vulgar de árvores Angiospermas, Dicotiledôneas família Mirtáceas gene Psidium.

golfinho. Nome vulgar de Mamíferos, ordem Cetáceos, subordem Odontocetos. Exs. gêneros: Peponocephala, Grampus, Tursiops ("fliper") Steno, Stenella (golfinho-rotador), Delphinus.

Golgi, sistema, aparelho ou complexo de. Organócito geralmente formado por vesículas achatadas e encurvadas e mais ou menos paralelas. Recebe proteínas formadas pelo RER e as modifica, compacta e transporta para a membrana plasmática e daí para o exterior da célula. É responsável por isso pela exportação de glicoproteínas (por ex.: mucina, do muco) e também pela secreção de polissacarídeos modificados como os mucopolissacarídeos, por ex.: ácido hialurônico. Cis é a superfície golgiense que recebe vesículas do RER e trans é a superfície que liberta vesículas com material modificado.

golgiense. Referente ao aparelho ou complexo de Golgi.

gônada. Glândula sexual, testículo ou ovário, produtora de gametos e de hormônios sexuais.

gonadoestimulinas ou gonadotropinas, ou gonadotrofinas. Hormônios adeno-hipofisários que atuam nas gônadas, desenvolvendo-as e estimulando a secreção de hormônios sexuais. São os mesmos, FSH e LH (ICSH), no macho e na fêmea.

gonadotrofina coriônica. Hormônio produzido pelo cório. Mantém o corpo amarelo ativo na produção de progesterona, nos meses iniciais da gestação. É o hormônio detectado nos exames de gravidez.

gonadotrofinas. Sin. de gonadoestimulinas. Hormônios do lobo anterior da hipófise: FSH e LH.

gonadotropinas. Sin. de gonadoestimulinas.

Gondwana ou gonduana. Antigo supercontinente do qual surgiram América do Sul, África, Austrália, Índia e Antártida. V. Pangeia. Desde o período Cambriano até o Jurássico, fragmentando-se há uns 138 milhões de anos.

gongolo. Sin. de embuá.

gonococo. Nome em desuso designando a bactéria da espécie Neisseria gonorrheae.

gonorreia. Sin. de blenorragia. Doença sexualmente transmissível, causada pela bactéria da espécie Neisseria gonorrheae.

gonozoide. Tipo de indivíduo que faz parte da colônia flutuante de Celenterados chamada caravela. São especializadas para reprodução (sexuada).

gordura. Tipo de lipídeos da categoria dos glicerídios. São sólidos à temperatura de 20°C.

gordura marrom. Tipo de tecido adiposo em Mamíferos, cujas mitocôndrias são especializadas para produção de calor.

gorgulho. Nome vulgar de Insetos, ordem Coleópteros (besouros), família Curculio-nidae.

gorila. Nome vulgar de Mamíferos, ordem Primatas, superfamília Hominoides, gênero Gorilla (África).

Graaf, folículo de. Folículo maduro, dentro do ovário.

gradiente. Alteração numérica progressiva, crescente ou decrescente de um fator qualquer. A favor do gradiente é quando partículas vão de sua concentração maior para onde sua concentração é menor. Contra o gradiente, quando o movimento é inverso.

gradualismo evolutivo. Visão Darwinista clássica na qual o ritmo evolutivo é lento, porém constante. Sin. de Equilíbrio pontuado.

gralha. Nome vulgar de Aves, ordem Passeriformes. Ex. gêneros Cyanocorax e Uroleuca.

gram. Técnica de coloração que distingue dois tipos de bactérias: 1) gram-positivas, que retêm a coloração pela violeta de genciana, após tratamento com iodo e álcool. 2) gram-negativas, que não retêm a coloração nas mesmas condições.

Gramíneas. Família de Plantas Angiospermas, Monocotiledôneas, com gêneros importantes: Panicum (capim), Zea (milho), Triticum (trigo), Hordeum (cevada), Secale (centeio), Avena (aveia), Oryza (arroz) etc.

Gram-negativas. Bactérias com uma parede celular mais complexa e mais espessa.

grana. Expressão latina correspondendo ao plural de "granum".

grande circulação. coração → artérias, capilares e veias do corpo → coração. Mais detalhadamente: ventrículo esquerdo → artéria aorta → outras artérias → capilares → veias → veias cavas → átrio direito.

grandes lábios. Expansões laterais bem desenvolvidas, na vulva, mais externas em relação aos pequenos lábios.

grânulo de secreção. Vesícula que se desprende do complexo de Golgi contendo material que vai ser exportado pela célula.

granulócitos. Leucócitos com grânulos citoplasmáticos coráveis: por corantes ácidos (acidófilos ou eosinófilos), por corantes básicos, (básófilos) ou por uma mistura de corantes ácidos e básicos (neutrófilos).

granum. Pilha de tilacoides existente nos cloroplastos.

Graptolitos. Protocordados marinhos, coloniais, com exosqueleto tubular quitinoso, extintos (do Cambriano ao Carbonífero). Alguns são fósseis zonais de rochas silurianas e devonianas.

gravatá. V. Bromélia.

gravidez ectópica. Gravidez fora do útero, como por exemplo gravidez tubária.

gravidez ou prenhez tubária. Que ocorre acidentalmente na tuba ou trompa de Falópio.

Greenpeace. Organização não-governamental, internacional, em defesa do ambiente e da biodiversidade.

gregarismo. Característica das espécies de animais cujos indivíduos vivem e se deslocam em grupo.

grilo. Nome vulgar de Insetos da ordem Ortópteros. Ex.: gênero Gryllus.

gripe. Doença causada por vírus de RNA, gênero Influenzavirus, da família Orthomyxoviridae.

grupos sanguíneos. Grupos de indivíduos humanos ou de outros Primatas classificados com base na presença de antígenos ou aglutinogênios nas membranas das hemácias e/ou anticorpos ou aglutininas no plasma sanguíneo. Seu estudo tem importância médica, genética, antropológica, legal, evolutiva etc. V. AB0 e Rhesus.

GTP. guanosina-trifosfato.

guanaco. Nome vulgar de Mamíferos, ordem Artiodátilos espécie Lama huanacus.

guanina. Símbolo: G. Base nitrogenada da categoria purínica ou púrica, encontrada no DNA e no RNA. Liga-se à Citosina, no DNA, por três pontes de Hidrogênio.

guanosina. Nucleosídeo (guanina + ribose).

guará. Nome vulgar de Mamíferos, ordem Carnívoros gênero Chrysocyon.

guaraná. Nome vulgar de Angiospermas Dicotiledôneas, fam. Sapindáceas, gênero Paullinia. Cipó amazônico, origem do refrigerante do mesmo nome.

Guarani, aquífero. Grande massa de água subterrânea, correspondendo a 1,2 milhões de km^2, ocupando partes da Argentina, Uruguai e Paraguai, em áreas limítrofes com o Brasil. Em nosso país aparece em grandes áreas do Rio Grande do Sul, Santa Catarina, Paraná, S.Paulo e Minas Gerais e também em Mato Grosso do Sul e Goiás. Essa água mostra salinidade muito variada.

guardiãs ou guarda, células. As duas células que formam os estômatos.

guariba. Sin. de bugio.

guaxinim. V. mão-pelada.

guelra. Sin. de. brânquia.

guepardo. Nome vulgar de Mamíferos, ordem Carnívoros com o gênero Acyonix (Ásia e África).

gutação. Sin. de sudação. Eliminação de água sob a forma de gotas pelos estomas aquíferos ou hidatódios.

H

H^+. Íon Hidrogênio, equivalente a um próton.

H_3. Isótopo mais pesado e radiativo do hidrogênio. Sin de trítio.

hábitat. Tipo de ambiente habitado por um ser vivo.

hadeano. Eon entre a origem da Terra há uns 4,6 bilhões de anos e o aparecimento da vida há uns 2,8 bilhões de anos.

hadroma. Sin. de Xilema.

Haeckel, lei da recapitulação de. Proposição, hoje em termos mais brandos, que afirmava que um ser vivo, durante o desenvolvimento, passa por etapas iguais às etapas evolutivas que originaram seu tipo. A Ontogenia (origem do indivíduo) recapitularia a Filogenia (origem de sua espécie).

Haemagogus. Gênero de Insetos da ordem Dípteros, vulgarmente mosquitos com hábitat em florestas tropicais. Com espécies transmissoras de vírus da febre amarela e da dengue.

Haemophilus. Gênero de bactéria causadora da coqueluche. Atualmente, Bordetella.

halobactérias. Bactérias que vivem em águas muito salgadas. Fazem fotossíntese usando bacteriorrodopsina no lugar da clorofila.

halófita. Planta adaptada a ambientes salgados.

halófitas extremas. Arqueobactérias que vivem em ambientes muito salgados, até em salinas. Utilizam bacteriorrodopsina.

hamster. Pequeno Mamífero da ordem Roedores, gêneros Cricetus e Mesocricetus.

Hansen, bacilo de. Nome vulgar de Mycobacterium leprae, causadora da lepra ou hanseníase.

hanseníase. Sin. de lepra.

Hantavirus. Vírus de RNA da família Bunyaviridae.

haplodiplobionte. Ser cujo ciclo reprodutivo, típico de vegetais, inclui duas fases que se originam uma à outra; 1 – haploide ou haplófase, sexuada, e chamada gametófito; e 2 – diploide ou diplófase, assexuada,e chamada esporófito. O gametófito produz gametas por mitose e a fecundação entre eles origina o zigoto diploide que desenvolve o esporófito. Os esporos haploides produzidos pelo esporófito, por meiose, desenvolvem novos gametófitos. Os ciclos assexuados/sexuados de animais, como o dos Cnidários, não são haplodiplobiontes.

haploide. Número cromossomial n. Uma célula n tem um cromossoma de cada tipo enquanto a célula 2n ou diploide tem dois cromossomas de cada tipo. Esporos dos Vegetais e gametos de animais e vegetais são haploides.

haplonte ou haplobionte. O tipo que é haploide em um ciclo de haplófase/diplófase. Nas Briófitas, nas Pteridófitas e nas Espermatófitas é o Gametófito, a fase sexuada, gametogênica, do ciclo.

hapteno. Molécula não antigênica que se torna antígeno ao se ligar a uma proteína dita carreadora.

haptotropismo. Sin. de tigmotropismo.

Hardy e Weinberg. V. equilíbrio gênico de Hardy–Weinberg

Harve-Danielli, modelo de – V. Danielli, modelo de.

haste. O caule de plantas herbáceas, não lenhoso, liso e verde.

Havers, canal de. Ou canal central, longitudinal, do Sistema de Havers dos ossos, onde passam um vaso sanguíneo e um nervo.

Havers, sistemas de. Grupos de lâminas ósseas concêntricas, com matriz e lacunas, que envolvem um canal de Havers.
São os principais constituintes fisiológicos do tecido ósseo compacto.

Hb. Abreviatura de hemoglobina.

HDL ("High Density Lipoprotein"). Massa plurimolecular encontrada no plasma sanguíneo. Na sua região central há mais ou menos 20% de moléculas de colesterol e 80% de triglicerídeos. A capa desse conjunto é de fosfolipídios e proteínas. Tem menos colesterol que o LDL e por isso o HDL é impropriamente chamado de colesterol "bom".

He La. Células de câncer no colo do útero, retiradas de Henrietta Lacks, em Baltimore, U.S.A. Henrietta morreu em outubro de 1951. Cultivadas em laboratório, suas células reproduzem-se por mitose, até hoje, originando trilhões de células usadas em pesquisas médicas mundiais.

Heidelberg, homem de. Um dos exemplares do Homo erectus.

helicase. Enzima que catalisa a ruptura das pontes de hidrogênio entre os dois filamentos do DNA, usando a energia do ATP. Separados, os dois filamentos podem duplicar o DNA e fazer a transcrição.

Helicobacter pylori. Bactéria encontrada na mucosa gástrica e responsável pela úlcera.

heliófila. Planta adaptada à luminosidade.

heliotérmico. Animal ectotérmico ou pecilotérmico que se aquece ao sol.

Helmholtz, camada de. Dupla camada elétrica envolvendo uma partícula coloidal. Diretamente na superfície da partícula estão as cargas de um determinado sinal e mais afastados, separados pela camada de solvatação, estão os íons de sinal elétrico oposto.

helmintíase ou helmintose. Doença causada por vermes.

helmintologia. Estudo dos vermes.

helmintos. Sin. de vermes, compreendendo os filos Platelmintos, Nematódeos e Anelídeos.

Heloderma. Réptil Lacertilio da espécie H. suspectum, vulgarmente monstro-de-gila. Lagarto peçonhento no sudoeste dos Estados Unidos e norte do México.

helper. Linfócito T que recebe o antígeno capturado pelo monócito e o leva ao linfócito B, que produzirá o anticorpo.

hemácia. Sin. de glóbulo vermelho ou eritrócito. A mais abundante célula do sangue dos Vertebrados. Contém hemoglobina em alta concentração, mantendo o plasma fluido. Nos outros animais, como, Crustáceos, o transportador de O_2 está dissolvido no plasma, em baixa concentração. As hemácias dos Mamíferos são anucleadas, circulares e bicôncavas. Nos demais Vertebrados são nucleadas e elípticas.

hematócrito. Proporção entre o volume de elementos figurados do sangue (hemácias, leucócitos e plaquetas) e a parte líquida, o plasma sanguíneo cerca de 45%/55% no sexo masculino.

hematófago. Que ingere sangue.

hematopoese. V. hemocitopoese.

hematopoiético, TCPD. V. TCPD Hemopoiético.

hematose. Transformação de sangue venoso em sangue arterial, pela perda de CO_2 e ganho de O_2.

hematoxilina. Corante azul, quimicamente básico.

hematúria. Sangue na urina.

heme. ou hemo – Radical prostético típico da hemoglobina e dos citocromos. É uma porfirina contendo Ferro.

hemeralopia. Sin. de cegueira noturna.

hemicelulose. Polissacarídeo com polimerização de arabinose, manose e xilose. Faz parte da estrutura da parede celular vegetal.

Hemicordados. Filo de animais marinhos triblásticos eucelomados, com algumas características de Cordados: têm tubo nervoso dorsal e fendas branquiais na faringe, mas não têm notocórdio. São alongados e vivem enterrados na areia. Suas larvas são semelhantes às dos Equinodermas. Ex.: Balanoglossus.

hemicriptófitas. Plantas cujos brotos de regeneração estão entre a superfície do solo e 25 cm de altura do vegetal.

hemidesmossoma. Metade de um desmossoma, prendendo classicamente uma célula epitelial à membrana basal.

hemiélitro. Primeiro par de asas dos Hemípteros (percevejos).

hemimetábolos. Insetos que não têm metamorfose completa, como Hemípteros, Ortópteros, Blatários, Anopluros etc. Neles, o indivíduo jovem, ninfa, não difere muito do adulto e não fará metamorfose radical. Não há fase pupal imóvel.

hemiparasita. Planta epífita e parasita cujos haustórios sugam seiva bruta ou inorgânica dos vasos lenhosos da árvore parasitada. O hemiparasita, portanto, é autótrofo, faz fotossíntese. Ex.: erva-de-passarinho.

hemiplegia. Paralisia atingindo um lado do corpo.

Hemípteros. Ordem de Insetos hemimetábolos com aparelho bucal pungitivo, quatro asas, sendo o primeiro par com a metade inicial coriácea e a segunda metade membranosa. São os percevejos, incluindo o barbeiro.

hemizigose. Condição dos genes sex–linked nos machos, que nunca são homozigotos, porque só têm um cromossoma X.

hemizigótico. Gene sem alelo, num indivíduo 2n. Ocorre na região do cromossoma X que não tem correspondente em Y, ou então no cromossoma X de um indivíduo XO. O termo também se aplica à célula ou ao próprio indivíduo com esta caracterís-tica.

hemo. Sin. de Heme (sangue).

hemocaterese. Destruição das hemácias envelhecidas, com mais ou menos 120 dias de vida, principalmente no baço e menos na medula óssea vermelha.

hemocele. Conjunto de lacunas cheias de líquido extracelular / sangue do corpo de Moluscos e Artrópodes. Não é um celoma cheio de sangue.

hemocianina. Proteína azul, com Cu, que transporta O_2 no plasma sanguíneo de Crustáceos e de Moluscos.

hemocitopoese. Produção de células sanguíneas (elementos figurados do sangue). Inicialmente no mesoderma do saco vitelino do embrião; depois, no fígado e no baço; finalmente, após o nascimento e o desenvolvimento, a produção é feita pela medula óssea vermelha.

hemoeritrina. Pigmento respiratório de Anelídios, contendo ferro.

hemofilia. Doença "sex–linked" recessiva com difícil coagulação sanguínea e tendência a hemorragias, provocadas ou espontâneas. Há dois tipos: hemofilia A (deficiência de GAH, globulina anti–hemofílica ou Fator VIII) e hemofilia B ou Doença de Christmas (deficiênccia de fator IX).

hemoglobina. Proteína complexa ou conjugada da categoria das cromoproteínas. Seu radical prostético é o grupamento Heme, que contém ferro. Tem estrutura quaternária. Ocorre na hemácia, é altamente oxiredutível, transporta Oxigênio e em menor grau, CO_2.

hemograma. Estudo laboratorial do sangue: abrangendo o hematócrito, contagem e estabelecimento de porcentagens de hemácias, leucócitos e plaquetas, além de detecção de formas anormais, como auxílio à clínica médica.

hemolinfa. Outro nome para o sangue dos Artrópodes, sem pigmento respiratório.

hemólise. Plamoptise de uma hemácia.

hemopoiético, TCPD. TCPD rico em fibras reticulares e que dá origem às células do sangue. Todas as células do sangue, após o nascimento, são produzidas na medula óssea vermelha. Linfócitos, já formados, podem se multiplicar e completar sua diferenciação em órgãos linfáticos.

hemoptise. Saída de sangue pela boca, a partir dos pulmões.

hemostasia. Conjunto de processos (coagulação do sangue e vasoconstricção) que impedem a perda de sangue.

Henle, alça de. Parte do túbulo renal que fica entre os tubos contorcidos proximal e distal. Reabsorve Na^+, Cl^- e água.

heparina. Polissacarídeo sulfatado produzido por mastócitos. Tem ação antitrombina, é anticoagulante e impede a coagulação intravascular.

hepáticas. Briófitas talosas rastejantes.

hepatite. Virose que ataca o fígado. A hepatite A é causada por vírus de RNA, do gênero Hepatovirus, família Picornaviridae. A hepatite B é causada por vírus de DNA, do gênero Orthohepadnavirus, família Hepadnaviridae. A hepatite C é causada por vírus de RNA da família Flaviviridae e a hepatite E é causada por vírus de RNA, gênero Calicivirus, família Caliciviridae. A hepatite B é transmitida através do sangue. A forma A, mais branda, é transmitida pela água e por alimentos contaminados.

hepatócito. Célula do fígado.

hepatomegalia. Aumento considerável do volume do fígado.

hepatopâncreas. Glândula anexa ao tubo digestivo de alguns invertebrados, como os Moluscos, e que tem as funções de fígado e pâncreas.

hera. Nome vulgar de Angiospermas Dicotiledôneas, fam. Araliáceas, gênero Hedera. Trepadeira em muros e paredes por meio de raízes adventícias fixadoras.

herança dos grupos sanguíneos. Polialelia com três alelos: Ia, Ib e i. Ia e Ib codominam–se e dominam i, dando seis genótipos e quatro fenótipos; tipo A (IaIa ou Iai) tipo B (IbIb ou Ibi), tipo AB (IaIb) e tipo O (ii).

herança citoplasmática. Herança não mendeliana, por DNA não cromossomial, contido em organelas citoplasmáticas (mitocôndrias e cloroplastos).

herança multifatorial. Herança de caracteres quantitativos pela adição dos efeitos de vários pares de genes (poligenes), cada um acrescentando um pouco ao fenótipo.

herança particulada. Teoria de herança biológica na qual os fatores hereditários são partículas fisicamente independentes umas das outras, que se juntam e se separam nos cruzamentos, seguindo leis de natureza probabilística. Tem caráter digital pois ou o indivíduo tem um gene (1) ou não tem (0).

herança pelo sangue. Crença em que os fatores hereditários são transmitidos pelo sangue. Totalmente refutada, permanece na cultura popular e na linguagem comum (meio sangue, sangue negro, puro sangue, consanguinidade etc.).

herança poligênica. Sin.de poligenia.

herança quantitativa. Sin. de poligenia.

herbácea. Planta de pequeno tamanho com características de erva.

herbivorismo. Ingestão de plantas pelos animais herbívoros.

herbívoro. Sin. de fitófago e de consumidor primário. Animal que se alimenta de plantas.

herbívoro predadores. São os que comem sementes, e portanto destroem seres vivos (embriões), enquanto herbívoros parasitas são os que comem partes de um vegetal (folhas, flores etc.), e não os embriões de uma planta.

hercogamia. Ocorrência de estruturas numa flor, que impedem a autopolinização e, portanto a autofecundação. Por exemplo, estames (estruturas masculinas) muito curtos e um estilete (estrutura feminina) muito longo.

hereditário, caráter. Caráter causado e transmitido por gens ou genes, tipicamente, segmentos de DNA situados no núcleo das células.

heredograma. Representação gráfica de uma sequência de gerações (P, F_1, F_2...) facilitando a análise genotípica de seus organismos.

hermafrodita. Indivíduo que produz gametas de dois tipos, em geral sem diferenciação de sexos. Os indivíduos hermafroditas são todos iguais nesse aspecto. Não é comum a autofecundação.

hermafroditas sequenciais. Seres que regularmente trocam de sexo, como alguns Peixes, Moluscos e, com restrições, plantas. V. Protandria e Protoginia.

hermafroditismo. Produção de gametos masculinos e femininos pelo mesmo organismo, que é portanto hermafrodita ou monoico.

herpes. Doença cutânea causada por vírus de RNA, gênero Simplexvirus, família Herpes-viridae. Transmitido por contato direto com o portador, inclusive por relação sexual.

herpes zoster. Erupção aguda causada por um vírus de DNA. Idêntico ao da catapora ou varicela, formando bolhas segundo a trajetória de um nervo sensitivo.

herpetologia. Estudo dos Répteis.

Hertwig, relação núcleo-plasmática de. Relação entre o volume do núcleo e o volume do citoplasma que é quase sempre constante para cada tipo de célula.

heterocisto. Célula com paredes espessas e que fazem fixação de N_2 em algumas colônias de Cianobactérias ou Cianófitas.

heterocário. Célula bi ou plurinucleada, com núcleos oriundos de espécies diferentes.

heterocerca. Nadadeira caudal mais desenvolvida na parte dorsal (tubarão) ou na ventral (ictiossauros).

Heterocontas. Sin. de Xantofíceas.

heterocromatina. Material cromossomial (cromatina) que se mantém espiralizado e condensado na intérfase e se mostra desespiralizado e fino durante a divisão celular.

heterocromossoma. Sin. de Cromossoma sexual ou alossoma.

heterodontia. Ocorrência de tipos de dentes diferentes num organismo. Caracteriza os Mamíferos, com incisivos, caninos, pré-molares e molares.

heterogamético. O sexo que tem dois heterocromossomas diferentes e, por isso, produz dois tipos de gametas, 50% de cada. Por exemplo, XY.

heterogamia. Sin. de anisogamia.

heterolécito. Sin. de mesolécito.

heterose. Chamada "Vigor híbrido", é a vantagem adaptativa do heterozigoto sobre os correspondentes homozigotos.

heterossoma. V. Heterocromossoma ou cromossoma sexual.

heterótrofa. Tipo de nutrição dos seres que não transformam matéria inorgânica em matéria orgânica. Não fazem portanto fotossíntese e nem quimiossíntese e têm que receber matéria orgânica já pronta. Animais e Fungos são heterótrofos, assim como numerosos protistas e bactérias.

heteróxeno. Parasita que tem dois (geralmente) ou mais hospedeiros.

heterozigoto. Indivíduo que tem dois alelos diferentes, como A (dominante) e a (recessivo) e por isso produz dois tipos de gametas: 50% A e 50% a.

hexacanto. Sin. de oncosfera.

hexápodos. Sin. de Insetos.

hexoquinase. Enzima semelhante à glicoquinase, que catalisa a fosforilação da glicose, transformando-a em glicose-6-fosfato (com fosfato no carbono 6). V. quinases.

hexose. Ose com seis carbonos. Exs.: glicose, frutose e galactose.

hialina, cartilagem. Tipo mais comum de cartilagem humana, com fibras colágenas associadas a proteoglicanos e glicoproteínas.

hialoplasma. Sin. de citossol.

hialuronidase. Enzima que catalisa a hidrólise do ácido hialurônico. Existe, por exemplo, no acrossoma do espermatozoide e desmancha o material intercelular, rico nesse ácido, do envoltório mais externo do óvulo (corona radiata).

hibernação. Fenômeno em que Mamíferos, de regiões com invernos muito frios, adormecem e ficam com metabolismo muito reduzido, as frequências respiratória e cardíaca ficam muito diminuídas e a temperatura corporal cai muito, podendo chegar a 2°C. Sobrevivem usando a gordura armazenada como combustível, na respiração celular.

Hibiscus. Gênero de Angiospermas Dicotiledôneas, fam. Malváceas com a espécie H. tiliaceus (algodoeiro-de-praia) e H. mutabilis (papoula).

híbrido. Fruto da união de dois tipos ou espécies diferentes. Em genética mendeliana, é o mesmo que heterozigoto.

hibridoma. Linhagem de células resultantes da fusão de duas células diferentes.

Por exemplo: célula tumoral de rápida reprodução e intensa síntese de proteínas unida a célula de reprodução lenta e que produz uma proteína que se deseja produzir em grande quantidade.

hidatidose. Doença principalmente veterinária causada por vermes do filo Platelmintos, classe Cestódeos, da espécie Echinococcus granulosus, semelhante a uma minitênia, com 5mm e apenas três ou quatro anéis. Os vermes adultos parasitam o intestino delgado do cão e seus ovos saem com as fezes caninas e são ingeridos principalmente pelo carneiro, em cujo fígado (e outros órgãos) originam grandes larvas chamadas cistos hidáticos. Matam o carneiro, cujo cadáver é ingerido pelo cão, reiniciando o ciclo. O homem ingere acidentalmente as fezes do cão, com ovos do verme e o fígado e outros órgãos humanos desenvolvem cistos hidáticos.

hidatódios. Sin. de estomas aquíferos (libertam água líquida nas bordas das folhas).

hidra. Nome vulgar de pólipos de água doce; Celenterados da classe Hidrozoários. Ex.: gênero Hydra.

hidratos de Carbono. Sin. de glicídios e de carboidratos.

hidrófila. Substância ou radical que se dissolve em água.

hidrófita. Planta aquática.

hidrófoba. Substância ou radical que não se dissolve em água e normalmente se dissolve em lipídios.

hidrofobia. ou raiva. Doença causada por vírus de RNA, gênero Lyssavirus, família Rhabdoviridae. Transmissão por mordida de cães, gatos, morcegos e, em menor escala, ratos.

hidrolase. Enzima que catalisa uma hidrólise.

hidrólise. Fragmentação de uma determinada molécula pelo impacto de uma molécula de água, que fornece H para um dos fragmentos e OH para o outro fragmento.

hidroponia. Técnica de cultivo de plantas fora do solo. Desenvolvem-se numa solução aquosa contendo sais minerais, que são absorvidos pelos vegetais. Assim recebem N, P, Ca, Mg, K etc.

hidrotropismo. Tropismo cujo estímulo é a água como substância. É típico das raízes.

hidrovascular, sistema. Sinônimo de ambulacrário, q.v.

hiena. Nome vulgar de Mamíferos, ordem Carnívoros, gênero Hyaena (África e Ásia).

hifas. Filamentos multinucleados que constituem o "corpo" de muitos fungos pluricelulares. Há dois tipos: septadas, com paredes transversais e não septadas. O conjunto de hifas, frequentemente subterrâneo e medindo vários metros, é chamado micélio. Este, na época da produção de esporos, origina estruturas na superfície do solo, os cogumelos-de-chapéu, as orelhas de pau, simulando um tecido chamado plectênquima.

higrófilo. Organismo adaptado à umidade.

higrófita. Planta adaptada a regiões úmidas.

hímen. Membrana frágil e miniperfurada, na entrada da vagina de mulheres virgens prejudicando a penetração do pênis.

Himenópteros. Ordem de Insetos Holometábolos com aparelho bucal lambedor, mas há outros tipos bucais em algumas espécies. Possuem quatro asas membranosas e uma cintura fina entre o tórax e o abdômen. São as abelhas, formigas e vespas.

hioide. segundo arco branquial dos peixes. Nos demais Vertebrados originou um osso que suporta o assoalho da boca e a língua.

hipercalcemia. Excesso de cálcio no sangue.

hiperfunção hormonal. Excesso de produção de um certo hormônio, resultando em alterações morfológicas e fisiológicas.

hiperglicemia. Glicemia humana acima de 110mg/100ml. Pode ser sinal de diabetes.

Hipermastiginos. Ordem de Protozoários Flagelados com grande número de flagelos, simbiontes de cupins e baratas. Digerem celulose.

hipermetropia. Defeito ocular em que a imagem é projetada depois da retina.

hiperosmótica. Sin. de hipertônica (q.v.)

hiperparasita. Organismo que parasita uma outra espécie de parasita.

hiperplasia. Aumento do volume de um órgão ou tecido, por multiplicação celular.

hiperpneia. Excesso de movimentos respiratórios.

hipertelia. Especialização evolutiva excessiva, ou o desenvolvimento exagerado de um órgão durante a evolução.

hipertensão arterial. Aumento da pressão arterial, com a mínima superior a secreção excessiva dos hormônios iodados da tireoide, T3 e T4. Metabolismo acelerado, agitação, magreza e insônia são alguns sinais. É comum haver pequeno bócio.

hipertônica. Solução mais concentrada do que a que está a seu lado, ambas separadas por uma membrana semipermeável.

hipertricose. Excesso de pêlos.

hipertricose auricular. Pêlos abundantes na orelha. Caráter ligado ao sexo, causado por um gene holândrico situado no cromossoma Y, sem alelo em X.

hipertrofia. Aumento do volume de uma estrutura.

hipervitaminose. Excesso de vitamina. Pode ser prejudicial, principalmente no caso das vitaminas lipossolúveis: A, D, E e K, que são excretadas com mais dificuldade.

hipoblasto. Camada de células do blastocisto que participa da formação do alantoide e da vesícula vitelínica.

hipocótilo. Parte do caule abaixo do nó de inserção do(s) cotilédone(s).

hipoderme. Tecido conjuntivo adiposo subcutâneo.

hipófise ou glândula pituitária. Glândula endócrina sob o hipotálamo. Liga os sistemas endócrino e nervoso. Tem três partes ou lobos: Anterior ou Adeno-hipófise, Intermediário (só em Peixes, Anfíbios e Répteis) e Posterior ou Neuro-hipófise, que é uma expansão do hipotálamo.

hipófise, lobo anterior ou adenoipófise. Parte anterior da hipófise, de origem epitelial. Produz hormônio do crescimento, a prolactina e as estimulinas ou trofinas.

hipófise, lobo posterior ou neuro-hipófise. Parte posterior da hipófise, de origem no sistema nervoso (é um prolongamento do hipotálamo). Secreta hormônio antidiurético e ocitocina, hormônios que são produzidos pelo hipotálamo.

hipofunção hormonal. Produção de um hormônio abaixo do normal, resultando em várias anormalidades metabólicas e/ou morfológicas.

hipógea, germinação da semente. Germinação típica de Gramíneas na qual o cotilédone fica dentro da semente, subterrâneo, absorvendo o endosperma e o epicótilo se alonga e aflora o solo.

hipoglicemia. Glicemia abaixo de 70mg/100ml.

hipolímnio. Camada inferior da água de um lago, abaixo do termoclino.

hipopótamo. Nome vulgar de Mamíferos, ordem Artiodátilos, gênero Hippopotamus (África).

hiposmótica. Sin. de hipotônica (q.v.)

hipostático. Gene impedido de se manifestar pela ação de outro gene, dito epistático, que não é seu alelo.

hipotálamo. Região do cérebro (diencefálica) que controla o metabolismo e as funções orgânicas. É o centro do SN Autônomo, controla a Hipófise anterior e produz os hormônios que são liberados pela Neuro-hipófise. Funciona também como um órgão termo-regulador. Formado pela matéria cinzenta, o hipotálamo faz a ligação dos sistemas nervoso e endócrino.

hipótese autotrófica. Suposição de que os primeiros seres vivos eram autótrofos, por quimiossíntese. Foi suplantada pela hipótese heterotrófica.

hipótese heterotrófica. Os primeiros seres vivos, formados mais ou menos há 4 bilhões de anos na (e da) sopa primordial eram heterotróficos e anaeróbios (não havia O_2 na atmosfera). Usavam como alimento o resto de matéria orgânica produzida pela evolução química e faziam algum tipo de fermentação. Só depois, 2,5 a 3 bilhões de anos, surgiu a fotossíntese (autotrofismo) e a respiração aeróbica, pois a atmosfera passou a ter O_2.

hipotireoidismo. Doença resultante de secreção deficiente dos hormônios iodados da tireoide, T3 e T4. Se ocorre na criança, tende para o cretinismo e no adulto, para o mixedema.

hipotônica. Solução menos concentrada do que a que está ao seu lado, ambas separadas por uma membrana semipermeável.

hipovitaminose. Deficiência de uma determinada vitamina, menos intensa que a avitaminose.

hipóxia. Diminuição do fluxo de oxigênio numa região de corpo.

hirsuto. Rico em pêlos.

Hirudíneos. Classe do filo Anelídeos com cabeça indistinta e ausência de cerdas. Presença de ventosas. São as sanguessugas.

HIS. Abreviatura convencional do aminoácido histidina.

His, feixe de. Feixe de fibras musculares cardíacas, muito condutoras, que levam o estímulo contrátil do Nó AV para as extremidades dos ventrículos, promovendo a contração sistólica. Sinônimo de fascículo atrioventricular.

histamina. Substância liberada pelos mastócitos quando há agressão ao tecido conjuntivo. Tem ação vasodilatadora, é um fator da inflamação e causa edema. A histamina é resultante da descarboxilação do aminoácido histidina.

histidina. Aminoácido. Abrev.: HIS, símbolo: H. Código genético (RNA–m): CAU e CAC.

histiócitos. Macrófagos imóveis.

histogênese. Formação e desenvolvimento dos tecidos.

histologia. Estudo dos tecidos.

histona. Tipo de proteína básica, de baixo peso molecular, que se associa com DNA, formando a cromatina.

histoplasmose. Infecção causada pelo Fungo Histoplasma capsulatum, podendo atacar o Sistema Retículo epitelial, danificando a pele, mucosas digestivas e pulmões. Transmitida ao homem por fezes de pombos.

HIV. Vírus da imunodeficiência humana, causador da AIDS. Pertence ao gênero Lentivirus, tem RNA e faz parte da família Retroviridae. É um retrovírus.

holândrico. Gene exclusivo do Y, sem alelo no cromossoma X. Assim, em espécies com determinação sexual XY, só ocorre nos machos. Se um homem tem um gene holândrico, todos os seus filhos e demais descendentes masculinos por via masculina também terão esse gene. Nenhuma filha o terá.

holoblástica. V. clivagem holoblástica.

Holoceno ou Holocênico ou Recente. Sétimo e último período da era Cenozoica, iniciado há 700 mil anos. Caracterizado pela evolução humana.

holócrina. Glândula cujas células expulsam todo o material celular com a secreção; morrem e são substituídas por outras.

holoenzima. Sin. de enzima complexa ou conjugada. Além da proteína, simples tem um radical prostético (diferente de aminoácido) que frequentemente é uma coenzima.

holometábolos. Insetos que têm metamorfose total, completa, como Coleópteros, Lepidópteros, Dípteros etc. Nascem como larva que se alimenta, cresce por mudas e depois se imobiliza (pupa). Então, faz metamorfose, tornando–se adulto (imago). Este não cresce mais, às vezes nem se alimenta, e se reproduz.

holoparasita. Ou parasita total. Planta epífita e parasita cujos haustórios absorvem a seiva elaborada ou orgânica dos vasos liberianos da planta parasitada. Ex.: cipó-chumbo, que praticamente não tem clorofila e sua nutrição é heterótrofa.

Holoturoides. Classe de Equinodermas correspondente aos pepinos-do-mar.

homem. Espécie Homo sapiens: Mamíferos ordem Primatas, subordem Antropoides infra-ordem Catarrinos super-família Hominoides, família Hominidae.

homem de Java, Pequim etc.. V. Homo erectus.

homem de Neandertal (Homo sapiens neanderthalensis). Surgiu há 200 mil e extinguiu–se há 35 mil anos. Outra subespécie humana, não ancestral da nossa subespécie, que usava fogo e roupas de peles, tinha vida social, linguagem e preocupações espirituais. Fomos contemporâneos, coexistimos por algum tempo. Atuamos em sua extinção? Houve cruzamento entre eles e nós? Para alguns autores, é uma espécie H. neanderthalensis.

homeostasia. Conjunto de processos que tendem a manter o organismo no "ponto ótimo de funcionamento", a despeito de mudanças externas e internas.

homeotérmicos. Animais que conservam sua temperatura corporal bastante independente das variações da temperatura ambiental. São as Aves e os Mamíferos.

Hominidae (hominídeo). Família da ordem Primatas, subordem Antropoides, infraordem Catarrinos, incluindo na classificação tradicional os seres humanos e seres ancestrais fósseis mais recentes, como os Australopitecíneos. Gorila, chimpanzé e orangotango estão em outra família, Pongidae. A subordem Antropoides tem também a família Hylobatidae com o gênero Hylobates (gibão).

Homo. Gênero correspondente às espécies humanas.

Homo erectus. Antes Pithecantropus erectus, Homem de Java, Homem de Pequim etc. viveu entre 700 mil e 500 mil anos atrás, no Holocênico. Bem semelhante ao Homem atual, diferia por ter cérebro menor, ossos cranianos mais espessos e dentes maiores. Sociável (grupos de caça), produzia cuidadosos instrumentos de pedra e foi nosso direto ancestral.

Homo floresiensis. Considerado como fóssil de Hominídeo anão (com esqueleto proporcional) e que viveu na ilha de Flores (Indonésia) há apenas 13 mil anos. Foi descoberto em 2001.

Homo habilis. Espécie controvertida da família Hominidae, com denominação discutida e com presença após os Australopitecíneos. Com fósseis subsaarianos.

Homo heidelbergensis. Espécie fóssil de Hominidae encontrada em todo o Velho Mundo (Eurásia) de 800 mil a 500 mil anos atrás.

Homo sapiens sapiens. O homem moderno. Surgiu há 100 mil anos. Antigos fósseis, Homens de Cro–Magnon, são iguais a nós. De lá para cá, a evolução humana foi apenas cultural. Há 14 mil anos, onde é hoje a Palestina, construiu aldeias de pedra, tornou-se agricultor-criador e começou a História.

homocerca. Nadadeira caudal mais comum em peixes ósseos (Osteictes) em que as partes dorsal e ventral têm tamanhos praticamente iguais. V. heterocerca.

homodonte. Animal com os dentes todos iguais.

homogamético. O sexo que tem dois heterossomas iguais e só produz um tipo de gameta. Ex.: fêmeas XX e todos os seus gametas são X.

homolécito. Sin. de alécito.

homologia. Diz-se de órgãos com as mesmas origens, evolutiva e embrionária. A homologia indica ancestralidade comum e está relacionada à Radiação adaptativa.

homólogos. Órgãos que têm a mesma ancestralidade e a mesma origem embrionária. Nos casos mais notáveis, têm formas e funções diferentes.

homoplasia. Sin. de analogia.

Homópteros. Ordem de Insetos hemimetábolos com aparelho bucal pungitivo, quatro asas. São as cigarras e cigarrinhas.

homozigoto. Indivíduo que tem dois alelos iguais para um tipo de caráter, por isso só produz um tipo de gameta.

hormogônio. Pedaço pluricelular resultante da fragmentação de colônia de Cianobactérias. É uma forma de reprodução assexuada.

hormônio antidiurético ou ADH. Hormônio produzido pelo hipotálamo e liberado pela neuro-hipófise; peptídeo com nove aminoácidos, que aumenta a reabsorção de água nos túbulos renais, diminuindo a diurese, aumentando o volume de sangue e a pressão arterial. Também faz constricção das arteríolas.

hormônio da floração. V. Giberelina.

hormônio do crescimento. V. somatotrofina e somatomedina.

hormônio estimulador das células de Leydig. Ou ICSH, é uma gonadoestimulina produzida pela adenohipófise que estimula a produção de testosterona pelas células que ficam entre os canais seminíferos do testículo, as células intersticiais de Leydig. É quimicamente igual ao Hormônio Luteinizante (LH) feminino.

hormônio folículo-estimulante. Ou FSH, gonado-estimulina glicoprotêica, 210 aminoácidos em duas cadeias. Atua no folículo de Graaf estimulando o desenvolvimento do óvulo e a secreção de estrógenos. É o mesmo hormônio que estimula a espermatogênese nos machos. Produzido pela adeno-hipófise.

hormônio luteinizante. Ou LH, gonado-estimulina glicoprotêica, 207 aminoácidos em duas cadeias. Atua, com o FSH, na ovulação e estimula o folículo a se tornar corpo lúteo, que produz progesterona. Sua secreção, em "feedback" cruzado, é estimulada pelos estrógenos e inibida pela progesterona. É o mesmo hormônio que estimula a secreção de testosterona nos machos. (ICSH). Produzido pela adeno-hipófise.

hormônio melanóforo-dilatador. V. Intermedina.

hormônios. Produtos químicos variados de células ditas endócrinas que são levados pela circulação sanguínea e atuam em células "alvo", i.é., que têm receptores de membrana para os hormônios a que são sensíveis. As células endócrinas formam glândulas ou fazem parte de órgãos com outras funções.

hospedeiro. Ser que abriga e alimenta o parasita.

hospedeiro definitivo. Tipo de organismo no qual o parasita tem a forma adulta e (ou) aí se reproduz sexuadamente.

hospedeiro intermediário. Tipo de organismo no qual o parasita tem a forma jovem e (ou) faz reprodução assexuada.

HPV. Sigla de papiloma vírus humano, causador do condiloma acuminado, com lesões verrucosas em regiões genitais.

HTLV. Vírus da leucemia da célula T humana. Tem RNA-e é um Retrovírus.

Humanoides. Superfamília de Primatas que engloba gorila, chimpanzé, orangotango, gibão e homem.

humor aquoso. Líquido transparente da câmara anterior do olho, entre a córnea e a íris.

humor vítreo. Massa gelatinosa que preenche a maior parte do olho, entre a íris e a retina.

humus. Material vegetal decomposto e em decomposição, misturado com terra úmida na superfície do solo.

Huntington, coreia de. Doença causada por genes letais dominantes. Demência progressiva e convulsões.

Hymenolepis. Gênero de pequeno verme do filo Platelmintos, classe Cestódeos cuja espécie H. nana (3 a 5cm) parasita o intestino delgado humano. Transmitida diretamente por ingestão de ovos que saíram com as fezes humanas ou através da ingestão de pulgas e alguns besouros infectados.

I, banda. Ou faixa clara, em tecido muscular estriado.

iaque. Nome vulgar de Mamíferos, ordem Artiodátilos, espécie Bos grunniens (Ásia).

Icneumonídeos. Família de Insetos da ordem Himenópteros, vulgarmente Vespas, que depositam ou injetam ovos em lagartas e outros Insetos, prejudiciais à agricultura, que são destruídos pelo desenvolvimento das larvas das vespas. Usadas em controle biológico de pragas.

ictiófago. Que se alimenta de peixes.

ICSH. Sigla de Intersticial Cells Stimulating Hormone. V. Hormônio estimulador das células intersticiais de Leydig. É quimicamente igual ao LH.

ictiologia. Estudo dos Peixes.

ictiose. Doença de pele, com espessamento e descamação. Uma das formas tem origem holândrica.

ictiossauros. Répteis marinhos carnívoros, extintos (Triássico e Jurássico) com notável convergência com os verdadeiros peixes. Ao contrário dos peixes, sua coluna vertebral curvava-se para a parte ventral da nadadeira caudal heterocerca.

idae. Sufixo que representa família em Zoologia.

idiocromossoma. Sinônimo de cromossoma sexual.

idiograma. Representação gráfica de um conjunto 2n de cromossomas, dispostos aos pares de homólogos em ordem decrescente de tamanho, e em ordem numérica crescente. Na espécie humana, são classificados em sete grupos enfatizando seu número e sua forma.

Ig. Imunoglobulinas, gamaglobulinas. V. anticorpos.

igapó, mata de. Parte da floresta amazônica em terrenos próximos aos rios, quase sempre inundados. Sua vegetação é baixa, adaptada à inundação.

igarapé. Braço de rio, estreito e raso, abundante na Amazônia.

iguana. Gênero e nome vulgar de Répteis Lacertílios. Lagarto da Região Neotropical.

ILE. Abreviatura convencional do aminoácido isoleucina.

íleo. Em Vertebrados, terceira e última porção do Intestino Delgado. Tem células M em sua parede, por onde passam moléculas grandes, como antígenos que não foram digeridos e são absorvidos pela linfa. V. M, células.

ilhotas de Langerhans. V. Langerhans.

ílio ou ilíaco. Em Vertebrados Tetrápodes, osso par que forma a parte dorsal da cintura pélvica e se articula com a região sacral da coluna vertebral.

imago. Forma adulta de um inseto holometábolo ou hemimetábolo.

imbaúba ou embaúba. Nome vulgar de Angiospermas Dicotiledôneas, fam. Moráceas, gênero Cecropia. Árvore habitada e protegida por formigas do gênero Azteca, agressivas.

imbricada. Disposição de peças como as telhas de um telhado.

imbuia ou embuia. Nome vulgar de Angiospermas Dicotiledôneas, fam. Lauráceas, gênero Ocotea.

imigração. Entrada de indivíduos numa população.

impaludismo. Sin. de malária.

imparipenada, folha. Folha composta penada com um folíolo terminal.

impotência sexual. Incapacidade de ereção do pênis.

impulso nervoso. V. fluxo nervoso.

imunidade. Defesa de um organismo produzindo anticorpos quando invadido por antígenos.

imunidade ativa. Resistência a umantígeno pela produção de anticorpos sob estímulo do próprio antígeno, plenamente ativo ou em vacina.

imunidade cruzada. Reação imune de um anticorpo contra um antígeno semelhante, mas não igual, àquele que provocou sua produção.

imunidade mediada por anticorpos ou sérica. Reação imune por anticorpos produzidos pelos linfócitos B.

imunidade mediada por células ou celular. Reação imune efetuada pelos linfócitos T.

imunidade passiva. Imunização pela aquisição de anticorpo de outro animal trazido por soro imune. Em geral, tem curta duração e é objeto de resistência imune do receptor porque, afinal, o anticorpo de um animal é antígeno para outro animal.

imunitário, sistema. V. S.R.E. e imunidade.

imunização. Resistência a um antígeno, pela presença de anticorpos próprios (ativa) ou recebidos de outro animal (passiva). Não há nada comparável nos vegetais.

imunoglobulina (Ig). Globulina que atua contra um antígeno. O mesmo que anticorpo.

in vitro. Experiência realizada em laboratório, não usando seres vivos.

in vivo. Experiência realizada em ser vivo.

inae. Sufixo que indica subfamília em Zoologia.

inativação de genes. V. DNA, metilação.

incubação. Perído de latência. Tempo entre a entrada de um agente patogênico em um indivíduo e o início dos sintomas.

indeiscente. Fruto que não se abre espontaneamente para liberação das sementes. Os frutos carnosos, em geral, são indeiscentes.

indol acético, ácido (IAA) – V. Auxina.

indubação. Transformação de uma fase de multiplicação lisogênica em vírus, em uma fase de multiplicação lítica.

infecção. Doença causada por agentes patológicos microscópicos: vírus, bactérias, fungos, protozoários.

infestação. Doença causada por macroorganismos como vermes, insetos, ácaros etc.

inflamação. Reação do TCPD a uma lesão. Caracteriza–se por 1 – Turgor (o local fica inchado), 2 – Rubor (vermelho) e 3 – Calor (quente). Mecanismo não específico de defesa do organismo contra patógenos. Pode ser também caracterizada por estes três itens: 1) fluxo sanguíneo para a área afetada, causando vermelhidão e calor local; 2) mastócitos liberam histaminas causando aumento da permeabilidade dos capilares provocando edema e dor; 3) migração de leucócitos para a área afetada causando fagocitose e formação de pus.

inflexão ou involução. Modo de gastrulação das discoblástulas, da clivagem de ovos megalécitos. A borda do blastodisco dobra-se para "baixo" e para dentro, crescendo e formando o endoderma. O antigo blastodisco passa a ser o ectoderma.

inflorescência. Disposição das flores no ramo floral. Há dois tipos principais: 1) Cimosa ou Definida, na qual cada eixo, principal ou outro, pára de crescer e produz uma flor enquanto outro eixo abaixo da flor repete o processo; 2) Racimosa ou Indefinida, cujo eixo principal continua crescendo após produzir eixos secundários que, em geral, terminam em flor.

influenza. gripe.

infraordem. Grau de classificação (taxon) animal abaixo de subordem e acima de superfamília.

infrutescência. Disposição de numerosos pequenos frutos sobre um receptáculo comum. Deriva de uma inflorescência. Ex.: amora e figo.

íngua. Gânglio linfático crescente (causando dor) pelo aumento da produção de linfócitos, em resposta a uma infecção.

inhambu. Nome vulgar de Aves, subclasse Ratitas, ordem Tinamiformes. Ex: gênero Crypturellus.

ini. Sufixo de tribo em Zoologia.

inibidor alostérico. Substância que se prende a uma enzima em um local que não é o centro ativo. A enzima e o centro ativo ficam deformados.

inibidor competitivo. Substância com estrutura semelhante ao verdadeiro substrato e que ocupa o centro ativo de uma enzima de modo competitivo com o substrato verdadeiro.

inositol. Álcool cíclico com seis hidroxilas.

inquilinismo. Associação harmônica e interespecífica em que um indivíduo vive, pelo menos temporariamente, dentro de outro, de espécie diferente, sem prejudicá-lo e nem beneficiá-lo. Relação espacial, ape-sar do inquilino ganhar proteção. Ex.: esponjas abrigando vários pequenos animais e algas. Corresponde ao comensalismo, que modernamente engloba associações em que uma espécie tem benefício e a outra não tem benefício e nem prejuízo.

insetívoros. Que se alimentam de insetos. Há uma ordem de Mamíferors primitivos com este nome, exemplificado pela toupeira.

Insetos. Sin. de Hexápodos. A maior classe de Artrópodos com o corpo dividido em cabeça, tórax (com três pares de patas e geralmente com quatro asas) e abdômem (sem patas). Têm duas antenas, respiração traqueal e excreção por tubos de Malpighi. A maioria tem desenvolvimento indireto (são holometábolos), com quatro fases: ovo – larva – pupa e imago ou adulto. Ordens principais: Tisanuros, Odonatos, Ortópteros, Blatárias, Fasmídeos, Isópteros, Hemípteros, Homópteros, Dípteros, Sifonápteros ou Suctórios, Coleópteros, Lepidópteros e Himenópteros.

inspiração. Entrada de ar nos pulmões devido à contração dos músculos respiratórios, diafragma e intercostais, e consequente aumento de volume da cavidade torácica.

insulina. Hormônio do pâncreas, proteína com 51 aminoácidos em duas cadeias, produzido pelas células beta das ilhotas de Langerhans. Ativa a absorção celular de glicose, baixando a glicemia. Tem secreção controlada pela própria glicemia, pois a glicose é indutor de sua secreção.

integrase. Enzima do HIV, que comanda a integração do DNA viral com o DNA humano.

integrinas. Proteínas da membrana dos hemidesmossomas que se prendem ao colágeno e a outras proteínas do meio extracelular.

integumento. Conjunto de primina + secundina, os dois envoltórios do óvulo vegetal.

interação gênica. V. Polimeria

intercinese. Sin. de Intérfase.

intercostais. Músculos que se ligam a duas costelas adjacentes. Ao contraírem, fazem a inspiração torácica.

intercromômero. Espaço entre dois cromômeros (q.v.)

interdigitação. Região limítrofe entre duas estruturas, por exemplo duas células vizinhas, em que há projeções e reentrâncias recíprocas, aumentando a coesão e a superfície de trocas entre elas.

intérfase. Período entre duas mitoses. Sinônimo de intercinese, dividida em três períodos (G1, S e G2).

interferon. Categoria de glicoproteínas produzidas pelas células humanas quando o organismo é invadido por vírus. Degrada o RNA viral (inclusive o RNA–m derivado do DNA viral) e inibe diretamente a síntese de proteínas virais.

interleucina. Substância produzida pelos linfócitos. Há vários tipos de interleucinas, que estimulam o Sistema Imunológico como um todo e coordenam seus componentes.

intermedina. Hormônio do lobo médio da Hipófise de Peixes, Anfíbios e Répteis. Atua nos cromatóforos (células pigmentadas) da pele desses animais, provocando mudanças da coloração, no caso de mimetismo ou sob estímulo sexual.

interoceptores. Receptores de estímulos químicos e outras alterações funcionais dos órgãos em geral.

intersexuado ou intersexo. Indivíduo com caracteres indefinidos entre masculino e feminino. V. Andrógino e Ginandromorfo.

intersticiais, células. Sin. de Leydig, cels. intersticiais de.

intertidal. Ou zona litorânea. Parte do talassociclo entre as marés alta e baixa.

intestino. No Homem, é um longo tubo, seis a sete metros no adulto, entre o estômago e o ânus. É o principal local de digestão e absorção dos alimentos (Intestino delgado) e de absorção de água (Intestino grosso).

intestino delgado. Parte do tubo digestivo entre o estômago e o intestino grosso. Principal órgão digestivo do corpo humano, também absorve os produtos da digestão. Compreende o duodeno, o jejuno e o íleo.

intestino grosso. Parte do tubo digestivo, após o intestino delgado. Consta do ceco com o respectivo apêndice, cólon ascendente (lado direito), cólon transverso, cólon descendente (lado esquerdo), alça sigmoide, reto e ânus. Absorve água e dirige as fezes para o exterior.

íntima, túnica. Camada interna de uma artéria, com endotélio e TCPD elástico. V. Intina.

intina. Membrana interna, contínua, do grão de pólen. Ao crescer, contendo citoplasma, constitui o tubo polínico. V. Exina.

intracelular. Dentro de célula.

Intramembranosa. Formação do tecido ósseo, típica de ossos chatos. Substituição do tecido conjuntivo em ósseo sem a formação do tecido cartilaginoso.

íntrons. Sequência de nucleotídeos que não orientam a síntese de RNA funcional e nem a síntese proteica. São descartados.

inulina. Polissacarídeo polímero da frutose encontrado em várias plantas, principalmente na chicória. Não é hidrolisado por enzimas digestivas humanas. É metabolizado por bactérias da flora intestinal, que é beneficiada.

invaginação. Crescimento, para dentro, de uma pele ou de uma membrana formando um tubo, uma câmara ou uma bolsa interna.

inversão. Aberração cromossomial que consiste no destaque de um trecho de um cromossoma; o pedaço livre gira em 180 graus e fica recolocado no mesmo lugar do cromossoma.

inversão térmica. Esfriamento da camada inferior da atmosfera no inverno porque nessa estação os raios solares são mais fracos. As camadas superiores ficam mais quentes e nessa condição não há correntes de ar verticais, quentes para cima e de ar frio para baixo. A poluição química do ar fica então concentrada na camada inferior. A ausência de ventos favorece essa poluição. Acontece por exemplo na cidade de São Paulo e em Cubatão.

invertase. Sin. de sacarase.

invertina ou invertase. Antigos nomes para a sacarase.

Iodamoeba. Gênero de Protozoários Rizópodes, cuja espécie I. butschlii é comensal no intestino grosso humano.

iodo. Elemento químico que entra na composição de dois hormônios da tireoide: T3 (tri–iodo–tironina), e T4 (tetra–iodo–tironina ou tiroxina).

ipê. Nome vulgar de Angiospermas Dicotiledôneas, fam. Bignoniáceas, gênero Tabebuia (Tecoma) corresponde ao ipê roxo e ao ipê amarelo.

Ipomoea. Gênero de Angiospermas Dicotiledôneas, fam. Convolvuláceas, com várias espécies. Ex.: Ipomoea pescaprae (salsa-de-praia) no litoral brasileiro.

irara. Nome vulgar de Mamíferos, ordem Carnívoros, com os gêneros Eira e Tayra.

íris. Envoltório pigmentado entre a córnea e o cristalino, apresentando, na sua parte central, a pupila.

irradiação (radiação) adaptativa ou evolução divergente. Produção de novas espécies adaptadas a nichos ecológicos e hábitats diferentes, às vezes muito difentes.

irreversibilidade evolutiva. O caminho evolutivo seguido por um caráter ou uma espécie nunca se repetirá com os mesmos detalhes. A História evolutiva anterior e as condições peculiares, até fortuitas, nas quais ocorreu, nunca serão as mesmas. Podem ser parecidas, mas não exatamente iguais.

irrevogável, a evolução é. O caminho evolutivo seguido por um caráter ou uma espécie é único e nunca se repetirá com os mesmos detalhes. A História evolutiva anterior, os caracteres que existiam, os detalhes do meio ambiente na época e as condições peculiares, até fortuitas, nas quais ocorreu nunca serão as mesmas.

Pode ser parecido, mas não exatamente igual. Do mesmo modo, a volta a um estágio anterior é sempre aparente, pois os traços do passado nunca são apagados. Por exemplo, os Vertebrados terrestres descendem de Vertebrados aquáticos que, no passado, "conquistaram" o meio terrestre. Entretanto, quando Ictiossauros, e mais tarde baleias e golfinhos, voltaram ao meio aquático, não apagaram o passado de seus ancestrais terrestres. Assim, não voltaram a ter brânquias como seus ancestrais remotos, mas, adaptaram seus pulmões, seus músculos e sua circulação sanguínea, fazendo face às novas condições da vida aquática.

isoenzimas. Sin. de isozimas.

isogamia. Fecundação realizada por gametos masculino e feminino morfologicamente iguais.

isoieta. Linha que une os pontos onde há a mesma precipitação de chuva, em um mapa.

isolamento reprodutivo, mecanismos de. V. Barreiras reprodutivas.

isolécito. Sin. de alécito.

isoleucina. Aminoácido. Abreviatura ILE, símbolo I. Código genético (RNA–m): AUU, AUC, AUA.

isômeras. Moléculas formadas pelos mesmos átomos e nas mesmas quantidades, mas diferem na disposição desses átomos. Ex.: glicose e frutose.

isomerases. Enzimas que catalisam a transformação de uma substância num seu isômero.

Isópteros. Ordem de Insetos hemimetábolos com aparelho bucal mastigador. Têm vida social dividindo-se em castas: sexuados, soldados e operárias. São os cupins ou térmitas.

Isospora. Gênero de Protozoário Esporozoário (Apicomplexo) com uma espécie, I. belli, que parasita o intestino delgado humano.

isotônica. Solução de concentração idêntica a outra ambas separadas por uma membrana semipermeável.

isótopos. Átomos do mesmo elemento químico, com o mesmo número de prótons nos seus núcleos, mas com números diferentes de nêutrons. Exs.: C^{12} e C^{14}, O^{16} e O^{18}.

isozimas. Enzimas que têm estruturas proteicas diferentes, mas têm o mesmo centro ativo e catalisam as mesmas reações.

isquemia. Interrupção do afluxo de sangue numa determinada região do organismo.

ísquio. Em Vertebrados Tetrápodes, osso par que forma a parte inferior da cintura pélvica. Em Primatas suporta o corpo sentado.

J

jaboti. Tipo de Répteis, subclasse Quelônios, e que vivem em terra firme. Ex.: gênero Testudo. Geochelone é o gênero da "tartaruga" gigante das ilhas Galápagos.

jaburu. Nome vulgar de Aves, ordem Ardeiformes. Ex. gênero Mycteria.

jacamim. Nome vulgar de Aves, ordem Gruiformes. Ex. gênero Psophia.

jacarandá. Nome vulgar de Angiospermas Dicotiledôneas, fam. Leguminosas, gênero Dalbergia. Árvore com madeira ótima. O gênero Machaerium, também Leguminosa, tem espécies com o mesmo nome vulgar.

jacaré. Nome vulgar de Répteis, subclasse Crocodilianos. Ex.: Caiman miger (jacaré-açu), C. sclerops (jacaré-papo-amarelo), C. latirostris (jacaré comum).

jacutinga. Nome vulgar de Aves, ordem galiformes. Ex. gênero Pipile.

jaguar. Sin. de onça.

jaguarundi. Nome vulgar de Mamíferos, ordem Carnívoros, espécie Felis yagouaroundi.

jaguatirica. Nome vulgar de Mamíferos, ordem Carnívoros, gênero Leopardus.

jamanta. Nome vulgar de raias de grande envergadura. Condrictes da espécie Manta birostris. Alcançam até 8m de largura e 5m de comprimento e vão até 3 toneladas. Com cauda fina, sem ferrão.

janus, verde. Corante típico para as mitocôndrias.

jaqueira. Nome vulgar de árvores grandes, Dicotiledôneas da família das Moráceas, gênero Artocarpus.

jararaca. Nome vulgar de Répteis, ordem Ofídios, gênero Bothrops. Cobra peçonhenta.

jararaca-ilhoa (Bothrops insularis). Serpente peçonhenta da família Viperidae. Vive na ilha "Queimada Grande" no litoral de S.Paulo. Veneno muito concentrado. Morte rápida de Aves.

jasmim. Sin. de jasmineiro. Nome vulgar de arbustos e trepadeiras, Dicotiledôneas, família Oleáceas.

jataí. Abelha sem ferrão, produzindo normalmente mel e própolis. Distribui-se por toda a América do Sul. Pertence ao gênero Tetragonisca.

jatobá. Nome vulgar de Angiospermas Dicotiledôneas, fam. Leguminosas gênero Hymenaea.

Java, homem de. Antigo nome do Homo erectus encontrado na Ilha de Java, Indonésia.

javali. Nome vulgar de Mamíferos da ordem Artiodátilos, da espécie Sus scrofa. Neotropical.

jejuno. Em Vertebrados, a segunda parte do intestino delgado, sem limite definido com o ileo (terceira parte).

jequitibá. Nome vulgar de Angiospermas Dicotiledôneas, fam. Lecitidáceas, gênero Cariniana. Árvore muito grande com boa madeira.

jiboia. Nome vulgar de Répteis da ordem Ofídios. Cobra não peçonhenta do gênero Constrictor. Antigamente, gênero Boa.

jiquitiranaboia. Nome vulgar de Insetos da ordem Homópteros. Ex.: gênero Fulgora.

joaninha. Nome vulgar de pequenos besouros, Insetos da ordem Coleópteros, fam. Coccinelidae, com espécies predadoras de pulgões.

joão-de-barro. Nome vulgar de Aves, ordem Passeriformes. Ex. gênero Furnarius.

joazeiro. Nome vulgar de Angiospermas Dicotiledôneas, fam. Ramnáceas gênero Zizyphus. Arbusto ou pequena árvore da caatinga.

jugulares. Veias, duas de cada lado, que descem pelo pescoço.

junção comunicante. Sin. de "gap junction".

junco. Nome vulgar de Angiospermas Monocotiledôneas, fam. Juncáceas, gênero Juncus. Também é chamada de junco a planta Monocotiledônea, fam. Ciperáceas, gêneros Scirpus e Androtrichum.

junípero. Nome vulgar de Gimnospermas, ordem Coniferales, gênero Juniperus. Arbusto europeu. Daí deriva o gim ou genebra.

Jurássico. 2º período da era Mesozoica, logo depois do Triássico. Começou há 200 milhões de anos e terminou há 145 milhões. Ainda dominam os Répteis. Os Mamíferos são poucos e no final aparecem as Aves.

K

kalazar. Nome vulgar de leishmaniose visceral americana.

kanamicina. Antibiótico que se fixa à subunidade maior do ribossoma bacteriano, impedindo o encaixe do RNA-t.

Kaposi, sarcoma de. Tipo de tumor canceroso inicialmente na pele, induzido pelo H.I.V.

Kelps. Grandes algas pardas marinhas (Feófitas) da ordem Laminareales, com até 60m de comprimento.

Kenyanthropus. Gênero de Hominidae com fósseis africanos de 3,5 milhões de anos. Primeiras partes ósseas encontradas no Quênia.

killer. Sin. de linfócito T citotóxico.

Klebsiella. Gênero de bactérias que podem se tornar patogênicas nas vias respiratórias e também nos rins e intestino grosso.

Klebsiella pneumoniae. Espécie de bactéria que praticamente resiste a todos os antibióticos (em 2010). Tem uma subespécie altamente infecciosa, hospitalar, considerada como uma superbactéria.

Klinefelter, síndrome de. Femilinização parcial de homens com mais de um X (XXY, XXXY etc) e cromatina sexual positiva (um, dois etc. corpúsculos de Barr). Há ginecomastia, formas afeminadas, esterilidade e pode haver deficiência mental.

Koch, bacilo de. Nome vulgar de Mycobacterium tuberculosis, espécie de bactéria causadora de tuberculose.

Krebs, ciclo de. Sin. de ciclo do ácido cítrico e de ciclo dos ácidos tricarboxílicos. Sequência de reações de desidrogenação e descarboxilação envolvendo vários ácidos carboxílicos. Acontece na matriz mitocondrial a partir do ácido cítrico, que é permanentemente reconstituído. Com as descarboxilações, o número de átomos de Carbono vai diminuindo, por ex.: cítrico (C6) – alfacetoglutárico (C5) – oxaloacético (C4). O ciclo recebe o ácido acético (C2) que se soma ao ácido oxaloacético (C4) refazendo o cítrico (C6). Produtos diretos do ciclo: 2 ATP, 6 CO_2 e 16 H (6NAD.2H + 2FAD.2H). Os H vão para a cadeia respiratória.

krill. Nome vulgar de Crustáceos semelhantes a camarões muito pequenos que fazem parte importante do zooplâncton da Antártida e que pertencem ao gênero Euphausia. Alimento básico de baleias.

kuru. V. encefalopatias espongiformes e V. príon.

kwashiorkor. Desnutrição principalmente proteíca, mais evidente em crianças na época do desmame.

Kyoto, protocolo. Compromisso internacional para redução dos agentes do efeito estufa (CO_2 e metano) aprovado em 1997.

L

lab-fermento. Sin. de renina gástrica, ou quimosina. Enzima que coagula o leite no estômago de Mamíferos recém-nascidos.

lábio dorsal (do blastóporo). Na gástrula de Anfíbios, inicia a formação do notocórdio e é o primeiro organizador embrionário, originando e induzindo a formação do tubo neural.

labirinto. Ouvido interno dos Mamíferos. Consiste em: 1) Vestíbulo, com três canais semi-circulares e 2) Caracol ou cóclea, que é um tubo enrolado em espiral. A partir do vestíbulo, sai o nervo que vai ao cerebelo e informa sobre a posição do corpo em relação ao ambiente. A partir da cóclea, sai o nervo acústico ou auditivo.

Labirintodontes. Anfíbios paleozoicos extintos, ancestrais dos demais Anfíbios e dos Répteis.

laceração. Sin. de fragmentação. Tipo de reprodução assexuada por cissiparidade em que o indivíduo pluricelular se divide em dois ou mais pedaços que regeneram as partes faltantes.

Lacertílios. Ordem de Répteis da subclasse Escamados correspondentes a lagartos, lagartixas e cobras-de-vidro.

laço péptico. Ligação CO-NH entre dois aminoácidos em um peptídio ou uma proteína.

lacraia. Sin. de Centopeia. Nome vulgar de Quilópodos. Scolopendra é um gênero importante.

lactalbumina. Proteína (albumina) típica do leite.

lactase ou beta-galactosidase. Enzima que age no intestino delgado e catalisa a hidrólise da lactose, dividindo-a em glicose e galactose.

Lactobacillus. Gênero do bacilo láctico.

lactogênico, hormônio. V. Prolactina.

lactose. $C_{12}H_{22}O_{11}$. Glicídio da categoria dos dissacarídeos, típico do leite, formado pela associação de glicose com galactose.

lacuna cartilaginosa ou condroplasto. Zona correspondente a uma cavidade da matriz cartilaginosa onde fica o condrócito. São isoladas dos capilares sanguíneos e, como a matriz cartilaginosa é pouco permeável ao oxigênio, os condrócitos são anaeróbios.

lacuna óssea. Sin. de osteoplasto. Cavidade da matriz óssea onde vive o osteócito. As lacunas ósseas comunicam-se entre si e com os capilares sanguíneos por meio de canalículos que trazem nutrientes e oxigênio; osteócitos são aeróbios.

lacunoso ou esponjoso, parênquima. Tecido clorofiliano de células irregulares com muitas e grandes lacunas entre si, por onde circulam gases. Fica em contato com a epiderme inferior da folha de Dicotiledôneas. Faz fotossíntese.

lacustre. Referente a lago ou lagoa.

lagarta. Nome vulgar de larva de Insetos da ordem Lepidópteros (Borboletas e mariposas).

lagartixa. Nome vulgar de Répteis, ordem Lacertílios. Ex. gênero Hemidactylus.

lagarto. Nome vulgar de Répteis, ordem Lacertilios. Exs. gêneros Tupinambis, Iguana, Heloderma.

Lagomorfos. Ordem de Mamíferos que faziam parte dos Roedores apresentando dentes incisivos adicionais. São os coelhos e as lebres.

lagosta. Nome vulgar de Crustáceos Malacostráceos da ordem Decápodos. Ex.: gênero Palinurus.

Laguncunlaria. Gênero de arbustos Típicos de manguezais. Plantas Dicotiledôneas da família das Combretáceas. Espécie importante é L. racemosa (mangue branco).

lamarquismo. Teoria evolutiva com duas propostas: Lei do uso e desuso e Herança de caracteres–adquiridos. A mudança de meio causaria mudança de hábitos, com novos padrões de uso/desuso dos órgãos atrofia de uns e aumento de outros. Os novos hábitos e os órgãos modificados seriam herdados. A herança de caracteres adquiridos nunca foi verificada.

lambari. Nome vulgar de Osteictes válido para muitos gêneros, por exemplos, Astianax e Hemigrammus. Peixes fluviais brasileiros. Piabas são peixes frequentemente também chamados de lambaris.

lamela. Tipo de cisterna achatada, geralmente longitudinal, dentro dos cloroplastos. Contém clorofila.

lamela média. Placa transversal formada por material péctico, que cresce no plano equatorial entre os dois núcleos filhos durante uma telófase de célula vegetal. Formada a partir do complexo de Golgi, divide o citoplasma em dois (citodierese), sem estrangulamento. Vai originar a parede celular, entre as duas células filhas.

Lamelibrânquios. Sin. de Pelecípodos ou Bivalvos. Classe de Moluscos sem cabeça distinta, sem rádula e com o pé em forma de lâmina de machado. Têm concha dupla, articulada. São as ostras, mariscos ou mexilhões.

laminina. Glicoproteína ligada a proteínas da membrana plasmática e a proteínas do material intercelular.

Laminaria. Gênero de grandes algas marinhas pardas (Feófitas) no litoral brasileiro entre Vitória e Cabo Frio.

lampreia. Tipo de Ciclóstomos, parasitas ou predadores de peixes. Ex.: gênero Petromyzon.

Langerhans, células de. Células epidérmicas de defesa imunológica, da categoria das células dendríticas.

Langerhans, ilhotas de. Aglomerados celulares que constituem a parte endócrina do pâncreas, com células alfa produzindo glucagon e células beta produzindo insulina.

laqueadura de trompas. Método contraceptivo cirúrgico que consiste em amarrar firmemente cada trompa por meio de um fio de material não absorvível; ou então cortar transversalmente cada trompa ou tuba, e sua extremidade livre então é amarrada e portanto fechada, impedindo a passagem de espermatozoides.

laranjeira. nome vulgar de árvores, Dicotiledôneas, família Rutáceas, gênero Citrus.

laringe. Em Vertebrados tetrápodes, dilatação superior da traqueia frequentemente com cordas vocais que vibram e emitem som com a passagem do ar.

larva. Fase após a eclosão na qual o indivíduo tem morfologia, hábitat e hábitos muito diferentes do adulto. A larva cresce e eventualmente se torna adulta por uma grande transformação, a metamorfose. A larva é a fase de crescimento em Insetos, de dispersão em animais aquáticos do fundo do mar e de conquista de novos hospedeiros em parasitas.

larva filarioide. Última larva do desenvolvimento do ovo de Ancylostoma duodenale e de Necator americanus. Deriva da larva rabditoide e penetra ativamente pela pele do pé humano causando a ancilostomose ou necatorose (vulgarmente, opilação ou amarelão).

larva migrans. Larva de Ancylostoma braziliensis e de Ancylostoma caninum cujas formas adultas parasitam o cão e o gato. Ovos deixados na terra ou na areia libertam larvas que penetram na pele humana, migrando tangencialmente no tecido subcutâneo ou hipoderme durante semanas ou meses e depois morrem.

larva migrans visceral e cutânea. Larvas de Nematódeos principalmente da espécie Toxocara canis. Parasita de cães e gatos, raramente do homem.

larva rabditoide. V. larva filarioide.

larvófago. Que se alimenta de larvas. Refere-se principalmente a animais que se nutrem de larvas de mosquitos, como peixes "barrigudinhos". Gen Gambusia.

laterito. Tipo de solo vermelho, característico de regiões tropicais, rico em óxidos de ferro e alumínio. Pobre em íons nutrientes.

laterização. Sin. de latossolização. Processo de formação do solo típico de climas quentes e úmidos em que os cátions básicos e a sílica são intensamente retirados pela água, resultando no aumento da concentração de óxido de ferro e alumínio. Daí, a formação de solos pobres.

látex. Líquido leitoso de composição química complexa, variada, com muitos tipos de substâncias, inclusive alcaloides e hidrocarbonetos. Pode ter papel protetor para a planta.

laticíferos, vasos. Nos vegetais, canais que contêm látex.

latifoliada. Planta (ou vegetação) com folhas achatadas e largas.

latossolização. Sin. de laterização.

Latrodectus. Gênero de aranha, vulgo viúva-negra.

Laurasia. Antigo supercontinente do qual surgiram América do Norte, Europa e Ásia. V. Pangeia.

lavadeira. Sin. de libélula.

LDL ("Low Density Lipoprotein"). Partícula semelhante ao HDL, também no plasma sanguíneo, mas tem mais do dobro de moléculas de colesterol e por isso o LDL, é chamado de colesterol "mau".

leão. Nome vulgar de Mamíferos, ordem Carnívoros, espécie Felis leo.

leão-marinho. Nome vulgar de Mamíferos, ordem Pinípedes, gêneros Eumetopias (da Califórnia ao Alasca) e Zalophus (menor, da Califórnia para o Sul).

lebre. Nome vulgar de Mamíferos, ordem Lagomorfos, gênero Lepus.

lecitinas. Lipídios da categoria dos fosfolipídios, cuja substância nitrogenada é a colina. São abundantes na membrana plasmática.

lectinas. Proteínas que se ligam com grande especificidade a glicidíos da superfície celular. Prendem-se a glicoproteínas, proteoglicanas e glicolipídos.

legume. 1) Fruto de ovário de carpelo único, seco, deiscente pela linha longitudinal, como as vagens, ervilhas e feijões. Caracteriza toda uma família de Angiospermas, as Leguminosas. 2) Na feira, designa vários tipos de alimentos vegetais.

Leguminosas. Família de plantas da divisão Fanerógamas e da subdivisão Angiospermas, classe Dicotiledôneas, exemplificada pelo feijão, soja e ervilha. Suas raízes têm bactérias do gênero Rhizobium, que fazem a fixação do Nitrogênio.

lei biogenética. V. Lei da recapitulação de Haeckel.

lei da pureza dos gametas. Outro nome da primeira Lei de Mendel. Os indivíduos, diploides, são puros, homozigotos (AA ou aa), ou híbridos, heterozigotos (Aa). Os gametas, haploides, nunca têm dois alelos do mesmo gene, são sempre puros: (A) ou (a). Sinônimo de lei da disjunção.

lei da segregação independente. segunda Lei de Mendel. Se dois ou mais pares de alelos estão em dois ou mais pares de cromossomas, i. é, cada par de alelos em um par cromossomial, a distribuição de cada par de alelos, seguindo a primeira Lei, é independente da distribuição de todos os demais pares.

lei do uso e desuso. V. Lamarquismo.

lei ou teorema de Hardy-Weinberg. V. Equilíbrio Gênico de Hardy-Weinberg.

leis de Mendel. Duas leis gerais da herança biológica feitas por Mendel em 1866, até hoje base da Genética, mesmo com modificações. A primeira é a Lei da Disjunção, e a segunda é a Lei da Distribuição (ou Segregação) independente.

Leishmania. Gênero de Protozoários da classe Flagelados. V. leishmaniose visceral e leishmaniose tegumentar.

leishmaniose cutânea ou botão-do-oriente. Doença causada por Leishmania tropica.

leishmaniose tegumentar americana. Sin. de úlcera de Bauru. Doença causada por um Protozoário da classe Flagelados e da espécie Leishmania braziliensis, provocando afecções na pele e metástases nasobucofaringolaringianas. Transmitida por picada de mosquito-palha ou birigui (gênero Lutzomyia, antigamente Phlebotomus).

leishmaniose visceral americana. Sin. de febre negra, febre dum-dum ou Kalazar. Doença causada por uma espécie de Protozoário da classe Flagelados: Leishmania donovani. Afeta o fígado e outros órgãos internos e é transmitida pelo mosquito-palha ou birigui (Lutzomyia, ex-Phlebotomus).

lemingo. Nome vulgar de Mamíferos, ordem Roedores, gênero Lemmus (tundra na região Paleártica).

Lemur. Gênero de Mamíferos, ordem Primatas subordem Prossímios, infraordem Lemuriformes (Madagascar).

lençol freático. Limite superior de água subterrânea.

lêndea. V. piolho.

lenho. Sin. de Xilema.

lenhosos, vasos. Tubos formados por células mortas alongadas, ligadas pelas extremidades. Têm paredes com linhina endurecedora, que impede seu colapso durante a condução de seiva bruta.

lêntica, província. Parte do limnociclo correspondente às águas paradas (lagos, lagoas etc.).

lenticela. Orifício aberto no súber pelo desgarramento de células. Faz o arejamento do caule e raiz secundários.

Lentivírus. Gênero de vírus correspondente ao HIV.

leopardo. Nome vulgar de Mamíferos, ordem Carnívoros, espécie Panthera pardus (África e Ásia tropical).

Lepidópteros. Ordem de Insetos holometábolos com aparelho bucal sugador não pungitivo e quatro asas membranosas com minúsculas escamas. São as borboletas e mariposas.

lepra. Sin. de Hanseníase. Doença causada por bactérias da espécie Mycobacterium leprae, ou bacilo de Hansen. Transmissão direta por secreções.

leptoma. O mesmo que floema.

leptospirose. Doença causada por bactérias da espécie Leptospira ictero-hemorhagiae. Transmissão: água contaminada por urina de ratos, em contato com a pele humana.

leptóteno. Primeira subfase da Prófase I (q.v.) da meiose.

lesma. Nome vulgar de Moluscos da ordem Gastrópodos, sem concha ou com ela muito atrofiada.

lesma-do-mar. Nome vulgar de Moluscos Gastrópodos. Ex.: gênero Aplysia.

letal. Mortal.

letal completo, gene. Gene que prejudica uma ou mais estruturas e/ou funções de seu portador, levando-o à morte antes da maturidade sexual, impedindo sua reprodução.

letal incompleto, gene. Letal de efeito retardado. Permite a reprodução de seu portador.

LEU. Abreviatura convencional do aminoácido leucina.

leucemia. Superprodução de leucócitos (60.000 ou mais por mm^3 de sangue). É uma neoplasia.

leucina. Aminoácido. Abrev.: LEU, símbolo: L. Código genético (RNA-m): UUA, UUG, CUU, CUC, CUA e CUG.

leucócito ou glóbulo branco. Em Vertebrados, célula nucleada, sem hemoglobina e em menor número que as Hemácias. Há Leucócitos de vários tipos, todos relacionados com defesa do organismo. V. granulócitos e agranulócitos.

leucocitose. Aumento moderado do número de leucócitos, em geral neutrófilos, como defesa contra invasão bacteriana.

lêucon. Tipo mais complexo da estrutura das esponjas (Poríferos).

leucopenia. Número de leucócitos menor que o normal, devido a variadas causas.

leucoplasto. Plasto branco. Exs. elaioplasto ou oleoplasto e amiloplasto.

leucorreia. Corrimento vaginal, branco ou amarelo, causado por Trichomonas ou por Candida. V. também micose.

levedo ou levedura. Fungo Ascomiceto unicelular do gênero Saccharomyces. Faz fermentação alcoólica.

levulose. Sin. de frutose.

Leydig, células intersticiais de. Células situadas nos testículos entre os canais seminíferos, produtoras da testosterona.

lhama. Nome vulgar de Mamíferos, ordem Artiodátilos, gênero Lama, o mesmo gênero de alpaca, vicunha e guanaco.

liana. Sin. de cipó.

libélula. Sin. de lavadeira. Tipo de Insetos da ordem Odonatas. Ex.: Mecistogaster lucretia, com mais de 15cm de comprimento e 13,5cm de envergadura de asas.

Liber. Sinônimo de floema. q.v..

liberiano. V. vaso liberiano.

libero-lenhoso, feixe. Feixe de vasos condutores de seiva com vasos lenhosos e vasos liberianos. A nervura da folha é um exemplo.

licopeno. Substância carotenoide predecessora dos carotenos alfa, beta e gama. Característico do tomate.

licopódio. Grupo de Pteridofitas com folhas estreitas.

Lieberkuhn, criptas de. Reentrâncias entre as vilosidades da parede do intestino delgado, cujas células epiteliais produzem muco e libertam água e eletrólitos.

ligação covalente. Ligação química muito forte em que um ou mais pares de elétrons são compartilhados por diferentes átomos.

ligação fatorial. V. "linkage".

ligação glicosídica. Laço que liga duas oses num dissacarídeo ou num polissacarídeo. Corresponde a um átomo de Oxigênio preso às duas oses.

ligação peptídica. Sin. de laço péptico.

ligadura de trompas. Sin. de laqueadura de trompas.

ligamento. Cordão de TCPD denso-fibroso que une um osso a outro osso.

ligase. Categoria de enzimas que catalisam a ligação de duas moléculas com hidrólise de ATP ou outro composto rico em energia. Correspondem a sintetases.

lignina. ou Linhina.

limbo. Parte laminar da folha, horizontal ou vertical, muito ativa na troca de gases e na fotossíntese.

limiar de excitação. Intensidade mínima de estímulo que excita um neurônio ou uma fibra muscular estriada. Abaixo do li-miar não há resposta. No limiar ou acima dele a resposta é máxima e não aumenta com o aumento da intensidade do estímulo. "Lei do tudo ou nada".

limitações do processo evolutivo. O que pode ocorrer no futuro evolutivo de um ser vivo é fortemente condicionado pela sua história evolutiva, por suas adaptações do momento, que resultam dessa história. Por exemplo: temos braços e não temos asas (e lamentamos isso há milênios), enquanto as Aves têm asas e não braços (não sabemos se elas lamentam o fato) porque nossos ancestrais tinham quatro patas, não seis. Se Mamíferos e Aves descendessem de Insetos, que têm seis patas, certamente seria diferente. Mas nunca poderemos saber.

límnica, zona. Região mais afastada da margem de um lago ou de uma lagoa e que vai até a profundidade em que a luz desapareceu.

limnociclo. Biociclo de água doce. Corresponde ao conjunto de rios, regatos, lagos etc. do nosso planeta.

Limulus. Gênero de Artrópodos marinhos do subfilo Quelicerados, classe Merostomados. Encontrada na América do Norte, costa do Atlântico, golfo do México e Estados Unidos. Vulgarmente caranguejo-ferradura.

lince. Nome vulgar de Mamíferos, ordem Carnívoros, gênero Lynx (Eurásia).

lincomicina. Antibiótico que inibe a síntese proteica bacteriana no nível dos ribossomas.

Lineu. Karl von Linné (Linnaeus em latim) foi o primeiro cientista a abordar adequadamente a classificação

linfa. Líquido incolor, apenas com linfócitos, que circula em vasos linfáticos. Atua na defesa imunológica, leva gotículas de lipídios (quilomicrons) absorvidos no intestino delgado e retorna ao sangue o excesso de água que passou dos capilares sanguíneos para os tecidos.

linfático, edema. Inchação de partes do corpo devido a excesso de líquido saído do sangue ou por drenagem insuficiente dos tecidos pelo sistema linfático.

linfático, gânglio. V. Linfonodo.

linfáticos, vasos. Vasos onde a linfa circula. Retiram o excesso de líquido dos espaços intercelulares e o devolvem ao sangue. Como não tem propulsor próprio, a linfa circula movimentada pelos músculos, e órgãos por onde os vasos linfáticos passam. Subindo pelo corpo, estes {vasos vão para a Região torácica, onde convergem para dois grandes dutos que despejam a linfa nas duas veias subclávias, embaixo das clavículas.

linfócito. Pequeno leucócito agranulócito do qual há dois tipos: B-produtores de anticorpos e T-com variadas funções, mensageiros (Helper), citotóxicos (Killer) etc.

linfócitos B. São formados na medula óssea vermelha (análoga à Bursa Pastoris das Aves). Produzem um tipo de anticorpo específico em resposta à invasão de um antígeno e originam clones capazes de produzir esse tipo de anticorpo a cada invasão do antígeno. Esses clones são a memória do Sistema Imune.

linfócitos T ou CD. São formados na medula óssea vermelha e amadurecem no timo. Há dois tipos, distintos na glicoproteína transmembrana, CD4 e CD8, e nas funções: a) Helpers ou auxiliares, CD4, produzem Interleucinas e levam antígenos para os linfócitos B; b) Citotóxicos ou killers, CD8, matam células marcadas em suas membranas por anticorpos ligados a antígenos virais. Assim, impedem que os vírus completem seu ciclo. Matam também células estranhas ao organismo.

linfoide, tecido. TCPD que era classicamente considerado produtor de Leucócitos agranulócitos, monócitos e linfócitos.

Não produz hemácias nem Leucócitos granulócitos. Inclui o baço, timo, adenoides, amígdalas, apêndice cecal e gânglios linfáticos.

linfogranuloma venéreo. Doença sexualmente transmissível, causada pela bactéria Chlamidia Tracomatis, caracterizada por vesículas e úlceras na genitália (órgãos sexuais e adjacências.

linfoma. Tumor no tecido linfoide por proliferação celular. V. Burkit.

linfonodo. V. gânglio linfático.

linguado. Nome vulgar de Osteictes, gêneros Scophthalmus, Limanda, Paralichthys e Pleuronectes. Peixe "diferente" com os dois olhos no mesmo lado da cabeça, no adulto.

linhagem. Sequência de células ou de organismos que se originaram umas das outras, a partir de um tipo inicial. Praticamente, sinônimo de cepa.

linhagem (linha) germinal. Células que produzem os gametas. São a ponte que liga gerações sucessivas.

linhas laterais. Estruturas sensoriais de peixes. São duas fileiras laterais de canais cheios de água que se comunicam com o exterior por meio de poros. Na parede desses canais há células (neuromastos) que absorvem vibrações provenientes dos movimentos da água externa, inclusive sons.

linhina ou lignina. Polímero fenólico, duro, que reforça as paredes dos vasos lenhosos e das fibras do esclerênquima.

linkage. Ausência de segregação independente de dois pares de genes alelos, por estarem no mesmo par de cromossomas. Pode ser total ou parcial, neste caso com "crossingover". / Genes situados em um cromossoma passam juntos para os gametos e para o filho resultante. A não ser que ocorra o "crossing over".

liofilização. Processo de desidratação de uma substância em tempera-tura e pressão baixas.

liófilo. Coloide em que há uma grande afinidade entre as partículas ou micelas e as moléculas do solvente. Ex.: proteínas em água.

Quando o solvente é a água, o liófilo passa a chamar-se hidrófilo.

liófobo. Coloide em que não há afinidade entre as partículas e as moléculas do solvente.

lipase. Tipo de enzima que catalisa a hidrólise de lipídios, por exemplo triglicerídeo, que pode assim ser dividido em glicerol e três ácidos graxos. / São hidrolases do suco pancreático que atuam no intestino delgado rompendo as ligações éster de triglicerídios, libertando glicerol e ácidos graxos. Há também divisão por hidrólise em mono-acil-glicerol e dois ácidos graxos.

lipídios. Substâncias orgânicas com pelo menos três elementos obrigatórios (C, H e O) correspondentes a gorduras, óleos e ceras. São ésteres reais ou potenciais de ácidos graxos com álcoois mais ou menos complexos. Têm baixa densidade e geralmente são insolúveis em água. Funcionam como reserva energética principalmente nos animais.

lipófila. Substância ou radical que se dissolve em lipídios.

lipófoba. Substância ou radical que não se dissolve em lipídios.

lipofuscina, grãos de. Corpúsculos residuais pardos; são lisossomas secundários que contêm material que não conseguiram digerir.

líquen. Associação harmônica e interespecífica, obrigatória (mutualismo) em que um determinado Fungo abriga algas microscópicas unicelulares, verdes ou azuis. Elas dão para ele os produtos da fotossíntese, incluindo O_2, e ele fornece para elas CO_2, H_2O, sais minerais, abrigo e calor. / Organismos que são associações mutualísticas de algas e fungos tão íntimas e com formas tão características e reprodutíveis que podem ser, e são muitas vezes, tratados como se fossem vegetais individuais como qualquer outra planta – há "famílias", "gêneros" e "espécies" bem identificadas de líquens. As células da alga, gonídias, fotossintéticas, são envolvidas pelas hifas do cogumelo que lhes proporcionam umidade, sais, CO_2 etc. Os líquens estão entre os seres pioneiros de uma sucessão e podem viver em locais onde seus componentes não viveriam, se isolados. A reprodução vegetativa é feita pelos sorédios, que são novelos de hifas contendo gonídias.

líquido céfalo-raquidiano. Líquido existente nas cavidades (ventrículos) dos cérebro e no canal da medula espinhal. Sin. de líquor.

líquor. Sin. de Líquido cefalorraquidiano.

lírio-do-mar. Nome vulgar de Equinodermas, classe Crinoides. Ex.: gênero Antodon.

lisa ou de alongamento, região. Na anatomia da raiz, a região entre a coifa e a região pilífera. É o local onde a raiz se alonga pelas mitoses e pela ação da auxina, e onde há absorção ativa de sais minerais, causando a hipertonia da raiz.

lise celular. Sin. de plasmoptise (q.v.)

lisina. Aminoácido diaminado (dibásico) e monocarboxílico. Sua abundância em uma proteína tende a torná-la eletricamente positiva. Abrev.: LYS, símbolo: K. Código genético (RNA-m): AAA e AAG.

lisogênica, multiplicação. Fase da reprodução de alguns vírus em que seu material genético (DNA) se incorpora a um cromossoma da célula infectada e se reproduz junto com ele, sem causar danos. Mais tarde, normalmente os DNAs do vírus entram numa fase lítica, produzindo novos vírus e destruindo a célula. Fenômeno mais estudado em bacteriófagos.

lisossoma. Organócito vesiculoso derivado do RER e do complexo de Golgi e que contêm enzimas digestivas ou hidrolases. Junta-se a um endossoma e faz digestão intracelular.

lisossoma secundário. Sin. de vacúolo digestivo. Vesícula resultante da união de endossoma(s), mais visivelmente um fagossoma, ao lisossoma primário, que é o lisossoma propriamente dito. É o organócito que faz a digestão intracelular.

lisozima. Sin. de muramidase. Enzima que catalisa a hidrólise e portanto a destruição da parede de algumas bactérias.

lissencéfalo. Cérebro liso, sem circunvoluções,

nos Vertebrados, com exceção dos Mamíferos.

lítica, multiplicação. Expressão usada para designar a ação mais comum dos bacteriófagos. Neste caso, todas as bactérias infectadas são destruídas pela multiplicação dos vírus. Fases desta multiplicação: 1) adsorção – vírus aderem à superfície da bactéria; 2) penetração – o DNA do vírus é injetado na bactéria; 3) eclipse – fase em que o microscópio eletrônico ainda não mostra partículas virais dentro da bactéria; aí ocorre a multiplicação do DNA viral, a produção de RNA viral e das proteínas virais que constituirão as cápsides; 4) liberação – agora aparecem montados os vírions que destroem a célula e se libertam. Em células animais, a penetração frequentemente é por micropinocitose. Depois, as enzimas dos lisossomas dissolvem as cápsides, liberando o ácido nucleico viral.

Litopternas. Mamíferos placentários herbívoros, sul-americanos, extintos (Eoceno = Pleistoceno) com evolução paralela à dos Perissodáctilos.

litorânea, zona. V. Intertidal, zona.

lixiviação. Retirada pelas águas da chuva dos constituintes minerais existentes na região superficial do solo.

lobo. Nome vulgar de Mamíferos, ordem Carnivoros, espécie Canis lupus.

lobo anterior da hipófise. Sin. de adeno-hipófise.

lobo posterior da hipófise. Sin. de neuro-hipófise.

lobo-do-mar. Nome vulgar de Mamíferos, ordem Pinípedes, gênero Otaria.

lobo-marsupial. Nome vulgar de Mamíferos, ordem Marsupiais, gênero Thylacinus, na região Australiana.

lobos cerebrais. São as principais divisões ou regiões cerebrais: 1) Frontal – ligado aos movimentos voluntários e à fala e às expressões emocionais e de comportamento; 2) Occipital, parte traseira do cérebro – ligado à visão; 3) Parietais – ligados aos sentidos gerais, incluindo o paladar. 4) Pré-frontal – ligado ao raciocínio e linguagem; 5) Temporal – ligado ao equilíbrio e à audição.

loci. plural de "locus".

locus. posição do gene no cromossoma.

lombriga. Nome vulgar de vermes do filo Nematódeos e da espécie Ascaris lumbricoides.

Lonomia. V. taturana.

lontra. Nome vulgar de Mamíferos, ordem Carnívoros, gênero Lutra. Semiaquática, solitária ou em pares. Neotropical.

Loos, ciclo de. Parte do ciclo evolutivo de vermes do filo Nematódeos, como Ascaris. As larvas passam do intestino delgado para o sangue e daí para o coração e os pulmões; e depois para a laringe e faringe, atingindo de novo o intestino delgado, onde se tornam adultas.

loreais, fossetas. Dois pequenos orifícios entre os olhos e as narinas de cobras peçonhentas, que são órgãos sensíveis ao calor. Permitem que as serpentes percebam animais de sangue quente, que podem ser atacados.

lótica, província. Parte do limnociclo correspondente às águas correntes (rios, regatos, cachoeiras).

louro. Nome vulgar de Angiospermas Dicotiledôneas, fam. Lauráceas, gênero Laurus. Arbusto ornamental. Folhas formam a coroa de louros para os atletas olímpicos vitoriosos.

louva-a-deus. Tipo de Inseto da ordem Ortópteros (Mantódeos para vários autores). Ex.: gênero Mantis.

LSD. Ácido lisérgico, substância tóxica, alucinogênica, derivada da ergotamina. V. Claviceps.

luciferase, luciferina. Respectivamente a enzima que oxida e o substrato que, em resposta, liberta luz. Sinônimos de fotogenase e fotogenina.

Lucy. Nome vulgar de uma fêmea da espécie Australopithecus afarensis descoberta em 1968 na Etiópia e que viveu há 3 milhões de anos.

lugol. Corante iodado que evidencia a presença do amido.

lula. Nome vulgar de Moluscos, classe Cefalópodos da ordem Decápodos. Ex.: gênero Loligo. Architeuthis é um gênero com lulas de até 18 metros de envergadura, no Atlântico Norte.

lumen. Sin. de luz, no sentido anatômico, morfológico, de espaço.

lúpulo. Substância amarga retirada da planta Humulus lupulus (Moráceas), usada no preparo da cerveja.

lupus. Doença autoimune. Os autoanticorpos destroem trechos de DNA de células de tecidos diferentes, causando diabete 1m artrite reumatoide, esclerose múltipla e possivelmente, psoríase.

luteinizante, hormônio ou LH. Gonadotrofina que estimula a ovulação, transforma o folículo em corpo lúteo, amarelo, após a ovulação, e o estimula a secretar progesterona.

lúteo, corpo. Sinônimo de corpo amarelo.

luteotrófico, hormônio. Sin. de hormônio luteinizante, ou hormônio luteotrópico.

Lutzomyia. Gênero do mosquito-palha. V. leishmaniose.

luz. Sin. de lumen. Espaço interno de um órgão oco. Ex: luz do esôfago, luz do estômago, quatro luzes do coração (duas aurículas ou átrios e dois ventrículos).

Lygaeus. O mesmo que determinação sexual XY.

Lygia. Gênero de Crustáceos, ordem Isópodos, com a espécie Lygia (Megalygia) exotica, vulgarmente barata-da-praia, encontradas em praias com pedras.

Lymnaea. Gênero de caramujos de água doce (Moluscos, Gastrópodos). Hospedeiro intermediário do verme Fasciola hepatica, parasita de bois, carneiros, cabras, mas raramente do homem.

Lynen, ciclo de. Sin. de beta-oxidação.

Lyon, teoria de ou teoria da inativação do X. Dos dois cromossomas X de cada célula de uma fêmea de Mamíferos, apenas um é ativo. O outro se torna inativo cedo na embriogênese, e aparece como corpúsculo de Barr ou cromatina sexual, espiralizado na intérfase. A teoria é válida também para quem tenha 3X, por exemplo homem Klinefelter XXXY, com 1 X ativo e duas cromatinas sexuais. Ou uma superfêmea XXX, com o mesmo resultado. A inativação é aleatória. Em praticamente 50% das células de uma fêmea, um cromossoma X é inativado, e nas demais células a inativação atinge o outro cromossoma X.

LYS. Abreviatura convencional do aminoácido lisina.

M

M, células. Células epiteliais, em vários pontos da parede do íleo, revestindo nódulos linfáticos. Na base dessas células há grandes invaginações contendo linfócitos e macrófagos, e sob as células M a membrana basal é perfurada. Assim, antígenos passam da luz do íleo para os linfócitos do sistema imunológico.

M, fase. Etapa do ciclo celular ou mitótico correspondente ao desenrolar da mitose.

M.C. Microscópio comum, ou de luz, ou microscópio óptico.

M.E. Microscópio eletrônico.

M.O. Microscópio óptico (microscópio comum ou de luz).

macaco. Nome vulgar de Mamíferos, ordem Primatas.

macaco-aranha. Nome vulgar de Mamíferos, ordem Primatas, superfamília Ceboides (Neotropical), gênero Ateles.

macrocítica. Anemia em que as hemácias mantêm tamanho e taxa de hemoglobina normais, mas são pouco numerosas.

Macrocystis. Gênero de Feófitas marinhas muito desenvolvidas. Vão até 60 m de comprimento.

macroevolução. Evolução de gêneros, famílias etc. acima de espécie. Pode ser termo apenas descritivo, mas há quem admita processos diferentes para a evolução de espécies (Microevolução) e a Macroevolução, por macromutações.

macrófago. Monócito sanguíneo no TCPD. Fagocita e destrói bactérias, protozoários e restos de tecidos mortos. Funciona na reação imune porque repassa antígenos aos linfócitos T. Helper. Histiócito é o nome dado por alguns autores aos macrófagos imóveis.

macrogameto. O mesmo que gameto feminino, o óvulo no caso dos animais.

macrogametófito. Sin. de gametófito feminino.

macrolécito. Sin. de megalécito.

macrômeros. Blastômeros maiores, com mais vitelo, da região do polo vegetal dos ovos heterolécitos. Sua velocidade de mitoses é menor que a dos micrômeros.

macromutação. Para alguns, que admitem Macroevolução, mutação com grande efeito fenotípico fazendo de seu portador, se sobrevivesse, um "monstro bem-sucedido", criando um novo gênero, família etc.

macronúcleo. Núcleo do tamanho maior de um Paramecium e de vários outros Protozoários da classe Ciliados. Controla atividades vegetativas como nutrição, excreção, crescimento etc.

macrosporângio. Em Pteridófitas heterosporadas e Espermáfitas, é o esporângio maior, produtor de macrosporos, que desenvolvem os gametófitos femininos ou macrogametófitos.

macrosporo. Esporo de maior tamanho de Pteridófitas heterosporadas e Espermatófitas. Origina o gametófito feminino ou macrogametófito, chamado célula-mãe do saco embrionário, contido no óvulo, nas Espermatófitas.

macuco. Nome vulgar de Aves, subclasse Ratitas, gênero Tinamiformes. Ex. gênero Tinamus.

mácula lútea. Sin. de fóvea.

magma. Rochas em estado de fusão, lava, formadas no manto sob a crosta terrestre em terra firme ou no fundo do mar. Originam, ao resfriar, rochas magmáticas ou ígneas.

magmáticas, rochas. Resultam da solidificação de material fundido, do magma que se introduz em outras rochas ou sai à superfície como lava vulcânica. Não contém fósseis.

magnésio. Elemento químico que entra na composição da molécula de clorofila. Na forma iônica, Mg^{++}, age como catalisador de algumas enzimas e atua como ligação entre as duas subunidades dos ribossomas.

magnificação química. Sin. de Magnificação trófica ou bioacumulação.

magnificação trófica. Concentração crescente de determinadas substâncias ou elementos químicos nos indivíduos, ao longo da cadeia alimentar. A concentração é pequena nos indivíduos do nível dos Produtores (plantas, por exemplo) e máxima nos indivíduos do nível dos últimos consumidores. Inseticidas, agrotóxicos e metais pesados como Zinco, Cádmio, Cobre, Mercúrio são exemplos. Sin. de bioacumulação.

maitaca. Nome vulgar de Aves, ordem Psitaciformes. Ex. gênero Pionus.

malacologia. Estudo dos Moluscos.

Malacostráceos. Subclasse mais importante de Crustáceos onde estão as lagostas, os camarões, siris, caranguejos etc.

malária. Sin. de impaludismo, maleita, febre palustre ou sezão. Doença causada por Protozoários da classe Esporozoários (Apicomplexos), do gênero Plasmodium, cuja espécie principal, mais virulenta é a Plasmodium falciparum. Transmitida pela picada de mosquito-prego, fêmea, do gênero Anopheles. Ataca inicialmente o fígado, sem grandes prejuízos, e depois destrói periodicamente hemácias com intervalos de 48-48hs ou de 72-72hs com febres nesses períodos.

malation. V. organofosforados.

maleita. Sin. de malária.

Malpighi, camada de. Sin. de camada basal da epiderme.

Malpighi, glomérulo de. V. glomérulo renal.

Malpighi, tubo de. Tubo excretor de Insetos e Miriápodes. Há vários tubos de Malpighi imersos na hemocele de onde absorvem ativamente substâncias que lançam no intestino.

maltase. Hidrolase intestinal. Decompõe a maltose no intestino delgado, libertando glicose.

malte. Mistura proveniente da germinação e posterior secagem de sementes de cevada. Contém maltose e dextrina (produto glicídico quimicamente entre amilo e maltose).

Malthus, teoria de. Postulava que, enquanto uma população cresce em razão geométrica, os recursos alimentares crescem em razão aritmética, tornando a escassez, a miséria e a luta inevitáveis. Influiu sobre as ideias de "Luta pela vida" e "Sobrevivência do mais apto" propostas por Darwin.

maltose. $C_{12}H_{22}O_{11}$. Glicídio da categoria dos dissacarídeos formado pela associação de duas moléculas de glicose.

mama. Em Mamíferos, protuberâncias pares, cônicas e/ou hemisféricas, laterais, formadas pelas glândulas mamárias protegidas por tecido adiposo. Seu volume, forma e desenvolvimento dependem de fatores genéticos e hormonais. Em geral, só se desenvolvem nas fêmeas. Hipertrofiam-se na gestação e, mais ainda, na lactação (produção e emissão de leite).

Mamíferos. Classe de Vertebrados homeotérmicos, amniotas, alantoidianos e com útero e placenta quase sempre presentes. Possuem glândulas mamárias, corpo coberto de pêlos (com algumas exceções), glândulas sudoríparas e sebáceas, diafragma e hemácias anucleadas. Quase todas as espécies têm dentes e heterodontia. São ureotélicos. Mamíferos são divididos em três subclasses: 1) Prototérios (ovíparos sem útero nem placenta; ordem Monotremados); 2) Metatérios (útero duplo, placenta ausente ou rudimentar e com marsúpio, ordem Marsupiais) e; 3) Eutérios (útero e placenta desenvolvidos, sem marsúpio: todas as demais ordens). Há cerca de 4.000 espécies de Mamíferos.

Mammalia. Nome oficial, internacional, latino, de Mamíferos.

mamoeiro. Nome vulgar de arbustos, Angiospermas Dicotiledôneas, família Caricáceas, da espécie Carica papaya.

mamute. Nome vulgar de elefantes fósseis, gênero Mammuthus, contemporâneos do Homem primitivo, no período pleistocênico.

manati. Sin. de peixe-boi, Mamífero da ordem Sirênios.

mandacaru. Nome vulgar de Angiospermas Dicotiledôneas, fam. Cactáceas do gênero Cereus, na caatinga.

mandíbula. Osso único que forma a arcada inferior da boca.

mandioca. Planta com tubérculos radiculares ricos em amido. Angiosperma, Dicotiledônea, família Euforbiáceas, da espécie Manihot utilissima.

mandril. Nome vulgar de Mamíferos, ordem Primatas, superfamilia Cercopitecoides (Velho Mundo), gênero Mandrillus.

mangue ou manguezal. Bioma litorâneo tropical correspondente ao espaço entre as marés alta e baixa, num solo portanto encharcado por água salobra (mistura de água doce e salgada), coloidal e pobre em O_2. A vegetação é de arbustos com raízes fixadoras (adventícias ou aéreas ou então subterrâneas com prolongamentos para cima, aéreos). Gêneros importantes de arbustos no manguezal = Avicenia, Laguncularia e Rhizophora.

mangue-amarelo. Nome vulgar de Angiospermas Dicotiledôneas, fam. Rizoforáceas, gênero Rhizophora, com grandes raízes aéreas.

mangue-branco. Nome vulgar de Angiospermas Dicotiledôneas, fam. Combretáceas, gênero Laguncularia. V. também Avicennia.

mangusto. Nome vulgar de Mamíferos, ordem Carnívoros, gênero Herpestes Da Índia, introduzido na Jamaica e no Havaí. Alguns autores dão o gênero Ichneumon.

manjuba. Nome vulgar de Osteictes de vários gêneros: Engraulis, Anchoa, Anchoviella, Lycengraulis, Ctengraulis.

manose. Ose ou monossacarídio que é hexose e aldose.

Mansonella. Gênero de Nematódeos que causam uma forma de filariose. Ocorre basicamente na América Latina. No Brasil apareceu no Amazonas e em Roraima. Transmissão por mosquitos pólvora e borrachudos.

manto. Sin. de pálio. Membrana complexa que envolve a massa visceral de Moluscos e que secreta a concha calcárea.

MAO ou monoaminooxídase. Enzima que inativa as catecolaminas (adrenalina e dopamina) por desaminação oxidativa.

mão-pelada. Nome vulgar de Mamíferos, ordem Carnívoros gênero Procyon.

mapa cromossomial. Localização dos genes que estão em um mesmo cromossoma (grupo de "linkage"), indicando suas distâncias relativas. É feito classicamente pela análise das taxas de 'crossing' obtidas em cruzamentos que relacionam esses genes, dois a dois.

mapa de "linkage". Sin. de Mapa cromossomial.

mapa genético. Sin. de mapa cromossomial.

marcapassso. Sin. de Nódulo ou Nó Sino-Atrial. Regula o ritmo das batidas cardíacas.

maré vermelha. Multiplicação exagerada de algas marinhas do grupo das Pirrófitas (Dinoflagelados) e que geralmente avermelha a água. Há produção de toxinas que se acumulam ao longo da cadeia alimentar, podendo matar peixes e outros animais.

Marfan, síndrome de. Patologia hereditária, dominante, de expressividade variável e desenvolvimento progressivo que pode ser fatal na infância (mais de 60% dos casos) por complicações cardiovasculares. Os sinais externos típicos são elevada estatura, membros e dedos longos e finos.

marimbondo. Sin. de vespa.

mariposa. Nome vulgar de Insetos, da ordem Lepidópteros. Exs. de gêneros: Tinea e Tineola (suas larvas são as traças-de-roupa), Acrocercops (larvas sobre algodoeiro), Marmara (larvas sobre frutos de cacau), Alabama (curuquerê, grande praga do algodoeiro) e Bombyx mori (bicho-da-seda).

marlin. Nome vulgar de Osteictes, gênero Makaira. Importante em pesca esportiva. Um exemplar foi pescado ao largo de Cabo Frio em janeiro de 99 com 547kg.

marreco. Nome vulgar de Aves, ordem Anseriformes. ex. gêneros Anas e Nettion.

Marsupiais. Ordem de Mamíferos da subclasse Metatérios exemplificada por gambás, cangurus, coalas e diabo-da-tasmânia.

marsúpio. Bolsa externa, abdominal, ventral nas fêmeas de Marsupiais, onde os filhotes se alimentam (aí há glândulas mamárias) e completam seu desenvolvimento.

marta. Nome vulgar de Mamíferos, ordem Carnívoros, gênero Martes.

martelo. Primeiro dos três ossos do ouvido médio que transmitem os movimentos do tímpano para o ouvido interno. Bigorna e estribo completam o conjunto.

martim-pescador. Nome vulgar de Aves, ordem Coraciformes. Ex. gênero Chloroceryle.

Mastigóforos. Sin. de Protozoários Flagelados.

mastócitos. Células do TCPD produtoras de histamina e de heparina.

mastodonte. Proboscidiano fóssil, gênero Mammut, anterior ao mamute (Mammuthus).

masturbação. Procedimento auto-sexual, individual. Consiste em friccionar o pênis ou o clitóris objetivando alcançar o orgasmo.

mata atlântica. V. Floresta atlântica.

mata ciliar. Sin. de mata de galeria. Vegetação arbórea percorrendo as margens de um rio.

mata de galeria. Sin. de mata ciliar.

matriz cartilaginosa. Material intercelular da cartilagem, não mineralizado, flexível, com colágeno e polissacarídeos (ácidos hialurônico e condroitino-sulfúrico). É impermeável ao oxigênio, suas lacunas são isoladas, sem canalículos e, por isso, os condrócitos, anaeróbios, fazem fermentação láctica.

matriz mitocondrial. Material semilíquido, viscoso, que preenche o interior da mitocôndria. Contêm DNA, RNA e ribossomas 70 S. Aí acontecem a transformação do ácido pirúvico em ácido acético, o ciclo de Krebs e a beta-oxidação.

matriz óssea. Matriz intercelular óssea, dura, com colágeno, polissacarídeos (ácidos hialurônico e condroitino-sulfúrico) e minerais (fosfato/ carbonato de cálcio). Impermeável, suas lacunas se interligam à corrente sanguínea por canalículos que trazem nutrientes e oxigênio para os osteócitos, que são aeróbios.

maxilares. Dois ossos que formam a arcada superior da boca.

meato. Um espaço entre estruturas. Em Botânica, se refere ao espaço entre as células do tecido clorofiliano lacunoso.

mediador químico. V. Neurotransmissor.

medula. Parte interna de um órgão. As mais importantes são a medula supra-renal, a medula óssea e a medula espinhal.

medula espinhal. Parte do SNC que fica dentro do canal vertebral. Dela saem os nervos espinhais ou raquianos ou raquidianos (31 pares no Homem), todos mistos. / Sin. de medula raquidiana. Parte do Sistema Nervoso Central sob a forma de um filamento oco ao longo e no interior da coluna vertebral.

medula óssea. TCPD de cavidades ósseas. Há dois tipos: 1) Vermelha, hematopoiética; e 2) Amarela, adiposa. No embrião; toda medula é vermelha que, no adulto, se limita a poucos locais: epífises de ossos longos, crista do osso ilíaco etc. A medula amarela fica no canal da diáfise dos ossos longos.

medula óssea amarela. Tecido conjuntivo rico em adipócitos que ocupa a diáfise dos ossos longos. Não é ativa na produção de células sanguíneas.

medula óssea vermelha. Tecido conjuntivo hemopoiético, ativo na produção de células sanguíneas, que ocupa as cavidades de osso esponjoso das epífises dos ossos longos, da crista do osso ilíaco, do esterno, do cocix, dos ossos cranianos etc.

medula raquidiana. Sin. de medula espinhal.

medula supra-renal. Parte interna da glândula supra-renal, de origem ectodérmica, que produz adrenalina ou epinefrina.

medusa. Tipo de Celenterado livre e nadador. Aurelia e Cyanea são gêneros importantes.

megacariócito. Grande célula originadora das plaquetas na medula óssea vermelha.

megalécitos. Ou Macrolécitos ou Telolécitos. Ovos com muito vitelo, que ocupa quase todo volume do ovo, deixando apenas um pouco de citoplasma, a cicatrícula, com o núcleo, no polo "animal" em Condrícties, Moluscos Cefalópodes, Répteis e Aves.

megatério. Grande Mamífero fóssil, ordem Xenartros semelhante a uma preguiça gigantesca, na fase do Pliocênico e início do Pleistocênico.

meiose. Sequência de duas divisões celulares; a primeira é reducional, dividindo uma célula 2n em duas células n. A segunda é equacional, dividindo as duas células n em quatro células finais n. Nos animais em geral, ocorre durante a formação dos gametos e nos vegetais, na formação dos esporos.

meiose espórica. Meiose típica dos vegetais onde uma célula 2n do esporófito produz quatro células n chamadas esporos.

meiose gamética. Meiose típica dos animais e que acontece na gametogênese; uma célula 2n origina quatro espermátides n ou então, uma célula 2n origina um óvulo n e três polócitos ou glóbulos polares n.

meiose zigótica. Meiose típica dos seres haplobiontes. O zigoto é a única célula 2n; sofre meiose e origina células n que são ou farão parte de novos indivíduos n. Estes produzirão, por mitose, gametos n, cuja fusão criará novos zigotos 2n etc. Ex.: Plasmodium, Protozoário causador da malária.

melânico. Tipo escuro em uma população mais clara.

melanina. Pigmento marron escuro, produzido pelos melanócitos da epiderme, a partir do aminoácido tirosina. Protege as camadas internas da pele contra a penetração dos raios UV. Existe também nos cabelos e pelos.

melanismo industrial. Predominância de mariposas escuras (melânicas) sobre mariposas claras em regiões poluídas por fuligem, como aconteceu, na cidade de Manchester na Inglaterra. As formas escuras mimetizam o ambiente enegrecido, escapando dos pássaros predadores. É um caso clássico de seleção natural.

melanócitos. Células epidérmicas produtoras de melanina. Estão na camada basal.

melatonina. Controvertido hormônio da epífise que estimula o sono, e que influenciaria a hipófise anterior.

membrana basal. V. basal, membrana.

membrana celulósica. Sin. de parede esquelética.

membrana de fecundação. Camada que recobre o óvulo logo após a fecundação, impedindo a entrada de outros espermatozoides.

membrana nuclear. Sin. de cariomembrana.

membrana plasmática. Sin. de plasmalema. Envoltório finíssimo, visível só ao M.E., que reveste todas as células, tanto procariotas quanto eucariotas. É fosfolipoproteica e tem oligossacarídeos na face externa. Sua estrutura corresponde ao mosaico fluido, modelo (q.v.) e essa membrana regula as trocas químicas entre a célula e o ambiente extracelular.

membrana semipermeável. A que se deixa atravessar pelo solvente, por exemplo: água, e não pelos solutos.

membrana unitária. Sin. de unidade de membrana. Estrutura visível ao M.E. onde a membrana plasmática aparece como um conjunto de três camadas: duas delas (a externa e a interna) são escuras e a intermediária é clara. Esta estrutura tríplice corresponde também às endomembranas.

memória. Linfócitos B e T podem produzir células com memória imunológica, que se multiplicam indefinidamente durante décadas e mantêm a capacidade de originar anticorpos contra antígenos que reinvadiram o organismo depois de muito tempo.

menarca. Primeira menstruação na puberdade de uma mulher.

Mendel, J.G. (1822-1884). austríaco, sacerdote católico e botânico. Praticamente criou a genética, fazendo inúmeros cruzamentos entre diferentes variedades de ervilhas, da espécie Pisum sativum, família das Leguminosas.

Mendel, primeira lei. Lei da Disjunção (Segregação). "Cruzando dois indivíduos puros (homozigotos) para cada um dos alelos de um par (P= AA x aa), obtemos a primeira geração filial (F1) toda (100%), de heterozigotos ou híbridos (Aa). Estes, cruzados entre si, originam a segunda geração filial (F2) com 50% de homozigotos, (25% de cada), e 50% de heterozigotos – (1AA:2Aa:1aa)". Através das gerações, os genes juntam-se, separam-se e combinam-se, de todas as formas possíveis. O processo pelo qual os genes são passados de uma geração para outra, o espírito da primeira Lei, é a base da Genética, até em casos em que ela parece não ser aplicável. A primeira lei tem sido também chamada de lei da pureza dos gametos.

Mendel, segunda Lei de, Lei da Segregação independente. "Se dois ou mais pares de alelos estão situados em dois ou mais pares de cromossomas, cada par, enquanto seguindo a primeira Lei de Mendel, se distribui independentemente dos demais, compondo com eles todas as combinações possíveis". A segunda Lei de Mendel é a primeira Lei atuando em dois ou mais pares de alelos ao mesmo tempo.

meninge. Envoltório protetor e nutridor do encéfalo e da medula espinhal. Com três camadas: Duramáter (externa), Aracnoide e Piamáter (interna).

meningite meningocócica. Doença causada por bactérias da espécie Neisseria meningitidis. Transmissão por secreções nasais e saliva.

menisco. Estrutura fibrocartilaginosa, mais ou menos em forma de meia-lua, entre superfícies ósseas em contato em algumas articulações, como por exemplo no joelho.

menopausa. Diminuição e interrupção dos processos de ovulação e de menstruação, pela carência de estrógenos e de progesterona na mulher geralmente com mais de 50 anos de idade. / Diminuição e, por fim, término da capacidade reprodutiva da mulher. Não há processo equivalente no homem.

menstruação. Expulsão, através da vagina, de líquido resultante da destruição do espessamento progestacional do endométrio. Contém restos de tecidos e "sangue". O primeiro dia da menstruação marca o fim de um ciclo menstrual e o início de outro. Em geral, não ocorre se houver gestação, devido à permanência do corpo amarelo. / Saída pela vagina de grande parte do endométrio sob forma de flocos com sangue. Geralmente vai do dia primeiro ao dia quatro ou cinco, do ciclo menstrual.

mergulhão. Nome vulgar de Aves, ordem Pelecaniformes. Ex. gênero Podiceps.

mergulhia. Processo assexuado de reprodução induzido pelo Homem: um galho é envergado e mergulhado no solo. Esta parte, cortada e agora subterrânea, de-senvolve uma raiz para baixo e um caule com folhas para cima.

meristema. Tecido embrionário, de formação, que origina todos os demais tecidos do vegetal. Suas células, sem vacúolos, têm finas paredes celulósico-pécticas, grandes núcleos, estão intimamente acopladas umas às outras e em constantes mitoses. Há dois tipos de meristemas: primário (M1) e secundário (M2).

meristema intercalar. Meristema dos nós do caule de Gramíneas, como a cana-de-açúcar. Crescem de modo independente da gema apical.

meristema primário. Ou M1, fica nos ápices do caule e seus ramos, nas axilas das folhas e nos ápices das raizes e de suas ramificações. Faz o crescimento em comprimento de caules, ramos e raizes, além de originar folhas e flores.

meristema secundário. Ou M2, fica sob a superfície do caule, e da raíz e produz, por mitoses, células para dentro e para fora, aumentando o diâmetro do caule e da raíz. Há dois tipos de meristema secundário, o Câmbio vascular e o Felogênio.

mero. Nome vulgar de Osteictes, gênero Promicrops.

meroblástica. V. clivagem meroblástica.

merócrina, glândula. Glândula cujas células só expulsam a secreção, conservando todo o citoplasma.

Merostomados. V. Quelicerados.

merotomia. Experiência clássica em Citologia, cortando-se uma célula, preferencialmente uma ameba, e verificando-se o comportamento da porção anucleada, que morre, e a porção nucleada, que regenera e sobrevive.

merozoíto. Forma (etapa) minúscula e arredondada de Protozoários do gênero Plasmodium resultante da divisão múltipla ou esporulação (esquizogonia) na hemácia. Merozoítos saem da hemácia, destruída e invadem outras hemácias ou então evoluem e se tornam gametócitos no plasma sanguíneo.

mesencéfalo. É apenas uma ligação de fibras nervosas entre diencéfalo e metencéfalo e entre os dois lados do cérebro dos Vertebrados. Corresponde à protuberância ou ponte.

mesênquima. Parte do mesoderma embrionário que dá origem aos tecidos conjuntivos.

mesentério. Em Vertebrados, membrana serosa, parte do peritônio, que forma dobras que sustentam as alças do intestino. Por ele passam vasos, do e para o intestino.

mesentoderma. Camada de células no embrião (gástrula) do anfioxo, que vai originar o mesoderma e o endoderma.

mesocarpo. Camada mediana do pericarpo; em geral, a parte comestível dos frutos carnosos como a manga, o pêssego etc.

mesocisto. Célula 3n na parte mediana do saco embrionário do óvulo das plantas Angiospermas. Resulta da fecundação de dois núcleos polares, n, por um núcleo espermático, também n.

mesoderma. terceiro folheto embrionário, entre ectoderma e endoderma. Caracteriza a gástrula tridérmica e os animais triblásticos.

mesófilo. Parte da folha entre a epiderme superior e a epiderme inferior. O mesófilo é constituído de parênquima clorofiliano e feixes libero-lenhosos (xilema acima e floema abaixo), que são as nervuras.

mesogleia. Massa gelatinosa entre a epiderme e a gastroderme de Celenterados. Contém neurônios primitivos.

mesolécitos. Ou Heterolécitos. Ovos com quantidade moderada de vitelo, distribuído de modo desigual. Há mais vitelo no polo dito "vegetal" e menos no polo dito "animal". Ocorre em Cnidários, Platelmintos, Anelídeos, Moluscos, Peixes ósseos e Anfíbios.

mesômero. Parte do mesoderma embrionário, que originará os rins, as vias urinárias e os órgãos do aparelho reprodutor.

mesonefro. Rim de Peixes e Anfíbios adultos. Tem túbulos excretores com cápsulas duplas em torno dos glomérulos e nefróstomas segmentares. Situado na região mediana do corpo.

mesossoma. Invaginação da membrana plasmática de bactérias aeróbias. Funciona como um organócito especializado para a respiração celular aeróbia.

mesotélio. Epitélio de origem mesodérmica. Em geral, é uma serosa.

mesozoica. V. era Mesozoica.

MET. Abreviatura convencional do aminoácido metionina.

metabolismo. Conjunto de reações químicas que ocorrem em um organismo, ou mais especificamente, dentro das células. Compreende o anabolismo e o catabolismo.

metabolismo ácido das crassuláceas (CAM). Processo metabólico que possibilita algumas plantas armazenar CO_2 durante a noite com os estômatos abertos, e completar a fotossíntese durante o dia com os estômatos fechados. O CO_2 inicialmente é fixado sob a forma de um carboxilácido com quatro carbonos, C_4.

metabolismo basal. Mínimo de metabolismo, medido em repouso pela produção de calor, apenas necessário para manter as funções vitais. Varia de indivíduo para indivíduo, com a idade, com o sexo, com o tipo físico etc. Pode ser medido pela quantidade de O_2 gasta na unidade de tempo, ou na quantidade de CO_2 expelida no mesmo período.

metábolo. Inseto que sofre metamorfose durante o seu desenvolvimento.

metacêntrico. Cromossoma cujo centrômero fica bem no meio de sua extensão: os dois braços são praticamente iguais em comprimento.

metacercária. Fase larvar posterior à cercária em Fasciola hepatica. Prende-se à vegetação aquática e deverá ser ingerida pelo carneiro, para completar o ciclo.

metacinese. Movimento cromossomial na prometáfase da mitose, no sentido do equador da célula.

metáfase. Fase da mitose em que os cromossomas então no plano equatorial da célula, presos por seus centrômeros às fibrilas do fuso acromático.

metáfase I. Metáfase da Divisão I da meiose. Os cromossomas em número 2n estão no equador da célula dispostos em pares homólogos.

metáfase II. Metáfase da Divisão II da meiose. Cromossomas em número haploide estão no equador da célula.

metáfise. Lâmina de cartilagem hialina entre a diáfise e a epífise de um osso longo em crescimento, pelo qual é responsável.

metáfitas. Em algumas classificações inclui todos os vegetais pluricelulares.

metagênese. Alternância da reprodução sexuada com a assexuada. / Ciclo vital em que se alternam dois tipos de indivíduos, ou duas gerações, que se produzem, uma à outra: uma sexuada e outra assexuada. Nos vegetais, a geração sexuada é haploide e a geração assexuada é diploide. Nos animais, como nos Cnidários, ambas são diploides.

meta-hemoglobina ou HmB. Tipo de hemoglobina que tem o ferro do grupo heme sob a forma férrica (Fe^{3+}), que não se liga ao oxigênio. Anomalia causada por gene recessivo, permitindo a sobrevivência de indivíduos heterozigotos. São cianóticos, isto é, têm pele e mucosas azuladas.

metalécito. Ovo dos Mamíferos Placentários, com morfologia de ovo oligolécito, mas com desenvolvimento embrionário semelhante, homólogo, ao dos ovos megalécitos dos Répteis, seus ancestrais.

metâmero. Segmento ou anel cuja sequência forma o corpo de animais como os Anelídeos e os Artrópodos, com estruturas internas que se repetem, de anel em anel. Nos Anelídeos os segmentos são separados uns dos outros por uma parede transversal. Metâmero é sinônimo de somito.

metamórficas, rochas. Resultam das rochas sedimentares, quando podem ter fósseis, ou das magmáticas pela ação de calor, pressão e reações químicas.

metamorfose. Transformação radical de larva em adulto. Nos Insetos é brusca e feita em fase de imobilidade, a pupa, onde órgãos da larva são destruidos e novos órgãos, do adulto, são feitos, como uma segunda embriogênese. Nos Crustáceos, nos Anfíbios e em outros animais ocorre de modo menos brusco. V. Desenvolvimento indireto.

metanefrídia. V. Nefrídia.

metanefro. Rim adulto de Répteis, Aves e Mamíferos. Não é segmentar e não tem nefróstomas. Todo material excretado vem do sangue e é lançado nas cápsulas de Bowman pelos glomérulos. Situado na parte posterior do corpo.

metano. CH_4. Um dos responsáveis pelo efeito estufa.

metanogênicos. Organismos como Arqueobactérias que liberam metano produzido pelo seu metabolismo.

metaplasia. Substituição patológica (doentia) de um tipo de tecido por outro. Por exemplo: o epitélio pseudoestratificado e ciliado da traqueia e dos brônquios de um grande fumante torna-se pavimentoso.

metástase. Instalação e desenvolvimento da doença em ponto diferente do original, no mesmo indivíduo. Por exemplo, células cancerosas são retiradas e transportadas do foco inicial, pelo sangue e/ou pela linfa, instalando novos tumores em pontos diferentes do organismo.

Metatérios. Mamíferos com útero primitivo, duplo. A placenta é ausente ou imperfeita. São os Marsupiais.

Metazoários. Classicamente, designa os animais pluricelulares. Com a retirada dos Protozoários do Reino Animal, todos os animais são pluricelulares e portanto a expressão está em desuso.

metencéfalo. quarta parte do encéfalo dos Vertebrados. É o cerebelo, que coordena os movimentos e o equilíbrio do corpo, mais desenvolvido nos animais ativos e com movimentos mais sutis e delicados.

metilação. Alteração na estrutura de um nucleotídeo, pela introdução de um radical metil na guanina. A metilguanina emparelha-se com a timina e não com a citosina, como seria normal. V. DNA-metilação.

metionina. Aminoácido contendo enxofre. Abrev.: MET, símbolo: M. Código genético (RNA-m): AUG.

mexilhão. Nome vulgar de Moluscos, classe Lamelibrânquios. Mytilus é um gênero importante.

MHC. Principal Complexo de compatibilidade de tecidos (Histocompatibilidade). Grupo de genes, no cromossoma 6 humano, com cerca de 10 loci, cada um com 100 ou mais alelos. Controla o ataque dos linfócitos T a células estranhas (rejeição de transplantes), e a células do próprio indivíduo parasitadas por vírus.

miado, "cri du chat", Síndrome do. Resulta de deleção no braço pequeno do cromossoma 5. Além do típico choro lamentoso (o miado sofrido de um gato) há microcefalia, retardo mental, lesões cardíacas etc.

micela. Partícula coloidal: diâmetro entre 0,001 e 0,1 micrômetro.

micélio. O conjunto de hifas de um cogumelo.

mico. Nome vulgar de Mamíferos, ordem Primatas, superfamíla Ceboides (Região Neotropical). Ex.: gênero Cebus.

mico-leão. Nome vulgar de Mamíferos, ordem Primatas, superfamília Cebóideos (Neotropicais), gênero Leontopithecus.

micologia. Estudo dos Fungos.

micoplasma. Bactérias muito pequenas e muito simples, geralmente com 0,2 a 2µm de diâmetro. Não têm parede celular e por isso a forma celular é variável. Ex.: gênero Mycoplasma ou PPLO (pleuro pneumonia like organism).

micorriza. Associação harmônica interespecífica entre uma raiz, de uma determinada planta, e um Fungo específico que a envolve. Ela alimenta o Fungo que digere e absorve parte da raiz e ele fornece o excedente de sais minerais e água para a raiz.

micose. Doença provocada por Fungos. As micoses cutâneas, frequentemente chamadas de tinhas, são causadas por espécies do gênero Trichophyton (pé-de-atleta ou frieira). Microsporum e Epidermophyton são também gêneros com espécies que atacam a pele, o couro cabeludo e as unhas. Micoses internas (sistêmicas) são as candidíases (causadas pela espécie Candida albicans ou Monilia albicans), blastomicose pulmonar (causada pela espécie Cryptococcus neoformans) e a aspergilose (a espécie Aspergillus flavus produz a aflatoxina; toxina comum no amendoim e que provoca câncer hepático).

microclima. Clima de um pequeno hábitat: oco de uma árvore, face inferior de uma folha, buraco no solo, espaço em baixo de uma pedra etc.

microcorpo. Sin. de peroxissoma.

microevolução. Evolução em nível de espécies. Para o Neodarwinismo é toda a Evolução, pois as categorias superiores, gênero, família etc. não existem de fato, são apenas meios de compor a classificação, mostrando o parentesco evolutivo entre as espécies. Assim, quando agrupamos espécies em um gênero queremos dizer que estas espécies têm uma antiga espécie como ancestral comum.

microfilamento. Estrutura filamentosa proteica, maciça, longa e fina, visível só ao M.E. Microfilamentos constituem o citoesqueleto, junto com microtúbulos. São também responsáveis pela movimentação celular. São formados por actina.

microfilária. Embrião de Wuchereria bancrofti encontrado à noite no sangue periférico dos doentes de filariose e que é sugado pelos mosquitos do gênero Culex.

microgameto. O mesmo que gameto masculino, como o espermatozoide.

microgametófito. Sin. de gametófito masculino.

micróglia. Célula neuroglial, mesodérmica, que faz defesa fagocitária dentro do SN Central.

microlécito. Sin. de alécito.

micrômeros. Blastômeros menores, com menos vitelo, que se formam na região do polo animal dos ovos heterolécitos. Sua velocidade de mitoses é maior que a dos macrômeros.

micrômetro. Mícron é o nome antigo. Símbolo atual: µm. Unidade de comprimento que equivale a 0,001 mm.

mícron. Designação antiga de micrômetro.

micronúcleo. Núcleo de tamanho menor de um Paramecium ou vários outros Protozoários da classe Ciliados. Controla a reprodução e a recombinação do material genético no processo da Conjugação.

micronutrientes. Elementos químicos encontrados geralmente em muito pequenas quantidades nos seres vivos. Ex.: Mn, Zn, Cu, Mo, I, Au etc.

micrópila. Abertura do óvulo por onde penetra o tubo polínico das Espermáfitas.

micropinocitose. Tipo de endocitose (q.v.) em que a célula ingere líquidos por meio de invaginação da membrana plasmática e daí faz uma pequena vesícula chamada micropinossoma que se aprofunda na célula. Visível só ao M.E.

micropinocitose seletiva. Tipo de micropinocitose regulada por receptores da membrana plasmática, permitindo a entrada na célula de substâncias específicas. Ocorre em regiões determinadas da membrana onde há, na sua face interna, boa quantidade de clatrinas.

micropinossoma. Vesícula resultante da micropinocitose.

microscópio. Aparelho que permite ver objetos muito pequenos, menores que 0,1 mm de diâmetro.

microscópio óptico ou de luz. sistema de lentes obtendo a visão de 0,2 µm (micrômero). Aumenta o objeto, cerca de 1.500 vezes.

microscópio eletrônico de transmissão. Usa um feixe de $^-$ (elétrons) e não a luz, atravessando o objeto com a imagem projetada numa tela fluorescente ou micrografia. Alcança um aumento de 1 milhão de vezes, um objeto de 0,0002 µm.

microscópio eletrônico de varredura. O feixe de elétrons não atravessa oi objeto, dando uma imagem tridimensional dele.

microscópio eletrônico de varredura por tunelamento. Aumenta o objeto até 100 milhões de vezes (Adaptado de S.Linhares e F. Gewandsnajder).

microsporângio. Em Pteridófitas heterosporadas e Espermáfitas, é o esporângio menor produtor de microsporos, que desenvolvem os gametófitos masculinos ou microgametófitos.

Microsporo. Em Pteridófitas heterosporadas e em Espermáfitas é o esporo menor formado no microsporângio e produtor do microgametófito ou gametófito masculino.

microsporófilo. Esporófilo que possui microsporângios. Nas Espermáfitas, é o estame.

Microsporum. V. micose.

micrótomo. Aparelho usado em laboratório para cortar um material biológico em lâminas muito finas, permitindo a sua visualização ao M.O.

microtúbulo. Filamento proteico oco, visível só ao M.E., que faz parte do citoesqueleto. Formado por proteínas chamadas tubulinas, são também responsáveis pela movimentação celular. Microtúbulos são também encontrados nas fibrilas do fuso acromático, nos centríolos, cílios, flagelos e áster.

microvilo. Sin. de microvilosidade. Expansão citoplasmática em forma de dedo, visível só ao M.E. encontrada em grande número na superfície de várias células: principalmente no polo apical das células epiteliais que revestem a parede do intestino delgado, aumentando a superfície de absorção dos alimentos digeridos. Sua membrana plasmática é rica em dipeptidases, dissacaridases e outras enzimas que hidrolisam pequenas moléculas orgânicas.

microvilosidade. Sin. de microvilo.

micuim. Larva ou ninfa hexápode de carrapato-estrela, transmissor da bactéria do gênero Rickettsia, causadora da febre maculosa.

mielencéfalo. Quinta parte do Encéfalo dos Vertebrados. É o bulbo, que controla os ritmos cardíaco e respiratório. Continua pela medula espinhal.

mielina, bainha de. Envoltório isolante elétrico das fibras nervosas mielinizadas, constituído por numerosas camadas da membrana plasmática das células de Schwann em nervos ou dos oligodendrócitos no SNC.

mieloide, TCPD. Tecido hemopoiético, produz hemácias, leucócitos e plaquetas. É a medula óssea vermelha.

migração evolutiva. Ocupação gradual, lenta, geração após geração, sem retorno, de novos locais, como "meio de fuga" de uma área de forte competição intra ou interespecífica. A população migrante pode se tornar uma nova subespécie ou mesmo outra espécie.

migrações sazonais. Migrações periódicas, reversíveis, ida e volta, em período anual, de toda uma população, relacionadas à reprodução e às estações do ano. São prodígios de orientação geográfica, não totalmente elucidados.

miíase. Infestação de tecido animal por larvas de moscas V. Dermatobia.

milho. V. Zea.

mimetismo. Semelhança de um animal com outro de espécie diferente, daí resultando uma vantagem para a sobrevivência do primeiro. Por exemplo, semelhança de uma espécie de inseto com outro, de outra espécie, que tem carne venenosa ou nauseabunda ou que libera substâncias irritantes.

mimetismo antigênico. Aquisição ou produção, por um parasita, de proteínas do hospedeiro, escapando ao sistema imune do hospedeiro.

mimetismo batesiano. Mimetismo em que uma espécie vulnerável se assemelha a outra, não comestível (venenosa ou fétida).

mimetismo mulleriano. Mimetismo em que várias espécies diferentes, não comestíveis, têm aspecto semelhante.

Minamata. Baia japonesa que nos anos 50 foi sendo poluída por dejetos industriais com metais pesados, principalmente mercúrio. Houve magnificação trófica ou bioacumulação: algas, moluscos, peixes e homens vieram apresentando concentrações crescentes dessas metais com resultados desastrosos para o homem, último consumidor e máximo concentrador.

mineralizadores. Sin. de decompositores.

mineralocorticoides. Corticosteroides, como aldosterona, que atuam no néfron, aumentando a reabsorção de Na^+ e, portanto, de água, elevando o volume do sangue e a pressão arterial. Têm secreção ativada pela angiotensina, produzida pelo rim, quando a pressão arterial renal diminui.

minhoca. Nome vulgar de Anelideos, classe Oligoquetas. Pheretima e Lumbricus são gêneros representativos.

mioblastos. Células musculares embrionárias que, por fusão, originam as fibras musculares estriadas esqueléticas. Também originam as fibras cardíacas, mas sem fusão.

miocárdio. O músculo cardíaco.

Mioceno ou Miocênico. quarto período, de sete, da Era Cenozoica,após o Oligoceno e antes do Plioceno, há 25 milhões de anos. Nele surgiram muitos Mamíferos de tipo moderno.

miócitos. Células musculares.

miócitos condutores cardíacos. Sinônimo de Purkinje, fibras de

mioepitelial, célula. Tipo de célula ectodérmica estrelada e contrátil, que envolve a parte secretora das glândulas sudoríparas, salivares e mamárias. Sua contração expulsa as secreções dessas glândulas.

miofibrila. Filamento citoplasmático contrátil das fibras musculares, formado de actina e miosina organizadas em discos (estriadas) ou não (lisas).

miofibrila estriada. Miofibrila das fibras musculares estriadas. Sua estriação transversal se deve à alternância de discos escuros (A ou Q), com actina e miosina, e discos claros (I ou J), apenas com actina. Nestes, há uma linha escura, a linha Z, que é o limite do sarcômero.

miofibrila lisa. Miofibrila das fibras musculares lisas. Actina e miosina não formam discos e sua aparência é homogênea.

mioglobina. Ela é destacadamente abundante nos músculos de baleias, cachalotes, focas e golfinhos.

mioma. Tumor benigno do tecido muscular liso. Ocorre com certa frequência na parede uterina, no miométrio.

miômero. Sin. de sarcômero.

miométrio. Camada mais espessa, musculosa, lisa, da parede do útero, entre o perimétrio mais externo e o endométrio.

miopia. Característica visual, ocular, em que a imagem é formada antes da retina. Na hipermetropia, a imagem fica após a retina.

miosina. Proteína muscular dos filamentos grossos da miofibrila. Na contração "deslizam" sobre os de actina. A miosina atua como ATPase, obtendo energia para o trabalho muscular. / Tipo de proteína co-responsável pela movimentação celular. Associada à actina faz parte da estrutura das miofibrilas. Presente também no citoesqueleto das células em geral.

miótomo. Segmento do mesoderma embrionário, em sequência longitudinal, no embrião dos Cordados.

miracidio. Larva de Schistosoma mansoni: minúscula, ciliada, sai do ovo na água doce e nada até penetrar em caramujos do gênero Biomphalaria.

Miriápodos. Nome antigo que englobava Quilópodos e Diplópodos.

mirmecófago. Que se alimenta de formigas.

mirmecologia. Estudo das formigas.

Mississipiano. Primeira (de duas) subdivisão do período Carbonífero, de 360 a 320 milhões de anos. Pensilvaniano é a segunda subdivisão.

miscigenação. Mistura.

Mistacocetos. Subordem de Mamíferos da ordem Cetáceos. São as baleias propriamente ditas, sem dentes.

mitocôndria. Organócito vesiculoso existente em quantidade nas células eucariotas aeróbias. Tem membrana dupla e no seu material gelatinoso interno (matriz mitocondrial) há DNA, RNA, e ribossomas 70 S. Dentro da mitocôndria ocorrem as reações aeróbias da respiração celular: transformação do ácido pirúvico em acetil, ciclo de Krebs e transporte de H e elétrons pela cadeia respiratória (nas cristas e na membrana interna), produzindo grande quantidade de ATP. Além disso, as mitocôndrias fazem beta-oxidação. Todas as mitocôndrias nas células humanas são herdadas da mãe: as mitocôndrias dos espermatozoides não entram no óvulo.

mitorribossomas. Ribossomas das mitocôndrias.

mitose. Divisão celular típica das células somáticas (2n), produzindo duas células filhas com o mesmo número cromossomial e com as mesmas características genéticas da célula-mãe. Compreende as fases: prófase, metáfase, anáfase e telófase. Alguns autores consideram também a prometáfase, entre a prófase e a metáfase.

mitose anastral. Mitose em células sem centríolo e portanto sem áster. Típica das células dos Vegetais superiores. Os centríolos são substituídos por calotas polares.

mitose anfiastral. Típica das células animais, com dois centríolos e, portanto, com dois ásteres.

mitral, válvula. Ou bicúspide, é a válvula do orifício entre o átrio e o ventrículo esquerdos, formada por duas pregas.

mixedema. Hipotireoidismo adulto. Há diminuição do metabolismo energético, lentidão física e mental e edema elástico facial.

mixomatose. Doença que infecta coelhos, causada por vírus, transmitida normalmente por espécies de Culex, Aedes, Anopheles (mosquitos) e pulgas do gênero Echinophaga.

Mixomicetos. Protistas, antes classificados como Fungos unicelulares. São ameboides e capazes de digestão intracorpórea.

mixótrofa. Ou mista. Ocorrência das nutrições autótrofa e heterótrofa num mesmo indivíduo. Acontece em alguns Protistas e em plantas carnívoras.

MN, grupos sanguíneos. Tipo de grupo sanguíneo. Não tem importância médica, mas tem importância antropológica e legal. Há um par de alelos com co-dominância (M e N) e três genótipos (MM, MN e NN) e três fenótipos: M, MN e N.

moa. Nome vulgar de Aves de grande porte, com até 4m de altura, recentemente extintas na N. Zelândia, ordem Dinornitiformes, gênero Dinornis.

mocho. Nome vulgar de Aves, ordem Estrigiformes. Ex. gênero Bubo e Rhinoptynx.

moela. Estômago mastigador das Aves. Fica depois do proventrículo que é o estômago químico. / Porção musculosa do estômago das Aves. Tritura o alimento por meio de pedrinhas e facilita a ação das enzimas. Há algo análogo em baratas e minhocas.

mofo. Sin. de bolor.

mogno. Nome vulgar de Angiospermas Dicotiledôneas, fam. Meliáceas com a espécie Swietenia macrophylla. Árvore da Amazônia com madeira muito apreciada.

Moluscos. Filo de animais triblásticos com corpo mole, não segmentado, geralmente dividido em 1) cabeça com gânglios nervosos, 2) massa visceral com uma membrana complexa, o pálio ou manto que geralmente produz uma concha calcárea e 3) pé musculoso. A circulação é aberta ou lacunar, com exceção dos polvos e lulas. Sangue com pigmento respiratório dissolvido (hemocianina com Cu). Respiração branquial, mas nos caramujos e lesmas terrestres e de água doce, ela é pseudopulmonar. Classes principais: Gastrópodos (caramujos e lesmas), Lamelibrânquios (ostras e mexilhões), Cefalópodos (polvos e lulas) e Escafópodos. Há cerca de 110.000 espécies de Moluscos.

monadelfo(a). O androceu e a flor que tem os estames unidos em um grupo.

Monera. Reino de seres unicelulares, solitários ou coloniais, procariontes compreendendo as Bactérias e as Cianofíceas, ou Cianófittas, ou Cianobactérias, ou vulgarmente algas azuis.

mongolismo. Sin. de Down, síndrome de.

Monilia. V. micose.

mono. Sinônimo de macaco.

monoaminoxidase (MAO). Enzima que destrói a adrenalina.

mono-carvoeiro. Sin. de muriqui. Nome vulgar do maior Primata neotropical. Gênero Brachyteles. Alcança 14 kg. Sobrevive na Mata Atlântica e nos Jardins Zoológicos.

monócito. Grande leucócito agranulócito, fagocitário e capturador de antígenos; quando passa para o TCPD, torna-se macrófago.

monóclino. Vegetal monoico com flores hermafroditas.

Monocotiledôneas. Angiospermas, com caule aestélico (sem cilindro central), raízes fasciculadas, sem crescimento secundário, flores trímeras (perianto com elementos em número de três ou múltiplo), plântula com um só cotilédone e albúmen bem desenvolvido. São, em geral, herbáceas com folhas paralelinérvias. Incluem palmeiras, coqueiros, alho, cebola, bananeira, abacaxi, antúrio, orquídeas, muitos cereais, capim etc.

monocultura. Cultivo de uma única espécie de planta numa determinada área ou fazenda. O café no Brasil tem sido um exemplo. A soja também.

monodelfos. Mamíferos com um só útero, desenvolvido, e que forma placenta. São os Eutérios.

monófago. Sin. de unívoro.

monofiodonte. Animal com uma só dentição. Ex.: golfinho.

monogamia. Associação vitalícia ou muito prolongada entre um macho e uma fêmea com atividades sexuais.

monoibridismo. Cruzamento para estudo de um par de genes alelos ou de um caráter hereditário.

monoica. Espécie de indivíduos que produzem gametos masculinos e femininos, o mesmo que hermafrodita. A maioria dos Gastrópodos (caramujos e afins) é monoica.

monoico. V. Hermafrodita.

monômero. Tipo de molécula cuja repetição e encadeamento forma um polímero. Ex.: glicose (várias moléculas) formando o amido ou a celulose.

mononucleares. V. Agranulócitos.

monopeptídio. O mesmo que aminoácido.

monoperiantada. A flor que só tem cálice.

monospermia. Penetração de um só espermatozoide no óvulo; caso geral nos animais.

monossacarídeo. Sin. de ose.

monossomia. Número cormossomial igual a 2n-1. Por exemplo, síndrome de Turner: mulher com 2n=45, com apenas um cromossoma X.

Monotremados. Ordem de Mamíferos muito primitivos, ovíparos, exclusivos da Região Australiana, correspondente à subclasse. Prototérios (V. Mamíferos). Exs.: ornitorrinco e equidna.

monóxeno. Sin. de monogenético. Parasito que só tem um tipo de hospedeiro.

monóxido de carbono. CO. Resulta da oxidação de combustíveis e inutiliza a hemoglobina formando HbCO (carboxihemoglobina) que não transporta mais o O_2. / Gás inodoro e incolor, letal (liga-se à hemoglobina impedindo transporte de O_2 e aos citocromos impedindo a cadeia respiratória). Resulta da oxidação incompleta de compostos orgânicos (combustíveis de motores, cigarros etc.). O gás "de rua" comum tem CO. O natural e o de botijão não.

monozigóticos (MZ), gêmeos. Ou univitelinos ou verdadeiros ou idênticos. Originam-se de um único zigoto que, durante o desenvolvimento, divide-se (cissiparidade) em dois ou mais embriões. Estes, com genótipos iguais, têm os mesmos traços hereditários (sexo, tipos de sangue etc.). A frequência de MZ é de 0,4% dos partos.

morcego. Nome vulgar de Mamíferos, ordem Quirópteros. Ex: gêneros Desmodus e Diphylla, ambos hematófagos e neotropicais, Molossus, Myotis, Noctilio.

moreia. Nome vulgar de Osteictes, gênero Muraena. Predadores notáveis.

morfina. Alcaloide entorpecente e analgésico derivado da papoula.

morganídeo. Unidade de distância entre dois genes "linked", correspondente a 1% de taxa de "crossing-over" entre eles. Em homenagem a Morgan, descobridor do "linkage".

morsa. Nome vulgar de Mamíferos, ordem Pinípedes, gênero Odobenus (Ártico).

mórula. Esfera maciça de blastômeros. Em alguns animais é intermediária entre o zigoto e a blástula.

mosaico. Coexistência em um mesmo indivíduo de duas ou mais populações celulares que diferem em números e/ou alterações de cromossomas. É frequente nas síndromes de origem cromossomial.

Exemplo de mosaico genético humano: em cada célula do corpo de uma mulher há dois cromossomas X, um de origem paterna (chamemos de XP) e outro de origem materna (XM), e eles têm pequenas diferenças nos seus alelos. Um dos cromossomas X está sempre espiralizado, inativo, como uma cromatina sexual e o outro está normal e ativo. Cerca de 50% das células de uma mulher têm XP ativo e XM inativo e as demais células têm XP inativo e XM ativo. Essa característica é aleatória de modo que em diferentes regiões do corpo há genótipos diferentes em relação aos cromossomas X.

mosaico do tabaco. Doença causada por vírus de RNA que atacam folhas de plantas do fumo.

mosaico fluido, modelo do. Tipo de estrutura da membrana plasmática, proposto por Singer e Nicholson: dupla camada de fosfolipídios, muito móveis no plano da membrana e moléculas de proteínas esparsas, também altamente móveis no mesmo plano. Moléculas de colesterol aparecem misturadas com os ácidos graxos dos fosfolipídios, nas células animais. Na face externa da membrana há oligossacarídeos presos a proteínas e a fosfolipídios.

mosca. Tipo de Insetos ordem Dípteros. Musca domestica é a mosca comum. Dermatobia hominis é a mosca que causa a doença (miíase) chamada berne. Moscas do gênero Glossina (mosca tsé-tsé) transmitem a doença do sono na África. Drosophila é o gênero de mosquinhas usadas em cruzamentos experimentais de Genética.

mosca do Mediterrâneo. Nome vulgar de Insetos da ordem Dipteros e da sp. Ceratitis capitata. Chegou ao Brasil no final do século 19. Ataca frutas em geral. V. esterilização dirigida.

mosquito. Tipo de Inseto, ordem Dípteros. Ex: de gêneros: Anopheles, Culex, Simulium e Aedes. Transmitem, respectivamente, a malária, filariose, oncocercose e febre amarela e também o dengue.

mosquito-palha. Sin. de birigui, transmissor de leishmaniose.

mosquito-prego. Nome vulgar de mosquito do gênero Anopheles, transmissor da malária.

motório. Granulação citoplasmática de Protozoários Ciliados. Provavelmente comanda o sincronismo do movimento dos cílios.

mucina. Glicoproteína que faz parte do muco. / Forra a parede do tubo digestivo e das vias respiratórias aéreas.

muco. Líquido viscoso que lubrifica e protege as mucosas. É rico em glicoproteínas, em especial a mucina.

mucopolissacarídeo. Sin. de glicosaminoglicana.

mucosa. Membrana epitelial, endodérmica ou ectodérmica, que reveste cavidade ou tubo em contato com o exterior e produz secreção glicoprotêica, muco, viscosa e protetora.

muçum. Nome vulgar de Osteictes, gênero Symbranchus. Peixe fluvial brasileiro.

muda. 1) Em Botânica, é uma parte, geralmente um galho, que é retirada de uma planta e que vai se desenvolver no solo, formando uma nova planta idêntica à inicial. É uma reprodução assexuada induzida artificialmente. 2) Em Zoologia, é a troca, principalmente nos Artrópodos,, de um exoesqueleto (casca) por outro maior, durante o crescimento. Sin. de ecdise. / Processo de crescimento típico de Artrópodos, mas acontece também em Nematódeos e em Ofídios. Nos Artrópodos, o exoesqueleto é rompido frequentemente por uma fenda dorsal e o animal se liberta, mole, e cresce rapidamente, e vai formando um novo exoesqueleto (casca) maior. Isto se repete até a forma adulta (exclusive).

mudança de sexo. Início da vida com um sexo e término com outro. O mesmo que hermafroditismo sequencial.

mula. Híbrido estéril de égua (Equus caballus) com burro ou asno (Equus asinus), com o tamanho do cavalo e a resistência do asno.

multifatorial, herança. V. Polimeria.

multipolares, neurônios. Neurônios com muitos dendritos. São a maioria.

multituberculados. Mamíferos placentários extintos (Jurássico = Eoceno), convergentes com os Roedores.

muramidase. Sin. de lisozima.

mureína. Tipo de substância que constitui a parede celular de bactérias. É uma associação complexa de oligopeptídios com polímeros de acetilglicosamina e ácido acetil-murâmico.

muriqui. Sin. de mono-carvoeiro.

murundu. Montículo de terra alongado com até uns 3m de altura e com cupinzeiro funcional ou desativado.

músculo. Órgão alongado, plano ou fusiforme, contrátil, formado de tecido muscular e TCPD.

músculo estriado cardíaco. Músculo estriado do coração, miocárdio, de contração rápida e involuntária, sob comando do SN Autônomo e hormonal.

músculo estriado esquelético. Tem fibras musculares estriadas e forma órgãos individualizados, os músculos, ligados ao esqueleto. Tem contração rápida e "voluntária", isto é, sob comando do SN Central.

músculo liso. Constituído por fibras musculares lisas, forma camadas nas paredes de órgãos cavitários ou tubulares. Tem contração lenta e involuntária sob comando do SN autônomo e/ou hormonal.

musgo. Briófita ereta, com poucos centímetros com rizoide, cauloide e filoide.

mussaranho. Nome vulgar de Mamíferos, ordem Insetívoros. Ex. gênero Sorex.

mutação (gênica). É a alteração da informação génetica do DNA de uma célula. A mutação é falha inevitável, da duplicação, em geral fiel, do DNA. Tem consequências imprevisíveis e não se pode dirigi-las, apenas aumentar sua frequência (Taxa de mutação). As mutações em geral são nocivas, mas as mutações "benéficas", embora raras, são o material de trabalho da Seleção Natural.

mutação reversa. Ou "back mutation". Mutação sofrida por um gene não selvagem, isto é, mutante que o transforma de novo em gene selvagem. A ⟶ mutação ⟶ a "back mutation" ⟶ A. Wunderbar

mutação silenciosa. Mutação recessiva, com pequena expressão fenotípica, que pode ser transmitida, geração após geração, sem sofrer ação da seleção natural. Entretanto, se o meio mudar, ela pode se mostrar vantajosa e se espalhar pelo "gene pool" da população ou ser desvantajosa e quase desaparecer.

mutação, taxa de. Frequência da ocorrência de mutações. É expressa com base no número de gametas. Na espécie humana a taxa média é 1: 200 mil gametas. Os agentes mutagênicos só aumentam a taxa de mutações, sem que se possa prever onde, quando e de que tipos ocorrerão.

mutacionismo. Teoria atribuída a De Vries, propondo que as mutações eram as únicas responsáveis pela evolução, sem a participação da seleção natural.

mutações cromossomiais. Hoje aberrações cromossomiais, eram consideradas mutações que não mudavam os genes.

Afetam apenas a forma, o tamanho e o número de cromossomas.

mutagênicos, agentes. Agentes físicos (radiações nucleares) e químicos (vários tipos) que aumentam a taxa de mutações. Sua ação é variada, mas todos atacam o DNA alterando sua sequência de bases.

mutante. Gene ou caráter resultante de mutação. É também a célula ou o indivíduo que porta a mutação.

mutualismo. Associação harmônica interespecífica em que os indivíduos associados, de espécies diferentes, trocam benefícios intensos e não sobrevivem ou sobrevivem muito mal quando separados. Ex. clássico: Líquen (Fungo + algas unicelulares).

mutuca. Nome vulgar de moscas, com fêmeas hematófagas, Insetos Dípteros do gênero Chrysops, que podem transmitir a tularemia.

mutum. Nome vulgar de Aves, ordem Galiformes. Ex. gênero Crax.

Mycobacterium. Gênero de bactérias com a espécie M. tuberculosis também chamada de bacilo de Koch, causadora da tuberculose e a espécie M. leprae ou bacilo de Hansen, causadora da lepra.

Mycoplasma. V. PPLO e micoplasmas.

Mytilus. Gênero de Moluscos, classe Lamelibrânquios, vulgarmente mexilhão.

N

N15. Isótopo mais pesado do átomo de nitrogênio.

N-terminal. Extremidade de uma molécula de peptideo ou proteína, caracterizada pela presença de –NH2. A extremidade oposta é C-terminal pela presença de –COOH.

NAD. Sigla de Nicotinamida-Adenina-Dinucleotídeo. Substância que corresponde à coenzima das desidrogenases, captando e transportando H e depois se reintegrando à enzima.

NAD.P. Substância semelhante ao NAD, mas com um radical fosfato a mais. Aparece na fotossíntese, recebendo H na etapa clara, tornando-se NAD.P.2H, que vai ser usado na etapa escura.

nadadeira dificerca. Nadadeira caudal de alguns Osteíctes: ela vai afinando e terminando em ponta.

nadadeira heterocerca. Nadadeira caudal típica de Condrictes: parte dorsal é mais longa que a ventral.

nadadeira homocerca. Nadadeira caudal típica da maioria dos Osteíctes, com as partes dorsal e ventral praticamente iguais.

naftoquinona. Vitamina K.

naja. Nome vulgar de Répteis, ordem Ofídios, gênero Naja. Cobra muito peçonhenta com pescoço expansível em atitude agressiva.

nanismo. Desenvolvimento corpóreo menor que o normal, em geral com outras disfunções. Pode ser hereditário ou não.

nanismo hipofisário. Nanismo por deficiência de hormônio de crescimento na infância. Este anão é quase uma "miniatura" do normal, com poucas deformidades.

nanismo hipotiroídeo. V. Cretinismo.

nanômetro. Símbolo nm. Milésima parte de um micrômetro: 0,001µm ou 10^{-9}m.

não disjunção. Falha meiótica, origem das aneuploidias, na qual dois cromossomas homólogos não se separam na Anáfase I e vão juntos para uma mesma célula-filha. Ao mesmo tempo, a outra célula-filha fica sem nenhum dos cromossomas do par. Pode ocorrer também na Divisão II. Ocorrendo na Divisão I, haverá produção de quatro células no final da meiose, sendo duas com um cromossoma a mais e as outras duas com um cromossoma a menos. Ocorrendo na Divisão II, há produção de quatro células finais: duas com números cromossomiais normais, uma com um cromossoma a mais e uma com um cromossoma a menos.

narceja. Nome vulgar de Aves, ordem Caradriformes. Ex.: gênero Gallinago.

narval. Nome vulgar de Mamíferos, ordem Cetáceos, subordem Odontocetos, gênero Monodon. Tem apenas dois dentes. No macho, um deles é uma presa longa, com até 3 m de comprimento.

nastia ou nastismo. Movimento de parte de um ser vivo fixo causado, mas não orientado, por um estímulo. A resposta segue sempre o mesmo padrão, não importando a direção em que o estímulo atua. A planta sensitiva ou dormideira quando golpeada em qualquer parte da sua estrutura reage sempre do mesmo jeito, abaixando e fechando suas folhas.

natriurético, fator ou FNA. Hormônio produzido pelas paredes dos átrios cardíacos quando a pressão arterial, dentro deles aumenta. Provoca dilatação nas artérias aferentes aos néfrons aumentando a pressão de filtração e elevando a perda de água pela urina. Daí a diminuição da pressão arterial.

natureza perfeita. Esse mito, que se refere aos seres vivos, já que ninguém pensaria em um terremoto perfeito, é a crença em que as estruturas e o funcionamento dos seres vivos, isto é, suas adaptações ao seu modo e meio de vida, não têm falhas ou imperfeições. Isto é facilmente desmentido por todos os míopes, vesgos, com ou sem pé torto de nascença e com ou sem dores de coluna. Essa Natureza imperfeita é uma das maiores evidências da evolução, porque mostra a existência de processos em andamento, ainda sem solução final, se é que algum dia ela será atingida.

náuplio. Forma larvar de Crustáceos, geralmente a primeira forma larvar.

Nautilus. Gênero de Moluscos, classe Cefalópodos.

Neanderthal, Homem de (Homo sapiens neanderthalensis). Surgiu há 200 mil anos e teve ampla distribuição na Eurasia. Mais robusto que nós, tinha vida social, usava fogo, vestia peles e enterrava seus mortos. Sua extinção como tipo distinto, há 30 mil anos, é controversa (natural ou feita pelo Homo sapiens sapiens que o substituiu), bem como seu lugar na evolução humana ("elo" ou "ramo colateral"?). Vários autores consideram o homem de Neanderthal uma espécie diferente da humana.

neártica, região. Região zoogeográfica correspondente à América do Norte (ao norte do rio Grande), incluindo a Groenlândia. Caracterizada pelos ursos, bisões, bois almiscarados, alces, cães das pradarias, linces, coiotes etc. Não há originalmente Perissodátilos (cavalos) e nem Primatas (macacos).

Necator. Gênero de vermes do filo Nematódeos, cuja espécie N. americanus é causadora da necatorose (semelhante à ancilostomose), vulgarmente opilação ou amarelão.

necrófago. Que se alimenta de cadáveres.

necrose. Morte em uma região do organismo, em uma célula ou num conjunto de células. Num enfoque mais reduzido, células são lesadas, crescem, arrebentam e liberam seu conteúdo.

néctar. Secreção de nectários, doce e odorífica, atraente para Insetos polinizadores.

nectário. Tecido secretor vegetal. Produz néctar, mistura de substâncias nutritivas e odoríferas, que, nas flores, atraem Insetos polinizadores.

necton. Conjunto de animais bons nadadores e que vencem as correntezas marinhas (ou de água doce).

nefrídia-nefróstoma-nefridioporo. Nefrídia, ou metanefridia, é o órgão excretor de Anelídeos. É formado por um tubo afunilado aberto, aspirador, no celoma (cuja abertura é o nefróstoma ciliado) e, no exterior, pelo nefridioporo, por onde a excreção sai.

néfron. Unidade funcional do rim. É uma estrutura composta de glomérulo de Malpighi, cápsula de Bowman, túbulo contornado proximal, alça de Henle, túbulo contornado distal e tubo coletor. Ao longo deste trajeto, forma-se a urina final. Há 1 milhão de néfrons em cada rim.

Neisseria. Gênero de bactérias com a espécie N. meningitidis, causadora da meningite meningocócica e a espécie N. gonnorrheae, causadora da blenorragia ou gonorreia.

Nematelmintos. V. Asquelmintos.

nematocisto. Vesícula no interior de um cnidoblasto; contém um filamento espiralado que é bruscamente extrovertido quando o cnidoblasto é tocado e leva para o interior da pele da vítima uma agressão química com sensação de queimadura.

Nematódeos. V. Asquelmintos.

neodarwinismo. É o darwinismo atual. Inclui avanços em bioquímica e em genética de populações e enfatiza a ação gradativa da seleção natural atuando sobre as mutações.

neogeno. Termo às vezes usado para incluir os períodos Plioceno e Pleistoceno da Era Cenozoica.

neomicina. Antibiótico que inibe a síntese proteica bacteriana no nível dos ribossomos.

neoplasia. Proliferação celular anormal, formando um tumor. Pode ser benigno, sem metástases ou maligno, com metástases.

neotenia. Maturidade sexual no estado larval ou infantil ou reprodução sexuada por fecundação em indivíduos que não completaram seu desenvolvimento.

Neotropical, região. Região zoogeográfica correspondente ao México, América Central e América do Sul. Caracterizada por macacos de pequeno porte (como micos e saguis), tatu, preguiça e tamanduá (três Mamíferos da ordem Xenartros), capivaras, antas, gambás, lhamas e emas. O rio Grande é o limite norte desta região.

Nepenthes. Gênero de Angiospermas Dicotiledôneas, fam. Nepentáceas, com plantas carnívoras de origem africana.

Nereis. Gênero de Anelídeos, classe Poliquetas, vulgarmente verme marinho.

nerítica, zona. Região do talassociclo sobre a plataforma continental, o que corresponde até mais ou menos 200 m de profundidade.

nervo. Feixe de fibras nervosas, dendritos ou axônios, envolvido por TCPD. Nervos podem ser: 1) sensitivos (levam impulsos para o SNC), 2) motores (levam impulsos do SNC), ou 3) mistos, os mais comuns.

nervo craniano. Nervo que, do ponto de vista anatômico, se origina no encéfalo dos Vertebrados. Nos Peixes e nos Anfíbios há 10 pares de nervos cranianos e nos Répteis, Aves e Mamíferos há 12.

nervo espinhal. Em Vertebrados, tipo de nervos da medula espinhal, 31 pares no homem. São todos mistos, com "raiz" ventral motora (corpos celulares na medula) e "raiz" dorsal sensitiva (corpos celulares nos gânglios dorsais da medula).

nervo misto. Formado de fibras nervosas motoras e de fibras sensitivas. A maioria é assim.

nervo motor. Só tem fibras nervosas motoras.

nervo periférico. V. Nervos.

nervo sensitivo. Só tem fibras nervosas sensitivas.

nervuras. Feixes de vasos liberianos e lenhosos nas folhas, que são característicos a cada tipo de plantas. As nervuras são mais destacadas na face inferior das folhas.

neurilema. Sin. de bainha de Schwann.

neuroepitélio. Epitélio receptor de estímulos externos.

neurofibrila. Microfilamento cujo conjunto constitui a rede citoesquelética dos neurônios.

neuróglia ou glia. Células nutridoras, defensoras e auxiliares dos neurônios. Há cerca de 10 células da neuróglia para cada neurônio. Exs.: astrócitos, oligodendrócitos e células da micróglia. Sinônimo de gliócito.

neuro-hipófise. Lobo Posterior da Hipófise (LPH), "produtor" de dois hormônios: Antidiurético (ADH) e Ocitocina (Hormônio Ocitócico). Em verdade, o LPH é um prolongamento do hipotálamo. Este produz esses hormônios que são enviados ao LPH, aí armazenados e daí liberados para o sangue.

neuro-hormônio. Substância com algum caráter hormonal, como ação à distância, produzido por neurônios e transportado pelo axônio. É muito difícil distinguir neuro-hormônio de neurotransmissor.

neurônio ou célula nervosa. Especializada na recepção, condução e criação de fluxos nervosos, é a célula-tipo do Sistema Nervoso, formada de corpo celular ou pericário (com núcleo e organelas), um ou mais dendritos (curtos e ramificados) e um único axônio (longo e muito ramificado na extremidade). Pericário e dendritos são receptores e o axônio é emissor de fluxos nervosos. O contato (funcional, não físico) entre dois neurônios é a sinapse. Neurônios clássicos não se reproduzem, mas há exceções.

neurônio intermediário ou interneurônio. Situado entre um neurônio sensitivo e um neurônio motor em alguns arcos reflexos.

neurônio motor. Último neurônio do arco reflexo, traz o impulso nervoso do SNC para um órgão efetor (músculo ou glândula). É eferente.

neurônio sensitivo. Primeiro neurônio do arco reflexo, trazendo o impulso nervoso para o SNC. É aferente.

neuropeptídeo. Tipo de neurotransmissor atuante, no SNC, em impulsos e sensações ligadas a dor, prazer, fome, sede, sexo.

Neurospora. Gênero de Fungo com a espécie N. crassa, vulgarmente bolor do pão. Usado em pesquisas genéticas.

neurotransmissor. Substância que, produzida na sinapse pelo axônio de um neurônio, estimula um outro neurônio. Há neurotransmissores que são produzidos pelos neurônios e difundem alguns mililitros em torno deles (secreção écrina). / Substâncias que fazem comunicação química, estímulo ou inibição, entre dois neurônios.

Um neurotransmissor pode ser produzido na sinapse, como a adrenalina e a acetilcolina, ou espalhado em torno do neurônio e atuando nos neurônios próximos, como a serotonina, a dopamina e outros neurotransmissores do encéfalo e da medula.

neurovegetativo, SN. Parte do Sistema Nervoso que controla funções viscerais e a adaptação às mudanças do meio. Tem duas partes de ações antagônicas – onde uma estimula, a outra inibe: Simpático e Parassimpático ou Vagal, com centros nervosos no hipotálamo, onde se integram ao resto do Sistema Nervoso.

nêurula. Fase embrionária dos Cordados na qual se forma o tubo neural. Logo depois da gástrula.

nêuston. Conjunto de seres com hábitat restrito à superfície da água, limitando-se a até um centímetro de profundidade.

neutralismo. Convivência de duas espécies diferentes em um mesmo hábitat, sem relacionamento ecológico direto.

neutro (pH). Referente a uma solução cujo pH=7.

neutrófilo. Grande leucócito granulócito, com grânulos citoplasmáticos coráveis por mistura de corantes ácidos e corantes básicos. São importantes fagócitos do corpo.

nexina. Proteína existente na estrutura de cílios e flagelos.

nexo. Sin. de "gap junction".

niacina. Sin. de ácido nicotínico.

nicho ecológico. Papel ecológico representado por uma espécie dentro de um ecossistema levando em conta principalmente as características de alimentação (quando, como, onde, e de quem se alimenta e a quem ela alimenta) e os processos de adaptação e de reprodução.

nicotinamida. Vitamina PP.

nicotinamida-adenina-dinucleotídeo. V. NAD.

nictalopia. Sin. de cegueira noturna.

nictinastia. Nastia noturna de uma ou mais partes de uma planta, voltando à outra posição pela manhã.

nictitante, membrana. Translúcida e protetora, cobre (como cortina móvel) o olho de muitos Vertebrados.

nidação ou nidificação. Em Mamíferos, invasão da mucosa uterina, por destruição enzimática, pelo blastocisto, cerca de seis a 10 dias após a fecundação. Corresponde à fixação do embrião inicial de Mamíferos na parede uterina. A rigor, o embrião de Mamíferos não se desenvolve dentro do útero, e sim, dentro da parede do útero.

ninfa. Forma jovem de insetos hemimetábolos, como gafanhotos e percevejos.

ninfeia. Nome vulgar de Angiospermas Dicotiledôneas, fam. Ninfeáceas, gênero Nymphaea.

Nissl, corpúsculos de. RER muito desenvolvido ao redor do núcleo de neurônios. Sin. de substância tigroide ou cromidial.

nitratação. Processo realizado por bactérias no solo e na água, que produzem nitratos (NO_3^-) a partir da oxidação de nitritos (NO_2^-). É a segunda etapada nitrificação.

nitratação, bactérias de. Vivem livres no solo e na água e fazem quimiossíntese. Absorvem íons nitrito do ambiente e realizam as seguintes reações: 1) $NO_2^- + 1/2\ O_2 = NO_3^-$ + energia. 2) Energia + ○ + ADP = ATP. 3) ATP $\rightarrow$ ADP + ○ + energia. 4) Energia + CO_2 + H_2O $\rightarrow$ Glicose + O_2. A reação 1 é a nitratação (transformação de NO_2^- – nitrito – em NO_3^- – nitrato). A energia resultante é usada para a síntese da glicose. 2,3,4 = quimiossíntese. nitrato NO_3^-. É a principal forma de nitrogênio capaz de ser absorvida pelas raízes das plantas. É biologicamente produzido pelas bactérias que fazem nitrificação.

nitrificação. Oxidação crescente de NH_3 formando nitritos (NO_2^-) e depois nitratos (NO_3^-) por bactérias no solo e na água. Corresponde à soma de nitrosação + nitratação.

nitritos. Íons NO_2^-. Produzidos por bactérias de nitrosação (oxidam NH_3 originando NO_2^-).

Nitrobacter. Gênero de bactérias que fazem nitratação ($NO_2^- \rightarrow NO_3^-$).

nitrogenase. Enzima bacteriana que age na fixação de Nitrogênio.

nitrogênio. Elemento químico que entra obrigatoriamente na composição dos aminoácidos (e portanto de proteínas, enzimas e peptídios) e dos ácidos nucleicos.

nitrogênio, ciclo do. Circulação do N_2 na biosfera. Cadáveres e detritos orgânicos libertam NH_3 (no solo e na água) que é oxidado por bactérias de nitrificação, libertando nitratos (NO_3^-). Os nitratos são absorvidos pelas raízes dos vegetais onde são reduzidos a NH_3 que a planta soma a cetoácidos originando aminoácidos, e daí formam as proteínas vegetais. Animais comem as plantas e digerem as proteínas vegetais e depois usam seus aminoácidos para formar as proteínas animais. Vegetais e animais morrem e seus cadáveres e detritos libertam NH_3, reiniciando o ciclo, que é complementado pela fixação do N_2 e pela desnitrificação.

nitrosação. Processo de produção de nitritos (NO_2^-) a partir da oxidaçãode NH_3 por bactérias existentes no solo e na água.

Nitrosococcus. Gênero de bactérias que fazem nitrosação ($NH_3 = NO_2^-$).

Nitrosomonas. Gênero de bactérias que fazem nitrosação (NH3 $\rightarrow NO_2^-$).

nível trófico. Cada um dos degraus da cadeia alimentar: Produtor, Consumidor primário, Consumidor secundário etc.

nó (ou botão) embrionário ou embrioblasto. Aglomerado celular, colado ao trofoblasto, dentro do blastocisto dos Mamíferos. Origina o embrião propriamente dito. O trofoblasto torna-se a parte embrionária da placenta.

nó ou nódulo AV (átrio-ventricular). Tecido muscular cardíaco que recebe o estímulo do nó SA, vindo pelo septo interatrial, e o transfere aos ventrículos, pelo feixe de His, dando continuidade à sístole cardíaca.

nó ou nódulo sino-atrial. Sinônimo de marcapasso. Conjunto de células musculares especializadas, entre o átrio direito e a veia cava superior. Emite periodicamente um sinal elétrico que vai para a musculatura dos átrios, causando sua sístole (contração).

Noctiluca. Gênero de Pirrófitas (Dinoflageladas) com espécies planctônicas, marinhas e bioluminescentes.

nódulo de Ranvier. V. Ranvier, nódulo.

nó neurofibrilar. Sin. de nó de Ranvier.

nomenclatura. Conjunto de palavras designando cientificamente seres vivos em espécies e em grupos mais elevados. Tem valor internacional, visando raízes gregas ou latinas.

noradrenalina. V. Norepinefrina.

norepinefrina. Derivado da epinefrina ou adrenalina que atua como neurotransmissor na contração de músculos lisos e no SNC. Sin. de noradrenalina.

norma de reação. Capacidade de um genótipo de originar fenótipos variados sob a ação do meio, isto é, os limites do que o indivíduo pode ser, sob diferentes condições ambientais.

nós. Regiões ou estruturas distintas ao longo de outra estrutura. 1) locais do caule onde nascem e se prendem uma ou mais folhas; 2) de Ranvier – intervalos entre as células de Schwann de uma fibra mielinizada; 3) linfáticos – V. gânglios linfáticos.

Nosema. Gênero de Protozoários Cnidosporídios com a espécie N. bombycis parasita do bicho-da-seda.

Nostoc. Gênero de Cianobactérias ou Cianofíceas com espécies fixadoras de N_2.

notocorda. V. notocórdio.

notocórdio. Cordão flexível longitudinal, dorsal, sob o tubo neural nos embriões de Cordados é uma Característica desses animais. Nos Protocordados, pode ser permanente, durante toda vida (como nos Cefalocordados) ou apenas larvar (como nos Tunicados). Nos Vertebrados, é substituído (total ou parcialmente) pela coluna vertebral. / Sin. de corda dorsal ou notocorda. Cordão cartilaginoide, flexível, longitudinal ao longo da região dorsal do embrião entre o tubo nervoso, para fora, e o tubo digestivo para dentro.

Típico e exclusivo dos Cordados, sendo substituído pela coluna vertebral nos Vertebrados e não havendo substituição no Protocordados.

Notoungulados. Mamíferos placentários herbívoros (Eoceno = Pleistoceno).

novobiocina. Antibiótico que inibe a duplicação do DNA bacteriano.

nucleases. Enzimas que catalisam hidrólise de DNA e RNA. Produzidas pelo pâncreas, agem no intestino delgado.

núcleo. Estrutura celular típica dos Eucariontes. Contém o material genético (DNA) na rede de cromatina que vai individualizar os cromossomas. Apresenta nucléolos e uma carioteca característica. Produz e envia RNA-m, RNA-t e RNA-r para o citoplasma.

núcleo interfásico. Núcleo de uma célula durante o período de intérfase. Cariomembrana, retículo nuclear (rede de cromatina) e nucléolo(s) estão presentes.

núcleo nervoso. Grupo de corpos celulares de neurônios imerso na substância branca do encéfalo. Muitos núcleos nervosos são a origem ou o destino de nervos cranianos.

nucleocapsídio. Conjunto formado por uma cápside e o ácido nucleico que ela envolve, num vírus.

nucleoide. Região fracamente delimitada de citoplasma de uma bactéria, onde estão os cromossomas.

nucléolo. Sinônimo de plasmossoma ou nucléolo verdadeiro. Estrutura localizada dentro do núcleo, contendo principalmente RNA e proteínas. Apresenta também um trecho de DNA (trecho de um cromossoma) originador de RNA-r e de ribossomas.

nucléolo falso. Ou cariossoma. Estrutura correspondendo a uma granulação dentro do núcleo interfásico, caracterizada pela presença de DNA. É uma condensação de cromatina.

nucleoplasma. Sin. de cariolinfa ou carioplasma.

nucleoproteína. Categoria de proteína complexa cujo radical prostético é um ácido nucleico (DNA ou RNA). Ex.: cromatina.

núcleos polares. Em Botânica, os dois núcleos haploides que se unirão com um dos núcleos do tubo polínico, originando o endosperma triploide.

nucleosídeo. Substância formada pela associação de uma pentose, com uma base nitrogenada. Ex.: Adenosina ⟶ Ribose + Adenina.

nucleossoma. Conjunto de oito moléculas de histonas, envolvido pelos dois filamentos da molécula de DNA. Ao longo da cromátide, o DNA envolve e constitui numerosos nucleossomas e entre cada dois nucleossomas há sempre um trecho de DNA envolvendo uma molécula de histona.

nucleotídeo. Substância formada pela associação de uma pentose, uma base nitrogenada e um fosfato. É o monômero dos ácidos nucleicos. Ex.: AMP (Adenosina Monofosfato) ⟶ Ribose + Adenina + fosfato.

nulissomia. Ausência de um par de cromossomas homólogos em um genótipo. É letal. É uma aneuploidia.

número cromossomial. Quantidade de cromossomas numa célula. Por exemplo: n, 2n, 3n, 2n-1, 2n+1,etc.

0

O^{18}. Isótopo pesado do átomo do oxigênio. Seu uso experimental permitiu provar que o O_2 liberado pela fotossíntese vem da água e não do gás carbônico.

Obelia. Gênero de Celenterados, classe Hidrozoários, coloniais fixos.

obesidade. Acúmulo exagerado de tecido adiposo no organismo.

ocapi. Nome vulgar de Mamíferos, ordem Artiodátilos, gênero Okapia. É semelhante a uma pequena girafa, com pescoço menor.

occipital. Osso chato na parte posterior do crânio e que se articula com a primeira vértebra (atlas).

oceânica, zona. Mar aberto, além da zona nerítica. As duas juntas formam a região pelágica. Abaixo de 2.000 metros fica a zona abissal.

ocelo. Olho simples de Insetos e Aracnídeos.

ocitocina. Hormônio neuro-hipofisário que estimula a contração da musculatura uterina (miométrio) no parto. Depois, estimula a contração das células mioepiteliais das glândulas mamárias, expulsando o leite, ao mesmo tempo que repõe o útero em suas dimensões antes da gestação. Produzido pelo hipotálamo, vai para a neuro-hipófise e daí para o sangue.

oclusão, zona de. Sin. de união estreita. Região lateral alta, vizinha do polo apical das células epiteliais principalmente da parede do intestino delgado; nesta posição as células estão praticamente coladas entre si, fechando a passagem de substâncias entre essas células. A zona de oclusão faz parte do complexo juncional ou unitivo.

Octópodos. Ordem de Moluscos da classe Cefalópodos com oito tentáculos. São os polvos.

Odonatos. Ordem de Insetos hemimetábolos com aparelho bucal mastigador, com quatro asas bem desenvolvidas e dois olhos compostos enormes. São as lavadeiras ou libélulas.

Odontocetos. Subordem de Cetáceos. São as baleias com dentes, incluindo o cachalote, a orca, baleias bicudas, golfinhos, botos e narval.

Ofídios. Ordem de Répteis da subclasse Escamados, correspondentes às cobras. Sucuris, jiboias e pitons são cobras com vestígios de cintura pélvica e de pequenas patas posteriores.

Ofiuroides. Classe de Equinodermas correspondente às falsas estrelas-do-mar.

OH^-. Íon oxidrila ou hidroxila.

oidea. Sufixo que designa superfamília em Zoologia.

oiti. Nome vulgar de Angiospermas Dicotiledôneas, fam. Rosáceas, com a espécie Moquilea tomentosa. Árvores comuns em ruas do Rio de Janeiro.

Olduvai. Desfiladeiro ou "canyon". Vale fluvial estreito, de paredes altas em terreno sedimentar, com 100m de profundidade, cortando sedimentos que datam de 2 milhões de anos a 10 mil anos, no Quênia. Estudado desde 1931 por Louis e Mary Lealsey. Com centenas de fósseis, entre eles Australopithecus, Homo habilis e Homo erectus.

oleoplasto. Sin. de elaioplasto.

óleos. Categoria de lipídios do tipo glicerídios e que são líquidos a 20ºC.

olho composto. V. omatídeo.

Oligoceno ou Oligocênico. O terceiro de sete períodos da era Cenozoica, após o Eoceno, antes do Mioceno, há 40 milhões de anos.

oligodendrócito. Célula da neuroglia produtora da bainha de mielina na substância branca do SNC. Um oligodendrócito faz mielina em mais de um axônio. Sinônimo da célula de Schwann.

oligoelementos. Elementos químicos que intervêm em quantidades muito pequenas no metabolismo dos seres vivos, mas que são necessários ao seu desenvolvimento e sua sobrevivência. Mg, Mn, Zn, Cu, Fe, I, Fl, Li etc.

oligolécito. Sin. de alécito.

oligômero. Pequeno polímero. Ex: um tripeptídeo.

oligopeptídio. Categoria de peptídios com muito poucos aminoácidos. Por ex.: ocitocina e ADH ou vasopressina, hormônios secretados pela neuro-hipófise, ambos com nove aminoácidos. Oligopeptidios também são comuns na parede celular de bactérias.

Oligoquetas. Classe de Anelídeos correspondente às minhocas. Corpo com poucas cerdas, curtas, cabeça indistinta.

oligossacarídeos. Glicídios formados pela associação de poucas oses. Ex.: rafinose (três oses). A membrana plasmática na sua face externa apresenta vários oligossacarídeos.

olmo. Nome vulgar de Angiospermas Dicotiledôneas, fam. Ulmáceas, gênero Ulmus. Árvore europeia.

omaso. Ou folhoso, é a terceira câmara do estômago dos Ruminantes.

omatídeo. Unidade visual cujo conjunto forma o olho composto dos Insetos.

ômega. Na nomenclatura dos ácidos graxos não saturados, frequentemente é usada a letra ômega que representa o carbono terminal da longa cadeia do ácido, correspondendo portanto à extremidade CH_3. Ômega 3 são os ácidos graxos cujo laço duplo mais próximo do CH_3 está a três carbonos a partir do CH_3. Assim: CH_3. $CH_2 - CH = CH.CH_2$ etc. Ex.: ácido linolênico. Ômega 6 tem o laço duplo mais próximo do CH_3 (ômega) a seis carbonos a partir do CH_3. Assim: CH_3. $(CH_2)_4$. $CH = CH.CH_2$ etc. Ex.: ácido linoleico.

omoplata. Ou escápula. Peça dorsal (osso) da cintura escapular da maioria dos Ver-tebrados Tetrápodes.

onça. Nome vulgar de Mamíferos, ordem Carnívoros, espécies Panthera onca (sinônimo de jaguar) e Felis concolor.

Onchocerca. V. oncocercose.

oncocercose. Doença causada por vermes do filo Nematódeos, da espécie Onchocerca volvulus. Alojamse principalmente no tecido subcutâneo (adiposo) e dentro dos olhos. Suas larvas são transmitidas ao homem por um mosquito (borrachudo) do gênero Simulium. Ocorrência no Brasil: Roraima e Norte da Amazônia.

oncogen. Gene resultante de mutação e que causa um câncer.

oncogênico. Qualquer agente causador de câncer.

oncosfera. Sin. de embrião hexacanto. Ovo com embrião da Taenia (solitária) e que é expulso com as fezes humanas e ingerido pelo porco (no caso da Taenia solium), ou pelo boi (no caso da Taenia saginata) e nesses animais produzem larvas cisticercos. Ingerindo esta carne crua ou mal passada o homem terá cisticercose.

Onicóforos. Pequenos animais terrestres quitinizados e com muitos pares de patas moles com características de Anelídeos e de Artrópodos. Ex.: gênero Peripatus.

onívoro. Animal que se nutre de vários tipos diferentes de alimento.

ontogênese. História do desenvolvimento de um indivíduo, incluindo a embriogênese.

ontogenia ou ontogênese. Desenvolvimento do indivíduo, do zigoto até a fase adulta, reprodutiva.

oocineto. Zigoto móvel, ameboide, de Plasmodium, dentro do mosquito Anopheles. Originará o oocisto.

oocisto. Zigoto imóvel de Plasmodium dentro do mosquito. Sofrerá meiose e depois esporulação ou divisão múltipla (esporogonia) originando esporozoítos.

oogamia. Fecundação em que os gametos masculino e feminino são diferentes na forma e no comportamento. O masculino é pequeno e móvel e o feminino é grande e imóvel.

oogênese. O mesmo que ovogênese.

Oomicetos. Fungos cujos esporos são flagelados. Com espécies decompositoras do solo e parasitas de vegetais. Ex: Saprolegnia.

oosfera. Gameto feminino vegetal.

ooteca. Estojo quitinoso que contém os ovos de alguns Insetos, como as baratas.

operária. Casta assexuada e áptera de formigas e cupins. Alada em abelhas.

opérculo. Lâmina óssea articulada que oculta as fendas branquiais, protegendo as brânquias dos peixes ósseos ou Osteícties. Nos Elasmobrânquios ou Condricties, as fendas branquiais são vistas de fora.

óperon. Estrutura de DNA de Procariontes que consiste numa sequência de genes que fazem transcrição em bloco e sob o comando de uma região não codificadora chamada regulador. Esta região consta de um operador (local onde se liga a RNA-polimerase ou transcriptase) e do promotor, onde pode se ligar a proteína repressora que desliga o óperon.

opilação. Sin. de amarelão. Nome vulgar de ancilostomose e de necatorose.

opistóglifa. Tipo de cobras com um par de dentes (presas) inoculadores de peçonha na parte posterior dos maxilares superiores. Muçurana e falsa-coral são exemplos.

oportunidade evolutiva. A evolução, processo histórico, depende do passado e do momento. A evolução origina os novos caracteres a partir daqueles que o ser vivo já tem, apenas em função das necessidades de sobrevida e de reprodução do momento, sem "planos" futuros. Como nada disso se repetirá do mesmo modo, não há "replay" evolutivo.

oportunista. Microrganismo (vírus, bactéria, protozoário ou fungo) que se aproveita do enfraquecimento imunológico do organismo, por exemplo, humano, causando uma doença geralmente mais séria que a original.

óptico. Relacionado com a visão.

oral. Referente à boca.

orangotango. Nome vulgar de Mamíferos, ordem Primatas, superfamília Hominoides família Pongidae e gênero Pongo (Região Oriental, principalmente em Borneu e Sumatra).

orca. Nome vulgar de Mamíferos, ordem Cetáceos, subordem Odontocetos, gênero Orcinus.

ordem. Categoria de classificação de seres vivos correspondente a um conjunto de famílias com caracteres semelhantes. Em Botânica tem o sufixo obrigatório, ales, e em Zoologia não há sufixo obrigatório.

Ordoviciano ou Ordovícico. segundo, de cinco períodos da Era Paleozoica. Início há 500 milhões de anos, após o Cambriano e antes do Siluriano. Só vida marinha, grande diversificação dos invertebrados e surgimento dos Vertebrados, os peixes Agnatóstomos. (Ostracodermos).

orelha-de-pau. Fungo macroscópico, crescendo no tronco de árvores. Classe Basidiomicetos. Ex: gênero Polyporus.

organela. Sin. de organócito.

organizador nucleolar. Região de um cromossoma ligada à formação de ribossomas e do nucléolo verdadeiro. Produz moléculas de RNA-r.

organócito. Sin. de organela e de elemento figurado celular. Tipo de corpúsculo existente em grande quantidade no citoplasma, envolvido pelo hialoplasma ou citossol. Mitocôndrias, cloroplastos, complexo de Golgi, RER, REL, lisossomas, são exemplos de organócitos.

organoclorados. Agrotóxicos e inseticidas com cloro. Por exemplo: o DDT (Diclo-ro--difenil-tricloroetano) e BHC (Hexacloro ciclo-hexano).

organofosforados. Agrotóxicos e inseticidas com fósforo. Por exemplo, o inseticida Malation.

órgãos análogos. Estruturas de origem embriológica diferente e que desempenham funções idênticas ou semelhantes. Ex.: asas de insetos e asas de aves.

órgãos homólogos. Têm a mesma origem embrionária mas funções e aspectos diferentes. Ex.: braço humano, primeira pata de um cavalo, asa de ave e de morcego, nadadeira anterior de uma foca.

orgasmo. Prazer intenso no final do ato sexual sentido pelo homem e que ocorre ao mesmo tempo que a ejaculação. Na mulher, o orgasmo, geralmente clitoriano, pode ocorrer em diferentes fases do ato sexual. A masturbação, nos dois casos, também conduz ao orgasmo.

oricteropo. Nome vulgar de Mamíferos, ordem Tubulidentados, gênero Orycteropus da África. Com língua adesiva para pegar cupins e formigas.

Oriental, região. Região zoogeográfica correspondente à Ásia ao sul do Himalaia, até a linha de Wallace que passa entre Borneo e Celebes e entre Bali e Lombock. Caracterizada por tigres, rinocerontes, elefante de orelha pequena, orangotango, gibão, antas etc.

origem da vida. Um problema, como muitos, ainda não resolvido. Após a queda da crença em geração espontânea, em tempo atual surgiu a Hipótese da Evolução química. V. Quimiobiogênese.

ornitina. Aminoácido não encontrado em proteínas. Aparece numa sequência de reações que ocorre no fígado (ciclo da ornitina ou ciclo da ureia) e que transforma a amônia NH_3 em ureia $NH_2 . CO . NH_2$. Parte do ciclo da ornitina, ocorre nas mitocôndrias, dentro dos hepatócitos.

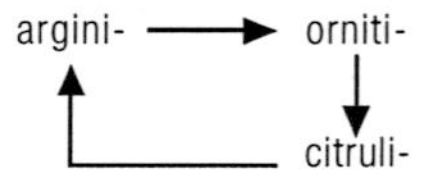

Neste ciclo há a reação $2NH_3 + CO_2 \rightarrow H_2N. CO.NH_2 + H_2O$.

Ornitísquios. Dinossauros com cintura pélvica em forma de H, como a das Aves.

ornitofilia. V. polinização.

ornitologia. Estudo das Aves.

ornitorrinco. Nome vulgar de Mamíferos, ordem Monotremados. Gênero Ornithorhynchus (Platypus). Região Australiana.

orquídea. Nome vulgar de muitas espécies de Angiospermas Monocotiledôneas, fam. Orquidáceas. Ex.: Habenaria, Phajus, Vanilla (baunilha), Cattleya.

orquite. Inflamação dos testículos, traumática ou infecciosa.

Orrobin. Gênero de Hominídeos fósseis africanos, de mais de 6 milhões de anos. Primeiras partes encontradas no Quênia.

ortogênese. Aparente tendência evolutiva em linha reta, resultante da ação prolongada, milhões de anos, de seleção natural direcional. Vendo o processo depois de "pronto" na sequência de fósseis, alguns pensaram que havia o "objetivo" de obter um certo resultado.

Ortópteros. Ordem de Insetos hemimetábolos, com aparelho bucal mastigador, quatro asas retas. São os gafanhotos, grilos, esperanças, bicho-pau e louva-adeus.

ortótropo ou reto. Óvulo vegetal de tipo primitivo, com micrópila e funículo na mesma linha.

oscilação genética. V. Deriva Genética.

ose. Sin. de monossacarídeo. Pequeno di ou polialcool com função aldeído ou cetona: aldoses e cetoses.

osídeos. Glicídios com duas ou mais oses associadas. Correspondem aos dissacarídeos, oligossacarídeos e polissacarídeos.

ósmio, tetróxido de. $Os O_4$. Substância fixadora que tinge classicamente o complexo de Golgi.

osmose. Passagem de água ou de um solvente, de uma solução hipotônica para uma solução hipertônica, atravessando uma membrana semipermeável.

osseína. Antigo nome da parte orgânica do osso, que hoje se sabe conter vários tipos de proteínas e polissacarídeos.

ossificação. Formação do tecido ósseo. Pode ser endocondral (substituindo uma cartilagem, na produção de um osso longo), ou intramembranosa (dentro de uma membrana conjuntiva, na produção de um osso chato).

osso. Peça esquelética formada principalmente pelo tecido ósseo, mas também por tecido conjuntivo, incluindo cartilagem sangue e tecido nervoso.

Osteictes. Classe dos peixes ósseos. Pode ser dividida em duas subclasses: Actinopterígios (os mais numerosos, com nadadeiras com raios) e Sarcopterígios (nadadeiras carnosas) incluindo a ordem Crossopterígios – nadadeiras lobadas, ex: Celacanto e a ordem Dipnoicos – piramboia. / Praticamente sinônimo de Teleósteos; classe de Vertebrados contendo os peixes de esqueleto ósseo. Boca terminal, nadadeira caudal homocerca (partes dorsal e ventral praticamente iguais), fendas branquiais cobertas por um opérculo, presença de bexiga natatória, coração totalmente venoso, com duas cavidades, uma aurícula ou átrio e um ventrículo. Excetuando os tubarões, cações, peixes-serra, peixesmartelo e raias, praticamente todos os outros peixes são Osteictes, havendo umas 20.000 espécies.

osteoblasto. Célula óssea jovem. Também é o antigo nome para osteócito.

osteócitos. Células ósseas adultas alojadas em cavidades, ou lacunas, da matriz óssea. Possuem prolongamentos que se contatam por meio de junções "Gap" no interior dos canalículos da matriz.

osteoclasto. Grande célula multinucleada destruidora da matriz óssea, no crescimento e remodelagem de um osso, e da cartilagem na ossificação endocondral. Origina-se da fusão de macrófagos.

osteomalácia. Amolecimento dos ossos por carência de cálcio, fósforo e vitamina D.

osteoplasto. Antigo nome da lacuna óssea.

osteoporose. Aumento das lacunas do tecido ósseo esponjoso. Relacionado com o envelhecimento.

ostíolo. Orifício do estômato. Q.V.

ostra. Nome vulgar de Moluscos, classe Lamelibrânquios. Ex.: gênero Ostrea. Seu pálio ou manto pode produzir pérolas.

Ostracodermos. Vertebrados Agnatos, couraçados sem nadadeiras pares, extintos (Ordovícico ⟶ Devônico).

ótico. Relacionado com o ouvido.

otite. Inflamação do ouvido.

ouriço. Sin.: porco-espinho. Nome vulgar de Mamíferos, ordem Roedores, gêneros Coendu (ouriço-cacheiro) e Chaetomys.

ouriço-do-mar. Tipo de Equinodermas, classe Equinoides. Ex.: gêneros Strongylocentrotus, Arbacia e Echinometra. Há também ouriços-do-mar achatados, chamados de corrúpio ou ferradura, gêneros Encope e Mellita.

ouvido interno. V. labirinto.

ouvido médio. ou câmara timpânica – Espaço, após o tímpano, contendo três ossículos (martelo, bigorna e estribo).

ovário. 1) Em animais: Glândula sexual feminina, produtora de óvulos, sob estímulo do FSH, de estrógenos, também sob estímulo do FSH e de progesterona, sob estímulo do LH. 2) Em Angiospermas: Na flor, é uma câmara formada pelo fechamento da folha carpelar (macrosporófilo) ou pela fusão dos carpelos; produz massas pluricelulares chamadas óvulos.

oviduto. Canal que nas fêmeas de Mamíferos em geral traz óvulos e também zigotos e embriões iniciais, no sentido do útero. Corresponde portanto à tuba ou trompa. Nos outros animais os ovidutos não desembocam no útero, inexistente.

ovíparos. Animais que põem "ovos" no exterior. Na realidade, são cápsulas contendo embriões geralmente em início de desenvolvimento. Exs.: Insetos, Répteis e Aves.

ovo. 1) célula-ovo ou zigoto. 2) cápsula dentro da qual o embrião se desenvolve.

ovo "de regulação". Tipo de ovo que origina blástulas onde os blastômeros não têm destinos fixos. A falta de um deles não resulta na ausência de um órgão determinado. V. Ovos em "mosáico".

ovo-albumina. Albumina da clara do ovo.

ovócito I ou primário. Célula diploide da ovogênese, resultante do grande crescimento de uma ovogônia pelo acúmulo de reservas. Origina o ovócito II e o primeiro polócito por meiose I.

ovócito II ou secundário. Célula haploide da ovogênese que, produzida pela meiose I do ovócito I, faz meiose II originando o óvulo e o segundo polócito. Nos Mamíferos, a meiose

II é interrompida em metáfase II (dictióteno), o ovócito II é "ovulado" e a meiose II só se completa se houver fecundação.

ovogênese. Ou ovulogênese. Produção de óvulos dentro do ovário, com as seguintes fases: 1) Multiplicação, originando ovogônias 2n; 2) Crescimento, formando ovócito I 2n; 3) Meiose: um óvocito I n produz um ovócito II n e um polócito n e depois o ovócito II n produz um óvulo n e um polócito n e 2 novos polócitos n são formados. O resultado final contém quatro células n; um óvulo e três polócitos.

ovogônia. Célula 2n resultante da fase de multiplicação durante a primeira fase da ovogênese.

ovos em "mosaico". Tipo de ovos em que cada região do citoplasma e, depois, de cada blastômero da blástula, se destina a formar um certo órgão. A morte desse blastômero resulta na falta desse órgão. V. Ovo "de regulação".

ovotestis. Glândula sexual hermafrodita, correspondendo a uma mistura de testículo e ovário.

ovótide. Termo usado por alguns autores designando o que seria um óvulo imaturo. Corresponde a um sinônimo em desuso do óvulo.

ovovivíparo. Tipo de animal que produz um ovo como os Ovíparos de fecundação interna, mas o guardam dentro das fêmeas, até completar a embriogênese. O que sai das fêmeas é um ovo com o jovem pronto para eclosão. Durante o desenvolvimento, o embrião só recebeu da mãe proteção e calor. Há ovovivíparos em Peixes, Répteis e vários invertebrados.

ovulação. Expulsão do óvulo a partir do ovário. Na espécie humana é a expulsão do ovócito II. Acontece mais frequentemente no 14º dia de um ciclo menstrual de 28 dias.

ovulíparos. Animais (Anfíbios e muitos invertebrados) que põem óvulos para fecundação externa.

óvulo. 1) Gameta feminino animal haploide. Nos Mamíferos, é só conceitual, pois o espermatozoide já entrou no ovócito II. 2) Estrutura pluricelular (homóloga do macrosporângio de Pteridófitas) contida no ovário da flor onde se forma o macrosporo e o macrogametófito ou gametófito feminino. Este produzirá a oosfera, esta sim, de fato, o gameta feminino, dentro desse óvulo.

ovulogênese. Sin. de ovogênese.

oxihemoglobina. Hemoglobina ligada ao oxigênio, HbO_2. Quase todo oxigênio é transportado, no sangue, pela oxihemoglobina.

oxi-redutases. Categoria de enzimas que agem na respiração celular. Catalisam reações onde um composto é oxidado e o outro é reduzido.

oxissoma. Sin. de partícula F1 ou partícula elementar. Pequena estrutura, visível ao M.E encontrada em quantidade na membrana interna e nas cristas mitocondriais. Tem ATP-sintetase: é, portanto produtora de ATP.

oxiurose. Infestação pelo Nematódeo da espécie Oxyurus vermicularis ou Enterobius vermicularis no intestino delgado. A postura de ovos pelas fêmeas na região anal humana causa prurido (coceira) característico.

Oxyurus. Sin. de Enterobius.

ozônio, camada de. Camada de moléculas de Ozônio (O_3) na estratosfera, funcionando como um filtro protetor contra a radiação RUV (raios ultra-violeta), impedindo a passagem de 80% dessas radiações. Substâncias chamadas cloro-flúorcarbonos (CFC) diminuem ou destroem essa camada e permitem a passagem dos RUV que são mutagênicos e cancerígenos. V. Protocolo de Montreal.

P

○. Grupo fosfato.

p^{35}. Isótopo pesado do átomo de fósforo.

P700 e P680. Conjuntos de moléculas especiais de clorofila a nos sistemas I e II, respectivamente. 700 e 680 correspondem a seus picos de absorção de energia luminosa (comprimentos de onda, em nanômetros).

paca. Nome vulgar de Mamíferos, ordem Roedores com os gêneros Cunicullus e Agouti.

paedocypris. Gênero do menor Vertebrado do mundo, é um peixe Osteicte da espécie P. progenetica com 10mm de comprimento. Vive em pântanos muito ácidos na ilha de Sumatra. Espécie descoberta em 2006.

paguro. Ou bernardo-eremita. Crustáceo mais ou menos semelhante a uma lagosta, mas com o abdômen mole, que ele protege vivendo dentro de uma concha vazia de caramujo marinho que ele transporta e sobre a qual coloca uma actínia.

paineira. Nome vulgar de Angiospermas Dicotiledôneas, fam. Bombacáceas gênero Chorisia. Árvore grande.

paleártica, região. Região zoogeográfica correspondente à Europa, norte da África e Ásia (acima do Himalaia). Caracterizada pela presença de lobos, bisões, javali, veados. Ex.: é semelhante à Neártica, mas possui macacos, ausentes na América do Norte.

palato. Região superior da cavidade bucal (céu da boca) formada por uma parte óssea, dura, com revestimento mucoso e uma parte mole, posterior, junto à entrada da faringe.

Paleoceno ou paleocênico. primeiro, de sete períodos da Era Cenozoica, com início há 65 milhões de anos. Nele houve a Radiação Adaptativa dos Mamíferos.

paleontologia. O estudo dos fósseis, objetivando a reconstrução da história da vida na Terra e as causas de suas mudanças.

Paleozoica. V. era paleozoica paliçádico, parênquima. Parênquima clorofiliano com células muito juntas, perpendiculares à epiderme superior da folha.

pálio. Sin. de manto.

palmatória-de-espinho ou quipá. Nome vulgar de Angiospermas Dicotiledôneas fam. Cactáceas do gênero Opuntia.

palmeira. Nome vulgar de várias espécies de Angiospermas Monocotiledôneas, fam. Palmáceas. Exs.: Mauritia (buriti), Raphia, Washingtonia, Linistone, Phoenix (tamareira), Oreodoxa (palmeira-real), Euterpe (palmito e açaí).

palpo. Apêndice cefálico em número de dois nos Aracnídeos. Nas aranhas em geral, prendem a vítima, enquanto nas aranhas machos funcionam como pênis. São ocos, retiram o esperma do orifício sexual masculino e depois o injetam no orifício da fêmea.

pampa. Tipo de campina ou campo no sul da América do Sul: Argentina, Uruguai e parte do Rio Grande do Sul.

pança ou rúmen. Primeira e maior das quatro câmaras do estômago dos Ruminantes. Aí o alimento é armazenado e sua celulose é digerida por Bactérias e Protozoários, antes de voltar à boca para cuidadosa mastigação, ou ruminação.

pâncreas. Em Vertebrados, glândula mista, abdominal, entre o duodeno e o baço. Sua secreção externa é o suco pancreático, alcalino e rico em enzimas, lançado no duodeno. A interna, das Ilhotas de Langerhans, produz dois hormônios, Insulina e Glucagon.

pancreozimina. Hormônio clássico produzido pelo intestino delgado que estimula o pâncreas a produzir suco pancreático rico em enzimas. Modernamente, considera-se que a Colecistoquinina produzida no duodeno estimula a produção de enzimas digestivas pancreáticas e estimula contrações da vesícula biliar que vai ejetar bílis no duodeno.

panda. Nome vulgar de Mamíferos, ordem Carnívoros, gênero Ailurus (Himalaia). O panda gigante é do gênero Ailuropoda, nas montanhas do Oeste da China. Alimenta-se de brotos de bambu.

pandemia. Doença com distribuição geográfica muito ampla, até mesmo mundial. A AIDS é exemplo atual.

Pangeia. Supercontinente com todas as terras emersas formado no final do Permiano. No final do Triássico, há 200 milhões de anos, fragmentou-se em dois grandes continentes: O Gonduana, ao sul, e a Laurásia ao norte. O Gonduana dividiu-se na América do Sul, África, Oceania e Antártida, enquanto a parte Norte originou a Eurásia e a América do Norte.

pangênese. Hipótese de Darwin para explicar a hereditariedade. Haveria no sangue partículas, as gêmulas, miniaturas dos órgãos que penetrariam nos gametas e seriam transmitidas aos filhos. Foi totalmente refutada.

pangolim. Nome vulgar de Mamíferos, ordem Folidotos, gênero Manis. Conhecido também como tamanduá-de-escama. Região Etiópica.

Panizza, forâmen de. Junção da aorta (sangue arterial) com a artéria pulmonar (sangue venoso) logo depois da saída dos dois ventrículos do coração dos Crocodilianos.

panmítica. População onde há panmixia, isto é, onde as probabilidades de cruzamentos são iguais para todos, sem seleção natural e sem seleção sexual.

panspermia cósmica. Hipótese de que a vida na Terra não é autóctone, e sim, chegou aqui como microorganismos em meteoritos. Não explica a origem da vida em si. Apenas transfere o problema para outro local do Universo, o que não impede que seja correta. Há muita matéria orgânica em meteoritos.

Panstrongylus. Um dos gêneros de percevejos vulgarmente barbeiros.

pantanal. Vegetação típica da bacia do rio Paraguai no Mato Grosso do Sul e no oeste do Mato Grosso. Alagada na época das chuvas.

papagaio. Nome vulgar de Aves, ordem Psitaciformes. Ex. gênero Amazona.

papaína. Proteinase existente no mamão.

papa-mosca. Nome vulgar de Aracnídeos, da ordem Araneídeos. Ex. gênero Menemerus.

papiloma. Ou condiloma. Doença causada por vírus de DNA, gênero Papillomavirus, família Papovaviridae. Causa lesões na vulva, vagina e pênis. Transmissão por ato sexual.

papo. Dilatação esofagiana das Aves, em especial granívoras, onde o alimento é armazenado temporariamente e amolecido.

paquíteno. Terceira subfase da prófase I da meiose. Os cromossomas homólogos estão dispostos aos pares, apresentando dois centrômeros e quatro cromátides (tétrade), em cada par.

parácrina, secreção. Secreção que se espalha, não mais que 1mm em torno das células produtoras e age sobre células muito próximas, sendo reabsorvida e destruída rapidamente. É o tipo de secreção de neurotransmissores e ocorre na ação da noradrenalina sobre músculos lisos e entre os neurônios do SNC.

paralelinérvia, folha. Folha cujas nervuras são paralelas entre si, só se unindo na ponta da folha. É típica de Monocotiledôneas.

paralisia infantil. V. poliomielite.

Paramecium. Gênero de Protozoários da classe Ciliados que vive na água doce, sem importância médica.

paramétrio ou epimétrio ou perimétrio. Envoltório externo do útero e das tubas.

Paranthropus. Gênero de Hominidae fósseis que viveram na África Oriental e no Sul da África. De 3 a 2 milhões de anos atrás.

paraplasma. Conjunto de constituintes inertes que podem existir nas células, tais como gotas de óleo, cristais etc.

paraplegia. Paralisia dos dois braços ou das duas pernas.

parápodo. V. Poliquetos.

parasitismo. Associação interespecífica e desarmônica em que indivíduos de uma espécie vivem e se nutrem às custas de outro de espécie diferente, sem matá-lo, pelo menos imediatamente.

parassimpático, SN. Parte do SN Vegetativo cujas fibras saem do encéfalo (em alguns nervos cranianos) da região sacra da medula. Age pela acetilcolina e ativa peristaltismo, secreções digestivas, micção, excitação sexual etc. que ocorrem "em repouso".

paratireoides. Quatro pequenas glândulas endócrinas dentro da tireoide. Produzem paratirina ou paratormônio.

paratoides. V. glândulas paratoides.

paratormônio ou paratirina. Hormônio produzido pelas glândulas paratireoides. Estimula a transferência de cálcio dos ossos para o sangue, a absorção de cálcio no intestino delgado e a reabsorção de cálcio pelos túbulos renais. Daí a tendência para a hipercalcemia.

Parazoários. Animais sem sistemas e órgãos definidos. Correspondem aos Poríferos (esponjas). São metazoários muito primitivos. V. Poríferos.

pardal. Nome vulgar de Aves, ordem Passeriformes. Ex. gênero Passer.

parede celular. Sin. de membrana celulósica e de parede esquelética.

parede celular bacteriana. Reforço externo bastante rígido, não-celulósico e permeável da maioria das bactérias. Quimicamente, nas bactérias Gram **+** é formada por um composto complexo chamado peptidoglicano ou mureína. Consiste em cadeias de oses modificadas como a N-acetil glicosamina e ácido murâmico. Também contém cadeias de oligopeptídios (associações de poucos aminoácidos entre os quais o ácido diaminopimélico que não existe em proteínas). A síntese dessa parede bacteriana é inibida pela penicilina. Micoplasmas, inclusive PPLO, são pequenas bactérias sem essa parede. Nas bactérias Gram **–** há uma camada extra, sobre o peptidosglicano; é uma estrutura complexa e espessa, semelhante à membrana plasmática e com porinas, proteínas em forma de canal.

parede esquelética. Sin. de parede celular ou membrana celulósica. Reforço externo da membrana plasmática das células vegetais. É bastante rígida, permeável e é caracteristicamente formada pela celulose e outros materiais.

parênquima. Tecido vegetal de células vivas e ligadas ao metabolismo da planta. Os principais são o clorofiliano e o de reserva.

parênquima clorofiliano ou tecido clorofiliano ou clorênquima. Parênquima com células clorofiladas, fotossintéticas. Só ocorre em partes primárias do vegetal, como folhas (parênquima paliçádico e parênquima lacunoso) e caule jovem.

parênquima de reserva. Tecido vegetal com grandes células que armazenam reservas nutritivas.

parental. Ou progenitor. Os pais, pai e mãe. A primeira geração que inicia uma série de cruzamentos.

paripenada, folha. Folha composta penada com dois folíolos terminais.

Parkinson, doença de. Doença caracterizada por tremores e posterior rigidez de diferentes grupos de músculos; é devida à degeneração de determinadas áreas cerebrais. Tem relação direta com a ausência ou diminuição da taxa de dopamina.

parótidas. V. glândulas salivares.

parotidite. V. caxumba.

partenocarpia. Desenvolvimento do fruto a partir de uma flor onde não houve polinização e nem fecundação. Portanto não tem sementes. Ex: banana.

partenogênese. Reprodução sexuada (assexuada para alguns autores) na qual o gameta feminino origina novo indivíduo sem ser fecundado pelo masculino. Pode ser natural ou artificial.

partenogênese experimental. Técnica de laboratório conseguindo excitar óvulos, originando filhos.

partícula elementar. Sin. oxissoma e partícula F1.

partícula F1. Sin. de oxissoma e de partícula elementar. V. oxissoma.

Pasteurella. Gênero de bactérias como a espécie causadora da peste bubônica, P. pestis. Atualmente, o gênero passou a ser Yersinia, e a espécie é Y. pestis.

patativa. Nome vulgar de Aves, ordem Passeriformes. Ex. gênero Sporophila.

Patau, síndrome de. Anomalia causada principalmente pela trissomia do cromossoma 13 humano. Caracterizada por microcefalia, anomalia nos globos oculares, micrognatia, lábio leporino e defeitos graves cardíacos e cerebrais. Sobrevida média de três meses.

patela. Sin. de rótula (osso).

pato. Nome vulgar de Aves, ordem Anseriformes. Ex. gênero Cairina.

patogênico. Que causa doença.

patologia. Estudo das doenças.

pau-brasil. Nome vulgar de Angiospermas Dicotiledôneas, fam. Leguminosas, gênero Caesalpinia, espécie C. echinata. C. ferrea é o pau-ferro.

pavão. Nome vulgar de Aves, ordem Galiformes. Ex. gênero Pavo.

pavimentoso, epitélio. Epitélio com células achatadas. O mesmo que escamoso.

PCR. "Polimerase chain reaction" ou reação em cadeia da polimerase. Técnica de laboratório que permite reproduzir muito rapidamente uma molécula ou um trecho de DNA formando milhões de cópias idênticas. DNA aquecido separa suas duas cadeias de nucleotídeos. O processo usa DNA – polimerase resistente ao calor e que é produzida por bactérias termófilas. Esta enzima codifica rapidamente um novo ½ DNA, emparelhado com a cadeia liberada pelo aquecimento.

peça intermediária. Sin. de colo ou pescoço. Parte do espermatozoide entre a cabeça e a cauda. Contém dois centríolos, mitocôndrias e a parte interna do flagelo.

pecilotérmicos. Sin. de ectotérmicos. Animais cuja temperatura corporal varia facilmente com a temperatura ambiental. Invertebrados, Peixes, Anfíbios e Répteis.

pecíolo. Parte fina e alongada da folha que prende o limbo ao nó do caule. Pelo pecíolo passam os vasos liberianos e lenhosos que formam as nervuras do limbo. As folhas paralelinérvias das Gramíneas não têm pecíolo.

péctico, material. Expressão que se refere a substâncias pécticas, existentes na lamela média. Resultam do encadeamento de moléculas de ácido galacturônico (galactose com carboxila). Pectina e ácido pético são tipos de materiais pécticos.

pectina. V. péctico, material.

pectização. Precipitação das partículas de um coloide pela neutralização de suas cargas elétricas e a retirada de suas camadas de solvatação.

pedicelárias. Pequenos apêndices, em forma de pinças, na superfície dos ouriços do mar (Equinodermas da classe dos Equinoides) que retiram parasitas e fezes e capturam pequenas presas.

Pediculus. V. piolho.

pedipalpo. Sin. palpo.

pedogênese. 1. Partenogênese em indivíduo muito jovem ou larval. 2. Formação do solo a partir da rocha matriz.

peixe-boi. Sin. de manati. Nome vulgar de Mamíferos, ordem Sirênios, gênero Trichechus.

peixe-de-briga. Nome vulgar de Osteictes. Ex.: gênero Betta, de aquário.

peixe-elétrico. Sin. de poraquê. Nome vulgar de Osteictes gêneros Electrophorus e Gymnotus, peixes fluviais brasileiros.

peixe-martelo. Nome vulgar de Condrictes, por exemplo, do gênero Sphyrna.

peixe-piloto. Nome vulgar de Osteictes, gênero Naucrates. Nadam à frente dos tubarões e são comensais deles.

peixe-piolho. Nome vulgar de Osteictes, gêneros Echeneis e Remora. Prendem-se a tubarões e raias e são comensais.

Peixes. Conjunto de Condrictes (peixes cartilaginosos) e Osteíctes (peixes ósseos). Há mais ou menos 22.000 espécies.

peixes. Nome vulgar compreendendo um conjunto formado pela classe Condrictes (peixes cartilaginosos) e Osteictes (peixes ósseos). Excetuando praticamente os tubarões, cações, raias, peixes-serra e peixes--martelo, que são Condrictes, todos os outros são Osteictes.

peixe-serra. Nome vulgar de Condrictes os gêneros Pristis, Pliotrema e Pristiophorus.

peixe-vermelho. Nome vulgar de Osteictes, gênero Carassius. De aquário.

peixe-voador. Nome vulgar de Osteictes. Ex. gêneros Exocoetus e Cypselurus.

pelágico. Correspondente ao mar aberto, principalmente em águas superficiais, até profundidades médias.

pelagra. Sintoma de avitaminose PP. Caracteriza-se por diarreia, dermatite e demência, podendo levar à morte.

pele. Órgão de revestimento do corpo formado de epiderme (epitelial e ectodérmica) e derme (conjuntiva e mesodérmica). Tem múltiplas funções: proteção mecânica contra perda de água e antimicrobiana, sensibilidade táctil e térmica, controle térmico etc.

Pelecípodos. Sin. de Lamelibrânquios (q.v.) ou Bivalvos.

pelicano. Nome vulgar de Aves, ordem Pelecaniformes. Ex. gênero Pelecanus.

Pelicossauros. Répteis extintos (Carbonífero = Permiano), ancestrais dos Terapsídeos.

pêlo absorvente. Célula alongada da epiderme da raiz. Faz absorção passiva de água.

pêlo sexual. Filamento na superfície de diversas bactérias que permite a passagem de DNA de uma bactéria para outra.

pelúcida, zona. Camada gelatinosa que envolve o óvulo, para dentro da "corona radiata".

penetração. Fase do ciclo vital de um vírus. V. Lítica, multiplicação.

penetrância. Proporção (%) de indivíduos que, tendo um dado genótipo, desenvolvem o fenótipo esperado. Uma penetrância menor que 100% (penetrância incompleta) resulta da interação com outros genes do genótipo.

penicilina. Antibiótico que inibe a síntese da parede bacteriana.

Penicillium. Gênero de Fungos Ascomicetos ordem Plectascales (Aspergilales) com espécies produtoras de penicilina e uma espécie, P. roquefortii, usada na produção do queijo de mesmo nome.

peninérvea. Uma folha cujas nervuras se dispõem como uma pena.

pênis. Órgão sexual masculino, servindo para a penetração no orifício sexual feminino e por onde saem os espermatozoides, e em outro momento, a urina.

Pensilvaniano. A segunda (de duas) subdivisão do período Carbonífero, de 320 a 285 milhões de anos.

pentâmera. Estrutura com simetria radiada de cinco raios

pentose. Tipo de ose com cinco Carbonos. Ex.: ribose ($C_5H_{10}O_5$) e desoxiribose ($C_5H_{10}O_4$).

pepino-do-mar. Tipo de Equinodermas, classe Holoturoides. Ex.: gêneros Thyone e Cucumaria.

pepsina. Enzima gástrica que catalisa a hidrólise de algumas proteínas. / Enzima que hidrolisa proteínas no estômago, dividindo-as em peptídeos; é uma endopeptidase produzida pelas células principais da mucosa gástrica sob forma inativa, o pepsinogênio. Este é ativado pelo HCl das células parietais da mucosa em raro caso de feedback (+) – a pepsina ativa mais pepsinogênio. O pH ótimo para esta ativação é cerca de 2.

pepsinogênio. Pepsina inativa. É ativado dentro do estômago pelo HCl e pela própria pepsina.

peptidases. Enzimas que catalisam a divisão, por hidrólise, dos peptídeos no intestino delgado.

peptídeo. Tipo de substância correspondente à associação de poucos aminoácidos. É portanto, menor que a proteína, que é polipeptídeo.

peptidoglicano ou peptoglicano. Substância glicoprotéica que caracteriza a parede celular de bactérias.

peptização. Reversibilidade da precipitação de um coloide, que então se reestabiliza.

peptonas. peptídeos derivados da hidrólise parcial de proteínas.

pequena circulação. coração ⟶ pulmão ⟶ coração. Mais detalhadamente, ventrículo direito ⟶ artéria pulmonar ⟶ pulmões ⟶ veias pulmonares ⟶ átrio esquerdo.

pequenos lábios. Pequenas expansões laterais da vulva, mais internas que os grandes lábios.

pequi. Nome vulgar de Angiospermas Dicotiledôneas, fam. Cariocaráceas, gênero Caryocar.

perca. Nome vulgar de Osteictes com a espécie Perca fluviatilis.

percevejo. Nome vulgar de Insetos, da ordem Hemípteros. Gêneros importantes: Triatoma, Rhodnius e Panstrongylus, todos os três são barbeiros transmissores da doença de Chagas. Cimex (percevejo-de-cama, hematófago), Engytatus (parasita o cacaueiro), Horcius (sobre o algodoeiro), Edessa (sobre a laranjeira).

perdiz. Nome vulgar de Aves, subclasse Ratitas, ordem Tinamiformes. Ex. gênero Rhynchotus.

perereca. Nome vulgar de Anfíbios, subclasse Anuros, com pequenas ventosas nos dedos. Ex. gêneros Hyla, Hylomedusa e Gastrotheca. Hyla faber é chamada de sapo-ferreiro, mas é uma perereca.

perforinas. Proteínas de linfócitos T citotóxicos ("killers") que são lançadas sobre células infectadas ou cancerosas. Perfuram e matam essas células.

perianto. O cálice e a corola que rodeiam o androceu e o gineceu.

periblema. Meristema primário, entre dermatógeno (externo) e pleroma (interno). Origina o córtex primário da raiz e do caule.

pericárdio. Serosa dupla que envolve o coração.

pericário. V. Corpo celular do neurônio. Citoplasma ao redor do núcleo do neurônio.

pericarpo. Zona do fruto que deriva da parede do ovário. Divide-se, de fora para dentro, em: 1 – epicarpo (casca), 2 – mesocarpo (geralmente a parte comestível) e 3 – endocarpo (que envolve a semente).

periciclo. Na estrutura primária da raiz de Dicotiledôneas, é a camada mais externa do estelo ou cilindro central, logo sob a endoderme.

periderme. Parte externa (casca) do caule de Espermatófitas (súber, felogênio e feloderma).

perimétrio. Camada epitelial exterior da parede do útero, em contato com o peritôneo.

perimísio. TCPD que envolve cada feixe de fibras musculares de um músculo estriado.

períneo. Região corporal entre o ânus e a vulva e entre o ânus e a base do saco escrotal.

perineuro. TCPD que envolve cada um dos feixes de fibras nervosas de um nervo.

período geológico. Subdivisão de uma era geológica.

periósteo. Tecido conjuntivo denso-fibroso que reveste externamente os ossos. Dele provém os vasos sanguíneos que nutrem os osteócitos.

Peripatus. Gênero típico de Onicóforos.

Periplaneta. Gênero de insetos da ordem Blatárias: grande barata voadora, praticamente cosmopolita.

periquito. Nome vulgar de Aves, ordem Psitaciformes. Ex: gênero Pyrrhura, Brotogeris e Pionopsitta.

Perissodátilos. Ordem de Mamíferos com número ímpar de dedos (ao contrário dos Artiodátilos). Correspondem aos cavalos, asnos, zebras, rinocerontes e antas.

peristaltismo. Movimento de ondas de contração de um órgão oco de paredes musculares, levando seu conteúdo de uma ponta a outra. No tubo digestivo, no sentido da boca ao ânus.

peritônio. Serosa que reveste o celoma abdominal e envolve cada um de seus órgãos.

perivitelino, espaço. Espaço resultante da contração do óvulo (ovócito II) logo depois da entrada do espermatozoide. Fica entre a membrana do óvulo (agora membrana de fecundação) e a zona pelúcida.

permafrost. Camada do solo da Tundra, que fica a 0,5m da superfície e até congela, prejudicando o crescimento das raízes.

permeabilidade seletiva. Propriedade da membrana plasmática que permite ou facilita a passagem de determinados íons e moléculas, podendo modificar esse procedimento.

permease. Sin. de translocase. Tipo de proteína da estrutura da membrana plasmática e que transporta determinados íons e moléculas de uma face para outra da membrana. Há permeases para transporte ativo e para transporte passivo.

Permiano ou Pérmico. Sexto e último período da era Paleozoica, começando há 280 milhões de anos. Teve a expansão e diversificação dos Répteis. Houve uma grande extinção no final do período.

permuta. Sin. de "crossing over".

peroba. Nome vulgar de Angiospermas Dicotiledôneas, fam. Apocináceas, gênero Aspidosperma. Árvore com boa madeira.

perônio ou fíbula. Osso longo, fino, na parte externa da perna.

peroxissoma. Sin. de microcorpo. Organócito correspondente a uma pequena vesícula citoplasmática que contém enzimas de oxi-redução.

peru. Nome vulgar de Aves, ordem Galiformes. Ex. gênero Meleagris.

peste bubônica. Doença causada por bactérias da espécie Pasteurella pestis (atualmente Yersinia pestis). Transmitida do rato para o homem, por picada de pulga.

pétala. Cada uma das folhas modificadas, geralmente coloridas e perfumadas que constituem a corola.

petauro. Nome vulgar de Mamíferos, ordem Marsupiais, gênero Petaurus. É um marsupial planador por meio de extensões laterais da pele (região Australiana).

PGA. Sigla de ácido fosfoglicérico.

PGAL. Sigla de aldeído fosfoglicérico ou fosfogliceraldeído.

pH. Potencial de Hidrogênio: grau de acidez ou de neutralidade ou de basicidade de uma solução correspondendo à sua concentração de H^+. pH 7 indica neutralidade, menor que 7 corresponde à acidez, e maior que 7 significa basicidade ou alcalinidade.

PHE. Abreviatura convencional do aminoácido fenilalanina.

Phlebotomus. Nome em desuso do gênero do mosquito-palha ou birigui, atualmente Lutzomyia. V. leishmaniose.

Phthirius. Gênero correspondente ao chato. V. piolho.

Pi. fosfato inorgânico.

pia-mater. Meninge interna, aderida ao tecido nervoso do encéfalo e da medula. "Leva" os vasos sanguíneos para dentro do tecido nervoso.

pica-pau. Nome vulgar de Aves, ordem Piciformes. Ex. gêneros Celeus, Colaptes, Piculus e Picummus.

pigmentos auxiliares. Categoria de pigmentos não-verdes, existentes nos cloroplastos: absorvem, entre outros, os comprimentos de onda referentes ao verde (o que a clorofila não faz) e fornece essa energia para a clorofila. Xantofila e carotenoides são pigmentos auxiliares.

pilífera, região da raiz. Região da raiz acima da região lisa ou de alongamento. Tem pêlos absorventes e é responsável pela absorção de água.

piloro. Orifício de saída do estômago. Corresponde a um esfíncter.

Piltdown, homem de. Farsa feita na Inglaterra em 1912 (crânio humano e mandíbula de orangotango tratados para parecerem antigos), só definitivamente desmascarada em 1950. Enquanto foi aceita (por motivos diversos, complexos e não de todo científicos, como a rivalidade econômica, política e militar entre Inglaterra e Alemanha), serviu de apoio à teoria, hoje descartada, de que, na evolução humana, o cérebro havia crescido antes da posição bípede e a "causara". Hoje, com os Autralopitecíneos, fósseis bípedes de cérebro pequeno, sabemos que o bipedalismo antecedeu o crescimento cerebral.

pílula anticoncepcional. Método contraceptivo. Consiste em ingerir diariamente uma pílula (do dia cinco em diante, interrompendo geralmente no dia 25 do ciclo). Contém uma mistura de derivados sintéticos de estrógenos e de progesterona que inibem a produção, pela hipófise, do FSH e do LH. Impede assim a ovulação e a correspondente fecundação.

Pinatubo, efeito. Cinzas vulcânicas em grande quantidade podem formar uma camada na atmosfera bloqueando parcialmente a passagem dos raios solares e diminuindo a temperatura da região terrestre subjacente. O vulcão Pinatubo (Filipinas, ilha Luzon) teve erupção em 1991, daí resultando esse fenômeno, que acabou quando as cinzas assentaram.

pineal. 1) Sin. de Epífise. 2) Olho pineal – Olho mediano de Vertebrados fósseis e em alguns (lagarto tuatara e lampreias) atuais. Hoje, provavelmente apenas controla o rítmo circadiano de seus possuidores. Em outros Vertebrados, é a controvertida epífise.

pinguim. Nome vulgar de Aves, ordem Esfenisciformes, com asas adaptadas para nadar. Ex: gêneros Aptenodytes (o maior pinguim), Spheniscus (aparece nas costas brasileiras) e Pygoscelis.

pinha. "Fruto" de pinheiros (Gimnospermas). Na realidade, é uma pilha de folhas especializadas com as respectivas sementes.

pinhão. Cada semente de uma pinha.

pinheiro. Nome vulgar que corresponde a Gimnospermas, ordem Coníferales, principalmente do gênero Pinus, que tem cerca de 90 espécies.

pinheiro-de-cemitério. Nome vulgar de Gimnospermas, ordem Coniferales, gênero Thuja.

pinheiro-do-paraná. Nome vulgar de Gimnospermas ordem Coniferales, gênero Araucaria, espécie A. angustifolia. No sul do Brasil.

Pinípedes. Ordem de Mamíferos correspondente a focas, lobo do mar, morsas, leão marinho etc.

pinocitose. Tipo de endocitose correspondente à ingestão de líquidos pela célula, por meio de pequenas expansões do citoplasma.

pinossoma. Vesícula resultante da pinocitose e que se interna no citoplasma.

pintassilgo. Nome vulgar de Aves, ordem Passeriformes. Ex.: gêneros Spinus e Carduelis.

piócito. Leucócito repleto de pedaços de bactérias fagocitados. Célula de pus.

piolho. Nome vulgar de Insetos da ordem Anopluros. Pediculus humanis capitis é o piolho que parasita o couro cabeludo, P. humanis corporis é o piolho que parasita o corpo humano. Phthirius pubis é outra espécie de piolho vulgarmente chamada de chato que parasita os pêlos pubianos. Lêndea é o ovo do piolho que aparece preso a um cabelo ou a um pêlo.

piolho-de-cobra. Sin. de embuá.

pipa. Nome vulgar de Anfíbios, ordem Anuros, gênero Pipa, sapo, Nordeste do Brasil.

piracema. Migração de peixes fluviais contra a correnteza na época da reprodução.

piramboia. Nome vulgar de Osteictes do grupo Dipnoicos, com a espécie brasileira Lepidosiren paradoxa.

pirâmide de biomassa. Diagrama que mostra a relação da quantidade de biomassa nos diferentes níveis tróficos ao longo de uma cadeia alimentar ou de uma teia alimentar. O nível básico de produtores é o de maior biomassa, e ela vai diminuindo até chegar no nível dos últimos consumidores e a biomassa deste nível é mínima, porque o número de indivíduos é muito pequeno.

pirâmide de energia. Diagrama que mostra a diminuição da quantidade de energia, que se perde no espaço sob a forma de calor, ao longo da cadeia alimentar.

Cada nível trófico tem mais ou menos 10% da quantidade de energia do nível anterior. A energia é máxima no nível (conjunto de indivíduos) dos produtores e se torna mínima no conjunto dos indivíduos (nível) do últimos consumidores.

pirâmide dos números. Frequentemente, um grande número de pequenos seres serve de alimento para um número cada vez menor, de seres cada vez maiores.

piranha. Nome vulgar de Osteictes, gêneros Pygocentrus e Serrasalmus.

pirarucu. Nome vulgar de Osteictes, gênero Arapaima, peixe fluvial brasileiro com 2m ou mais de comprimento.

pirenoide. Granulação protéica encontrada nos cloroplastos de algumas algas verdes. Ativa enzimaticamente a produção do amido a partir da glicose.

piridoxina. Vitamina B6.

pirimidínica. ou pirimídica. Tipo de base nitrogenada monocíclica. Ex.: Timina, Citosina e Uracila.

pirógenos. Substâncias, geralmente proteínas, libertadas por monócitos, as quais estimulam indiretamente o hipotálamo que determina o aumento da temperatura corporal (febre). Há também pirógenos exógenos produzidos principalmente por bactérias.

pironina. Corante específico para RNA.

Pirrófitas. Sin. de Dinoflagelados. Algas unicelulares flageladas que fazem parte principalmente do fitoplâncton marinho, com espécies que produzem a maré vermelha.

pistilo. V. gineceu.

Pithecantropus erectus. V. Homo erectus.

píton. Nome vulgar de Répteis, ordem Ofídios. Cobras grandes com espécies asiáticas, gênero Python.

pituitária. Antigo nome da hipófise.

pivotante, raiz. Sin. de raiz axial.

PKU. Sigla internacional de fenilcetonúria.

placa equatorial. Conjunto de cromossomas no equador da célula durante uma metáfase. Visto de perfil, corresponde a uma faixa equatorial, dividindo a célula em dois "hemisférios".

placa motora. Sin. de Sinapse neuro-muscular.

placa neural. Aplainamento longitudinal, dorsal, do ectoderma do embrião de Cordados. Ao se aprofundar, forma o sulco ou goteira neural. Este, ao se fechar, forma o tubo neural.

placas tectônicas. A crosta terrestre é constituída por cerca de 20 placas (10 maiores) em constante criação (recebendo rocha em fusão do manto subjacente) e destruição (entrando por baixo de outra placa e retornando material rochoso ao manto). Isto as coloca em movimento constante, umas em relação às outras.

Como as massas continentais são menos densas que elas, os continentes são levados passivamente pelo movimento, unindo-se em massas maiores, separando-se ou fragmentando-se em pedaços menores, como um quebra-cabeças móvel através do globo. Essa movimentação une e separa biotas, cria cadeias de montanhas, depressões e oceanos, muda o curso de rios e de correntes oceânicas etc. Tudo isso altera o clima, mas, principalmente, cria populações isoladas onde a especiação alopátrica tem maior possibilidade de ocorrência. Entre muitos exemplos, o movimento das placas foi muito importante na evolução dos Mamíferos (a região Australiana, com seus Marsupiais, ficou isolada do resto do mundo há 65 milhões de anos, antes que os Placentários surgissem), e na evolução humana (o movimento de separação da África da América do Sul criou na África uma cadeia montanhosa e um profundo vale separando a oeste florestas e a leste savanas, onde os ancestrais humanos foram para o chão).

placenta. Anexo em forma de disco, na parede uterina, de origem materna (endométrio) e embrionária (cório e alantoide) dos Mamíferos Euterianos. Faz as trocas químicas entre mãe e embrião e produz gonadotrofinas, progesterona e estrógenos. Há Metatérios com placentas não-ortodoxas, de saco vitelino.

placentários. Mamíferos Eutérios, com placenta alantoidiana e coriônica.

Placodermos. Peixes Gnatóstomos marinhos, extintos (Devônico inferior ⟶ Devônico superior) com carapaça cefálica (de placas ósseas) e nadadeiras pares.

placoides. Escamas de origem epidérmica, típicas de Condrictes.

planária. Tipo de Platelmintos, classe Turbelários. Com vida livre.

plâncton. Conjunto de seres aquáticos primitivos, frequentemente microscópicos e unicelulares e que não vencem as correntezas. Vivem na superfície das águas ou perto dela. V. Prochlorococcus.

Planorbidae. Família de caramujos de água doce que inclui o gênero Biomphalaria.

planta anual. Planta que completa seu ciclo de crescimento, reprodução e morte em uma estação.

plantas. Reino de seres pluricelulares, eucariontes, fixos ou imóveis, cuja parede celular tem celulose. Possuem clorofila, fazem fotossíntese e o glicídio de reserva é o amido.

plantas C3. Fazem o tipo clássico de fotossíntese em que o CO2 é fixado sob a forma de ácido fosfoglicérico (PGA), substância com 3C no ciclo de Calvin. O PGA origina o PGAL (aldeído fosfoglicérico), também com 3C e que é uma triose e é o primeiro glicídio produzido pela fotossíntese. Dois giros no ciclo de Calvin (2xC3) produzem uma molécula C6, que é uma hexose. Assim se formam a frutose, a glicose e os demais glicídios.

plantas C4. Fazem fotossíntese C4 em climas quentes e secos. O CO_2 é inicialmente incorporado a carboxilácidos formando o ácido oxaloacético (AOA), que é C4 (tem 4 carbonos). Isto acontece nas células do mesófilo, células clorofiladas normais da folha. O AOA é transformado em ácido málico, também C4 que vai para as células da bainha que reveste os feixes líbero-lenhosos da folha. Nestas células, o ácido málico libera o CO_2 para o ciclo de Calvin, que originará os glicídios. Milho, cana-de-açúcar e sorgo são plantas C4.

plantas CAM (Metabolismo Ácido das Crassuláceas). Plantas que fazem uma fotossíntese C4 em que todas as fases acontecem nas células de mesófilo. Os estômatos nestas plantas abrem durante a noite. O CO_2 é absorvido e armazenado sob a forma de ácido málico (C4). Durante o dia o CO_2 é fornecido ao ciclo de Calvin, originando glicídios. Os estômatos ficam fechados durante o dia, minimizando a perda de água por transpiração. São plantas que vivem em ambientes áridos, como os cactos, orquídeas e bromélias.

plantas carnívoras. Plantas verdes, frequentemente muito pequenas e que fazem fotossíntese, produzindo substâncias com C, H e O (glicídios e lipídios). São carentes de nitrogênio porque suas raízes não absorvem nitratos do solo. Aprisionam e matam pequenos animais, principalmente Insetos, e digerem suas proteínas. Depois absorvem os aminoácidos resultantes desta digestão. Exs.: Gêneros Dionaea, Drosera e Nepenthes.

plantigrados. Animais que andam sobre a planta dos pés. Como o Homem, o elefante e o urso.

plântula. Vegetal jovem, contido na semente (embrião) ou logo após a germinação.

plânula. Larva de Celenterados. Na realidade, é um embrião ciliado.

plaquetas. Fragmentos celulares de megacariócitos, da medula óssea dos Mamíferos. Estão no plasma sanguíneo e atuam na coagulação do sangue.

plasma sanguíneo. Parte líquida, aquosa, 55% do volume do sangue em humanos masculinos. Contém em solução ou emulsão qualquer substância existente no corpo, em condições normais ou patológicas – daí a importância de sua análise. Essas substâncias fazem parte da sua constituição permanente (NaCl, albuminas, fibrinogênio etc.) ou estão em trânsito (nutrientes, hormônios, excreta, gases etc.). Após a coagulação, pela perda do fibrinogênio, que se torna a fibrina do coágulo, o plasma é chamado de soro. Muitos processos homeostáticos mantêm constantes sua viscosidade, pH, pressão osmótica etc., além da concentração das substâncias que nele existem.

plasmagel. Região mais externa do citoplasma, principalmente de células ameboides, que é coloidalmente um gel, mais consistente que um sol.

plasmalema. Sin. de membrana plasmática.

plasmassol. Região mais interna do citoplasma, que é coloidalmente um sol, menos consistente que um gel.

plasmídio. Pequena molécula circular de DNA dentro de uma bactéria e que não está ligada ao DNA cromossomial bacteriano. Aí existem genes indutores de enzimas que inibem antibióticos ou atacam outras bactérias. Plasmídios podem receber genes de outras espécies, inclusive humanos, em operação da Engenharia Genética.

plasmídio F. ou plasmídio da fertilidade. Dá à bactéria "masculina" a capacidade de transferir DNA para uma bactéria "feminina", no fenômeno da conjugação bacteriana.

plasmídio R. Portador de genes que dão resistência a drogas e antibióticos. Tem também genes responsáveis pela síntese de substâncias que permitem sua passagem para outras bactérias, inclusive de espécie diferente.

plasmocinese. Sin. de citodierese.

plasmócitos. Linfócitos B em fase final de maturação, produzindo anticorpos no TCPD.

plasmodesmo. Tipo de orifício encontrado em certa quantidade na parede celular das células vegetais, permitindo a comunicação e a continuidade do citoplasma de células vizinhas.

plasmodierese. Sin. de citodierese.

plasmódio. V. polienérgide.

Plasmodium. Gênero de Protozoários da classe Esporozoários ou Apicomplexos com espécies causadoras da malária. Plasmodium vivax causa a febre terçã benigna, com picos de febre de 48-48 horas; P. malariae, febre quartã, de 72-72 horas e P. falciparum, febre terçã maligna, de 36 a 48 horas.

plasmólise. Diminuição do volume celular por causa da saída de água que vai para o Líquido Extracelular hipertônico.

plasmoptise ou lise celular. Destruição da célula por rompimento de seu envoltório, causada pela entrada excessiva de água que veio de um Líquido Extracelular hipotônico.

plasmossoma. Sin. de nucleólo verdadeiro.

plástica, função. ou função estrutural: corresponde ao papel principalmente das proteínas, muitas das quais são os materiais de construção das células e das estruturas intercelulares.

plastídeo. Sin. de plasto.

plasto. Tipo de organócitos citoplasmáticos característicos das células vegetais e também de vários Protistas. Cloroplastos são os mais importantes, mas há também os xantoplastos (amarelos), eritroplastos (vermelhos), feoplastos (pardos) e leucoplastos (brancos).

plastocianina. Proteína contendo Cobre, que age na etapa clara da fotossíntese, transportando elétrons que foram retirados da Clorofila pela luz.

plastoquinona. Substância transportadora de elétrons na etapa clara da fotossíntese.

plastrão. Escudo ósseo (placa ventral) dos quelônios; tartarugas, cágados e jabutis.

plataforma continental. Continuação submarina da região litoral, descendo suavemente até mais ou menos 200 m de profundidade.

plátano. Nome vulgar de Angiospermas Dicotiledôneas, fam. Platanáceas, gênero Platanus. Árvore ornamental, usada em arborização em cidades brasileiras da região sul.

Platelmintos. Filo de animais triblásticos, acelomados. Geralmente são vermes achatados. Tubo digestivo ausente ou incompleto. Praticamente inauguraram um centro nervoso mais ou menos correspondente a um cérebro. Os órgãos excretores são as células-flama, ou células-chama, ou solenócitos. Ainda não há sistema circulatório e nem respiratório. Dividemse em três classes: 1) Turbelários (planárias); 2) Trematódeos (Schistosoma e Fasciola); e 3) Cestódeos (Taenia e Echinococcus). Há mais ou menos 15.000 espécies atuais.

Platirrinos. Macacos com nariz achatado e quase sempre com cauda longa e preensora. São os macacos da Região Neotropical.

plectênquima. Micélio com hifas muito juntas, simulando um tecido.

pleiotropia. Um único gene produzindo mais de um caráter.

Pleistoceno ou Pleistocênico. sexto, de sete períodos da era Cenozoica, há 2 milhões de anos, após o Plioceno e antes do Holoceno. Houve muitas épocas glaciais.

pleroma. Parte central do meristema. Origina o estelo ou cilindro da estrutura primária.

Plesiossauros. Répteis aquáticos carnívoros, extintos (Triássico ⟶ Cretácico), descritos como "tartarugas cujo pescoço é uma serpente".

pleuras. Serosas duplas que envolvem os pulmões. Há pressão negativa e líquido entre suas duas membranas, permitindo deslizamento entre elas e o movimento pulmonar na inspiração e na expiração.

plexo nervoso. Grupo de corpos celulares de neurônios misturados com fibras nervosas, muitas vezes dentro da parede de órgãos ocos.

Plioceno ou Pliocênico. Quinto período, de sete, da era Cenozoica, após o Mioceno e antes do Pleistoceno, há 10 milhões de anos.

pluricelular. Sin. de multicelular, formado por muitas células.

pluriestratificado, epitélio. V. Epitélio estratificado.

plúteo. Larva de Equinodermas, classe Equinoides.

pluviosidade. Intensidade de chuvas.

pneumático. Oco, referente, por exemplo, aos ossos das Aves.

pneumatódio. V. pneumatóforo.

pneumatóforo. 1) Em Botânica: Expansão vertical e aérea, mais ou menos cilíndrica, da raiz de arbustos do mangue, do gênero Avicennia. Apresenta pequenos orifícios (lenticelas) chamados pneumatódios, que permitem a troca de gases entre a raiz e a atmosfera. Assim, a raiz respira. 2) Em Zoologia: Indivíduo mais volumoso, cheio de gás, flutuador, que faz parte da colônia de Celenterados ou Cnidários. / Raízes de plantas de mangues e pântanos. Com geotropismo (-), elevam-se do solo pobre em oxigênio, e captam o O_2 do ar, por meio de orifícios chamados pneumatódios.

pneumonia. Doença pulmonar: uma de suas causas pode ser a bactéria da espécie Diplococcus pneumoniae. Transmissão direta por secreções nasais e saliva.

pododátilos. Dedos dos pés.

pOH. Concentração de OH- numa solução.

polarização (em neurônio). Estado de repouso da membrana, (+) fora e (-) dentro.

pólen. Pó amarelo produzido pelas anteras dos estames da flor. É constituído por células haploides, os grãos de pólen, que são, na visão tradicional, os elementos reprodutivos masculinos e, na visão moderna, homólogos dos microsporos.

polialelia. Existência, numa espécie, de três ou mais alelos em um dado locus cromossomial, mas cada indivíduo continua tendo duas alelos.

policitemia. Grande aumento do número de hemácias como adaptação a um menor teor de oxigênio do ar, como ocorre em elevadas altitudes. Pode ter causa patológica.

polidactilia. Mais de cinco dedos nas mãos e/ou nos pés. É caráter autossômico dominante.

poliembrionia. Cissiparidade em embriões. Produz dois ou mais embriões de um único zigoto, como é o caso dos gêmeos MZ.

polienérgide. Massa de citoplasma com vários núcleos, envolvida por uma membrana plasmática. Pode ser um sincício quando resulta de células em conjunto e que perderam suas membranas plasmáticas, ou um plasmódio quando é o resultado de uma célula cujo núcleo se dividiu várias vezes.

polífago. Sin. de onívoro.

polifiodonte. Animal que tem uma sequência de dentições, como cobras, lagartos e tubarões.

poligástrico. Estômago dividido em câmaras, por exemplo, quatro compartimentos no estômago dos Mamíferos ruminantes: pança, barrete, folhoso e coagulador.

poligenia. Explicação para a herança de carateres contínuos (altura, peso, cor de pele), que variam em grau na espécie. Há muitos pares de genes, em diferentes "loci", sem dominância. Um alelo contribui para a expressão do caráter (alelo efetivo), outro é não-efetivo. O grau de expressão do caráter depende da razão entre genes efetivos e não efetivos do genótipo. Cada gen atuante determina uma pequena contribuição para o caráter (1g, 1cm etc).

poliibridismo. Cruzamento para estudo de muitos pares de genes alelos.

polimerases. Enzimas que catalisam polimerização, por exemplo, de glicoses, formando glicogênio, amido ou celulose, de aminoácidos, originando proteínas, de nucleotídeos formando ácidos nucléicos etc.

polimeria. Influência da mais de um gen em um único caráter.

polímero. Molécula grande, de P.M. elevado, formada pela associação de várias moléculas menores (monômeros). Exemplos: 1) Ácidos nucléicos (DNA e RNA) formados pela associação de numerosos nucleotídeos. 2) Polissacarídeos, como o amilo, a celulose e glicogênio, formados pela união de muitas moléculas de glicose. 3) Proteínas constituídas pela associação de numerosos aminoácidos (existem vários tipos de aminoácidos).

polimixina. Antibiótico que desorganiza a membrana plasmática bacteriana.

polimorfismo equilibrado ou balanceado. Existência estável, em equilíbrio, em uma população de dois ou mais alelos de um gene.

polimorfonuclear. Diz-se do leucócito neutrófilo com seu núcleo multilobado.

polineurite. Inflamação generalizada dos nervos, característica do beribéri.

polínico, tubo. V. tubo polínico.

polinização. Transporte do pólen da antera até o estigma. Pode ocorrer na mesma flor, autopolinização, em flores ditas cleistogâmicas, como as ervilhas de Mendel, ou entre flores distintas, polinização cruzada. Os meios de transporte do pólen são variados, mas os mais comuns são vento (anemofilia), como nas Gimnospermas e nas Gramíneas (de flores aperiantadas), Insetos (entomofilia), como na maioria das Angiospermas, pássaros (ornitofilia).

A polinização artificial, feita pelo homem, em geral tem como objetivo cruzamentos experimentais ou parte de seleção artificial. Parece ter havido grande influência recíproca nas evoluções de Angiospermas,e atraindo com formas, cores, alimento e perfume, os Insetos, transportando pólen.

polinucleotídeo. Qualquer ácido nucléico.

poliomielite. Ou paralisia infantil. Doença causada por vírus de RNA, gênero Poliovírus, família Picornaviridae. Transmissão por alimentos contaminados e gotículas de saliva e de muco nasal.

polipetídios. Correspondem a proteínas, associações de muitos aminoácidos.

poliploidia. três ou mais genomas completos 3n, 4n etc. Em vegetais, geralmente resulta em gigantismo.

pólipo. Nome vulgar de Celenterados: mais ou menos cilíndricos, geralmente fixos e com uma coroa de tentáculos na extremidade superior, ao redor da boca. Exs.: anêmona ou actinia e hidra.

Poliquetas. Classe de Anelídeos livres ou tubícolas, principalmente marinhos, com cabeça distinta e com parápodes, um par por anel. São correspondentes a patas primitivas, com muitas cerdas. Ex.: Nereis, gênero de vermes marinhos.

polispermia. Quando mais de um espermatozoide penetra no óvulo. Entretanto, apenas um deles fará anfimixia (fusão) com o núcleo feminino. Pai, também só há um.

polissacarídeos. Glicídios de alto Peso Molecular, insolúveis ou pouco solúveis em água, formados pela associação de várias oses. Celulose, amido e glicogênio são polímeros da glicose.

polissoma. Sin. de polirribossoma. Estrutura citoplasmática dinâmica formada por um filamento de RNA-m e por vários ribossomas que estão deslizando nele. Aí ocorre a síntese de proteínas.

polissomia. Número cromossomial 2n com acréscimo de um ou mais cromossomas de um determinado tipo. Polissomia mais comum é a trissomia: 2n+1 (47 cromossomas) exemplificada pela síndrome de Klinefelter: 44 autossomas + XXY. V. aneuploidia.

polistélico/a, caule/raiz. Caule ou raiz com vários estelos, como nas Pteridófitas.

politênicos, cromossomas. V. cromossomas politênicos.

poliúria. Diurese (libertação de urina) excessiva.

poliúria hipofisária. V. Diabetes insípida e diabetes mellitus.

polo animal. Região do óvulo (e do ovo) com citoplasma e pouco (ovos heterolécitos) ou nenhum vitelo (ovos megalécitos). Nos ovos megalécitos, é onde está o núcleo.

polo vegetal. Sin. de polo vegetativo. Região do óvulo (e do ovo) com grande acúmulo de vitelo e com (ovos heterolécitos) ou sem citoplasma (ovos megalécitos).

polócitos. Sin. de glóbulos polares. Pequeninas células, quase só núcleo e membrana plasmática, produzidas por divisões celulares meióticas desiguais do ovócito I e do ovócito II, os quais ficam com quase todo citoplasma. Os polócitos degeneram e desaparecem, mesmo se, por acaso, forem "fecundados".

polpa dentária (nervo do dente). Tecido conjuntivo muito vascularizado e inervado que ocupa a cavidade dita pulpar no centro da dentina. Os vasos e nervos entram e saem da polpa através dos canais e orifícios da raiz do dente.

poluição. Alteração indesejável em um ambiente, geralmente pela introdução de substâncias prejudiciais em concentrações relativamente altas. Outros fatores desagradáveis, como por exemplo o ruído exagerado, também são poluentes.

polvo. Tipo de Molusco, classe Cefalópodos, ordem Octópodos. O gênero Octopus é representativo.

Polytrichum. Gênero de Briófitas, classe Musgos, ordem Briales.

pombo. Nome vulgar de Aves, ordem Columbiformes. Ex: gênero Columba. Fezes de pombos podem transmitir, ao homem, fungos causadores de histoplasmose.

ponte de hidrogênio. Ligação de um átomo de H com outros átomos, eletricamente negativos, tais como O ou N. Pontes de H unem, por exemplo, as bases nitrogenadas dos dois filamentos da molécula do DNA: citosina com guanina com três pontes (C ≡ G) e adenina com timina com duas pontes (A=T).

ponte de Varólio. Sin. de Protuberância.

ponte S-S. Ou ponte bissulfeto. Aparece em proteínas, unindo duas cisteínas, contribuindo para suas estruturas secundária e terciária.

ponto ativo. Sin. de centro ativo.

ponto isoelétrico. pH no qual um determinado aminoácido ou uma proteína fica eletricamente neutra. (pHi).

pool gênico. V. Gene pool.

população. Conjunto de indivíduos de uma determinada espécie em uma área definida.

população mendeliana. Grupo de seres que partilham o mesmo "gene pool" e se intercruzam na natureza.

população, densidade de. Número de indivíduos pela unidade de área para as populações terrestres e pela unidade de volume para as populações aquáticas.

populações alopátricas. Populações da mesma espécie que ocupam hábitats geograficamente separados.

poraquê. Sin. de peixe-elétrico.

porco. Nome vulgar de Mamíferos, ordem Artiodátilos, gênero Sus.

porco-do-mato. Nome vulgar de Mamíferos, ordem Artiodátilos, gênero Dicotyles.

porco-espinho. Sin. de ouriço (Mamífero).

porfirina. Estrutura química formada por um conjunto de quatro pirróis envolvendo um átomo de magnésio (na clorofila) ou de ferro (na hemoglobina).

Poríferos. Sin. de Epongiários. Filo de animais muito primitivos sem sistemas digestivo, circulatório, respiratório, excretor, reprodutor e nervoso. São aglomerados de células em uma massa gelatinosa chamada mesogleia, onde há um esqueleto de espículas calcáreas ou silicosas ou uma rede protéica. Possuem coanócitos, células flageladas, fixas, que revestem a(s) cavidade(s) interna(s) da esponja, movimentam a água, geralmente do mar, para dentro e para fora do animal e absorvem e digerem o plâncton que lhe serve de alimento. Há mais ou menos 4.000 espécies de esponjas.

porinas. Proteínas em forma de tubo ou canal frequentes na membrana externa de mitocôndrias e de cloroplastos, responsáveis pela sua permeabilidade. Existem também na camada externa da parede celular bacteriana, camada só existente nas bactérias Gram-negativas.

poro nuclear. Canal de estrutura complexa na cariomembrana regulando trocas entre o citossol e o nucleoplasma.

porquinho-da-índia. Sin. de cobaia.

porta, veia. Recebe sangue venoso do estômago, intestino, baço, pâncreas e vesícula biliar, penetra no fígado e se divide em capilares, os sinusoides. Estes se unem e formam as veias hepáticas, que também recebem o sangue venoso próprio do fígado. Estas levam todo esse sangue venoso para a cava inferior.

portador. Indivíduo normal que tem em seu genótipo um ou mais genes nocivos. Os casos mais notáveis são de mulheres portadoras, em heterozigose de alelos para hemofilia ou para daltonismo.

pós-abdome. Parte final do corpo dos escorpiões. É articulada, mais delgada, flexível e com um aguilhão terminal, injetor da peçonha.

pós-zigóticas, barreiras. Barreiras reprodutivas que impedem que um híbrido passe seus genes para a geração seguinte. Neste caso, geneticamente, é como se o híbrido nunca tivesse existido. O zigoto, o embrião ou o indivíduo mais desenvolvido podem ser inviáveis, o híbrido pode ser estéril porque não há emparelhamento cromossomial na meiose etc.

potássio. Elemento químico cuja forma iônica K^+, caracteriza o interior das células, em oposição a Na^+ que caracteriza o Líquido Extracelular, inclusive o sangue.

potência sexual. Capacidade de ereção do pênis.

potencial biótico. Conjunto de características positivas de uma espécie e que levam ao aumento da população. Capacidade de se alimentar, de se reproduzir e de sobreviver diante do frio, da seca, dos inimigos naturais etc.

potencial de ação. Variação de polaridade da membrana plasmática do neurônio na passagem do fluxo nervoso, pela entrada repentina de Na^+. O lado interno, (-) em repouso, torna-se (+). No lado externo ocorre o inverso.

potencial de repouso. Diferença de potencial elétrico entre as faces, da membrana plasmática de um neurônio não excitado, externa (+) e interna (-), devido à maior concentração extracelular de Na+ e intracelular de K+, mantida pela Bomba de Na-K.

poxvírus. Categoria de vírus de DNA com espécies de grande tamanho. Inclui os vírus da varíola e da vacínia.

PPLO. "Pleuro pneumonia like organism". Bactéria muito pequena e muito primitiva, do gênero Mycoplasma, com espécies patogênicas para o homem, principalmente para o aparelho respiratório. Não tem parede celular.

preá. Nome vulgar de Mamíferos, ordem Roedores gênero Cavia.

preamar. Limite máximo que a maré atinge, numa determinada região. O contrário de baixa-mar.

pré-cambriano ou pré-câmbrico. Denominação, hoje informal, embora seja a parte mais longa da História da Terra, para os tempos anteriores ao Cambriano. Inclui as eras Azoica, Arqueozoica e Proterozoica.

predador. V. predatismo.

predatismo. Associação desarmônica interespecífica em que indivíduos de uma espécie matam e devoram outro de espécie diferente.

prefloração. Disposição dos verticilos florais no botão, antes de desabrochar.

prefoliação ou vernação. Disposição das folhas jovens no broto antes de sua abertura.

pré-formação. Teoria que admitia existir, antes da fecundação, de "algo" que se desenvolvia na embriogênese e produzia o indivíduo. Popularmente fala-se em um "homúnculo" pré-formado no óvulo (ovistas) ou no espermatozoide (espermistas), mas nenhum dos seus grandes defensores jamais falou dele. Renasceu como DNA, que codifica os traços biológicos do indivíduo, metade em cada gameta. V. Epigênese.

preguiça. Nome vulgar de Mamíferos, ordem Xenartros (Desdentados), gêneros Bradypus (com três dedos) e Choloepus (com dois dedos).

prenhez. Sin. de gravidez.

prepúcio. Expansão anterior do revestimento da glande. O excesso de prepúcio pode prejudicar a higiene do pênis e a sua penetração no ato sexual, sendo recomendada a operação cirúrgica da chamada fimose, que é ritual na religião judaica.

pressão arterial. Pressão hidrostática do sangue nas artérias. Pode ser sistólica (máxima), na sístole do ventrículo esquerdo, ou diastólica (mínima). A muito citada pressão 12 por 7 "tirada" no braço significa pressão sistólica 120mm/Hg e pressão diastólica 70mm/Hg.

pressão de seleção. Termo que designa a ação da seleção natural sobre um caráter, a favor ou contra. Por exemplo, se o meio em que vive uma planta se torna mais seco, dizemos que há pressão de seleção a favor de caracteres que aumentem sua captação de água ou que diminuam sua perda de água.

pressão oncótica. Semelhante à pressão osmótica, mas é caracterizada pela concentração de macromoléculas, como por exemplo das proteínas.

pressão osmótica. Corresponde à força com que uma solução hipertônica puxa osmoticamente água.

pressão sanguínea. Pressão do sangue, como líquido, isto é, hidrostática, dentro dos vasos sanguíneos. Seu valor depende do bombeamento (nas artérias) ou da "aspiração" (nas veias) do sangue pelo coração, da fase do ciclo cardíaco (sístole ou diástole), da atividade física, da distância relativa ao coração e do diâmetro do vaso, bem como espessura e constituição de suas paredes.

pressão venosa. Pressão do sangue nas veias. Em geral, é menor que a pressão arterial.

pré-zigóticas, barreiras. Impedem a fecundação entre gametas de espécies diferentes, isto é, a formação de um zigoto híbrido, por falta de atração sexual entre membros de diferentes espécies, por incompatibilidade física genital, por terem épocas diferentes de atividade reprodutiva, por viverem em hábitats distintos, por morte de gametas de uma nas vias genitais da outra etc.

primária, era. V. Era Paleozoica.

primária, estrutura. Conjunto de tecidos que formam a raiz, o caule e a folha, e são resultantes da produção de células pelo meristema primário, em todas as Espermatófitas, fazendo o alongamento do caule e da raiz. Inicia sua formação na embriogênese da planta e é funcional durante toda vida do órgão (em Monocotiledôneas) ou até a formação da estrutura secundária (na raiz e no caule de Gimnospermas e Dicotiledôneas). V. estrutura primária, secundária de proteínas etc.

Primatas. Ordem de Mamíferos correspondente aos macacos, incluindo os Hominoides (gorila, chimpanzé, orangotango, e gibão e o Homem).

primer. Pequeno polímero de nucleotídeos iniciador de um síntese de DNA ou de RNA.

primina. Membrana externa do óvulo vegetal.

primitivo. 1) Estado inicial de um caráter em comparação com alterações evolutivas posteriores. 2) Por extensão, o ser vivo que o possui. O caráter dito primitivo era/é funcional e servia/serve ao tipo de vida de seu possuidor – as rãs não vivem sufocando porque seus pulmões são "primitivos".

princípio da exclusão competitiva. Sin. de princípio de Gause. Duasespécies com o mesmo nicho ecológico não convivem permanentemente na mesma região: uma delas será eliminada ou emigrará ou mudará seu nicho.

príon. Agente infeccioso correspondente a uma proteína que parece induzir sua própria produção no Sistema Nervoso Central de vários animais. Causador do kuru e da doença de Creutzfeldt, que afetam células humanas, e doença da vaca louca.

príons. V. encefalopatias espongiformes.

prioridade, lei da. Em caso de sinonímia (dois ou mais nomes designando a mesma espécie), o nome mais antigo é válido desde que tenha sido publicado a partir de 1758 e que tenha sido utilizada a nomenclatura binária (gênero mais termo específico).

priscoano. Primeira parte do Pré-Cambriano, da origem da Terra (há 4,5 bilhões de anos) até a origem da vida (há 4 bilhões de anos). Lembra a era Azoica, com limites mais definidos.

prismático, epitélio. Sin. de colunar.

PRO. Abreviatura convencional do aminoácido prolina.

probabilidade. Estimativa matemática da ocorrência de um evento. A Genética é uma ciência estatística e o grande mérito de Mendel foi perceber isso.

probando. Indivíduo cuja característica genética justifica a montagem de um heredograma.

probóscida. Tromba.

Proboscídeos. Ordem de Mamíferos correspondente aos elefantes, com uma espécie africana de orelhas grandes e outra asiática com orelhas pequenas.

procâmbio. Resíduo de meristema primário dentro de um feixe liberolenhoso. Ao se juntar com outro meristema interfascicular constitui o câmbio vascular.

procarionte. Tipo de organismo cujas células são procariotas. Geralmente são unicelulares, mas podem formar colônias. Correspondem às Bactérias e às Cianofíceas, constituindo o reino Monera.

procariota. Célula sem cariomembrana, sem citoesqueleto e sem histonas. Organócitos vesiculosos estão ausentes ou são pouco desenvolvidos. Seus ribossomos são menores e menos densos (70S) que os ribossomas das células eucariotas. Não fazem mitose típica, nem meiose. Não têm íntrons no seu DNA ou eles são raros.

Prochlorococcus. Gênero de Cianobactérias do plânton marinho. Corresponde ao maior número de seres vivos (ou um dos maiores) do planeta e são muito menores que as bactérias convencionais. Há cerca de 70.000 a 200.000 indivíduos por mililitro de água do mar. Dados de Edgar Wilson em "O Futuro da Vida". Ed.Campos 2002 RJ.

produtividade bruta. Quantidade total de matéria orgânica produzida pelos seres autótrofos.

produtividade líquida. Produtividade bruta menos a quantidade de matéria orgânica consumida pela respiração celular, nos seres autótrofos.

produtividade primária. Quantidade de matéria orgânica produzida pelos seres autótrofos.

produtividade secundária. Quantidade de matéria orgânica incorporada pelos consumidores.

produtores. Seres autótrofos: transformam a matéria inorgânica em matéria orgânica, por meio da fotossíntese ou da quimiossíntese.

profago. Bacteriófago que está em lisogenia.

prófase. Primeira fase da mitose. A cariomembrana se desfaz, os nucléolos desaparecem, os centríolos vão se dirigindo para os polos opostos da célula, o fuso acromático vai-se desenvolvendo e os cromossomas vão se individualizando em número 2n, com dois cromátides cada.

prófase I da Meiose. Fase mais extensa da meiose constando das seguintes subfases: 1) Leptóteno – cromossomas se individualizam finos em número 2n. 2) Zigóteno – cromossomas homólogos se emparelham (sinapse) formando as díades. 3) Paquíteno cada cromossoma passa a evidenciar, ao M.O, duas cromátides, isto é, cada díade se torna uma tétrade; conjunto de dois cromossomas homólogos emparelhados com dois centrômeros e quatro cromátides. 4) Diplóteno – nas duas cromátides internas, não-irmãs, há fraturas e troca de segmentos evidenciando quiasma, aspecto em X ("crossing'). Os dois cromossomas de cada tétrade começam a se separar. 5) Diacinese – acentua-se a separação dos dois homólogos de cada tétrade (terminalização). Estes são os fenômenos cromossomiais simplificados. Ao mesmo tempo, vão sumindo a cariomembrana e os nucléolos e vai-se formando o fuso acromático. Resumindo, vão se afastando discretamente, um do outro, dois grupos n de cromossomas.

prófase II. Primeira fase da Divisão II da meiose. É semelhante a uma prófase de mitose, mas os cromossomas se apresentam em número n e as células filhas serão diferentes coromossomialmente entre si e diferentes da célula-mãe.

profilaxia. Conjunto de medidas para evitar o aparecimento ou o incremento de uma doença na população.

progênie. Progenia ou Prole.

progeria. Envelhecimento precoce de seres humanos em que, aos oito, nove anos a pessoa tem aspecto senil. Envolve mutações gênicas.

progesterona. Hormônio esteroide gestacional produzido durante o ciclo menstrual e nos três primeiros meses de gravidez pelo corpo lúteo, e depois pela placenta. Prepara todo o organismo feminino para a gestação, especialmente o endométrio.

proglote. Anel achatado numa sequência em grande número, formando o corpo das solitárias (Taenia spp.), e em pequeno número em Echinococcus.

prognatismo. Crescimento exagerado, para a frente, dos maxilares.

progresso em evolução. Visão antropocêntrica e falaciosa do processo evolutivo como tendente ao progresso e ao aperfeiçoamento em direção a uma meta a ser atingida. Nada disso ocorre, há apenas um aumento da eficiência de estar e viver no mundo. A ideia de progresso não pode ser confundida com o frequente aumento da complexidade, que simplesmente ocorre porque cada coisa "nova" que aparece é sempre uma alteração e/ou um acréscimo a algo que já existe.

Prokaria. Numa classificação moderna, é um super-reino dividido em dois reinos: Arquebactérias e Eubactérias.

prolactina. Hormônio adeno-hipofisário que estimula o desenvolvimento das glândulas mamárias e, após o parto, a secreção de leite. No macho, aumenta o número de receptores de testosterona nas membranas celulares, tornando os tecidos mais sensíveis a ela. O mesmo que hormônio lactogênico.

prolina. Aminoácido. Abrev.: PRO, símbolo: P. Código genético (RNA-m): CCU, CCC, CCA e CCG.

prometáfase. Fase da mitose entre a prófase e a metáfase. Os cromossomas fazem metacinese: deslizam para o equador das células.

pronefro. Rim de Ciclóstomos adultos, situado na parte anterior do corpo. Há nefrídias segmentares no celoma e glomérulos que lançam substâncias tiradas do sangue na boca da nefrídia.

pronúcleo feminino. Núcleo do óvulo (ou do ovócito II) antes da sua fusão com o pronúcleo masculino.

pronúcleo masculino. Núcleo do espermatozoide dentro do óvulo (ou do ovócito II) antes da fusão dos dois materiais genéticos.

propagação vegetativa. Tipo de reprodução assexuada em vegetais; em algumas espécies desenvolvem-se espontaneamente novos indivíduos a partir de folhas, caules e galhos.

propágulo. Estrutura pluricelular com tecido meristemático, que se solta de uma planta e se desenvolve numa nova planta; de mesma espécie. É uma reprodução assexuada.

proplasto. Plasto jovem existente em células meristemáticas e que normalmente se transforma num plasto adulto, tipo cloroplasto, cromoplasto ou leucoplasto.

própolis ou própole. Mistura semelhante a uma resina, produzida pelas abelhas. Possivelmente tem ação antibiótica, bactericida.

proporção sexual (sex ratio). Número relativo de machos e fêmeas em uma população, na fecundação, ao nascer, e na maturidade. No Homem, a fecundação produz mais meninos, nascem 106 meninos para 100 meninas, mas, ao longo da vida, a maior mortalidade masculina inverte a proporção, particularmente em idosos.

proprioceptores. Receptores situados nos músculos, ligamentos e tendões. Informam ao SNC a "posição" das partes do corpo e o grau de contração dos músculos.

Prossímios. Subordem de Primatas muito primitivos, solitários. Exemplificados pelos Lêmures de Madagascar e Tarsioides das Filipinas.

prostaglandinas. Substâncias orgânicas da categoria das eicosanoides (compostos com 20 carbonos) derivadas do ácido aracdônico e correspondentes a hormônios celulares (agem nas próprias células produtoras), com exceção das hemácias. Quase todas as células humanas produzem prostaglandinas. Mas como foram descobertas no esperma, sua produção foi atribuída à próstata.

Regulam contrações musculares lisas, pressão arterial, dilatação de brônquios, reações inflamatórias etc.

próstata. Glândula exclusivamente masculina, situada em baixo da bexiga. Contribui com substâncias alcalinas para a formação do esperma ou líquido seminal. Com o avanço da idade, a próstata tende a aumentar de volume, por hiperplasia, geralmente benigna.

protalo. Gametófito (fase haploide sexuada) de Pteridófitas. Pode ser hermafrodita, nas Isosporadas, ou dioico, nas Heterosporadas.

protandria. Mudança de sexo com a idade, com maturação inicial do aparelho masculino. Comum em plantas e Invertebrados. / Processo que ocorre em várias flores hermafroditas para evitar a autofecundação. Primeiro, é desenvolvido o aparelho genital masculino (estame com suas anteras), que liberta grãos de pólen. Só depois que o aparelho masculino se desfaz é que se desenvolve o aparelho feminino (ovário, estilete e estigma).

proteases. Enzimas que catalisam a hidrólise de proteínas. Sin. de proteinases.

proteassoma. Organócito citoplasmático muito pequeno, tubular, oco, multienzimático que digere proteínas marcadas pela associação com moléculas de ubiquitina.

proteína amiloide. Proteína fibrosa, com estrutura terciária típica. Várias doenças estão relacionadas com a deposição dessas proteínas no cérebro, como mal de Alzheimer.

proteína C-reativa. Proteína de função desconhecida que, presente no plasma sanguíneo em baixa concentração, tem sua concentração muito elevada após trauma ou infecção.

proteína extrínseca. Tipo de proteína frouxamente ligada à membrana plasmática. Sin. de proteína periférica.

proteína integral. Sin. de proteína intrínseca.

proteína intrínseca. Tipo de proteínas que faz parte da estrutura da membrana plasmática. Apesar de móvel, está firmemente ligada aos fosfolipídios da membrana.

proteína periférica. Sin. de proteína extrínseca.

proteína transmembrana. Proteína que está atravessada na membrana plasmática com uma ponta extracelular e a outra interna na célula.

proteína transportadora. Tipo de proteína intrínseca da membrana plasmática e que transporta determinados íons e moléculas para dentro ou para fora da célula. Corresponde às permeases.

proteínas. Substâncias correspondentes a macromoléculas formadas pela união de numerosos aminoácidos. Várias proteínas têm função estrutural ou plástica e diversas são enzimas (substâncias catalisadoras de reações químicas). Há também proteínas que são anticorpos e outras que são hormônios. Proteínas contêm obrigatoriamente pelo menos quatro elementos (C, H, O, N) e às vezes também outros elementos, como por ex.: S, P e Fe.

proteínas complexas. ou compostas ou conjugadas. Elas têm, além dos aminoácidos, um radical qualquer, diferente de aminoácido e que é chamado de radical prostético. Ex.: hemoglobina, cujo R.P. é o grupamento hemo, que contém ferro.

proteínas simples. Formadas apenas por aminoácidos, não havendo radical prostético.

protenor. V. Determinação sexual XO.

proteoglicana. Complexo formado por uma proteína central associada a numerosas cadeias de glicosaminas. Associação comum no material extracelular.

proteoma. Conjunto de proteínas sintetizadas pelo genoma de uma célula ou um indivíduo.

proteoplasto. Para alguns autores, é o plasto que armazena proteínas.

proteoses. peptídeos derivados da hidrólise parcial de proteínas.

proteróglifa. Tipo de cobra com dentes inoculadores de peçonha (presas) com sulco longitudinal, na região anterior dos maxilares. Cobras corais verdadeiras (gênero Micrurus) são exemplos.

proterozoica. V. era proterozoica.

protídio. Categoria de substâncias englobando proteínas, peptídios e aminoácidos. Para alguns autores é sinônimo de proteína.

protistas. Reino de organismos unicelulares, solitários ou coloniais, eucariontes, incluindo os protozoários e numerosas algas, nas quais não há tecidos.

Protocolo de Kyoto. V. Kyoto.

Protocolo de Montreal. Compromisso internacional para redução de CFC, protegendo a camada de ozônio, em 1987.

protocooperação. Associação harmônica interespecífica em que indivíduos de espécies diferentes trocam benefícios, mas podem sobreviver bem quando separados. Ex.: paguro x actínia.

Protocordados. Subfilo dos Cordados em que o notocórdio não é substituído pela coluna vertebral. São todos marinhos. Compreende as classes Urocordados ou Tunicados (ascídias) e Cefalocordados (anfioxo).

protoginia. Mudança de sexo com a idade, com maturação inicial do aparelho feminino. Presente em Peixes e Aves. V. Hermafroditas sequenciais. / Processo para evitar a autofecundação em vários tipos de flores hermafroditas. Primeiro se o aparelho feminino é desenvolvido (ovário, estilete e estigma), e só depois que ele foi fecundado a partir de pólen que veio de outras plantas, iniciando a formação de um fruto, é que vai se formar o aparelho masculino (estames e anteras).

próton. V. bomba de prótons.

protonefrídia. Órgão excretor de Platelmintos formado por células flama ou células chama, que têm um tufo de cílios cuja batida movimenta líquido com substâncias de excreção para o exterior.

protonema. Filamento pluricelular haploide, clorofilado, desenvolvido pelo esporo das Briófitas. É o início do desenvolvimento de muitos gametófitos, que dele brotam.

protoplasma. Nome clássico que designa a matéria viva contida na célula.

protoplasto. 1) Expressão que designa a célula vegetal, excluindo a parede celular. 2) Bactéria da qual foi removida a parede celular: é mantida artificialmente em isotonia com o líquido ambiente. É uma estrutura experimental.

protostômios. Metazoários nos quais o blastóporo embrionário se torna a boca e o ânus é formado depois (Asquelmintos, Anelídios, Artrópodes e Moluscos) ou não existe (Cnidários e Platelmintos).

prototérios. Mamíferos primitivos, sem útero e sem placenta. São ovíparos. Ex: ornitorrinco. Ordem Monotremados.

Protozoários. Filo ou Ramo do Reino Protistas. São uninucleados, eucariontes, heterótrofos, divididos em quatro classes principais: Rizópodos ou Sarcodinos, Flagelados ou Mastigóforos, Esporozoários ou Apicomplexos e Ciliados.

protozooses. Doenças causadas por Protozoários. Exs.: malária, mal de Chagas, disenteria amebiana.

protrombina. Sin. de trombinogênio. Proteína plasmática, de origem hepática, transformada em trombina ativa pela tromboquinase ou tromboplastina, iniciando a cascata de reações da coagulação do sangue.

protuberância. Ou Ponte. Região encefálica com muitas fibras nervosas entre os hemisférios cerebrais. Corresponde ao mesencéfalo.

proventrículo. Estômago químico (enzimático) das Aves; continua pela moela, que é o estômago mastigador.

provírus. DNA do vírus dentro de uma célula antes de ser envolvido pelas proteínas da cápside.

provitamina A. Betacaroteno, que originará a vitamina A.

provitamina D. Ergosterol (provitamina D2) origina a vitamina D2 (calciferol), e o 7-desidrocolesterol (provitamina D3) origina a vitamina D3, que é o colecalciferol.

pseudocarpos. Frutas no sentido popular, mas falsos frutos, no sentido botânico, porque não são os ovários desenvolvidos; resultam da hipertrofia de alguma parte da flor ou da inflorescência, que se torna carnosa e comestível, como no caju, o pedúnculo da flor (fruto é a castanha), no figo, a base da inflorescência (frutos são as "sementinhas" no interior) etc.

pseudocelomados. Metazoários com grande espaço entre a parede do tubo digestivo (endoderma) e o mesoderma, parecendo um celoma. Mas, como ele não está totalmente revestido pelo mesoderma, é um falso celoma. Asquelmintos (ou Nematelmintos) são assim. V. Acelomados e Eucelomados.

pseudoestratificado, epitélio. Epitélio simples cujas células, e seus núcleos, têm alturas variadas, simulando um epitélio estratificado.

Pseudomonas. Gênero de bactérias com espécies que fazem desnitrificação.

pseudópodo. Expansão temporária e retrátil da célula, visível ao M.O que serve para a locomoção (movimento ameboide) e para a fagocitose.

pseudopulmão. Pulmão derivado da invaginação do ectoderma. Ex.: falso pulmão em lesmas e caramujos terrestres e de água doce e filotraqueia de aranhas. Pulmões verdadeiros derivam do endoderma.

pseudounipolar, neurônio. Neurônio com um só dendrito unido ao axônio, junto ao pericário.

psitacose. Infecção causada por bactérias da espécie Chlamydia psittaci, originada de Aves.

PTC. "phenil-tio-carbamine"; Substância usada em Genética para verificação do gosto cuja sensação é uma característica individual hereditária.

Pteridófitas. Plantas criptógamas, arquegoniadas, vasculares, lenhosas, com raiz, caule e folhas, mas sem flor, com alternância de gerações, de gametófito reduzido e taloso, mas independente do esporófito vascular (com xilema e floema) e lenhoso. São tropicais, de locais úmidos. Samambaias, avencas e fetos arborescentes são exemplos.

pteridospermas. Fósseis de "transição" entre Pteridófitas e Espermatófitas do Carbonífero e do Pérmico. Semelhantes aos fetos arborescentes, mas têm sementes nas bordas de suas folhas. Nos grandes depósitos de carvão desses dois períodos geológicos predominam Pteridospermas.

Pterigogêneos. Subclasse de Insetos que têm asas pelo menos na fase larvar, em estado rudimentar. São praticamente todos os Insetos, com exceção das traças-de-livro.

pterodátilos. Répteis voadores fósseis, dos período Jurássico (Ramplorynchus) e Cretácico (gênero Pteranodus) da era Mesozoica.

pterossauros (pterodáctilos). Répteis voadores extintos (Triássico = Cretáceo), convergentes com os morcegos – suas asas tinham membranas entre os dedos.

ptialina. Antigo nome da amilase salivar.

puberdade. Época da vida em que se desenvolve a plena capacidade reprodutiva.

púbis. Nos vertebrados Tetrápodos é um osso par (duas projeções do osso ilíaco) que forma a parte ventral, anterior da cintura pélvica.

puffs cromossomiais. Regiões espessadas intercaladas em cromossomas politênicos indicando zonas em que o DNA está produzindo grande quantidade de RNA.

pulga. Nome vulgar de Insetos, ordem Sifonápteros. Pulex irritans é uma espécie comum. Tunga penetrans é o bicho-do-pé. Xenopsylla é o gênero que transmite a peste bubônica do rato para o homem.

pulgão. Nome vulgar de Insetos muito pequenos da ordem Homópteros. Parasitam plantas, são devorados por joaninhas (besouros) e certas espécies fazem sinfilia com formigas. Exs.: gêneros Eriosoma (ataca macieiras), Phylloxera (sobre videiras) e Aphis.

pulmão. Cavidade interna, ectodérmica em invertebrados (falsos pulmões) e endodérmica em Vertebrados, com estruturas ricas em vasos sanguíneos. Absorvem O_2 gasoso do ar em troca do CO_2 trazido dos tecidos. Ocorre em alguns peixes, em Vertebrados terrestres e mesmo em alguns com ancestral readaptado ao meio aquático, como as baleias.

pulmão falso. Invaginação da parede do corpo formando uma câmara onde há troca do O_2 do sangue. Cavidade de origem ectodérmica, em caracóis e lesmas. Moluscos da classe Gastrópodos.

pulmão-livro. Pulmão de Aracnídeos formado por uma câmara interna, invaginação da epiderme, aberta ao exterior por um orifício e cujas paredes pregueadas e superpostas como as folhas de um livro aumentam a área de trocas gasosas entre o ar da câmara e o sangue que circula em torno dela. O mesmo que Filotraqueia (é um pseudopulmão porque tem origem ectodérmica).

púlvino. Pequena estrutura dilatada na base dos folíolos de plantas como no gênero Mimosa. Vulgarmente sensitiva ou dormideira. Pancadas suaves na planta causam alteração na turgência dos púlvinos provocando o fechamento da folha. O conjunto dos folíolos forma a folha composta.

pungitivo. Aparelho bucal que pica e suga.

pupa. Estágio do desenvolvimento de insetos holometábulos, logo depois da larva e antes de forma adulta ou imago. Geralmente a pupa é imóvel, dentro de um casulo. Crisálida é uma forma de pupa.

pureza dos gametas, lei da. Outra formulação da primeira lei de Mendel. "Os indivíduos têm genes aos pares (são diploides), mas seus gametas só têm um gene de cada par (são haploides)".

purínica. Ou púrica. Tipo de bases nitrogenadas maiores, bicíclicas. Exs.: Adenina e Guanina.

Purkinje, fibras de. Sinônimo de miócitos condutores cardíacos. Feixe de miócitos especiais que transmitem estímulos elétricos, desde o nó atrioventricular até a ponta do coração, pelas paredes dos ventrículos.

pus. Líquido amarelado ou esverdeado resultante de uma infecção ou uma inflamação contendo leucócitos mortos (piócitos) e detritos celulares em geral.

putrefação. Decomposição anaeróbia de proteínas.

Q

quantassoma. Unidade fisiológica dos cloroplastos correspondente a um conjunto de umas duzentas moléculas de clorofila capaz de receber um "quantum" de energia luminosa adequado para realizar as etapas luminosas da fotossíntese, daí resultando, mais adiante, uma molécula de glicose.

quaresmeira. Nome vulgar de Angiospermas Dicotiledôneas, fam. Melastomatáceas do gênero Tibouchina. Arbustos e árvores pequenas.

quartã. Picos de febre de 72-72 horas da malária causada pelo Plasmodium malariae.

quaternário. segundo período da era Cenozoica. Corresponde ao Pleistoceno e Holoceno de outra divisão.

queilose. Afecção cutânea na boca e na língua, afetando principalmente os lábios. Resultante da avitaminose B2.

queixada. V. caitetu.

quelícera. Apêndice articulado cefálico em número de dois em Aracnídeos, com funções variadas: podem ser preensores, inoculadores de peçonha e de enzimas digestivas, estiletes perfurantes.

quelicerados. Subfilo de Artrópodos com quelíceras correspondente aos Aracnídeos e os Merostomados. Estes são caranguejos-ferradura ("horse shoe crabs"), gênero Limulus, de grande porte, da costa norte-americana do Atlântico até o México.

quelônios. Subclasse de Répteis correspondentes a tartarugas (marinhas e de água doce), jabutis (terrestres) e cágados (só de água doce). Com mais ou menos 225 espécies.

queratina. Proteína fibrosa, rica em pontes S-S, dura e impermeável da camada córnea da epiderme dos Vertebrados terrestres.

quiasma. Aspecto em X das cromátides internas de dois cromossomas em "crossing over"ou permuta. Resulta da troca de segmentos entre essas duas cromátides.

quiasma óptico. Cruzamento dos nervos ópticos, direito e esquerdo, à frente da hipófise.

quilo. Massa semilíquida que passou do intestino delgado ao intestino grosso, no final da digestão e absorção dos alimentos. Contém material não digerido e/ou não absorvido e bactérias. No colon será transformado no bolo fecal, por absorção de água.

quilomicrons. Gotículas de lipídeos emulsionados absorvidos no intestino delgado e em trânsito para o fígado pelas veias e pela rede linfática intestinais.

Quilópodos. Classe de Artrópodos com duas antenas, corpo longo dividido em numerosos anéis e com um par de patas por anel ou segmento. Na cabeça há um par de forcípulas, apêndices pontiagudos inoculadores de peçonha. O desenvolvimento é direto, sem larvas. São as lacraias ou centopeias. Animais com movimentação rápida.

quimeras. Raras espécies de Condrictes de águas profundas.

quimiobiogênese. Moderna teoria abiogenética da origem da vida na Terra, por evolução química, há 3,5 bilhões de anos. Seus maiores nomes foram Oparin, Miller, Urey, Melvin e Fox, que mostraram que substâncias orgânicas complexas, típicas dos seres vivos, poderiam ter-se formado na Terra primitiva, por reações químicas comuns, nada sobrenaturais. Por exemplo: $H_2O + CH_4 + NH_3 + H_2 \longrightarrow$ aminoácidos e proteínas num ambiente aquático. Uma teoria recente aponta as Arqueas, ou algo semelhante, inaugurando a vida há uns 4,5 bilhões de anos, num ambiente profundamente subterrâneo, aquático e quentíssimo.

quimiosmótico, processo. Produção de ATP a partir da movimentação de prótons (H^+). Elétrons energizados, que são transportados pelos citocromos, cedem energia para bombear prótons da membrana interna para o espaço entre as duas membranas da mitocôndria. Isto também acontece na fotossíntese, onde a energia dos elétrons ativa a bomba de prótons que envia H^+ da membrana do tilacoide para a luz do tilacoide. Assim, na respiração celular, haverá uma enorme concentração de H^+ no espaço intermembranoso da mitocôndria e esses H^+, em alta velocidade, passam pelos oxissomas cedendo energia para a síntese de ATP. Paralelamente, na fotossíntese, há uma enorme concentração de H^+ (prótons) no interior do tilacoide e os H^+ atravessam violentamente a membrana no sentido de sua face externa e cedem energia para que aí também haja a síntese de ATP.

quimiossíntese. Processo autótrofo (transforma matéria inorgânica em orgânica) semelhante à fotossíntese, mas em vez de usar energia luminosa, usa energia química derivada da oxidação de constituintes inorgânicos. Bactérias de nitratação servem de exemplo.

quimiotactismo. Sin. de quimiotaxia.

quimiotaxia. Taxia cujo estímulo é uma substância, como no caso de anterozoides de Briófitos e Pteridófitos atraídos pela sacarose da oosfera, espermatozoides de ouriço do mar atraídos pelas fertilizinas ou gamonas dos óvulos e leucócitos atraídos pela decomposição de ácidos nucleicos em locais de inflamação.

quimiotropismo. Tropismo cujo estímulo é químico, como as raízes crescendo em direção de nitratos e o tubo polínico de Espermatófitos crescendo em direção ao ácido málico do saco embrionário.

quimo. Massa alimentar com suco gástrico, portanto ácida, que passa do estômago para o duodeno, pelo piloro.

quimosina. Sin. de labfermento ou renina.

quimotripsina. Enzima que hidrolisa proteínas, dividindo-as em peptídeos; é uma endopeptidase pancreática que atua no intestino delgado. É produzida inativa, como quimotripsinogênio, que é ativado pela tripsina.

quimotripsinogênio. Quimotripsina inativa produzida pelo pâncreas. É ativado pela tripsina.

quinases. Enzima que catalisa a transferência de fosfato a partir de um composto de alta energia (geralmente o ATP) para uma substância aceptora. Equivale a uma fosforilase. Na maioria dos órgãos e tecidos a enzima que catalisa a fosforilação da glicose é a hexoquinase. No fígado é a glicoquinase, no início da síntese do glicogênio.

quirodátilos. Dedos das mãos.

quiropterofilia. Polinização conduzida por morcegos.

Quirópteros. Ordem de Mamíferos correspondente aos morcegos.

quitina. Polissacarídeo nitrogenado que forma o esqueleto externo dos Artrópodos e aparece na parede celular dos Fungos. / Polissacarídeo nitrogenado, poliacetilglicosamina, duro e impermeável, porque se associa a proteínas e sais de cálcio formando cutícula da epiderme dos Artrópodes.

Quiton. V. Anfineuros.

Quitridiomicetos. Filo ou grupo de Fungos muito primitivos, microscópicos, uni ou pluricelulares, aquáticos, de vida livre ou parasitas de algas, vermes e larvas de mosquitos. Flagelos estão presentes em todas as formas, inclusive nos gametos masculinos e femininos. Ex.: gênero Allomyces.

quivi. Nome vulgar de Aves, subclasse Ratitas, ordem Apterigiformes. Praticamente sem asas. (N. Zelândia). Gênero Apteryx. As fêmeas têm 2 ovários e 2 ovidutos, ao contrário das outras aves. Põem ovos exageradamente grandes.

R

rã. Nome vulgar de Anfíbios, ordem Anuros. Ex: gênero Leptodactylus (Neotropical) e Rana.

rã-touro ("bull frog"). Rã de grande porte para criação, da espécie Rana catesbeiana.

rabditoide. Larva de Ancylostoma e de Necator e que se transformará em larva filarioide que vai penetrar ativamente no pé humano.

raça. Denominação de subespécie, usada, em geral, para animais. / Pode ser subespécie ou variedade, formada naturalmente por um grupo de indivíduos mais ou menos diferenciados, dentro da mesma espécie. Pode ser também fruto de uma seleção artificial conduzida pelo homem, isolando reprodutivamente raças de bois, de cães, galinhas etc. com finalidades estéticas ou de produtividade.

raciação. V. subespeciação.

rácimo. Cacho – V. Racimosa, inflorescência.

racimosa ou indefinida, inflorescência. Inflorescência com flores dispostas em hélice em torno de um eixo central que cresce indefinidamente. As flores mais velhas são as de baixo.

racum. Nome vulgar de Mamíferos, ordem Carnívoros, gênero Procyon. Região Neártica.

radiação adaptativa. Evolução de vários tipos, a partir de um único ancestral, pela adoção de vida em nichos ecológicos distintos, adaptando órgãos de mesma origem a funções diferentes. É a origem da homologia.

radical prostético. Radical diferente de aminoácido e que faz parte de uma proteína complexa ou conjugada. Ex.: heme, radical prostético da hemoglobina.

radicais livres. Átomos ou moléculas extremamente instáveis e reativos que retiram elétrons de outros átomos e moléculas, oxidando-os.

radícula. Região da planta embrionária ou plântula que corresponde à futura raiz.

rádula. Língua raspadora, em forma de placa denteada, para triturar os alimentos. Em Moluscos, principalmente Gastrópodos.

ráfide. Cristal de oxalato de cálcio, em algumas células vegetais. Sinônimo de drusa.

raia. Nome vulgar de Condrictes, por exemplo, dos gêneros Raja, Manta (popularmente jamanta, de grande porte), Aetobatus, Paratrigon (de água doce).

raia elétrica. Nome vulgar de Condrictes, por exemplo dos gêneros Torpedo e Narcine (treme-treme).

rainha. Casta de fêmeas férteis, de abelhas, formigas e cupins.

raios ultravioleta. Ou RUV. Radiações eletromagnéticas com comprimento de onda entre 10 e 400nm. Ficam entre a luz visível da cor violeta e os raios X. São mutagênicos e parcialmente contidos pela camada de ozônio.

raiva. Sinônimo de hidrofobia.

raiz. Órgão vegetal, em geral subterrâneo, aclorofilado, com geotropismo (+) e fototropismo (-), que absorve água e sais do solo.

raiz adventícia. Raiz que nasce do caule. Sin. de raiz aérea.

raiz aérea. Raiz não subterrânea. Em geral, prende a planta a um suporte e pode ser fotossintética.

raiz axial ou pivotante. Típica de Gimnospermas e Dicotiledôneas, é a raiz principal desenvolvida a partir da radícula do embrião. A raiz axial se aprofunda verticalmente no solo e origina as raízes secundárias, laterais, sempre menores que ela.

Ramapithecus. Gênero, possível antepassado humano, correspondendo a 15 milhões de anos.

ramo. Sin. de filo.

Ranvier, nódulo ou estrangulamento de. Região da fibra nervosa mielinizada entre dois segmentos de mielina. Aí, nesse estrangulamento, onde a fibra é nua, ocorrem as trocas iônicas da condução nervosa saltatória. Modernamente: nó neurofibrilar.

raposa. Nome vulgar de Mamíferos, ordem Carnívoros. Gêneros Urocyon (raposa cinzenta) e Vulpes (raposa vermelha).

raqueano, nervo. V. Nervo espinhal.

raquidiano, nervo. V. Nervo espinhal.

raquitismo. Sintoma característico da avitaminose D. Ossos moles e deformáveis.

Ratitas. V. Aves.

rato. Nome vulgar de Mamíferos, ordem Roedores, com o gênero Rattus (com espécies cosmopolitas).

rato-almiscarado. Nome vulgar de Mamíferos, ordem Roedores, gênero Ondatra (com pele valiosa).

rato-canguru. Nome vulgar de Mamíferos, ordem Roedores, gênero Dipodomys. No sudoeste árido da América do Norte.

rato-do-mato. Nome vulgar de Mamíferos, ordem Roedores, com numerosos gêneros: Oecomys, Neacomys, Nectamys (semi-aquático), Delomys etc.

rato-marsupial. Nome vulgar de Mamíferos, ordem Marsupiais, gênero Sminthopsis. Região Australiana.

REA. Sigla de Retículo Endoplasmático Agranular. Sin. de REL, Retículo Endo-plasmático Liso.

reação (a um estímulo). V. Resposta.

reação ao choque térmico. Reação celular a violento e súbito estresse, especialmente ao calor, caracterizada pela dimi-nuição do metabolismo normal e pela produção das proteínas do choque térmico, que protegem o material nuclear.

reação em cadeia da polimerase. V. PCR.

realimentação. Ou retroalimentação. V. "Feed-back".

recapitulação, lei da. V. Lei biogenética de Haeckel.

receptáculo floral. A região apical do ramo florido, onde se inserem os verticilos florais: o cálice, a corola (em conjunto, o perianto), o androceu (dito "masculino") e o gineceu (dito "feminino").

receptor universal. Indivíduo do grupo sanguineo AB, porque não tem aglutininas. De modo mais completo, indivíduo ABRh+.

recessivo. Alelo que não tem manifestação fenotípica em heterozigose, isto é, na presença do outro alelo, dito dominante. O alelo recessivo só se manifesta em homozigose.

recombinação gênica. Criação de novas combinações genéticas pela disjunção meiótica e fecundação aleatória, marcas da Reprodução sexuada. Corresponde também ao "Crossing-over".

recombinante. V. DNA recombinante.

rede alimentar. Sin. de teia alimentar ou trófica.

rede de cromatina. Conjunto de cromossomas desindividualizados formando um retículo no núcleo da célula em intérfase. É a principal sede do DNA.

redundância. Repetição de um gene, de uma molécula, de um processo, de uma estrutura, como um pleonasmo biológico. O grande potencial evolutivo da redundância é que um dos "repetecos" pode tomar um caminho evolutivo diferente, enquanto o outro supre o organismo com o que é necessário. Bom exemplo é o par mioglobina/hemoglobina. O gene da mioglobina, que armazena oxigênio nos músculos vermelhos, duplicou-se e o gene repetitivo evoluiu e produziu a hemoglobina, que transporta oxigênio no sangue. Enquanto a novidade, a hemoglobina, evoluía na nova função, a "velha" mioglobina continuava atuando nos músculos. A redundância também mostra como, em evolução, o "novo" surge de alteração do "velho".

REG. Sigla de Retículo Endoplasmático Granular. Sin. de RER. Retículo Endoplasmá-tico Ribossômico ou Rugoso.

regeneração muscular. O tecido estriado cardíaco não se regenera normalmente. O estriado não cardíaco tem regeneração parcial e o muscular liso regenera facilmente.

reino. O mais alto grau de classificação dos seres vivos. Antigamente, havia apenas dois reinos: Animal e Vegetal. Atualmente, são considerados cinco Reinos: Monera, Protista, Fungos, Plantas e Animais.

REL. Sigla de Retículo Endoplasmático Liso. Sin. de REA, Retículo Endoplasmático Agranular. Conjunto principalmente de canalículos citoplasmáticos interligados, sem ribossomas. Age na síntese e na modificação de lipídios, síntese de esteroides, intercomunicação dentro da célula e produção de substâncias antitóxicas.

relação núcleo-plasmática. V. Hertwig, relação.

relógio molecular. Proposta admitindo que na Evolução ocorre a taxa (periodicidade) constante, por um impulso de mudança molecular interna, independente de fatores ambientais e da Seleção Natural. Roupa nova para a velha Força Vital.

rêmora. Sin. de peixe-piolho. Osteicte com uma ventosa dorsal com que se prende a tubarões e grandes raias e é transportado por eles (foresia), e ao mesmo tempo é comensal desses peixes maiores.

rena. Sin. de caribu. Nome vulgar de Mamíferos, ordem Artiodátilos, gênero Rangifer. Norte da Eurásia.

renina. Hormônio renal produzido quando diminui a pressão sanguínea no glomérulo renal, dificultando a filtração na cápsula de Bowman. Atua sobre o angiotensinogênio.

renina (gástrica). Sin. de lab-fermento.

replicação. Duplicação do DNA. Acontece nas intérfases (subfase S).

repolarização (em neurônio). Retorno à polaridade de repouso, (+) fora (-) dentro, pela saída de K^+, após a despolarização.

repressor. Proteína resultante do gene regulador e que vai bloquear os genes promotor e operador. Faz parte do operon.

reprodução. Capacidade que os seres vivos têm de produzir novos indivíduos.

reprodução assexuada ou agâmica. Reprodução em que participa um só indivíduo. Não produz novas combinações genéticas. Outra definição: é a reprodução sem gametos.

reprodução diferencial. Outro nome para Seleção Natural. Enfatiza a diferença, entre os indivíduos, da capacidade de propagação de seus genes para a geração seguinte, por motivos variados como maior sobrevivência, maior sucesso sexual, maior fertilidade, maior cuidado com a prole etc.

reprodução sexuada. Sin. de reprodução gâmica. Efetuada por meio de gametos.

reprodução sexuada ou gâmica. Reprodução onde há participação de dois indivíduos cujos genes se unem, criando novas combinações genéticas. Outra definição: reprodução realizando meiose e utilizando gametos. V. partenogênese.

Répteis. Classe de Vertebrados pecilotérmicos, amniotas e alantoidianos, com pele seca, impermeável e com queratina. Respiração exclusivamente pulmonar e excreção de ácido úrico. Na maioria das espécies, o coração tem três cavidades (duas aurículas ou átrios a um ventrículo e este já está parcialmente dividido em dois). A divisão do ventrículo só se torna praticamente completa nos Crocodilianos. Répteis se dividem em três subclasses principais: 1) Escamados (ordem Lacertílios – lagartos e lagartixas e ordem Ofídios – cobras); 2) Crocodilianos (jacarés etc.); e 3) Quelônios (tartarugas e afins). Há umas 7.000 espécies de Répteis.

RER. Sigla de Retículo Endoplasmático Rugoso. Sin. de REG e de ergastoplasma. Conjunto de canalículos, vesículas e cisternas frequentemente interligados e que têm ribossomas aderidos à face externa de sua membrana. Aí se associam a filamentos de RNA-m, constituindo polissomas que sintetizam proteínas para exportação.

reservatório. Indivíduo que contém agentes patogênicos e que não tem sintomas clínicos da(s), doenças(s) mas pode transmitir esses agentes a outros organismos.

reservatório seminal. Sin. de espermateca.

resistência do meio. Conjunto de fatores ambientais que se opõem ao desenvolvimento de uma população tendendo a horizontalizar a sua curva de crescimento. Opõe-se ao potencial biótico.

respiração (orgânica). Inclui a absorção de O_2, o transporte de O_2 do local de absorção até as células, o transporte de CO_2 das células até o local de eliminação e a eliminação do CO_2 para o exterior.

respiração branquial. V. Brânquias.

respiração celular aeróbia. Sequência de oxidações e descarboxilações na célula geralmente a partir da glicose, produzindo ATP e calor. Começa no hialoplasma numa fase chamada glicólise em que a glicose é quebrada em duas moléculas de ácido pirúvico, libertando H e produzindo 2ATP. Na segunda fase, o ácido pirúvico entra na mitocôndria iniciando as etapas aeróbias e ele origina o ácido acético, que é esfacelado pelo ciclo de Krebs. Daí resultam principalmente H e elétrons, que vão para a cadeia respiratória onde haverá produção de 36 ATP a partir de uma glicose inicial. Durante a respiração celular aeróbia, haverá libertação de CO_2 e H_2O. Resumo: $6O_2 + C_6H_{12}O_6 = 6CO_2 + 6H_2O + 38$ ATP.

respiração celular anaeróbia. Sequência de oxidações e desidrogenações a partir do ácido pirúvico, que não entra na mitocôndria. Não há participação do O_2 e a produção de ATP é pequena, apenas 2ATP a partir de uma glicose. Ex.: fermentações alcoólica e láctica.

respiração cutânea. Absorção de O_2 e eliminação de CO_2 pela pele em geral, com (em Oligoquetas e Anfíbios) ou sem vascularização especial (Cnidários, Planárias etc.).

respiração pulmonar. V. Pulmões.

respiração traqueal. V. Traqueias.

resposta. Modificação ocorrida em um ser vivo, consequente à recepção de um estímulo ao qual ele é sensível e mostra essa sensibilidade.

resposta (a um estímulo). Alteração ocorrida em um organismo em consequência de um estímulo. A resposta pode ser uma contração muscular, a produção de uma substância, seguida ou não de secreção, divisão celular etc.

ressurgência. Corrente marinha vertical, correspondente a uma convecção, que traz água fria para cima, levando sais minerais para a região superficial, aumentando a alimentação do fitoplâncton.

restinga. Vegetação herbácea, típica de praia arenosa.

reticular, substância. Região de transição entre encéfalo e medula espinhal, na base do bulbo, onde substância branca e cinza se misturam.

retículo. Sin. de barrete no estômago de ruminante.

retículo endoplasmático. V. RER e REL.

retículo endotelial, sistema. V. SRE.

retículo nuclear. Rede de cromatina; conjunto de cromossomas desindividualizados durante a intérfase.

retículo sarcoplasmático. REL de fibras musculares estriadas. Conduz estímulos e armazena Ca^{++}.

reticulócito. Hemácia jovem, ainda com pequena quantidade de RNA. 1% das hemácias do sangue circulante são assim.

retina. Membrana mais interna do globo ocular, com várias camadas de células nervosas que transformam os estímulos luminosos em estímulos nervosos que são levados pelo nervo óptico para o córtex cerebral. Entre os neurônios da retina destacam-se os cones e os bastonetes. V. fóvea.

retinal. Pigmento visual na retina dos Vertebrados. Existe também em halobactérias formando a bacteriorodopsina.

retinite pigmentosa. Degeneração do epitélio nervoso da retina, com a diminuição progressiva dos cones e dos bastonetes. A partir do epitélio pigmentado, suas células invadem a retina, com perda progressiva da visão noturna, que pode se generalizar. A forma mais comum é de origem genética e recessiva. V. cones e bastonetes.

retinol. Sin. de axeroftol, vitamina A.

reto. Em Vertebrados, é a última parte do intestino grosso e do tubo digestivo. Termina a reabsorção de água e a consolidação das fezes, que expulsa pelo ânus.

retração (contração) do coágulo. Contração do coágulo, expulsando o soro sanguíneo. Como o coágulo está preso às bordas da lesão, sua contração, além de aumentar sua resistência, diminui as dimensões da lesão.

retrocruzamento. Sin. de "back cross". Cruzamento de um indivíduo com outro de genótipo igual a um dos seus pais, em geral, o tipo parental (progenitor) recessivo: cruzamento-teste.

retroinibição e retroalimentação. Quando acontece o excesso de concentração de uma substância (derivada de uma sequência de reações) há uma inibição dessas reações. Quando há um decréscimo da produção, há uma ativação das reações.

retrovírus. Tipo de vírus de RNA que tem transcriptase reversa e faz transcrição ao contrário; produz DNA a partir de RNA. Ex.: HIV da AIDS.

RF's. Releasing Factors. V. Fatores de liberação.

Rhesus, fator (Herança). Tipo de grupos sanguíneos comum ao homem e outros primatas, descoberto no macaco Rhesus, de importância médica (V. DHRN ou Eritroblastose Fetal), antropológica e evolutiva. A hipótese mais simples para sua herança é um par de alelos Rh ou D (dominantes) e rh ou d (recessivos) e dois fenótipos: Rh positivo (RhRh ou DD e Rhrh ou Dd) e Rh negativo (rhrh ou dd).

Rhesus, fator (Imunologia). Antígeno das membranas das hemácias do macaco Rhesus e de 85% dos humanos, ditos Rh(+). Os outros 15%, ditos Rh(-), não têm esse antígeno. Uma pessoa Rh(-) recebendo sangue Rh(+) produz anticorpos anti-Rh, mas nada lhe ocorre de imediato. Mas, se nova transfusão for de sangue Rh(+), esses anticorpos aglutinarão e hemolisarão as hemácias Rh(+), podendo até matá-lo.

rhesus. Nome vulgar de Mamíferos, ordem Primatas, superfamíla Cercopitecoides (Velho Mundo), gênero Macaca.

Rhizobium. Gênero de bactérias que se associam (mutualismo) a plantas da família das Leguminosas (feijão, ervilha, soja etc.). Vivem em nodosidades de suas raízes e aí fazem a fixação do N_2 do ar do solo, produzindo NH_3, que em parte é doado para a planta. Esta fornece cetoácidos à bactéria e nestes dois tipos de organismos haverá a reação: NH_3 + cetoácidos = aminoácidos e proteínas.

Rhizophora. Gênero de plantas típicas dos manguezais, com grandes raízes adventícias (nascem em alturas diferentes no caule). São Dicotiledôneas da família Rhizophoraceas e a espécie mais comum é a Rhizopphora nangle. Suas raízes são escoras.

Rhizopus. Gênero de Fungos correspondente ao bolor preto do pão.

Rhizosolenia. Gênero de Diatomáceas (Bacilariófitas) planctônicas.

Rhodnius. Gênero de percevejos hematófagos correspondente ao barbeiro.

riboflavina. Vitamina B2.

ribonuclease. Enzima que catalisa a hidrólise da RNA, libertando ribonucleotídeos.

ribonucleotídeo. Nucleotídeo típico do RNA, formado por ribose, base nitrogenada (Adenina ou Uracila ou Citosina ou Guanina) e fosfato.

ribose. $C_5H_{10}O_5$. Pentose típica do RNA e também encontrada em ATP, ADP, NAD e FAD.

ribossoma. Tipo de granulação dupla encontrada em quantidade no hialoplasma e também dentro de mitocôndrias e cloroplastos. Ribossomas são formados por RNA-r e proteínas e só são visíveis ao M.E.. Associados ao RNA-m formam os polissomas que sintetizam proteínas. São os únicos organócitos presentes em todas as células, tanto procariotas como eucariotas. As duas subunidades se juntam no início da síntese proteica e se separam no final dessa síntese, na extremidade final do RNA-m. Nas células eucariotas, os ribossomas são formados a partir dos nucléolos.

ribossoma 70 S. Ribossoma menor e menos denso, típico do citoplasma das células procariotas e também das mitocôndrias e cloroplastos.

ribossoma 80 S. Ribossoma maior e mais denso, típico do hialoplasma das células eucariotas.

ribozima. Tipo de RNA catalisador da síntese de peptídeos e de proteínas e também autocatalisador.

ribulose. $C_5H_{10}O_5$. Pentose cetônica. Sob a forma de fosfato, aparece no ciclo de Calvin da fotossíntese.

Rickettsia. Gênero de bactérias muito pequenas e primitivas com espécies causadoras de doenças transmitidas por piolhos e carrapatos. Exs.: R. burnetii que causa a febre Q, e R. prowazekii, causadora do tifo exantemático, ou febre das Montanhas Rochosas, ou febre maculosa.

rifamicina. Antibiótico que inibe a síntese de RNA em bactérias.

Rift Valley. Ou Grande Fossa Africana. Fossa tectônica originada pelo afundamento da crosta terrestre entre falhas verticais paralelas. Com locais ricos em fósseis de hominídeos, estende-se por 6.000 km no leste da África, da Etiópia a Moçambique, com 80km de largura e quase 2 km de profundidade.

rim. Em Vertebrados, órgão que surgiu em peixes de água doce relacionado ao controle da água e depois relacionou-se também com a eliminação de "excreta" nitrogenados.

Rincocéfalos. Ordem de Répteis atuais, com as tuataras, semelhantes a lagartos. Exclusivas da Nova Zelândia.

rinoceronte. Nome vulgar de Mamíferos, ordem Perissodátilos, gêneros Rhinoceros e Didermocaros (SE da Ásia), Diceros e Ceratotherium (África).

riquetsia. V. Rickettsia.

ritidoma. Conjunto de tecidos vegetais corticais mortos; suberosos, felogênios e felodermas.

rizoide. Estrutura de Briófitas que simula uma raiz, mas não tem sua estrutura e nem vasos condutores.

rizoma. Caule subterrâneo mais ou menos paralelo ao solo, emitindo raízes e folhas. Ex.: em samambaias.

rizópodos. Sin. de Sarcodinos.

rizosfera. Região subterrânea, um pouco abaixo da superfície do solo, onde bactérias, fungos e outros organismos interagem com a raiz de uma planta.

RNA. Ácido ribonucleico (q.v.). Em todos os tipos de RNA há um só filamento de ribonucleotídeos de 4 categorias: A.U.C.G. (Adenina, Uracila, Citosina e Guanina). No caso do RNA m (RNA mensageiro) ele orienta a síntese de proteínas.

RNA-i. Ou RNA de interferência. Tipo de RNA que inibe a expressão de um gene que pode ser considerado ameaçador.

RNA-m. Ácido ribonucleico mensageiro. Forma-se a partir do DNA, principalmente no núcleo, correspondendo a um filamento único de ribonucleotídeos, complementar a um dos filamentos de DNA que o originou. Cada trio de bases nitrogenadas do RNA-m é um códon, equivalente a um aminoácido específico. O RNA-m sai do núcleo, vai para o citoplasma e sobre seu filamento vão deslizar ribossomas que recebem os aminoácidos trazidos pelos RNA-t. Os aminoácidos aí se encadeiam formando peptídios e proteínas, inclusive enzimas. O RNA-m representa de1a5%dos RNA das células. Apesar de formado por um único filamento polinucleotídico, sua estrutura mostra regiões complexas, nas quais há curvas, onde C e G se unem e A e U também se ligam, formando alças. Nessas regiões pareadas, a molécula de RNA–m assume uma estrutura com zonas helicoidais, semelhantes ao DNA.

RNA-m monocistrônico. RNA-m de eucariontes codificando apenas uma cadeia peptídica ou proteica. Quando a molécula proteica tem dois tipos de cadeia, como por exemplo na hemoglobina, os dois tipos são produzidos por RNA-m diferentes. Em procariontes e em mitocôndrias e cloroplastos, o RNA-m é policistrônico, originando duas ou mais cadeias pépticas da mesma proteína.

RNA-mensageiro. V. RNA-m.

RNA, mundo do. Hipótese de Crick e outros caracterizando a etapa inicial da vida na qual o RNA era o material genético (depois substituído pelo DNA) e ao mes-mo tempo era enzimático (ribozima) com autocatálise.

RNA-m policistrônico. RNA-m procarionte codificador de 2 ou mais cadeias polipeptídicas, pertencentes a proteínas que agem num mesmo processo e são produzidas juntas. O RNA-m de mitocôndrias e cloroplastos também é policistrônico.

RNA-polimerases. Ou transcriptases. Enzimas que catalisam a união dos ribonucleotídeos para formar o RNA-m. Estimulam, portanto, a transcrição. Há pelo menos três tipos: polimerase I – sintetiza RNA-r; II – sintetiza RNA-m; III – sintetiza RNA-t.

RNA-r. Ou ribossômico. Molecularmente, é o maior RNA e entra na composição dos ribossomas, associado a proteínas. O RNA-r da subunidade menor do ribossoma catalisa a união do RNA-m com os RNA-t, enquanto o RNA-r da subunidade maior ativa a formação dos laços pépticos entre os aminoácidos. O RNA-r corresponde a 75% dos RNA celulares.

RNA ribossômico. Ou RNA-r (q.v.)

RNA-t. Ou RNA transportador. Pequeno RNA que contém um anticódon (trio de bases nitrogenadas) que "reconhece" um determinado aminoácido e o transporta para o polissoma. Sin. de RNA-s.

RNA transportador. Ou RNA-t (q.v.) ou RNA-s.

robalo. Nome vulgar de Osteictes, gêneros Dicentrarchus e Centropomus.

rocha. Agregado de minerais.

Rodofíceas ou algas vermelhas. Sin. de Rodófitas.

Rodófitas. Algas geralmente pluricelulares marinhas e bentônicas, com eritroplastos (clorofila + ficoeritrina vermelha). As de grande porte têm semelhança superficial com vegetais superiores. Algumas espécies produzem mucilagens como o agar.

rodopsina. Pigmento (cromoproteína) vermelho brilhante encontrado nos bastonetes da retina (proteína + retinal).

Roedores. Ordem de Mamíferos correspondentes a ratos, camundongos, capivara, paca etc. Coelhos e lebres passaram para a ordem Lagomorfos.

rolinha. Nome vulgar de Aves, ordem Columbiformes. Ex: ordem Columbina.

Rotavirus. Vírus de RNA que provoca principalmente diarreia infantil aguda.

Rotíferos. Classe de animais aquáticos, pluricelulares e microscópicos, do filo Asquelmintos. Sem importância médica.

rouxinol. Nome vulgar de Aves, ordem Passeriformes. Ex: gênero Luscinia (Paleártica).

RU-486. Medicamento que inibe a progesterona, causando a descamação do endométrio, como uma menstruação e removendo o embrião.

rubéola. Doença causada por vírus de RNA, gênero Rubivirus, família Togaviridae. Transmitida por gotículas de origem respiratória e digestiva e também através da placenta; neste caso podendo provocar consequências sérias no feto.

rumen. Sin. pança, no estômago de ruminantes.

ruminantes. Conjunto de Mamíferos da ordem Artiodátilos que digerem a celulose através de Protozoários e bactérias nas duas primeiras câmaras de seu estômago (pança e barrete), e depois levam o alimento de volta à boca onde são remastigados e novamente ingeridos. Boi, carneiro, bode, veado, camelo, e lhama são exemplos.

rupestre. Planta que se desenvolve sobre rochedos.

S

S. 1) Unidade Svedberg de sedimentação. Mede a velocidade com que uma partícula vai para o polo centrífugo em condições padronizadas de força centrífuga. Mede indiretamente a densidade da partícula. Ex.: ribossomas 70 S e 80 S. 2) segunda etapa da intérfase caracterizada pela duplicação do DNA e síntese intensa de histonas.

S35. Isótopo radioativo do átomo de enxofre.

S.N. Sigla do sistema nervoso: SNC é o sistema nervoso central.

SA, nódulo ou nó. V. sino-atrial ou AS, nódulo.

sabiá. Nome vulgar de Aves, ordem Passeriformes. Ex: gêneros Turdus e Mimus.

Sábin, vacina. Imunizante de poliomielite ou paralisia infantil. Via oral.

saca-saia. Nome vulgar de formiga-de-correição. Himenóptero, gênero Eciton com espécies carnívoras.

sacarase. Sin. de sucrase, invertina, invertase. Enzima que catalisa a hidrólise da sacarose, dividindo-a em glicose e frutose.

sacarose. $C_{12}H_{22}O_{11}$. Glicídio do tipo dissacarídeos, formado pela associação de glicose com frutose.

Saccharomyces. Gênero de Fungos Ascomicetos ordem Protascales (Endomicetales) com a espécie S. cerevisiae (levedo-de-cerveja). Realiza a fermentação alcóolica.

Saculina. Gênero de Crustáceos da ordem Cirripedes, cuja larva é parasita (ectoparasita) de caranguejos.

saco aéreo. Expansão a partir do pulmão das Aves. Geralmente, em número de nove ou dez. Refrigeram o animal e diminuem sua densidade. / Nas Aves, é uma expansão pulmonar que faz a passagem de ar pelo pulmão. Também faz dissipação térmica. Há cinco pares de sacos aéreos nas Aves. Em Insetos é uma expansão do tubo traqueal.

saco embrionário. Antigo nome do gametófito feminino ou macrogametófito das Espermáfitas desenvolvido e contido dentro do óvulo. Nas Angiospermas, é formado por sete células, todas com núcleos haploides: a oosfera (gameta feminino) e as duas sinérgidas junto à micrópila, as três antípodas, no polo oposto e, na região central, uma grande célula com dois núcleos (ditos polares). A oosfera, fecundada por um dos núcleos polínicos (espermáticos), formará o zigoto 2n e os dois núcleos polares se unirão com o outro núcleo polínico originando uma célula 3n que formará o endosperma, o tecido de reserva da semente.

saco escrotal. Estrutura saliente do corpo da maioria dos Mamíferos do sexo masculino, onde se alojam os testículos.

saco vitelino. Anexo embrionário endodérmico de Vertebrados, exceto Anfíbios. Nos ovíparos e ovovivíparos, envolve o vitelo, o absorve e alimenta o embrião. Nos Mamíferos Placentários é quase vestigial.

sacos polínicos. As lojas ou câmaras da antera que produzem e contêm os grãos de pólen.

sacro. Osso na bacia pélvica formado pela fusão de cinco vértebras sacras.

sáculos lameliformes. Vesículas achatadas e encurvadas constituindo o complexo golgiense (aparelho de Golgi). Sinônimo de dictiossomas.

sagu, planta de. Nome vulgar de Gimnospermas ordem Cicadales, gênero Cycas. Abriga uma Cianófita simbionte de gênero Annabaena.

saguaro. N. vulgar de Angiospermas Dicotiledôneas fam. Cactáceas da espécie Cereus giganteus, o cacto gigantesco do deserto do Arizona.

sagui. Nome vulgar de Mamíferos, ordem Primatas superfamília Ceboides (Neotropical), gêneros Callithrix, Tamarin, Leontocebus, e Cebuella.

Sahelanthropus. Gênero de Hominidae africanos fósseis com mais de 6 milhões de anos. Primeiro exemplar encontrado no Chade.

sais biliares. V. ácidos biliares.

salamandra. Nome vulgar de Anfíbios, ordem

Urodelos. Exs: gêneros Salamandra e Cryptobranchus.

salgueiro. Nome vulgar de Angiospermas Dicotiledôneas, fam. Salicáceas, gênero Salix.

salmão. Nome vulgar de Osteictes, gêneros Salmo (Atlântico) e Oncorhynchus (Pacífico).

Salmonella. Gênero de bactérias com espécie causadora da febre tifoide.

salobra. Mistura de água doce e salgada.

saltatória, condução. Movimento do impulso nervoso, ao longo do axônio saltando sobre os nódulos de Ranviera no sentido do telodendro.

Salvinia. Gênero de Pteridófitas aquáticas flutuantes, comum no Brasil.

samambaia. Nome vulgar de diversas espécies de Pteridófitas. Gênero brasileiro importante: Gleichenia.

samambaia-açu. Ou feto arborescente. Nome vulgar de Pteridófitas de grande porte, principalmente dos gêneros Alsophila e Cyathea (família Ciateáceas) e Dicksonia (fonte de xaxim, família Dicsoniáceas).

sâmara. Fruto seco, indeiscente com uma expansão alada, facilitando transporte pelo vento. E.: olmo.

sangue. Líquido com células em suspensão que circula em vasos do corpo pelas contrações de uma ou mais câmaras musculares que constituem o coração. Suas maiores funções são transporte (alimentos, água, O_2 e CO_2, "excreta", hormônios, calor, anticorpos etc.) e defesa.

sanguessuga. Nome vulgar de Anelídeos, classe Hirudíneos. Hirudo medicinalis é a espécie amplamente usada pela Medicina antiga nas "sangrias".

sanhaço. Nome vulgar de Aves, ordem Passeriformes. Ex. gêneros Stephanophorus, Lanio e Thraupis.

sapo. Nome vulgar de Anfíbios, ordem Anuros com a espécie Bufo bufo (européia) Pipa (sapo-cururu), Ceratophrys.

sapo-ferreiro. Nome vulgar de Anfíbios, ordem Anuros, espécie Hyla faber. Apesar do nome vulgar, é uma perereca.

sapo-intanha. Nome vulgar de Anfíbios, ordem Anuros, gênero Ceratophrys.

sapo-parteiro. Nome vulgar de Anfíbios, ordem Anuros, espécie Alytes obstetricans.

sapróbia (heterótrofa sapróbia). Classicamente é a nutrição dos seres heterótrofos que absorvem ou ingerem materiais orgânicos em decomposição, correspondendo a numerosos Fungos e Bactérias. Outro enfoque é a libertação, por estes heterótrofos, de enzimas que fazem digestão extracorpórea e seguida pela absorção das pequenas moléculas orgânicas (aminoácidos, oses, glicerol, nucleotídeos, ácidos graxos) derivadas dessa digestão.

sapucaia. Nome vulgar de Angiospermas Dicotiledôneas, fam. Lecitidáceas gênero Lecythis. Árvore de grande porte, com madeira boa.

sarampo. Doença causada por vírus de RNA, gênero Morbilivirus, família Paramyxoviridae. Transmissão por gotículas de origem respiratória.

Sarcocystis. Gênero de Protozoários Esporozoários (Apicomplexos) com a sp. S. hominis transmitida pela ingestão de carne bovina crua ou mal cozida. Causa distúrbios gastrintestinais.

Sarcodinos. Sin. de Rizópodos. Classe de Protozoários que se locomovem por pseudópodos e se reproduzem normalmente por divisão binária. Ex.: amebas.

sarcolema. Membrana plasmática de célula muscular.

sarcoma. Tumor maligno em tecidos conjuntivos. Há vários tipos incluindo ossos, cartilagens, tecido adiposo e até mesmo músculos e vasos sanguíneos.

sarcoma de Kaposi. Tumor maligno principalmente cutâneo. Frequentemente ligado à AIDS, causado por um vírus (herpes vírus humano 8).

Sarcomastigóforos. Modernamente é um filo de Protozoários reunindo Mastigóforos ou Flagelados e Sarcodinos ou Rizópodos.

sarcômero ou miômero. Unidade funcional de fibra muscular estriada. É o segmento limitado por duas linhas Z. Em estado distendido, contém um disco escuro e dois meios discos claros. Quando contraído, é todo escuro.

sarcoplasma. Citoplasma de célula muscular.

Sarcopterígios. Subclasse de Osteictes. Peixes com nadadeiras carnosas, com spp. fósseis. O celacanto é uma sp. atual, crossopterígio.

Sarcoptes. Gênero de ácaro (carrapato) cuja espécie S. scabiei causa a sarna ou escabiose.

sardinha. Nome vulgar de Osteictes. Ex: dos gêneros Clupea e Sardinella.

Sargassum. Gênero de Feófitas marinhas, de grande porte.

sarmentoso. Caule alongado sem capacidade própria de ereção como o das trepadeiras, aboboreiras etc.

sarna. Sin. de escabiose.

satélite. Pequena estrutura de alguns cromossomas que fica ligada ao corpo principal por uma constricção secundária.

satélite, células. Mioblastos quiescentes, junto das fibras musculares esqueléticas. São reserva celular usada na regeneração.

saturação luminosa, ponto de. Grau de luminosidade acima do qual a intensidade da fotossíntese não aumenta mais. É típico para cada espécie vegetal.

saturnismo. Envenenamento causado pela absorção de sais de chumbo.

Saurísquios. Dinossauros com cintura pélvica em forma de A, como a maioria dos Répteis.

saúva. Tipo de formigas (Insetos da ordem Himenópteros) com espécies brasileiras do gênero Atta.

savana. Tipo de vegetação correspondente a uma campina ou campo, com árvores esparsas.

Schiff, reativo de. Solução de fucsina básica descorada pelo anidrido sulfuroso. Identifica os aldeídos e é usada na reação de Feulgen.

Schistosoma. Gênero de verme do filo Platelmintos, classe Trematódeos cuja espécie. S. mansoni é causadora da esquistossomose.

Schwann, células de. Células produtoras de mielina nos nervos do S.N. Cérebro-Espinhal. Cada segmento de mielina, entre dois nódulos de Ranvier, é formado por uma célula de Schwann. Nas fibras amielínicas, uma célula de Schwann acolhe vários axônios e não faz mielina. Sinônimo de oligodentrócitos.

scrapie. V. encefalopatias espongiformes.

seca fisiológica. Não absorção de água pelas raízes a partir de um solo congelado.

secretina. Hormônio produzido pelo duodeno ao receber o quimo vindo do estômago. Atua no pâncreas estimulando a produção e o lançamento do suco pancreático, principalmente com íons bicarbonato (HCO_3^-).

secundária, era. Outro nome para a era Mesozoica.

secundária, estrutura. Conjunto de tecidos do caule e da raiz resultantes da produção de células pelo meristema secundário. Acrescenta-se à estrutura primária e a substitui funcionalmente, fazendo o crescimento em diâmetro do caule e da raiz de Gimnospermas e Dicotiledôneas. As folhas não têm estrutura secundária. V. estrutura secundária de proteínas.

secundárias, raízes. As raízes que nascem da raiz principal.

secundina. Membrana interna do óvulo vegetal.

sedimentares, rochas. Rochas que se formam em camadas pelo depósito de material provindo da erosão de outras rochas. É o tipo de rocha que mais contém fósseis, em geral arrastados pelas águas e depositados junto com o material mineral.

segmentação. Sin. de clivagem.

segregação. Em Genética mendeliana, é a separação dos caracteres que foram unidos na F1 pelo cruzamento de dois homozigotos diferentes. Ocorre quando a F1 produz gametas e, do ponto de vista citológico, corresponde ao fenômeno da disjunção da anáfase I.

seio venoso. Dilatação do átrio único dos peixes, receptor de sangue venoso.

seismonastia ou traumatonastia. Nastia cujo estímulo é um abalo mecânico.

seiva bruta ou inorgânica ou mineral. Líquido ascendente, formado por água e sais minerais, dentro dos vasos lenhosos.

seiva elaborada ou orgânica.A seiva que vai das partes clorofiladas para as demais partes da planta, através dos vasos liberianos, com os produtos da fotossíntese; glicose, aminoácidos, ácidos graxos etc.

Seláquios. Peixes com esqueleto cartilaginoso, sinônimo de Elasmobrânquios. V. Condrictes.

seleção artificial. Procedimento de criadores e agricultores ao cruzar indivíduos com os caracteres por eles desejados na produção de novos tipos de animais e plantas. Influiu muito no pensamento de Darwin: se os criadores podiam fazer tanto em décadas a Seleção Natural podia fazer mais em milhares, milhões, de anos.

Seleção Natural. Termo que designa que os membros de uma população diferem na capacidade de gerar descendentes para a próxima geração. Os genes que conferirem maior sobrevida e/ou sucesso reprodutivo a seus portadores terão maior proporção na próxima geração e a população terá maior capacidade de reprodução. Portanto, na população, os portadores de mutações que lhes conferem maior poder reprodutivo são aqueles que deixarão um maior número de descendentes para a nova geração, fazendo com que essas mutações "vantajosas" aumentem sua participação no "gene pool" da população, que, assim, se "adapta" melhor ao meio.

seleção natural direcional. Ocorre quando há prolongada pressão de seleção sobre uma necessidade e tende a acentuar o caráter que atende a essa necessidade.

seleção natural disruptiva. Mudança de caracteres de uma parte da população, diminuindo a competição dentro da espécie. Tende a dividir a população em duas e é importante na especiação.

seleção natural estabilizadora. Ocorre quando o meio muda pouco. Tende a homogeneizar a população, eliminando os caracteres muito diferentes das médias da população. Diminui a variabilidade genética da população, o que pode ser perigoso, a longo prazo. V. Oportunidade evolutiva.

seleção sexual. Refere-se a um caráter que aumenta o sucesso sexual dos machos, escolhidos pelas fêmeas. Embora possa diminuir a sobrevida de seu portador (por exemplo, muito vistoso e portanto exposto a predadores), será mantido se aumentar suas chances reprodutivas. Há dois genes: um origina o caráter em si, se expressa nos machos. O outro, que causa a escolha do caráter, se expressa nas fêmeas. Esses genes evoluem em dupla.

selvagem. Em Genética, é o tipo original, que se encontra na natureza, antes de criação ou domesticação pelo homem.

sêmen. Sin. de esperma.

semiconservativa. Duplicação normal do DNA: cada um dos dois novos DNA, tem um filamento novo e um filamento antigo de desoxirribonucleotídeos.

semiletal, gene. V. gene subletal.

seminíferos, tubos ou vasos. Canais testiculares onde ocorre a espermatogênese. Reúnem-se no epidídimo. / Canais situados nos testículos. Suas paredes são formadas por células que sofrem mitoses e depois meiose, e finalmente diferenciação celular, originando espermatozoides.

senescência. Envelhecimento, velhice.

sensitiva. Sinônimo de dormideira. Pequena planta herbácea. Angiosperma, família das Leguminosas, gênero Mimosa. Suas folhas fecham e abaixam quando sofrem um abalo físico. Exemplo clássico de nastia do tipo seismonastia.

sensitivos, neurônios. Neurônios que recebem estímulos do interior ou do exterior do corpo e os levam ao SNC. Podem estar organizados em órgãos sensoriais.

sépalas. Folhas modificadas para proteção dos órgãos reprodutivos da flor de Angiospermas (androceu e gineceu), constituindo o cálice. O outro grupo de folhas modificadas protetoras, pétalas, é a corola. O conjunto de cálice, externo e corola interna é o perianto. Nas Dicotiledôneas, onde a polinização é em geral feita por animais, o cálice é verde, também pode ser colorido como a corola. Nas Monocotiledôneas, onde a polinização é em geral feita pelo vento, o perianto reduzido é verde. Há notáveis exceções a essa regra – as orquídeas são Monocotiledôneas polinizadas por abelhas.

septicemia. Infecção generalizada através do sangue.

septo. Parede que separa duas cavidades.

sequoia. Nome vulgar de Gimnospermas, ordem Coniferales, gêneros Sequoiadendron e Sequoia; o primeiro com até 120m de altura, 12 m de diâmetro na base e 4.000 anos de ida-de. No oeste dos Estados Unidos, Califórnia e Oregon.

SER. Abreviatura convencional do aminoácido serina.

sere. Sequência de fases de uma sucessão ecológica.

série alélica. Os vários alelos de um gene em um caso de polialelia.

serina. Aminoácido. Abrev.: SER, símbolo: S. Código genético (RNA-m): AGU e AGC, UCU, UCC, UCA e UCG.

seringueira. Nome vulgar de Angiospermas Dicotiledôneas, fam. Euforbiáceas, gênero Hevea, produtora de látex, e a partir daí obtém-se a borracha.

serosa. Membrana epitelial mesodérmica, mesotélio, que reveste cavidade fechada e tem secreção fluida, não viscosa.

serotonina. Um dos neurotransmissores monoaminados; outros são a adrenalina e a noradrenalina relacionada com as sensações prazerosas e com a motricidade.

sertão. Tipo de caatinga afastada do litoral, com clima mais seco e vegetação mais acanhada. V. agreste.

Sertoli, células de. Células dos canais seminíferos que nutrem as células espermatogenéticas.

Sewall Wright, efeito. Sin. de deriva gênica.

sex-linked, gene. Locus exclusivo do cromossoma X. Não há alelo correspondente no Y. Como pode haver homozigose ou heterozigose desses genes na fêmea, enquanto o macho é sempre hemizigoto, sua expressão fenotípica é mais comum nos homens que nas mulheres.

sex-ratio. Proporção de machos e fêmeas em uma população. Na espécie humana é de mais ou menos 1:1, embora possa variar com o local ou com a idade considerada.

Shigella. Gênero de bactérias com a espécie causadora da disenteria bacilar.

siba. Nome vulgar de Moluscos, classe Cefalópodos, ordem Decápodos. Ex.: gênero Sepia.

siclemia. Sin. de anemia falciforme.

sícon. Estrutura de esponjas (Poríferos) mais complexa que áscon e mais simples que lêucon.

sicônio. Pseudocarpo, como o figo, desenvolvido de uma inflorescência cuja base se torna carnosa e comestível. Os verdadeiros frutos estão no interior e são confundidos com sementes.

SIDA. O mesmo que AIDS.

sífilis. Doença causada por bactérias da espécie Treponema pallidum. Transmissão por ato sexual.

Sifonápteros. Sin. de Suctórios. Ordem de Insetos holometabólicos, ápteros e com aparelho bucal pungitivo. O terceiro par patas é maior e saltador. São as pulgas e o bicho--do-pé.

sifonógamas. Plantas com tubo polínico; Gimnospermas e Angiospermas.

sigatoka negra. Doença que ataca bananeiras, causada pelo fungo Ascomiceto da sp. Mycosphaerella figiensis.

silicose. Doença pulmonar causada pela inalação constante de poeira de sílica (SiO_2) ou pó de pedra. Atinge principalmente os operários escavadores de minas e de poços artesianos e também os que trabalham em pedreiras.

Siluriano. O terceiro, de seis períodos da era Paleozoica, começado há 400 milhões de anos, após o Ordovícico, antes do Devônico. Surgem os primeiros seres terrestres, Artrópodes e Pteridófitas.

simbiose. Nome antigo dado ao mutualismo. Para alguns autores, seria qualquer associação íntima, harmônica ou desarmônica entre indivíduos de espécies diferentes.

simetria bilateral. Característica dos seres que têm um plano de simetria e portanto um lado direito e um lado esquerdo. Um giro de 360° é necessário para repetir a estrutura. A maioria dos animais é assim.

simetria radiada. Categoria de estrutura que tem um eixo de simetria, o qual, girando menos de 360°, repete a estrutura do corpo. Aparece em Cnidários ou Celenterados (medusas e pólipos) e em Equinodermas (estrelas-do-mar etc). Uma dessas estrelas geralmente tem cinco braços e um giro de 72° repete a forma da estrela.

Simpático, SN. Parte do S. Neurovegetativo cujas fibras saem da medula espinhal nas regiões cervical, torácica e lombar. Atua pela secreção de adrenalina. De um modo geral, estimula o organismo e o seu "oposto" é o Sistema Parassimpático que o "acalma". V. Adrenalina.

simpátricas. Espécies que vivem na mesma área geográfica.

simplasto. Conjunto de células vegetais interligadas por plasmodesmos.

simples, epitélio. Epitélio constituído por uma só camada de células.

simporte. Transporte de um íon e uma molécula pela membrana plasmática, ambos com o mesmo sentido. V. co-transporte.

Simulium. Gênero de Insetos, ordem Dípteros, vulgarmente mosquito borrachudo, que transmite a oncocercose para o homem.

sinantropia. Capacidade que alguns animais silvestres têm de viver em habitações humanas, como por exemplo moscas, baratas e ratos.

sinapse. 1) No Sistema Nervoso, o contato funcional, não físico, entre dois neurônios, em geral, axônio de um com dendrito ou corpo celular do outro. Quando o fluxo nervoso chega aos botões terminais do axônio pré-sináptico estes liberam, na fenda sináptica, o neurotransmissor que estimula o neurônio pós-sináptico, dando continuidade ao fluxo nervoso. Há sinapses axônio-axônio. 2) Na meiose, é o pareamento dos cromossomas homólogos, gene a gene, no início da divisão I (zigóteno).

sinapse neuro-muscular. Sin. de placa motora. Sinapse na qual o axônio de um neurônio motor estimula uma fibra muscular.

sinaptonêmico, complexo. Estrutura proteica à qual se atribui a estabilização do emparelhamento dos cromossomas homólogos durante o zigóteno.

sincário. Núcleo resultante da fusão de dois ou mais núcleos.

sincício. V. polienérgide.

sinciciotrofoblasto. Parte sincicial do trofoblasto muito ativa na penetração do embrião na mucosa uterina ou nidação.

sindactilia. Anomalia autossômica dominante na qual os dedos são unidos entre si.

síndrome. Conjunto de características de uma doença ou de uma anomalia, ou de uma fisiologia.

sinérgides. Duas pequenas células que ladeiam a oosfera, no óvulo vegetal.

sinfilia. Tipo de associação entre uma espécie não social e uma sociedade. Pulgão x algumas formigas são o exemplo clássico. Ele fornece líquido açucarado pelo ânus e elas dão proteção para o pulgão.

sino-atrial ou SA, nódulo. Tecido cardíaco autoestimulável, que origina seu próprio estímulo contrátil, situado na entrada da veia cava superior na aurícula direita. Comanda o ritmo próprio do coração e, por isso, é chamado marca-passo.

sintase. Sinônimo de ligase.

síntese. Formação, produção ou fabricação. Reação anabólica.

sintetase. V. ligase.

sintética, teoria evolutiva. Sin. de Neodarwinismo.

sinusoides, capilares. Capilares hepáticos em contato com uma face dos hepatócitos. A outra está em contato com um canal que conduz a bile.

Sirênios. Ordem de Mamíferos correspondente ao peixe-boi, gênero Trichechus.

siri. Nome vulgar de Crustáceos Malacostráceos, ordem Decápodos. Último par de patas termina em palhetas nadadoras.

siriema. Nome vulgar de Aves, ordem Gruiformes. Ex. gênero Cariana.

siringe. Estrutura na base da traqueia das Aves, responsável pelo canto desses animais.

sismonastia. Sinônimo de seismonastia.

sistema ou aparelho. Conjunto de órgãos ou estruturas que interagem para uma ou mais funções. Ex.: sistema respiratório humano- narinas, laringe, traqueia, brônquios e pulmões.

sistema imunitário. Conjunto de células que participam da reação imunológica: monócitos, linfócitos T Helper, linfócitos B e linfócitos T citotóxicos.

sistema mononuclear fagocitário. Em essência, é só outro nome para o (SMF).SRE.

Sistema Nervoso. Sistema integrador formado de células interligadas (neurônios) de grande sensibilidade e capacidade de transmissão de estímulos. Coordena as respostas do animal a estímulos internos e externos, integrando seu funcionamento e sua adaptação imediata às mudan-ças ambientais. Ao longo da evolução, o SN, inicialmente uma rede difusa de neurônios, como nos Cnidários, tornou-se um sistema altamente centralizado e complexo, com numerosas partes especializa-das, como nos Insetos, Cefalópodes e Vertebrados. Não há nada semelhante nos vegetais. Sistema nervoso, SNC (sistema nervoso central) e SNA (sistema nervoso autônomo).

Sistema Nervoso Autônomo. V. Autônomo, SN.

Sistema Nervoso Vegetativo. Sin. de Sistema Nervoso Autônomo.

sistema T. RE Liso de fibra muscular estria-da, amplo e ramificado entre as miofibrilas. É depósito de íons Ca++ que, liberados para o sarcoplasma quando a fibra é excitada, ativam a ação ATPase da miosina e, por isso, a contração.

sistemática. Sin. de Taxionomia.

sístole. Contração do miocárdio. Causa aumento da pressão e expulsão do sangue do(s) ventrículo(s).

sítio ativo. Sin. de centro ativo de uma enzima.

sítios A e P. Duas regiões específicas da estrutura do ribossoma onde se ligam tem-porária e rapidamente dois RNA-t que trouxeram seus respectivos aminoácidos.

smog. "Fog" (neblina) + "smoke" (fumaça).

SN. Sistema Nervoso.

SNC. Sistema Nervoso Central.

SNA. Sistema Nervoso Autônomo.

sobrecruzamento. Ou 'Crossing-over'.

sociedade. Associação harmônica, intraespecífica, cujos indivíduos, todos da mesma espécie, trabalham para o bem da coletividade, mas não estão interligados morfologicamente. Cupins, abelhas e formigas formam sociedades bem evoluídas.

sociobiologia. Disciplina que pretende integrar uma perspectiva ecológica e evolutiva à visão sociocientífica da "natureza humana". (Ehrlich) Proposta por Edward O. Wilson:

estudo do comportamento animal e social humano, com ênfase em seu aspecto genético e adaptativo.

sódio. Elemento químico que sob a forma iônica, Na^+, caracteriza o Líquido Extra-celular, inclusive o sangue.

soja. Nome vulgar de Angiospermas Dicotiledôneas, fam. Leguminosas gênero Glycine.

sol. Estado em que um coloide é menos rígido: suas partículas estão afastadas entre si e em movimento caótico. Ex.: gelatina quente.

solação. Transformação coloidal de gel em sol.

soldado. Casta assexuada e áptera das sociedades de cupins e formigas, especializada para o combate.

solenócito. Sin. de célula-flama.

solenóglifa. Tipo de cobra com dois grandes dentes inoculadores de peçonha (presas) ocos, parecidos com agulhas de injeção. Situados na parte anterior dos maxilares superiores. Jararaca, urutu, surucucu e cascavel são exemplos.

solitária. Nome vulgar de espécies do gênero Taenia (Platelmintos da classe Cestódeos).

solvatação, camada de. Conjunto de moléculas de água sob a forma de dipolos ao redor de uma partícula coloidal, por exemplo, uma molécula de proteína. Essas moléculas de água estão eletricamente atraídas pela proteína, por exemplo, negativa, tendo seus polos positivos voltados para ela. A água de solvatação está portanto paralisada e orientada pela proteína que assim é protegida, pelo menos parcialmente contra a hidrólise. Na face externa da solvatação ficam os H^+ resultantes das proteínas negativas.

soma. O Corpo. Termo de Weismann para a parte perecível, mortal, dos organismos, produzida pelo germen potencialmente imortal. Dito de modo bem-humorado: A galinha, soma, é apenas o modo que o ovo, germen, usa para botar outro ovo. V. Germen e Gen Egoista.

somática, célula. Qualquer célula, tipicamente diploide, que participa da estrutura dos tecidos e dos órgãos do corpo.

somatomedina. Real hormônio do crescimento, peptídeo com 70 aminoácidos, produzido pelo fígado sob estímulo do GH.

somatopleura. Ou peritônio parietal, é o mesoderma membranoso que adere ao ectoderma em animais celomados. As vezes, o termo também inclui o ectoderma.

somatostatina. Hormônio hipotalâmico, peptídeo com 14 aminoácidos, que impede a liberação do hormônio do crescimento pela hipófise anterior.

somatotrofina. Sin. de hormônio de crescimento, ou GH.

somito. Sin. de metâmero.

sono, doença do. Doença afetando o cérebro e as meninges, causada por Protozoários Flagelados das espécies Trypanosoma gambiense e T. rhodesiense. Transmitidos pela picada de moscas do gênero Glossina (mosca tsé-tsé), na África.

sopa primordial. Mistura aquosa de matéria orgânica produzida por processos apenas químicos, isto é, por meios abióticos, onde devem ter se originado os primeiros seres vivos, entre 4,5 e 3,5 bilhões de anos atrás.

sorédio. Pequeno pedaço de um líquen contendo algas envolvidas por hifas. Destacado do líquen e levado pelo vento, água ou um animal, o sorédio vai desenvolver um novo líquen.

soro. 1) Fornecimento de anticorpos a um indivíduo dando combate imediato aos antígenos de uma doença já instalada. É um processo curativo e considerado passivo, porque o indivíduo recebe os anticorpos prontos, não precisando de produzi-los. 2) Plasma sanguíneo menos o fibrinogênio.

soro imune. Soro sanguíneo com anticorpo produzido por um animal em resposta a uma invasão de antígeno. Pode ser usado para a imunização temporária de outro animal invadido pelo mesmo antígeno.

soro sanguíneo. É o plasma do qual foi retirado o fibrinogênio, em geral sob a forma de fibrina. Portanto, não coagula.

sp. Abreviatura internacional de espécie.

Sphagnum. Gênero de Briófitas, classe de Musgos, ordem Esfagnales.

Spirogyra. Gênero de Algas pluricelulares da divisão Clorófitas.

Spirometra. Gênero de vermes Platelmintos Cestódeos com a sp. S. mansonoides.

splicing. Remoção dos íntrons do RNA-m inicial e soldagem dos éxons, formando portanto um RNA-m funcional.

spp.. Abreviatura internacional de espécies.

SRE. Sistema Retículo Endotelial. Conjunto de órgãos e tecidos (timo, fígado, baço, linfonodos, endotélio) em que há produção de anticorpos e atividade imunitária.

Staphylococcus aureus. Bactéria praticamente inofensiva, na pele e mucosas. Atingindo o sangue, pode causar infecção generalizada levando à morte. É uma superbactéria mutante, produzindo cepas resistentes a antibióticos.

STH. Sigla de SomatoTrophic Hormone. V. Hormônio do crescimento.

Streptococcus. Gênero de bactérias com uma espécie causadora da erisipela.

Streptococcus mutans. Espécie de bactéria considerada uma das causas da cárie. Faz fermentação láctica, originando ácido láctico que abaixa o pH local, originan-do a cárie.

Streptomyces. Gênero de Bactérias de ordem Actinomicetales com espécies produtoras de antibióticos como a actinomicina e a aureomicina.

Strongyloides. Gênero de vermes do filo Nematódeos cuja espécie S. stercoralis causa distúrbios gástricos e intestinais, anemia e lesões pulmonares. Transmissão direta por larvas que penetram na pele, após a evacuação de ovos por um homem doente.

Strophocheilus. Gênero de Moluscos, classe Gastrópodos, vulgarmente caramujo-dos-cafezais. De grande porte.

súber. Sin. de tecido suberoso. Tecido secundário com várias camadas de células mortas, cheias de ar e paredes impermeabilizadas por suberina. O súber recobre o caule e a raiz que já têm crescimento secundário em espessura. Algumas árvores têm súber muito espesso, constituindo a cortiça.

suberina. Mistura de ácidos graxos que impermeabiliza as paredes celulares das células do suber. Substância do grupo das ceras.

suberosa, região da raiz. Região da raiz que tem crescimento secundário e é coberta por súber.

subespeciação. Diferenciação de subespécies. Pode ser etapa de especiação no caso de surgirem barreiras reprodutivas. Para alguns autores, é sinônimo de raciação.

subespécie. Diferenciação de duas populações a partir de uma espécie. Entre subespécies não há barreiras reprodutivas. / Sin. de variedade. Conjunto de indivíduos de uma espécie, mas que apresentam determinadas características próprias, exclusivas. Ainda se reproduzem com os outros indivíduos da mesma espécie, mas têm características evolutivas potenciais: se houver isolamento geográfico a subespécie poderá evoluir por meio de mutações e de seleção natural e se transformará em outra espécie. A grafia de subespécie é trinomial: a primeira palavra é referente ao gênero, a segunda ao termo específico e a terceira ao termo subespecífico. Ex.: a espécie Rhea americana (ema brasileira) tem uma subespécie gaúcha, Rhea americana albescens, e outra subespécie nordestina, Rhea americana americana (esta é menor e mais escura).

subestomática, câmara. Grande espaço do parênquima lacunoso da folha, em contato com o ostíolo do estoma.

subfamília. Grau de classificação de seres vivos entre família e gênero. Em Zoologia, tem o sufixo inae, e em Botânica, oideae (oideas).

subgênero. Grau de classificação entre gênero e espécie. A grafia é uninominal, com inicial maiúscula e escrita entre parênteses, entre o gênero e o termo específico. Ex.: Lygia (Megalygia) exotica.

subletal, gene. Ou semiletal. Gene prejudicial que não mata todos os seus portadores. Pode ser caso de Penetrância menor que 100%.

sublinguais. V. Glândulas salivares.

submaxilares. V. Glândulas salivares.

submetacêntrico. Cromossoma cujo centrômero fica mais ou menos na altura de dois terços do seu comprimento. Os dois braços, portanto, são desiguais.

substância branca. V. branca, substância.

substrato. Qualquer substância cuja reação é catalisada por uma enzima.

subtilisina. Enzima bacteriana que hidrolisa proteínas.

subunidades. As duas estruturas, de tamanho desigual, que formam um ribossoma.

sucessão ecológica. Sequência de etapas em que há a substituição progressiva de espécies e de comunidades até atingir a etapa de clímax, que pode ser uma floresta ou não, de acordo com o clima e o solo da região.

sucessão primária. Tipo de sucessão original, que acontece numa região nua, estéril, desprovida de seres vivos.

sucessão secundária. Tipo de sucessão que acontece depois de um desequilíbrio ambiental, causado ou não pelo homem: incêndio, desmatamento, seca prolongada etc.

suco gástrico. Líquido estomacal ácido, que hidrolisa proteínas e lipídios. Contém principalmente água, pepsina e lípase, além do ácido clorídrico (HCL).

suco nuclear. Sin. de nucleoplasma.

sucrase. Sin. de sacarase

Suctórios. 1. Sin. de Sifonápteros. Ordem de Insetos correspondentes às pulgas. 2. Subclasse ou ordem de Protozoários com cílios quando jovens e fixos quando adultos.

sucupira. Nome vulgar de Angiospermas Dicotiledôneas, fam. Leguminosas gênero Bowdichia. Árvore grande com madeira excelente.

sucuri. Sin. de anaconda. Nome vulgar de Répteis, ordem Ofídios, gênero Eunectes. Cobra não peçonhenta e de grande tamanho.

sudação. Em Botânica, é sinônimo de gutação (q.v.)

sudorese. Desprendimento de suor, a partir das glândulas sudoríparas. É um processo de termo-regulação, ajudando o organismo a se defender do calor.

sugadora, raiz. Sin. de haustório. Raiz de planta parasita. Penetra nos tecidos hospedeiros da árvore. As de hemiparasitas até o xilema (suga seiva bruta), ou as holoparasitas, até o floema (suga seiva elaborada).

sulco (ou goteira) neural. Reentrância dorsal, longitudinal, do ectoderma do embrião de Cordados, resultante do apro-fundamento da placa neural. Fecha-se formando o tubo neural.

sulfobactérias. Bactérias com espécies fotossintetizantes; possuem bacterioclorofila e não usam água como fornecedora de H, e sim o ácido sulfídrico. Simplificadamente, a fotossíntese dessas bactérias Luz é: $6CO_2+12H_2S\ C_6H_{12}O_6+6H_2O+12\ S$.

sumauma. Nome vulgar de grande árvore amazônica. Angiosperma, Dicotiledônea, família Bombacáceas, gênero Ceiba.

suor. Líquido aquoso com pequeníssima parte de proteínas e presença de minerais como Na^+, Cl^-, K^+, ácido úrico e também amônia.

superbactérias. V. Kebsiella

superfamília. Grau de classificação de seres vivos entre subgênero e família. Em Zoologia, tem o sufixo oidea.

superfêmea. Sin. de metafêmea. Mulher com células somáticas com 47 cromossomas; 44 autossomas + XXX. É uma trissomia. Há também superfêmeas com tetrassomia (XXXX). O aspecto e o comportamento sexuais são normais.

supermacho. Homem cujas células somáticas têm 47 cromossomas; 44 autossomas + XYY. A agressividade tem sido associada a esta trissomia, em vários indivíduos. Mais raramente pode ter XYYY etc.

supra-renal, glândula. Sin. de adrenal. Glândula endócrina dupla, cada uma sobre um rim. Tem duas partes: córtex, (região externa) de origem mesodérmica, produzindo os hormônios corticoides, e medula, região interna ectodérmica, produzindo adrenalina, junto com o SN Simpático.

surubim. Nome vulgar de Osteictes, gênero Pseudoplatystoma. Peixe fluvial brasileiro.

surucucu. Nome vulgar de Répteis, ordem Ofídios, gênero Lachesis. Cobra peçonhenta de grande porte.

sussuarana. Nome vulgar de Mamíferos, ordem Carnívoros, gênero Puma.

T

T. Sigla de Timina, nucleotídeo exclusivo do DNA.

T3 e T4. V. Tireoide.

tabela, método da. Processo contraceptivo que consiste em evitar o ato sexual durante o período fértil da mulher; no dia 14, quando ocorre a ovulação, e alguns dias antes e depois.

tactismos. Sin. de Taxias.

Taenia. Gênero de vermes do filo Platelmintos, classe Cestódeos, com duas espécies principais, ambas parasitando o homem:

T. solium (hospedeiro intermediário é o porco). e T. saginata (hospedeiro intermediário é o boi).

tagma. Estrutura resultante da fusão de segmentos ou metâmeros. Três exemplos: cabeça, tórax e abdome de Insetos.

taiga. Floresta de Coníferas (pinheiros, cedros, abetos) no sul da Tundra, em áreas do Canadá, Estados Unidos e Eurásia. Conserva as folhas durante o inverno.

tainha. Nome vulgar de Osteictes, gênero Mugil.

tálamo. V. Diencéfalo.

talassemia. Ou anemia de Cooley ou do Mediterrâneo. Anemia autossômica codominante na qual o alelo "anormal" mantém a produção de hemoglobina fetal após o nascimento e faz as hemácias serem esféricas e frágeis. Os homozigotos têm a forma grave, fatal, da doença, e os heterozigotos têm a forma branda.

talassociclo. Conjunto de ecossistemas de água salgada. É o biociclo correspondente aos mares e oceanos.

talo. Corpo vegetativo de uma planta não diferenciado em raiz, caule e folha, sem tecidos e vasos condutores de seiva. Um talo pode ser uma única célula, um filamento celular ou até uma estrutura que simula raiz, caule e folhas.

Talófitas. Antiga divisão do Reino Vegetal que incluía as Bactérias, as Algas e os Fungos. Na classificação atual, Bactérias e Algas Cianofíceas são o Reino Monera, as Algas eucarióticas unicelulares e pluricelulares são parte do Reino Protistas e os Fungi são outro Reino à parte.

talude. Relevo submarino que corresponde a um declive muito acentuado entre a plataforma continental e a zona abissal.

tamanduá. Nome vulgar de Mamíferos, ordem Xenartros (Desdentados), gêneros Myrmecophaga (tamanduá grande), Tamandua e Cyclops (tamanduá-i).

tambaqui. Nome vulgar de Osteictes, gênero Piaractus. Peixe fluvial brasileiro.

tamburutaca. Nome vulgar de Crustáceos Malacostráceos, ordem Estomatópodos. Ex.: gênero Squilla.

tampão. Sistema químico dinâmico que impede a variação acentuada de pH numa solução. Processo químico, dinâmico, em solução, que consegue manter seu pH constante. A variação considerável do pH numa solução biológica pode causar a desnaturação de proteínas inclusive enzimas. Exemplo; sistema bicarbonato:

$$CO_2 + H_2O \rightleftharpoons \underbrace{H_2CO_3}_{\text{ácido carbônico}} \rightleftharpoons \underbrace{HCO_3^-}_{\text{íon bicarbonato}} + H^+$$

tangará. Nome vulgar de Aves, ordem Passeriformes. Ex: gênero Chiroxiphia.

tapir. Sin. de anta.

taquicardia. Aceleração do ritmo cardíaco. Em geral se deve à ação do S.N. Simpático.

taquitelia. Evolução em ritmo rápido.

tarântula. Nome vulgar de aranha peçonhenta (europeia) do gênero Lycosa.

Tarsius. Gênero de Mamífero, ordem Primatas, subordem Prossímios (região Oriental).

tartaruga. Nome vulgar de Répteis, subclasse Quelônios e que vivem na água doce ou salgada. Ex.: gêneros Podocnemia e Sphargis.

Dermochelys é o gênero de tartaruga dos mares tropicais.

tatu. Nome vulgar de Mamíferos ordem Xenartros (Desdentados). Ex.: gêneros Euphractus e Dasypus.

tatuí. Nome vulgar de Crustáceo Malacostráceos, ordem Decápodos. Ex.: gênero Hippa.

taturana. Tipo de lagarta (larva de Lepidópteros) com cerdas e espinhos que irritam, "queimam" e intoxicam seres humanos. Exemplo de importância recente é a lagarta da espécie Lonomia obliqua, que desde 1991 vem causando problemas no Rio Grande do Sul e em Santa Catarina.

tatuzinho-de-jardim. Tipo de pequeno Crustáceo, ordem Isópodos, terrestre em ambientes úmidos. Ex.: gênero Armadillidium.

taxia ou tactismo. Deslocamento de seres vivos livres (ou de algumas de suas células) causado e orientado por um estímulo. É positivo (+) quando se aproxima da fonte do estímulo ou negativo (-) quando se afasta dela.

taxidermia. Processo de empalhamento de animais mortos, preservando seu aspecto "vivo".

taxionomia. Parte da Biologia que trata do reconhecimento, descrição, nomenclatura e classificação dos seres vivos. Para muitos é sin. de Sistemática.

taxon. Qualquer grau de classificação de seres vivos: Reino, filo, classe, ordem, família, gênero, espécie etc.

Tay-Sachs, doença de. Sin. de idiotia amaurótica. Doença neurodegenerativa hereditária autossômica e recessiva.

TCPD. Sigla de tecido conjuntivo propriamente dito.

tecido. Conjunto de células, de um tipo ou de poucos tipos, especializado para uma ou mais funções. As células, todas da mesma origem embrionária, vivem na substância intercelular por elas mesmas produzida.

tecido cartilaginoso. Tecido conjuntivo esquelético de matriz não calcificada, maleável, com ácido condroitino-sulfúrico e fibras de colágeno II, sem vasos e sem nervos. Em suas cavidades ou lacunas vivem as células cartilaginosas ou condrócitos anaeróbios de fermentação lática, pois a matriz é impermeável ao oxigênio.

tecido clorofiliano. Sin. de parênquima clorofiliano.

tecido conjuntivo. Ou conectivo. De origem mesodérmica e rico em matriz intercelular, tem muitos tipos celulares e várias funções: união e nutrição dos demais, na estrutura dos órgãos, sustentação mecânica, defesa etc. Compreende o TCPD, cartilaginoso, ósseo, hemopoiético e sangue.

tecido cutinoso. Sin. de epidérmico. Tecido primário com uma só camada de células vivas aclorofiladas que reveste as partes jovens (primárias) do caule e das folhas e flores. As paredes das células do tecido cutinoso em contato direto com o ar são impregnadas por cutina, substância impermeabilizante. Em plantas de locais muito secos pode haver ceras.

tecido de sustentação. Nos vegetais, é formado de células com paredes muito espessas. Há dois tipos: Colênquima (células vivas) e Esclerênquima (células mortas).

tecido epidérmico. Sin. de tecido cutinoso.

tecido epidérmico vegetal. Sin. de tecido cutinoso.

tecido epitelial. Uma ou mais camadas de células unidas por pouca substância intercelular, muito adesiva, e com dispositivos intercelulares. Não há vasos sanguíneos (nutrição pelo TCPD subjacente), mas pode haver nervos. Tem funções de revestimento, absorção e secreção. Pode ser de origem ecto, endo ou mesodérmica.

tecido esquelético-vegetal. V. Tecido de sustentação.

tecido meristemático. V. meristema.

tecido muscular. Tem células longas, com grande capacidade de excitação e contração. As fibras musculares são unidas por TCPD, também de origem mesodérmica. Fibras musculares estriadas esqueléticas e lisas são unicelulares, mas as fibras estriadas cardíacas são pluricelulares. Funções de movimento de partes do corpo, propulsão de líquidos, proteção de órgãos delicados etc. V. músculo e fibra muscular. V. músculo liso, músculo estriado esquelético e músculo estriado cardíaco.

tecido nervoso. De origem ectodérmica, é formado por células muito excitáveis e condutoras, as células nervosas ou neurônios, e outras de apoio e nutrição, as células da neuroglia. Suas funções básicas são integração funcional das partes do corpo e relação com o meio.

tecido ósseo. Tecido conjuntivo com matriz dura, impermeável, com fibras de colágeno I entrecruzadas e fosfato de cálcio. Nela, há cavidades ou lacunas onde vivem os osteócitos. As lacunas interligam-se por canalículos que também as ligam a canais maiores, com nervos e vasos que trazem nutrientes e O_2 para os osteócitos, aeróbios de metabolismo elevado.

tecido suberoso. Sin. de súber.

Tecodontes. Répteis Arcossauros extintos (Permiano ⟶ Triássico) com dentes em alvéolos e ancestrais dos outros Arcossauros.

teia alimentar. Ou rede alimentar ou trófica. Diagrama mostrando as interrelações das diversas cadeias alimentares num ecossistema. Aí se observa que vários animais ingerem organismos de níveis tróficos diferentes.

teia trófica. Sin. de teia alimentar.

telangiectasia. Doença epileptoide com lesões cerebrais micro-hemorrágicas. causada por um gene recessivo situado nas partes homólogas de X e Y.

telencéfalo. Primeira parte do encéfalo dos Vertebrados. Em Peixes e Anfíbios é olfativo e pouco desenvolvido, mas, nos Répteis, Aves e principalmente nos Mamíferos, tem grande desenvolvimento, constituindo o cérebro. Nos Primatas, em especial no Homem, é tão grande que cobre todo o resto. Nele estão os centros de consciência, linguagem e a inteligência, que caracterizam a vida mental humana.

teleologia ou finalismo. Crença em que os fenômenos ou coisas que existem são explicáveis em função do objetivo por que existem, como "o olho existe para ver", isto é, a ideia de ver precede e "explica" o olho. Uma armadilha intelectual parecida é pensar que uma estrutura ou um processo evoluíram motivados pelo papel que têm hoje no ser vivo.

Teleósteos. V. Osteictes.

telítoca, partenogênese. Partenogênese que só produz fêmeas, como nos Rotíferos (invertebrados aquáticos), pulgões e carrapatos.

telocêntrico. Cromossoma cujo centrômero fica exatamente numa extremidade.

telodendron. Extremidade, muito ramificada de um axônio.

telófase. Fase final de uma mitose. Cariomembranas reaparecem, cromossomas se desindividualizam, nucléolos reaparecem, caracterizando os dois novos núcleos. A telófase se completa com a citocinese (divisão do citoplasma).

telófase I. Última fase da divisão I da meiose. Suas características são semelhantes às da telófase da mitose, mas os dois núcleos, e portanto as duas células filhas têm n cromossomas cada, e cada cromossoma tem duas cromátides.

telófase II. Última fase da Divisão II da meiose. Semelhante à telófase de uma mitose, mas os quatro núcleos filhos (e portanto, as quatro células filhas) têm n cromossomas cada, e cada um deles tem uma só cromátide. Além disso, esses cromossomas são geneticamente diferentes da célula inicial.

telolécitos. Sin. de megalécitos.

telomerase. Enzima que catalisa o restabelecimento das sequências repetidas de nucleotídeos dos telômeros.

telômero. Cada uma das duas extremidades de um cromossoma. Nas células humanas, os telômeros vão encurtando na medida em que as mitoses vão se sucedendo.

tempo "profundo". Como o Atualismo, o conceito de tempo "profundo" foi inicialmente geológico. Ambos são intimamente ligados, pois só com o tempo "profundo" se pode pensar no Atualismo. O conceito de tempo "profundo" estabelece, para a Terra (e o Sistema Solar), a idade de 4,5 bilhões de anos e, para o Universo, se de fato houve o "Big Bang", de 12 a 15 bilhões de anos. O tempo "profundo" é irmão do espaço "profundo": os milhares/milhões de anos-luz que nos separam de outros corpos celestes e ambos estão tão fora de nossa vivência que podemos não ter certeza de que realmente "sabemos" do que estamos falando ou, apenas repetindo números que de fato não "sentimos". Note que a medida do espaço astronômico "profundo" é a distância percorrida pela luz em um ano, viajando à também inimaginável velocidade de 300 mil quilômetros por segundo. Tanto o Atualismo quanto o tempo "profundo" muito influíram no pensamento de Darwin, que os incluiu no processo evolutivo: gradual, sem "milagres", apenas pela ação de causas naturais.

tendão. Cordão de TCPD denso-fibroso modelado que liga um músculo a um osso.

Tênia ou solitária. V. Taenia. V. Teníase.

teníase. Doença causada por solitárias, vermes do filo Platelmintos, classe Cestódeos, gênero Taenia com duas espécies que parasitam o homem: T. solium, cujo hospedeiro intermediário é o porco, e T. saginata, onde o hospedeiro intermediário é o boi. Suas formas adultas parasitam o intestino delgado humano. A transmissão é por ingestão de carne de porco ou de boi crua ou mal cozida, contendo larvas cisticercos.

tensão-coesão, teoria da. Explica a subida da água ao longo dos vasos lenhosos, por meio da tensão (osmose atraindo água na raiz e também atraindo água do vaso lenhoso para as células da folha) e da coesão (as moléculas – dipolos – de água têm atração eletrostática recíproca e por isso elas sobem mais ou menos juntas dentro do vaso lenhoso). O mesmo que Teoria de Dixon.

tentilhões. Aves da ordem Passeriformes e da fam. Fringillidae, com 13 espécies no arquipélago Galápagos, algumas só de certas ilhas. Muito parecidas, têm ancestral comum vindo do continente; adotaram nichos diferentes, principalmente adaptando os bicos para cada tipo de alimento usado. Um belo exemplo de irradiação evolutiva, no arquipélago estudado por Darwin.

teoria celular. Todos os seres vivos são células ou conjuntos de células. A exceção corresponde aos vírus.

teoria cromossomial da hereditariedade. Proposta de Sutton em 1902, explicando as leis de Mendel pela localização linear dos genes nos cromossomas.

Terapsídios. Répteis extintos (Pérmico ⟶ Jurássico) ancestrais dos Mamíferos.

teratogênico. Qualquer agente de origem externa substância, radiação, ação mecânica--capaz de causar má-formação embrionária, é claro, não hereditária.

Terciário. Primeiro período da era Cenozoica. Corresponde do Paleoceno ao Plioceno.

Teredo. Gênero de Moluscos, classe Lamelibrânquios. Perfurador de madeira em hábitat marinho. Os indivíduos são longos, serpentiformes, com 40 ou mais centímetros, com a concha dupla, pequena, na extremidade anterior. No tubo digestivo há bactérias com celulase e outras que fixam o nitrogênio.

térmita. Sin. de cupim.

termoclino. Camada média de profundidade da água de um lago, entre o epilímnio, em cima; e o hipolímnio, em baixo. Caracterizado por um gradiente de temperatura maior que 1 °C por metro de profundidade.

termolábil. Estrutura ou substância que não resiste ao calor.

terófita. Planta que sobrevive no período ou estação desfavorável, como semente.

terra firme, mata de. Parte da floresta amazônica em regiões mais altas, onde não há inundações.

território. Região mais ou menos delimitada onde vive um animal ou um casal e que é defendida contra outros animais da mesma espécie.

test cross. V. cruzamento prova.

testículo. Glândula sexual masculina, produtora de espermatozoides, sob estímulo do FSH, e de andrógenos, sob estímulo do ICSH ou LH. / Gônada masculina. Dentro do saco escrotal. Contém tubos seminíferos produtores de espermatozoides, e entre esses tubos há células intersticiais ou de Leydig, produtoras de testosterona.

testosterona. Principal andrógeno, hormônio masculino. É um esteroide produzido pelas células intersticiais de Leydig. Sua secreção pelo testiculo é controlada, em 'feedback' negativo, pelo ICSH (LH) da hipófise anterior.

tetania. Convulsão e rigidez muscular semelhante ao efeito da toxina do bacilo do tétano no SNC. Pode ser causada pela insuficiência de paratormônio ou paratirina.

tétano. Doença causada por bactérias da espécie Clostridium tetani. Transmitida por ferimentos em objetos contaminados.

Tethys. Mar primitivo da Pangeia, entre Gondwana e Laurásia.

tetráceros. Animais com 4 antenas. São os Crustáceos.

tetraciclina. Antibiótico que inibe a síntese proteica bacteriana no nível dos ribossomas.

tétrade. Conjunto de dois cromossomas homólogos emparelhados num total de quatro cromátides. Típico do paquíteno (da prófase I da meiose).

tetra-iodo (tironina). Sin. de tiroxina.

tetrâmera. Estrutura com simetria radiada de quatro raios.

tetraplegia. Paralisia nos 4 membros; braços e pernas.

tetraploide. Tipo de poliploidia com 4n cromossomas (células com quatro cromossomas de cada tipo).

tetrasporos. Os quatro esporos n produzidos em cada célula esporogênica 2n de Pteridófitas.

tetrassomia. Tipo de polissomia em que a célula somática tem dois cromossomas a mais de um determinado tipo. Por exemplo, superfêmea com 48 cromossomas; 44 autossomas + XXXX.

texugo. Nome vulgar de Mamíferos, ordem Carnívoros, gênero Taxidea.

THR. Abreviatura convencional do aminoácido treonina.

tiamina. Sin. de aneurina, vitamina B1.

tíbia. Osso longo e mais grosso da perna. O mais fino é o perônio ou fíbula, anatomicamente paralelo à tíbia.

tico-tico. Nome vulgar de Aves, ordem Passeriformes. Ex. gêneros Brachyspiza e Zonotrichia.

tiflossole. Prega ou dobra intestinal, aumentando a superfície de absorção em Anelídeos, Moluscos e outros animais.

tifo exantemático. V. Rickettsia.

tifo. Doença causada por bactérias da espécie Salmonella typhi. Transmitida por alimentos e água contaminados ou através de moscas.

tigmotropismo. Sin. de haptotropismo. Tropismo cujo estímulo é uma haste suporte, como por exemplo, um caule, ao redor do qual cresce helicoidalmente uma trepadeira.

tigre. Nome vulgar de Mamíferos, ordem Carnívoros com a espécie Leo tigris. Ásia e região Oriental.

tigroide, substância. V. Nissl, corpúsculos de.

tilacoides. Pequenas vesículas achatadas, dispostas em uma pilha chamada "granum", dentro do cloroplasto. A membrana dos tilacoides contém clorofila.

tilápia. Peixe Osteicte fluvial, de origem africana, gênero Orcochromis cultivado em piscicultura mundial intensiva.

timbaúva. Nome vulgar de Angiospermas Dicotiledôneas, fam. Leguminosas gênero Enterolobium. Árvore de grande porte.

timidina. Nucleosídeo (timina + desoxirribose).

timidina tritiada. Timidina H3. Nucleosídeo radioativo usado experimentalmente para marcar a presença e a localização do DNA numa célula.

timina. Símbolo: T. Base nitrogenada pirimídinica, exclusiva do DNA. Liga-se à Adenina por duas pontes de hidrogênio.

timo. Órgão linfoide torácico, à frente do coração. Desenvolve-se de uma fenda faringeana embrionária, cresce até a puberdade e depois involui. No timo amadurecem os linfócitos T.

tímpano. Membrana delgada entre o ouvido externo (canal auditivo) e o ouvido médio onde estão os ossículos: martelo, bigorna e estribo.

tinha. V. micose.

tinhorão. Nome vulgar de Angiospermas Monocotiledôneas, fam. Aráceas gênero Caladium.

tiranossauro ou tyrannosaurus rex. Grande réptil carnívoro, fóssil, do período Cretácico. Com grande cabeça, dentes formidáveis, pequenas patas anteriores e fortes patas posteriores capazes de correr; é o emblema dos dinossauros.

tireocalcitonina. Hormônio não iodado da tireoide. Diminui a calcemia causando mineralização óssea e dentária. Sua secreção é ativada pela elevação da calcemia.

tíreo-estimulina. Estimulina ou tropina glicoprotêica produzida pelo LAH, com 204 aminoácidos. Em duas cadeias. Desenvolve a tireoide e estimula a secreção de seus hormônios iodados. Sin. de tireotropina, ou tireotrofina.

tireoide ou tiroide. Glândula endócrina situada na base do pescoço, adiante da traqueia. Produz 2 tipos de hormônios: Iodados, Tiroxina (T4) e Tri-iodotironina (T3), que controlam a produção de ATP e calor, sob comando do TSH e um hormônio não iodado: Tireocalcitonina ou Calcitonina, que controla a calcemia.

tiririca. Nome vulgar de ervas daninhas, Angiospermas Monocotiledôneas, fam. Ciperáceas gênero Cyperus.

tirosina. Aminoácido. Abrev.: TYR, símbolo: Y. Código genético (RNA-m): UAU e UAC. Substância precursora na síntese de melanina e de catecolaminas.

tirotricina. Antibiótico que desorganiza a estrutura molecular da membrana plasmática das bactérias.

tiroxina. Hormônio da tireoide com quatro átomos de iodo (T4). Tem secreção controlada pelo TSH adeno-hipofisário em feedback negativo. Ativa o metabolismo. Quimicamente, é um aminoácido iodado.

Tisanuros. Ordem de Insetos ametábolos, ápteros, com aparelho bucal mastigador. São as traças de livros.

tissular. Referente a um tecido.

titina. Longa proteína que afasta as linhas Z e alonga o sarcômero após a contração.

tixotropia. Transformação coloidal de gel em sol (solação) por meio de um abalo mecânico.

tocandira. V. formiga.

tocoferol. Tipo de substância correspondente à vitamina E.

tono ou "tonus". Grau de tensão de um músculo que não está contraído.

tonofibrila. Conjunto de tonofilamentos, característicos de um desmossoma.

tonofilamento. Filamento contendo queratina e que em conjunto forma estruturas maiores, chamadas tonofibrilas. Existem nos desmossomas e se aprofundam nas duas células vizinhas.

tonoplasto. Membrana (endomembrana) do vacúolo de suco celular.

tonsila. Sin. de amígdala.

topoisomerase. Enzima que desfaz as voltas dos dois filamentos do DNA, possibilitando a sua separação e sua duplicação. Do mesmo modo, facilita a transcrição (síntese do RNA-m).

totipotente. Capacidade que uma célula tem de produzir todos os outros tipos de células do organismo. Isto é atribuído ao zigoto ou célula-ovo e aos blastômeros ou células-tronco embrionárias que constituem o blastocisto.

toupeira. Nome vulgar de Mamíferos, ordem Insetívoros, gênero Talpa.

toupeira-marsupial. Nome vulgar de Mamíferos, ordem Marsupiais, gênero Notoryctes (região Australiana).

Toxocara. Gênero de Nematódeos, com a espécie T. canis, cujas larvas migradoras parasitam cães, gatos e raramente o homem.

toxoplasmose. Doença causada por uma espécie de Protozoário da classe Esporozoários ou Apicomplexos: Toxoplasma gondii. Transmitida principalmente por urina e excrementos de gatos e outros Mamíferos e também por via placentária. Afeta principalmente os embriões humanos atingindo acentuadamente o SNC e a retina.

traça-de-livro. Nome vulgar de Insetos, ordem Tisanuros. Ex: gêneros Lepisma e Ctenolepisma.

traça-de-roupas. Nome vulgar da larva de Insetos, ordem Lepidópteros gêneros Tinea e Tineola.

traço hereditário. Sin. de caráter hereditário.

tracoma. Doença que ataca a conjuntiva do olho e pode afetar gravemente a córnea. Causada pela bactéria Chlamydia trachomatis. Transmissão direta, por mãos sujas e objetos e vestimentas contaminados. A bactéria ataca também as vias urogenitais.

tradução. Formação das proteínas e peptídios a partir do RNA.

traíra. Nome vulgar de Osteictes, gênero Hoplias.

tralhoto. Nome vulgar de Osteictes, gênero Anableps. Peixe fluvial brasileiro com olhos divididos em duas partes, para visão aérea e para visão dentro d'água.

trans. 1) Configuração de linkage na qual há, em um dos cromossomas homólogos, o alelo dominante de um gene e o alelo recessivo do outro gene. No outro cromossoma, ocorre o inverso, (Ab/aB). V. cis. 2) Face do complexo de Golgi de onde saem pequenas vesículas contendo substâncias proteicas já completadas. 3) Gorduras trans são um tipo de lipídios caracterizados por ácidos graxos insaturados com laços duplos de modelo trans:

```
  H
  |
– C = C –
      |
      H
```

A estrutura cis representada a seguir caracteriza lipídios menos prejudiciais à saúde.

```
= C – H
  |
  H
```

transaminação. Reação em que um grupo amino é transferido de um aminoácido para um cetoácido, daí resultando a formação de um novo aminoácido. Ao mesmo tempo o aminoácido que perdeu o grupo amino, pode receber o átomo de oxigênio do cetoácido e se torna um novo cetoácido. Tipo de reação catalisada por enzimas transaminases.

transcrição. Produção do RNA a partir do DNA.

transcriptase. Ou RNA-polimerase. Enzima que catalisa a produção do RNA a partir do

DNA.

transcriptase reversa. Enzima característica dos retrovírus e que catalisa a produção do DNA a partir do RNA, numa transcrição ao contrário.

transdução. Passagem de um trecho do DNA de uma bactéria para outra, por meio de um vírus.

transformismo. Antigo nome da Evolução.

transgênico. Organismo que recebeu e incorporou DNA de outra espécie, ou de outro organismo.

transgênicos, organismos. Seres vivos cujo genoma foi modificado, com a introdução de gens de outra espécie, pelas técnicas de Engenharia Genética.

translocação. Saída de um pedaço de um cromossoma e inserção deste trecho em outro cromossoma da mesma célula, ou em outro local do mesmo cromossoma.

translocase. Sin. de permease.

transpiração. Perda de água sob a forma de vapor, nas plantas, através dos estômatos.

transporte ativo. Passagem de íons ou moléculas através da membrana plasmática, contra o gradiente. Usa energia da célula para isto (ATP). Ex.: bomba de Sódio-Potássio.

transporte passivo. Passagem de íons ou moléculas através da membrana plasmática, a favor do gradiente. Não usa energia da célula. Difusão e osmose são exemplos.

transposon. Ou gen saltador. Tipo de gen que passa de um cromossoma para outro ou para outro local do mesmo cromossoma.

traqueal, respiração. Feita por aparelho respiratório típico dos Insetos com tubos, as traqueias, reforçadas por quitina, que levam o oxigênio do ar aos tecidos, sem participação do sangue.

traqueia. 1) Em Vertebrados Tetrápodes, tubo com anéis de cartilagem hialina que liga a laringe com os brônquios, nos Vertebrados. 2) Em Insetos, tubo respiratório quitinizado e ramificado. V. respiração traqueal. 3) Em Vegetais, vaso lenhoso de grande calibre e sem paredes transversais.

Traqueófitas. As plantas com vasos condutores, como as Pteridófitas e as Espermatófitas.

traumatonastia. Sin. de seismonastia.

Trematódeos. Classe de Platelmintos com o corpo sem cílios, não dividido em anéis ou proglotes, tubo digestivo incompleto e com uma ou duas ventosas. Parasitas. Ex.: gênero Schistosoma.

treonina. Aminoácido. Abrev.: THR, símbolo: T. Código genético (RNA-m): ACU, ACC, ACA, ACG.

Treponema. Gênero de bactérias causadoras de sífilis.

Triássico. Primeiro período da era Mesozoica, iníciou há 250 milhões de anos, viu os primeiros Mamíferos e o começo do longo domínio do Répteis. Término há 200 milhões de anos.

Triatoma. Gênero de percevejos (Insetos da ordem Hemípteros), com espécies chamadas de barbeiros, transmissoras de tripanossomíase americana ou doença de Chagas.

triblásticos. Animais formados a partir de 3 folhetos embrionários; ectoderma, mesoderma e endoderma. Correspondem à maioria dos animais.: Platelmintos, Nematódeos, Anelídeos, Artrópodos, Moluscos, Equinodermas e Cordados.

tribo. Grau de classificação de seres vivos entre subfamília e gênero. Em Zoologia, tem o sufixo ini.

Trichinella. V. triquinelose.

Trichonympha. Gênero de Protozoários. Flagelados. V. Hpermastiginos.

Trichophyton. V. micose.

Trichuris. V. tricuríase.

tricomoníase. Doença que afeta a vagina e a uretra, provocando corrimento. Causada por um Protozoário da classe Flagelados da espécie Trichomonas vaginalis. Transmissão por ato sexual e também por toalhas e tecidos úmidos e contaminados. Comumente é assintomática nos seres humanos do sexo masculino.

tricuríase. Doença causada por vermes do filo Nematódeos e da espécie Trichuris trichiura (antigamente do gênero Trichocephalus). Parasitam o intestino grosso humano, principalmente no ceco, e a transmissão é direta: ingestão de ovos que saíram com as fezes de um homem doente.

tricúspide, válvula. Válvula do orifício átrio-ventricular direito, formada por três peças ou pregas.

tridérmica, gástrula. Gástrula com ectoderma, endoderma e mesoderma. Caracteriza os animais triblásticos.

triglicerídios. Glicerídios formados pelo glicerol e três ácidos graxos.

triibridismo. Cruzamento para estudo de três pares de genes alelos ou de três pares de caracteres hereditários.

triiodotironina. Hormônio da tireoide com três átomos de iodo (T3). Tem a mesma função e controle que a tiroxina. É um aminoácido iodado.

Trilobitas. Os mais primitivos Artrópodes, extintos (Cambriano ⟶ Permiano), ancestrais de todos os demais Artrópodes.

trímera. Estrutura com simetria radiada de três raios.

triose. Ose com três carbonos. Exs.: gliceraldeido e di-hidroxi-acetona.

tripanossomíase americana. Sin. de doença de Chagas. Doença causada por Protozoários da classe Flagelados e da espécie Trypanosoma cruzi. Transmitida pelo percevejo "barbeiro" (Triatoma e outros gêneros) hematófago que ao picar o homem, evacua, libertando tripanossomas nas fezes líquidas. Eles penetrarão através de soluções de continuidade da pele (arranhões, mucosas, ou pelo próprio orifício da picada). A transmissão também pode ser por transfusão de sangue e através da placenta. Admite-se atualmente a transmissão pela ingestão de partículas de barbeiros triturados no preparo de sucos ou caldos vegetais. Afeta vários órgãos, principalmente o coração.

triploide. Número cromossomial 3n; células somáticas com três cromossomas de cada tipo.

tripomastigota. Forma adulta de Trypanosoma cruzi que é expulsa com as fezes do barbeiro e causa a tripanossomíase americana.

tripsina. Enzima que catalisa a hidrólise de proteínas no intestino delgado, dividindo-as em peptídeos. É uma endopeptidase (pH ótimo = 8) produzida no pâncreas como tripsinogênio inativo que é lançado no duodeno e ativado pela enteroquinase, em raro caso de feedback (+). A tripsina ativa outras moléculas de tripsinogênio. Atua no intestino delgado.

tripsinogênio. Proteína pancreática precursora da tripsina, isto é, tripsina inativa. É ativado no intestino delgado de início pela enteroquinase e, depois, pela própria tripsina.

triptofano. Aminoácido. Abrev.: TRP, símbolo: W. Código genético (RNA-m): UGG.

triquinelose. Doença causada por vermes do filo Nematódeos e da espécie Trichinella spiralis. Os vermes adultos se instalam brevemente no intestino delgado, copulam e as fêmeas introduzem as larvas no sangue da parede intestinal. Estas lar-vas enquistam no tecido conjuntivo que acompanha os músculos. A transmissão é por ingestão de carne de porco crua ou mal cozida.

trissomia. Tipo de polissomia em que há um cromossoma a mais num dos grupos homólogos. Por exemplo, superfêmea com 47 cromossomas; 44 autossomas + XXX. tritão. Nome vulgar de Anfíbios, subclasse Urodelos. Ex. gênero Triturus (europeu).

trítio. H^3, isótopo radioativo do hidrogênio.

trocófora. Larva aquática de Anelídeos e Moluscos.

trofalaxia. Troca de alimentos entre indivíduos sociais da mesma espécie (formigas e cupins).

trofina. Sin.de estimulina.

trofoblasto. Camada de células formando o envoltório do blastocisto.

trofoderma. Sin. de trofoblasto para alguns autores.

trofozoito. Forma (etapa) de Protozoário do gênero Plasmodium dentro da hemácia, antes da divisão múltipla (esquizogonia).

trombina. Enzima que resulta da ativação da protrombina pela tromboquinase. Transforma o fibrinogênio do plasma sanguíneo em fibrina, na última etapa da coagulação.

trombinogênio. Sin. de Protrombina.

trombo. V. trombose.

trombocitopenia. Número de plaquetas menor que o normal, em geral acompanhado de dificuldades de coagulação sanguínea.

trombócitos. Células que, nos Peixes, Anfíbios, Répteis e Aves têm a mesma função que as plaquetas dos Mamíferos; coagulação, do sangue.

tromboplastina. Sin. de tromboquinase.

tromboquinase. Enzima (ou conjunto de substâncias catalisadoras) de origem controversa que transforma a protrombina inativa do plasma sanguíneo em trombina ativa, com o auxílio do íon Ca^{++}, iniciando a coagulação do sangue. A ativação da trombina é autocatalítica, em feedback positivo.

trombose. Obstrução de vaso por um coágulo (trombo) formado no local da obstrução. V. Embolia.

trompa. V. Eustáquio. V. Falópio.

tropina. Sin. de estimulina ou trofina.

tropismo. Mudança na direção do crescimento de um ser vivo fixo causada e orientada por um estímulo. Se a nova direção aproxima o ser da fonte do estímulo, a resposta é dita positiva. Se ele se afasta, é dita negativa.

tropomiosina. Ptoteína fibrosa que envolve e reforça os filamentos de actina.

troponina. Proteína de células musculares. Tem três subunidades: uma, liga-se a Ca^{++}, outra à actina, e a terceira à tropomiosina.

TRP. Abreviatura convencional do aminoácido triptofano.

trufas. Fungos Ascomicetos subterrâneos (20 a 30 cm da superfície do solo), ordem Tuberales, gêneros Tuber, Hydnotria e Choiromyces. São cogumelos comestíveis muito apreciados, desencavados com o auxílio de cães e porcos treinados, com olfato apurado. Encontrados na Europa.

truta. Nome vulgar de Osteictes, gênero Salmo (o mesmo gênero do salmão do Atlântico).

Trypanosoma. Gênero de Protozoários da classe Flagelados cuja espécie T. cruzi causa a tripanossomíase americana ou doença de Chagas, e as espécies T. gambiense e T. rhodesiense, causadoras da "doença do sono", na África.

tsé-tsé. Nome vulgar de uma mosca africana do gênero Glossina, transmissora da doença do sono.

TSH. Sigla de Thyroid Stimulating Hormone. V. Tireoestimulina.

tsunami. Sequência de ondas marinhas gigantes e devastadoras avançando sobre litorais. Formam-se a partir de movimentação das placas tectônicas.

tuatara. Nome vulgar de Répteis, subclasse Rincocéfalos, gênero Sphenodon ou Hatteria. "Lagarto" primitivo da Nova Zelândia.

tuba. Sinônimo de trompa de Falópio. V. Falópio.

tubarão. Nome vulgar de Condrictes. Alguns exs.: Carcharodon carcharias é o tubarão branco ou anequim, com até 6m de comprimento. Gêneros: Galeocerdus (tintureira), Prionace (tubarão azul) Carcharinus (Eulamia, tubarão-galha-preta), Scoliodon (tubarão-bicudo), Isurus (tubarão-mako), Scyliorhinus (cação-pinto), Alopias (tubarão-raposa), Rhyncodon (tubarão-baleia, com a espécie R. typus que vai a 18 m de comprimento, mas come apenas pequenos peixes, crustáceos e plâncton).

tubérculo. Tipo de caule rico em reservas, como a batata inglesa (batata comum), o inhame etc.

tuberculose. Doença causada por bactérias da espécie Mycobacterium tuberculosis ou bacilo de Koch. Transmitida diretamente por saliva, perdigotos e escarro.

tuberosa, raiz. Raiz volumosa, rica em reservas, como cenoura, batata doce, aipim etc.

tuberoso, caule. Caule volumoso, rico em reservas, como o nabo, batata inglesa etc.

tubo digestivo ou alimentar. Exclusivo de animais, é um tubo através do qual material ingerido passa e é digerido e absorvido para uso do corpo. O material não digerido e/ ou não absorvido volta ao exterior, junto com substâncias excretadas e bactérias, formando as fezes, pelo ânus, orifício ausente em Poríferos, Celenterados e Platelmintos

tubo neural. Tubo embrionário dorsal, longitudinal, entre o notocórdio e o ectoderma, do qual se origina pelo fechamento do sulco neural. Exclusivo dos Cordados, origina a medula espinhal e todo o sistema nervoso do animal.

tubo polínico. Tubo produzido pela membrana interna do grão de pólen após a absorção osmótica de água no estigma do gineceu. Cresce pelo estilete e atinge o ovário, conduzindo os núcleos do grão de pólen até o óvulo. Corresponde ao gametófito masculino plenamente desenvolvido. As Angiospermas e a maioria das Gimnospermas têm tubo polínico; são si-fonógamas. Poucas Gimnospernas são assifonógamas; não têm tubo polínico. Nelas, o grão de pólen chega à micrópila do óvulo e libera dois anterozoides ciliados no interior do óvulo.

tubos contorcidos. Partes enroladas do túbulo renal do néfron, proximal (junto da cápsula de Bowman) e distal (após a alça de Henle).

tubulinas. Proteínas constituintes dos microtúbulos do citossol ou hialoplasma.

tubulosa, glândula. Glândula exócrina com parte secretora tubular.

tucano. Nome vulgar de Aves, ordem Piciformes. Ex. gênero Rhamphastos.

tucunaré. Nome vulgar de Osteictes, gênero Cichla, peixe fluvial brasileiro.

tudo ou nada, lei do. Se o estímulo de um neurônio ou de uma fibra muscular estriada é forte para disparar a resposta, isto é, está no limiar de excitação, ou acima dele, a transmissão do fluxo nervoso ou a contração muscular é máxima e não proporcional à intensidade do estímulo. Quando o estímulo está abaixo do limiar de excitação a resposta não ocorre.

tularemia. Doença infectocontagiosa, mais comum no hemisfério norte. Causada por bacilo da espécie Francisella tularensis.

tundra. Bioma próximo ao polo Norte na América do Norte e Eurásia. Em quase todo o ano, o solo permanece congelado, e no verão se desenvolvem musgos, líquens e algumas plantas herbáceas. Aparecem muitos Insetos e alguns Mamíferos (caribus ou renas, lebres, raposas, lobos).

Tunga. Gênero de pulgas (Insetos da ordem Sifonápteros), cuja espécie T. penetrans é responsável pelo bicho-do-pé. As fêmeas penetram ativamente na pele do pé humano.

tunicados. Sin. de Urocordados.

tunicina. Glicoproteína associada a polissacarídeos, formando um material semelhante a uma parece celular celulósica. É o revestimento de Urocordados ou Tunicados; Protocordados vulgarmente chamados de ascídeas.

Turbelários. Classe de Platelmintos de vida livre em meio aquático ou muito úmido. Corpo não dividido em anéis ou proglotes, com epiderme ciliada. Tubo digestivo incompleto. São as planárias.

túrcica, sela. Pequena reentrância do osso esfenoide na base do cérebro, onde se instala a hipófise.

turfa. Depósito vegetal que pode atingir vários metros de espessura em fundos pantanosos. É usado como combustível.

turgência. Aumento do volume celular pela entrada de água que veio osmoticamente do Líquido Extracelular hipotônico.

Turner, síndrome de. Diferenciação sexual incompleta em mulheres com um só cromossoma X, (X0), que são estéreis (com amenorreia), têm retardo mental e outras deficiências. Exemplo de monossomia ($2n - 1 = 45$).

tutano. Nome popular da medula óssea amarela.

Tyndall, efeito. Dispersão da luz pelas partículas de um coloide liófobo.

TYR. Abreviatura convencional do aminoácido tirosina. Código genético: UAU e UAC.

U

U. Sigla de uracila, nucleotídeo exclusivo do RNA.

uacari. Nome vulgar de Mamíferos, ordem Primatas, superfamília Ceboides (Neotropicais), gênero Cacajao.

UAG. Códon sem sentido (término da mensagem).

UGA. Códon sem sentido (término da mensagem).

ubiquinona. Sin. de coenzima Q. Componente da cadeia respiratória na membrana interna das mitocôndrias. Antecede fisiologicamente aos citocromos.

ubiquitinas. Proteínas livres no citossol. Ligam-se às proteínas que ficam marcadas e devem ser desmanchadas nos proteassomas. Normalmente, as ubiquitinas não são degradadas e são reutilizadas.

UDP-UTP. Uridina-difosfato e trifosfato, respectivamente.

ulna. Sin. de cúbito, osso.

umbela ou umbrela. Em Botânica, é um tipo de inflorescência racimosa cujos pedúnculos florais partem de pontos muito próximos e alcançam a mesma altura, como as varetas de um guarda-chuva, como é o caso da hortênsia.

umbilical. V. cordão umbilical.

umbrófita. Planta adaptada à sombra.

umbu. Nome vulgar de Angiospermas Dicotiledôneas, fam. Anacardiáceas gênero Spondias. Árvore pequena, da caatinga.

úmero. Osso longo e único do braço.

Ungulígrado. Animal que anda sobre os cascos.

união estreita. Sin. de zona de oclusão (V. Oclusão, zona de).

união média. Sin. de zona de adesão (V. adesão, zona de).

unidade de membrana. Sin. de membrana unitária.

unidade de recombinação. V. crossing, taxa de.

uniestratificado, epitélio. Sin. de epitélio simples.

uniformitarismo. Explicação das transformações da Terra, no passado e no presente, pela atuação lenta de processos geológicos comuns, como a erosão, fazendo transformações imperceptíveis ao longo de bilhões de anos. Essa visão lenta e gradualista influenciou a teoria evolutiva corrente – acúmulo de pequenas alterações causadas por mutações e seleção natural.

uninérvia, folha. Folha com uma única nervura central. É típica de Gimnospermas.

Unirrâmeos. Subfilo de Artrópodos com duas antenas e com mandíbulas. Não têm quelíceras. Reúne Insetos, Quilópodos e Diplópodos.

universal, doador. Indivíduo cujo sangue pode ser doado para todos os outros indivíduos. Em geral, doadores universais são aqueles dos tipos sangíneos O-Rh(-).

universal, receptor. Indivíduo que pode receber doação de sangue de todos os outros. Caso típico dos indivíduos dos grupos AB-Rh(+).

univitelinos. Sin. de monozigóticos.

unívoro. Sin. de monófago. Organismo que se nutre de um só tipo de alimento.

uracila. Base nitrogenada pirimidínica exclusiva de RNA.

ureia. Principal "excreta" nitrogenado dos Condrictes, Anfíbios e dos Mamíferos. $H_2N - CO - NH_2$.

ureia, ciclo da. Sin. do ciclo da ornitina. Ciclo de reações que produz ureia no fígado dos Mamíferos, a partir de CO_2 e amônia. Dele participam os aminoácidos Ornitina, Citrulina e Arginina.

uremia. Teor de ureia no sangue. Se elevado, pode ser grave disfunção metabólica e/ou renal.

ureotélico. Animal excretor de ureia, pouco tóxica, e solúvel em água. São os Condrícties ou Peixes cartilaginosos, os Anfíbios e os Mamíferos. Nos Mamíferos, a troca de ácido úrico, "excreta" dos Répteis ancestrais por ureia é compatível com a passagem de um "excreta" solúvel do feto para o organismo materno, que o enviará ao exterior.

ureter. Em Vertebrados, canal que leva urina do rim à bexiga.

uretra. Canal que leva a urina da bexiga ao exterior. Nas fêmeas de Mamíferos, é independente da função sexual, mas nos machos também conduz esperma, na ejaculação, e passa por dentro do pênis.

úrico (ácido). Excreta nitrogenado dos animais Uricotélios (Insetos, Répteis e Aves).

uricotélico. Animal excretor de ácido úrico. Como este é pouco solúvel em água, sua excreção possibilita retenção de água, fato importante para um animal de meio terrestre, como os Insetos, os Répteis e as Aves. Os embriões de Répteis e de Aves acumulam ácido úrico, pouco tóxico, no alantoide, dentro da cápsula do ovo.

uridina. Nucleosídeo (uracila + ribose).

Urocordados. Sin. de Tunicados, classe do subfilo Protocordados. Os adultos são pequenos animais fixos a rochas marinhas, com dois sifões (aberturas) por onde a água entra e sai. São envolvidos por uma túnica resistente formada por uma substância semelhante à celulose. Não têm notocórdio e nem cauda. Vulgarmente, são ascídias. As larvas, paradoxalmente, são mais complexas, com cauda, com notocórdio e têm vida livre. Todas as espécies são marinhas.

Urodelos. Subclasse de Anfíbios com cauda, representados pelas salamandras e pelos tritões. Há cerca de 350 espécies.

uropigeana, glândula. Estrutura encontrada nas aves, na epiderme da parte superior e posterior do corpo, acima da base da cauda. Produz óleo impermeabilizante das penas. Patos, gansos e outras aves aquáticas são exemplos.

uróstilo. Osso longo formado pela união de várias vértebras; é o final da coluna vertebral dos Anfíbios Anuros (sapo, rã, perereca).

urso. Nome vulgar de Mamíferos, ordem Carnívoros. Ex.: gêneros Ursus (região Neártica e Paleártica).

urso-polar. Gênero Thalarctos, circumpolar no Ártico, com pêlo branco.

urtiga. Nome vulgar de Angiospermas Dicotiledôneas, fam. Urticáceas, gêneros Urtica e Urere.

urubu. Nome vulgar de Aves, ordem Catarditiformes. Ex. gêneros Cathartes (urubu de cabeça vermelha) e Coragyps.

urubu-rei. Nome vulgar de Aves, ordem Catarditiformes. Ex. gênero Sarcoramphus.

urucu. Sin. de colorau.

urutau. Nome vulgar de Aves, ordem Coraciiformes. Ex. gênero Nyctibius.

urutu ou urutu-cruzeiro. Nome vulgar de cobras peçonhentas. Ofídios, gênero Bothrops.

uso e desuso. V. lamarquismo.

uterina, mucosa. V. endométrio.

útero. Órgão oco, com parede muscular (músculo liso), das fêmeas dos Mamíferos vivíparos, onde se desenvolve o embrião. Órgão que recebe o embrião inicial que se implanta no endométrio e a partir daí se desenvolve, crescendo no sentido da luz uterina. A parede uterina tem três camadas; a mais externa é o perimétrio ou paramétrio, epitelial; a mediana é o miométrio, com musculatura lisa e mais espesso; a terceira, mais interna, é o endométrio, onde o embrião se implanta.

Utricularia. Nome vulgar de Angiospermas Dicotiledôneas, fam. Lentibulariáceas, gênero Utricularia, com espécies aquáticas e carnívoras.

úvula. Prolongamento do palato mole na região do nasofaringe. Vulgarmente, é a campainha.

V

vaca-louca. V. encefalopatias espongiformes e V. príon.

vacina (Lat. vacca = vaca). Produto imunizador com antígeno morto ou atenuado, incapaz de provocar grande dano. Ao ser introduzida, causa ativa e duradoura produção de anticorpos contra o antígeno invasor. É usada como prevenção de doenças infecciosas a longo prazo ou como reforço de imunidade já estabelecida.

vacina. Fornecimento de antígenos a um indivíduo que em resposta produzirá anticorpos específicos. É um processo imunitário preventivo e ativo.

vacínia. Afecção causada por vírus de DNA, gênero Orthopoxvirus, família Poxviridae. É uma infecção eruptiva que afeta as vacas leiteiras e o vírus é a origem da produção da vacina contra a varíola.

vacúolo. Vesícula citoplasmática, visível ao M.O.

vacúolo autofágico. Vacúolo digestivo que envolve um organócito da própria célula e vai hidrolisá-lo.

vacúolo contrátil. Sin. de vacúolo pulsátil. Existente no citoplasma de Protozoários de água doce e em células de esponjas também dulcícolas. Recebe lentamente a água que entra na célula por osmose e depois se contrai rápida e fortemente, expulsando essa água. Isto é repetido de modo rítmico, evitando a plasmoptise.

vacúolo de reserva. Vacúolo citoplasmático armazenador de substâncias alimentícias. Por ex.: acumula lipídios nas células adiposas ou adipócitos.

vacúolo de suco celular. Grande vacúolo no citoplasma de células vegetais. Sua hipertonia atrai osmoticamente água para a célula. Tonoplasto é o nome de sua membrana.

vacúolo digestivo. Sin. de lisossoma secundário.

vacúolo pulsátil. Sin. de vacúolo contrátil (q.v.)

vagalume. Tipo de Insetos ordem Coleópteros. Ex.: besouros do gênero Pyrophorus.

vagina. Canal que vai da vulva ao útero nas fêmeas de Mamíferos.

vago ou pneumogástrico. Décimo par de nervos cranianos e o principal tipo de nervo do sistema parassimpático.

VAL. Abreviatura convencional do aminoácido valina.

valina. Aminoácido. Abrev.: VAL, símbolo: V. Código genético (RNA-m): GUU, GUA, GUC e GUG.

valor adaptativo ou seletivo. Ou Aptidão Darwiniana. Somatório de vantagens e desvantagens genéticas que determinam a capacidade de um ser vivo sobreviver e se reproduzir em um dado meio.

válvulas atrioventriculares. Dobras de tecido cardíaco que guarnecem os orifícios átrioventriculares. Na sístole ventricular, se fecham impedindo o refluxo do sangue para os átrios. São duas: Mitral ou Bicúspide, à esquerda, e Tricúspide, à direita.

válvulas semilunares. Na entrada das artérias pulmonares e da aorta, fecham-se e impedem o refluxo do sangue aos ventrículos, na diástole cardíaca.

vampiro. Espécie brasileira de morcego hematófago: Desmodus rotundus.

variação. Diversidade de caracteres dos indivíduos de uma descendência ou de uma população. É a principal fonte da matéria prima para a ação da seleção natural.

variação contínua. Em genética, variação de um caráter quantitativo, como altura e peso corporal, em valores muito pequenos, desde um mínimo até um máximo. Em geral, resulta do somatório de poligenes e/ou da ação ambiental.

varicela-zoster. Sin. de catapora. Doença causada por vírus de DNA, gênero Varicellavirus, família Herpesviridae.

variegada. Folha com manchas irregulares, claras e escuras. Pode ser caso de mosaicismo (células com diferentes genótipos no corpo de um indivíduo) ou ação de vírus.

varíola. Ou alastrim. Doença causada por vírus de DNA, gênero Orthopoxvirus, famíla Poxviridae. Vírus praticamente extinto?

várzea, mata de. Parte da floresta amazônica temporariamente inundada, menos a mata de igapó.

vascular. Referente ou próprio dos vasos (sanguíneos, linfáticos, lenhosos e liberianos).

vasculares, plantas. Vegetais que possuem vasos lenhosos e liberianos. São as Pteridófitas, Gimnospermas e Angiospermas.

vasectomia. Método contraceptivo que consiste no corte cirúrgico dos dois canais ou vasos deferentes, interrompendo definitivamente a passagem dos espermatozoides. É uma esterilização masculina.

vaso (Lat. tubo). Tubo ou canal por onde passam líquidos. Os vasos vegetais, lenhosos e liberianos são formados pelo "empilhamento" de células alongadas. Os vasos, artérias e veias dos Vertebrados são formados de vários tecidos, com exceção dos capilares, com paredes de uma só camada de células epiteliais (endotélio).

vaso lenhoso. Tubo condutor do xilema, formado por células tubulosas mortas com paredes duras pela presença da linhina. Leva a seiva bruta ou inorgânica até as folhas. Há dois tipos: 1 – traqueídios, com menor calibre e paredes transversais entre as células e; 2 – traqueias, de maior calibre, sem paredes transversais.

vaso liberiano. Tubo condutor de seiva orgânica com células tubulosas vivas geralmente anucleadas, de paredes celulósicas e grande vacúolo. As paredes transversais são perfuradas por crivos, por onde passam grandes plasmodesmos. Cada célula de um vaso liberiano tem, justaposta, uma célula companheira, que participa ativamente da condução da seiva elaborada, das folhas para o resto do vegetal. Sinônimo de vaso crivado.

vasopressina. V. hormônio antidiurético.

vasos deferentes. Dois longos tubos que saem dos testículos, entram na região abdominal ventral, vão para trás, passam sobre a bexiga e se fundem em baixo dela, despejando seu conteúdo, o esperma, incluindo espermatozoides, na uretra.

vassoura-de-bruxa. Nome vulgar de Fungos Basidiomicetos do gênero Crinipellis. Praga do cacaueiro.

Vater, ampola de. Estrutura formada pela união do canal colédoco e do canal de Wirsung na parede do duodeno.

veado. Nome vulgar de Mamíferos, ordem Artiodátilos. Gêneros: Mazama (veado mateiro, brasileiro), Odocoileus (americano) e Cervus (europeu).

vegetação. Aspecto paisagístico, global, morfológico de um conjunto de plantas numa região: floresta, savana, campo ou campina, manguezal etc.

Vegetativo, Sistema Nervoso. V. Autônomo, Sistema Nervoso.

veia (Lat. vena=veia). Vaso sanguíneo aferente ao coração. Traz sangue dos tecidos ou do aparelho respiratório para um átrio.

veias jugulares. Duas veias do pescoço que retornam o sangue venoso da cabeça para a veia cava superior e, por ela, ao átrio direito.

veias pulmonares. Veias que levam sangue arterial dos pulmões para o átrio esquerdo. V. cavas.

velame. Estrutura que absorve a umidade do ar, nas raízes aéreas de orquídeas.

veliger. Larva de Moluscos Gastrópodos (caramujos).

venoso. 1) Referente às veias. 2) Sangue praticamente sem oxigênio.

ventrículo cardíaco. Câmara cardíaca de forte parede muscular que envia o sangue por uma artéria, para fora do coração. Nos peixes, o único ventrículo envia sangue venoso para as brânquias. Na maioria dos demais

Vertebrados, o ventrículo direito envia sangue venoso para os pulmões e o esquerdo, sangue arterial para a Circulação Sistêmica.

ventrículo direito. Cavidade cardíaca que recebe sangue venoso do átrio direito e o envia para os pulmões pela artéria pulmonar.

ventrículo esquerdo. Cavidade cardíaca que recebe o sangue arterial do átrio esquerdo e o envia para a artéria aorta.

ventrículos cerebrais. Cavidades cerebrais, resultantes da dilatação da parte anterior do canal do tubo neural, onde circula o líquido céfalo-raquidiano. Há dois em cada hemisfério cerebral (primeiro e segundo ventrículos), um no diencéfalo (terceiro ventrículo) e um no bulbo (quarto ventrículo).

vênula. Veia de pequeno calibre que resulta da união dos capilares após irrigação dos tecidos ou trocas de O_2 e CO_2.

verme-marinho. Nome vulgar de Anelídeos, classe Poliquetas. Nereis é um gênero típico. Eunice (palolo, comestível em Samoa) é outro gênero importante.

verminose. Doença causada por vermes.

vernação. Sin. de prefoliação.

vértebra. Cada um dos 33 ou 34 pequenos ossos superpostos que constiutem a coluna vertebral humana.

Vertebrados. Subfilo de Cordados. Animais cujo notocórdio é substituído (geralmente de modo total) pela coluna vertebral, no interior da qual está a medula espinhal, nervosa. Presença de encéfalo cuja parte principal é o cérebro. Vertebrados são divididos em duas superclasses: 1) Agnatostomados (sem mandíbula, são os Ciclóstomos) e 2) Gnatostomados (com mandíbula, são os Condrictes, Osteictes, Anfíbios, Répteis, Aves e Mamíferos). Há mais ou menos 45.000 espécies.

verticilo. Conjunto de folhas que se inserem em um mesmo nó. As folhas modificadas que constituem a flor formam os verticilos florais. Sépalas, pétalas, estames e carpelos formam, respectivamente, cálice, corola, androceu e gineceu, de fora para dentro.

vesícula. Em Citologia: estrutura oca, envolvida por uma membrana menor que um vacúolo.

vesícula alantoica. Em Vertebrados, uma evaginação da parte posterior do tubo digestivo. Em Anfíbios, forma a bexiga urinária, e em Répteis, Mamíferos e Aves é anexo embrionário.

vesícula biliar. Bolsa anexa ao fígado do qual recebe a bile que depois lançará no duodeno, quando estimulada pela colecistoquinina.

vesícula coberta ou revestida. Endossoma cuja membrana tem clatrinas na sua superfície externa. V. Micropinocitose seletiva.

vesículas seminais. Dilatações, duas, em forma de bolsa, dos canais deferentes. Sua secreção, junto com a secreção da próstata, constitui o líquido seminal. Estruturas situadas na região quase final dos vasos deferentes que contribuem com frutose e outras substâncias para formação do esperma.

vesiculoso, a. Estrutura oca, resvestida por uma membrana, semelhante à membrana plasmática, cujo interior é líquido. Organócitos vesiculosos são as mitocôndrias, os plastos, sistema de Golgi, lisossomas, RER, REL etc.

vespa. Ou marimbondo. Nome vulgar de Insetos, ordem Himenópteros. Exs.: gêneros Polistes, Polybia e Brachygaster.

vestíbulo. Porção anterior (inicial) e mais dilatada das fossas nasais. Pelos e a secreção de glândulas de suas paredes impedem ou diminuem a entrada do pó.

vestigial, órgão. Estrutura que foi bem desenvolvida e funcional em um ancestral, mas hoje, reduzida, e até não funcional, em seus descendentes. Os órgãos, ancestral e vestigial, são homólogos.

vetor. Organismo que transmite um parasita para um hospedeiro.

vibrião. Bactéria de forma encurvada, mais ou menos como a vírgula.

Vibrio. Gênero de bactérias com a espécie V. cholerae, causador do cólera. É um vibrião.

vida livre. Expressão que designa os seres vivos que não são parasitas.

vieira. Nome vulgar de Moluscos classe Lamelibrânquios. Ex.: gênero Pecten.

vigor híbrido. Sin. de heterose.

vilosidades. 1) (intestinais) Pregas da mucosa intestinal, em forma de dedo de luva, contendo arteríola, vênula e vaso linfático. Aumentam muito a superfície de contato entre o conteúdo intestinal, quilo e a mucosa, facilitando a digestão e a absorção dos alimentos. 2) (coriais ou coriônicas) pregas placentárias embrionárias que mergulham em "lagos" de sangue materno no útero.

vimblastina. Alcaloide que despolimeriza e desmancha microtúbulos.

vinculação. Sin. de "Linkage".

vírion. Vírus inteiro, com seu ácido nucleico (DNA ou RNA) e seus envoltórios.

viróides. Agentes infecciosos de plantas. Quimicamente, são moléculas de RNA circular, de filamento único, sem envoltório proteico. Não codificam proteínas e se replicam com o auxílio de enzimas da célula infectada.

virose. Nome genérico de doenças causadas por vírus.

vírus. Microorganismos geralmente menores que as bactérias e que possuem um só tipo de ácido nucleico; DNA ou RNA. Têm uma capa envoltora de proteínas (cápside ou capsídio) e às vezes há uma membrana plasmática derivada da célula que tinha sido infectada (vírus envelopados). Vírus são parasitas intracelulares obrigatórios; não têm ribossomas, não produzem ATP e só se reproduzem dentro de uma célula. Há três grandes categorias de vírus: 1) de DNA, 2) de RNA e 3) Retrovírus, que além do RNA faz transcriptase reversa.

vírus de DNA. Seu material genético é o DNA. Exs.: bacteriófagos, vírus da catapora, hepatite B, herpes, papiloma e varíola.

vírus de RNA. Seu material genético é o RNA. Exs.: HIV, HTLV, arbovírus, vírus de caxumba, dengue, febre amarela, encefalite, ebola, gripe, hepatite A e C, hidrofobia, poliomielite, rubéola, sarampo, hantavírus. Alguns deles são também retrovírus, como por ex. HIV, HTLV e ebola.

vírus encapsulados ou envelopados. Vírus com envoltório fosfolipídico e proteínico.

vírus temperado. ou não virulento – É o que está em ciclo lisogênico.

vírus, sistemática de. Cerca de 55 famílias (sufixo viridae) das quais 22 parasitam Vertebrados. As subfamílias têm sufixo virinae.

visão binocular. Visão de um objeto focando os dois olhos sobre ele. É essencial para visão tridimensional e avaliação correta de distâncias. É típica de predadores e arborícolas.

visão ou "vison". Nome vulgar de Mamíferos, ordem Carnívoros, gênero Mustela. No mesmo gênero fica o arminho.

vitalismo. Hipótese antiga da existência de um princípio não material, a Força Vital, que torna os seres vivos essencialmente diferentes dos seres não vivos.

vitamina. Categoria de substâncias orgânicas de natureza química variada que complementam a nutrição em doses muito pequenas. Frequentemente fazem parte de coenzimas e não têm papel plástico e nem energético.

vitamina A. Ou axeroftol ou retinol. Vitamina lipossolúvel. Age na formação dos pigmentos visuais e na manutenção da estrutura dos epitélios. Carência: xeroftalmia, cegueira noturna, pele seca. Fontes: fígado, gema de ovo, manteiga, hortaliças verdes, cenoura, pimentão. Os vegetais não tem vitamina A e sim a provitamina A (caroteno).

vitamina B1. Ou tiamina ou aneurina. Vitamina hidrossolúvel. Faz parte de coenzima de descarboxilases que atuam na mitocôndria (respiração celular). Carência: beribéri. Fontes: Fígado, cérebro, rim e cereais.

vitamina B2. Ou riboflavina. Vitamina hidrossolúvel, age na cadeia respiratória em flavoproteína. Carência: fotofobia, rachaduras na pele. Fontes: leite, ovos, fígado, cereais.

vitamina B6. Ou piridoxina. Vitamina hidrossolúvel, age nas transaminações, como coenzima. Carência: dermatite, distúrbios nervosos. Fontes: cereais, fígado e peixe.

vitamina B12. Ou cobalamina. Vitamina hidrossolúvel. Molécula muito grande e que contém cobalto. Age na síntese de DNA, RNA e proteínas. Carência: anemia perniciosa. Fontes: fígado, rim e cérebro.

vitamina C. Ou ácido ascórbico. Vitamina hidrossolúvel. Estimula o colágeno e o material intercelular em geral. Carência: escorbuto. Fontes: frutas cítricas, acerola, folhas verdes.

vitamina D. Na realidade, é um grupo de vitaminas lipossolúveis, das quais as mais importantes são a D2 (calciferol, de origem vegetal) e a D3 (colecalciferol, de origem animal). Estimulam a absorção intestinal de cálcio e ativam a formação de ossos e dentes. Carência: raquitismo. Fontes: fígado, óleos de peixes, leite e ação dos raios ultravioleta sobre o 7-desidro-colesterol da pele.

vitamina E. Vitamina lipossolúvel cuja forma química é o tocoferol. Age como anti-oxidante. Sua carência em alguns Mamíferos, como os ratos, provoca aborto, esterilidade e impotência sexual. Fontes: alimentos gordurosos e hortaliças verdes.

vitamina K. Vitamina lipossolúvel correspondente à naftoquinona. Favorece a formação da protrombina no fígado e portanto participa do mecanismo de coagulação do sangue. Carência: hemorragias. Fontes: alimentos gordurosos e folhas verdes.

vitamina PP. "Pellagra preventive", quimicamente nicotinamida. Vitamina hidrossolúvel, faz parte do complexo B. É parte da coenzima (NAD) de desidrogenases. Carência provoca a pelagra. Fontes: fígado, carnes e cereais.

vitaminas hidrossolúveis. Vitaminas do complexo B (B1, B2, B6, B12, PP) e vitamina C; seu excesso sai facilmente com a urina.

vitaminas lipossolúveis. A, D, E e K. Seu excesso se acumula no organismo causando hipervitaminose.

vitelo. Reserva nutritiva do óvulo e do ovo (célula-ovo). É usado na nutrição do embrião durante o desenvolvimento, em animais ovíparos e ovovivíparos. A quantidade e a distribuição do vitelo são importantes critérios para a classificação dos ovos, Sin. de deutoplasma.

vitória-régia. Nome vulgar de Angiospermas Dicotiledôneas, fam. Ninfeáceas, espécie Victoria amazonica. Planta aquática ornamental.

viúva-negra. Nome vulgar de aranha, gênero Latrodectus.

vivíparos. Animais de fecundação e desenvolvimento embrionário internos, na fêmea, de onde sai um indivíduo jovem com embriogênese completa. Os melhores exemplos são os Mamíferos Eutérios, Placentários, que fornecem proteção, calor e nutrição aos embriões durante o desenvolvimento. Uma exceção corresponde ao cavalo marinho, peixe (Osteicte) em que a fecundação e o desenvolvimento embrionário acontecem numa cavidade do corpo do macho.

Volvox. Gênero de Clorófitas com colônias móveis, com muitas células associadas.

Volkmann, canais de. Canaléculos ósseos que interligam os canais de Havers.

vulva. Região externa do aparelho genital feminino, compreendendo os grandes lábios, os pequenos lábios, o clitóris, a abertura da vagina e da uretra (separadas) e eventualmente o hímen.

W

W, cromossoma. Tipo de heterossoma ou cromossoma sexual existente nas fêmeas de muitas espécies de Aves e de Insetos da ordem Lepidópteros (borboletas e mariposa). Estas fêmeas são ZW e os machos são ZZ.

Wallace, linha de. Linha imaginária que passa pela Indonésia deixando a oeste as ilhas de Borneo e Bali (zona zoogeográfica Oriental) e a leste as ilhas de Celebes e Lombock (zona zoogeográfica Australiana).

Wegener. V. deriva continental

Wharton. V. gelatina de Wharton.

Wirsung, canal de. Leva o suco pancreático para o duodeno.

Wuchereria. Gênero de vermes do filo Nematódeos, cuja espécie W. bancrofti é causadora da filariose (elefantíase).

WWF. World Wildlife Fund. Organização não governamental, internacional que capta recursos para a conservação da natureza. A sigla foi substituída por WFN, World Fund for Nature.

X

X, cromossoma. Tipo de cromossoma sexual ou heterossoma existente em dose dupla (XX) na maioria das fêmeas dos animais. V. determinação sexual XO e XY.

X, e Y, cromossomas. Cromossomas sexuais. Têm partes homólogas e partes não homólogas; o cromossoma X é bem maior que o Y. Nas partes homólogas há genes comuns aos dois e que se distribuem como os genes autossômicos. Nas partes não homólogas há genes exclusivos de cada um, sem alelo no outro, com distribuição especial: os exclusivos do X são ditos Sex-linked e os exclusivos do Y são Holândricos. Nos indivíduos XY, masculinos, os cromossomos X e Y não se emparelham durante a meiose.

X frágil, síndrome do. Fenotipicamente é um retardo mental, podendo ir ao autismo. São frequentes a face alongada e grandes orelhas, e no adulto há testículos volumosos (macrorquidia). A causa visível é uma falha estrutural na extremidade subterminal do braço longo do crossoma X, onde há uma mutação. Acontece principalmente nos homens.

Xantofíceas. Sin. de Heterocontas. Algas unicelulares, solitárias ou coloniais, planctônicas, geralmente de água doce com plastos verde-amarelados.

xantofila. Pigmento carotenoide, amarelo, de células vegetais. Na fotossíntese funciona como pigmento auxiliar.

xantoplasto. Plasto amarelo, com xantofila.

xaxim. 1) Nome vulgar de samambaiaçu ou feto arborescente, grande samambaia da espécie Dicksonia sellowiana, uma Pteridófita com até 2m de altura. 2) Massa fibrosa escura que se forma na base do caule ou da raiz dessa planta; material usado para confecção de vasos e jardineiras.

Xenartros. Sin. de Desdentados, ordem de Mamíferos correspondentes a tatus, bichos-preguiças e tamanduás.

Xenopsylla. Gênero de pulga (inseto Sifonáptero) que transmite a bactéria (do gênero Yersinia) do rato para o homem, causando a peste bubônica.

xeroderma pigmentosum. Espessamento pigmentar da pele, agravado pelo sol, que degenera em câncer fatal. É causado por um gene letal, recessivo nas regiões homólogas dos heterossomas.

xerófilo. Ser adaptado à região seca.

xerófita. Planta adaptada à região seca.

xeroftalmia. Anomalia que caracteriza a avitaminose A. Queratinização da córnea, que fica opaca, determinando a cegueira.

xifópagos. Irmãos gêmeos univitelinos ou monozigóticos que nascem morfologicamente unidos.

xilema ou lenho. Conjunto de vasos lenhosos, condutores de seiva bruta ou inorgânica (água e sais minerais) da raiz para as folhas. O xilema é mais interno que o floema (vasos liberianos).

Xilófago. Organismos que se alimentam de madeira, inclusive perfurando-a. Exs.: cupins e Moluscos do gênero Teredo (q.v)

xilopódio. Estrutura subterrânea com gemas resistentes ao fogo, em plantas do cerrado. Após o incêndio, a planta "renasce".

xilose e xilulose. São duas pentoses; a primeira é aldose e a segunda é cetose.

Xylella. Gênero de bactérias cuja espécie X. fastidiosa causa a clorose variegada dos citros atacando as laranjeiras.

Y

Y, cromossoma. Tipo de heterossoma ou cromossoma sexual, existente nos machos de muitas espécies animais, inclusiva nos homens, determinando a masculinidade. Forma dupla XY. X tem 3.000 genes. Y tem apenas 26 e é o menor cromossoma humano.

Yersínia pestis. Espécie de bactérias (bacilo) causadoras da peste bubônica. São transmitidas do rato ao homem pela picada de pulgas da espécie Xenopsilla cheopis.

Z

Z, cromossoma. Tipo de heterossoma ou cromossoma sexual que aparece em dose dupla (ZZ) nos machos de muitas Aves e Insetos da ordem Lepidópteros (mariposas e borboletas). V. determinação sexual ZO e ZW.

z-linha. Limite entre dois sarcômeros numa miofibrila estriada.

Zabrotes. Gênero de besouro (Coleópteros) vulgarmente chamado de carunchos, cujas larvas se alimentam de feijões comuns (carioquinhas) armazenados.

Zaglossus e Tachyglossus. Gêneros de Mamíferos, ordem Monotremados. Ovíparos e sem útero. Mas os cérebros são grandes e com circunvoluções. Austrália e Nova Guiné.

zangão. Macho de abelha. É haploide, originado por partenogênese e tem vida curta.

Zea mays. Espécie do milho. Planta Angiosperma Monocotiledônea e da família Gramíneas.

zebra. Nome vulgar de Mamíferos, ordem Perissodátilos, gênero Equus (África).

zeína. Proteína do milho (Zea mays), deficiente em aminoácidos essenciais.

Zigomicetos. Grupo ou filo de Fungos com hifas que se espalham e a maioria não forma um corpo de frutificação carnudo. Algumas espécies formam micorrizas (q.v.). Exemplo Rhizopus, gênero com espécie chamada bolor preto do pão.

zigóteno. Subfase número dois da prófase I da meiose. Os cromossomas homólogos se emparelham (sofrem sinapse).

zigoto. Célula 2n cujo núcleo resulta da fusão do núcleo do gameto masculino com o núcleo do gameto feminino, ambos n. Em cada par de cromossomas do zigoto um é paterno e o outro é materno. Porém, como as mitocôndrias do zigoto vêm do óvulo, a contribuição materna total, em DNA, é maior. Além disso, nos Mamíferos, o Y tem menos genes que o X e os filhos (XY) têm menos genes do pai que as filhas (XX), onde as contribuições são iguais.

zimogênio. pré-enzima. Substância que ativada torna-se uma enzima. V. pepsinogênio.

zimogênio, grão de. Sin. de grão de secreção.

zinco. Elemento químico que entra na composição da anidrase carbônica, enzima existente na hemácia.

Zinjanthropus. Antigo nome do gênero atual Australopithecus.

zoé. Forma larvar de Crustáceos.

zooantroponose. Doença parasitária típica do homem e que pode ser transmitida a outros animais. Ex.: esquistossomose.

zoófago. Sin. de carnívoro.

Zoogeografia. Estudo da distribuição dos animais em nosso planeta, suas causas e seu significado.

Zoologia. Parte da Biologia que estuda os animais.

Zoonose. Doença parasitária de animais e que pode ser transmitida para seres humanos. Exs.: psitacose, hidrofobia, febre amarela silvestre, brucelose ertc.

zooplâncton. Plâncton consumidor que não faz fotossíntese. Formado por Protozoários, Microcrustáceos, larvas etc.

Zooxantelas. Algas unicelulares da ordem Pirrófitas ou Dinoflageladas, que fazem mutualismo com invertebrados aquáticos, dulcícolas.

zwitterion. Sin. de anfion. Íon duplo, positivo e negativo. Característico de aminoácidos com uma extremidade ácida ($-COOH \rightarrow COO^-$) e outra básica ($^-NH_2 \rightarrow NH_3^+$).

Zygnema. Gênero de Algas verdes, filamentosas, pluriceculares, dulcícolas (vivem na água doce); da ordem Zygnematales ou Conjugadas.

Raízes Etimológicas

abissal – Gr. abyssos = abismo, grande profundidade

abscisio – Lat. abscisio = corte, amputação

acanto – Gr. ákantha = espinho

ácaro – Lat. acarus = carrapato

aceas, aceae – sufixo de família em Botânica

aceptor – Lat. acceptor, que recebe

aceto – Lat. acetum – vinagre

acícula – Lat. aciicula = pequena agulha

acino – Gr. ákinos = bago de uva

acro – Gr. ákron = extremidade

cu – Lat. acus = agulha

cúleo – Lat. aculeus = agulhão, ponta

ad – Lat. ad = junto

adelfo – Gr. adelphos = irmão

aden, adeno – Gr. aden = glândula

adip – Lat. adeps = gordura

aer – Gr. aér, aéros = ar

afere – Lat. ad = para + fero = levar (para o centro)

aglutin – Lat. agglutinare = unir com cola

agro – Gr. agros = campo

ala, alado – Lat. ala = asa

alanto – Gr. allas, allantos = salsicha

albi – Lat. albus = branco

alcali – Árabe, AL-kali = potassa

alcool – Árabe, AL-kahul

alelo – Gr. alleton = um e outro

ales – sufixo de ordem em Botânica

aleuron – Gr. aleuron = farinha

algia – Gr. algos = dor

alo – Gr. allós = diferente, outro

ambula – Lat. ambulare = andar

ameba – Gr. amoibé = o que muda

amilo – Gr. amylon = farinha de trigo feita sem mó

âmnio – Gr. ámnion = água corrente

an – Gr. an = não

ana, aná – Gr. aná = para cima

anabol – Gr. anabolé = amontoado, empilhado

ancilo – Gr. agkylos = aderente

andro – Gr. anér, andrós = homem

andro – Gr. andros = masculino

anel, anelid – Lat. annellus = anel

anem – Gr. ánemos = vento

anfi – Gr. amphi = duplo

anfótera – Gr. amphóteros = um e outro

angio – Gr. aggeíon = vaso, no sentido de recipiente ou de tudo

aniso – Gr. ánisos = desigual

anófele – Gr. anópheles = prejudicial, doloroso

anômalo – Gr. anômalos = anormal

anoplo – Gr. anoplos = desarmado

anser – Gr. anser = ganso

antera – Gr. antherón = florido

anti – Gr. anti =contra

anto – Gr. ánthos = flor

antro – Gr. ántron = caverna, antro

antropo – Gr. ánthropos = homem

ápice – Lat. apex = cume, ápice

apo – Gr. apo = separação, afastamento, a partir de

aracn – Gr. aráchne = aranha

arca, arque – Gr. arché = começo

ard – Lat. ardea = garça

argent. Lat. argentum = prata

argi, arge – Lat. argentum e Gr. argyros = prata

arque, arqui – Gr. arché = princípio, primitivo

arreno – Gr. árren, árrenos = macho, viril

artio – Gr. arthion = par

artro – Gr. árthron = articulação

ascaris – Gr. askaris = verme intestinal

asci, asco = Gr. askkós = odre, barril

ase – sufixo de enzima

aspart – Lat. asparagus = aspargo

áster, astral – Gr. ástron = astro, corpo celeste

atav – Lat. atavus = tataravó

ater – Gr. atheré = papa

ateroma – Gr. athéroma = farinha grossa, sêmola

atria – Gr. iatreia = cura, tratamento

atro – Gr. atros = negro

austral – Lat. australus = sulista

auto – Gr. autos = próprio, por si mesmo

auxi – Gr. áuxo = crescer

axon – Gr. áxon = eixo

bacilo – Lat. bacillum = bastonete

bactéria – Gr. bakteria = bastão

balan – Gr. bálanos = glande, cabeça do pênis

balantid – Lat. balantidium = bolsa pequena

bari, baro – Gr. barós = peso

bati, bato – Gr. bathýs = profundo

bent – Gr. bénthos = profundo

beri – Cingalês beri = debilidade

bio – Gr. bios = vida

blasto – Gr. blastós = germe, embrião jovem

blata – Lat. blatta = barata

blefar – Gr. blépharon = pálpebra

blen, bleno – Gr. glénna = fluxo viscoso

bócio – Fr. bosse = protuberância

botan – Gr. botáne = erva

botr, botro – Gr. bóthrops = fossa

botri, botrio – Gr. bothrion = fosseta, fenda

bradi – Gr. bradis = lento

braqui – Gr. brachýs = curto

braqui, braquio – Lat. brachim. Gr. Braichion = braço

brevi – Lat. brevis = curto

brio – Gr. Bryon = musgo

bursa – Lat. brusa = bolsa

butir – Gr. Boutyron = manteiga

caduc – Lat. Cadere = cair

caimbr, cãibr – Alemão krampf, de krimpen = contrair

calazar – Hindustani, kala = negra + azar = febre, doença

calc = Lat. calcium = cálcio

calcul – Lat. calculus = pedrinha

cali – Lat. kalium = potássio

caliptr – Gr. Kalyptra = dedal

campil – Gr. Kampylos = curvo

câncer – Lat. câncer = caranguejo, em Gr. Karkkinos

capsa, capsi – Lat. capsa = cápsula

carcino – Gr. Karkinos = carangujejo

cárdia – Gr. Kardia = coração

carena, Carina – Lat. Carina = quilha

carid – Gr. Karidion = camarão

carie – Lat. caries = podridão

cario – Gr. Káryon = núcleo, noz

caro – Gr. Karótides, de káros = estupor, sono profundo

carota – Lat. carotta = cenoura

carp – Gr. Karpos = fruto

carp ,carpo – Gr. Karpós = punho

carpel – Lat. carpellum = frutinho

cartilagem – Gr. chóndros

casei, caseo – Lat. caseus = queijo, refere-se também a leite

casein – Lat. caseum = queijo

cata – Gr. Katá = para baixo, regressão

cataabol – Gr. Katabolé = atirar de cima para baixo

catarse – Gr. Kátharsis = limpeza

cebi, cebo – Lat. cebus = macaco

ceco – Lat. caecum = cego

céfalo – Gr. Kephalé = cabeça

cele, Celi, celo – Gr. Koilos = oco, cavidade

celu – Lat. cellula, diminutivo de cella = compartimento, cela

ceno – Gr. Kainos = recente

ceno – Gr. Koinós = em comum

centese – Gr. Kéntesis = punção

cepa – Lat. cuoous = marco, significando linhagem estirpe

ceptivo – Lat. concepere = conceber

cerca, cerco – Gr. Kérkos = cauda

cerebelo – Lat. cerebellum = cerebrozinho

cero, cera – Gr. Kéras = chifre, por extensão, antena

cervic – Lat. cervix, cervicis = pescoço

cesto – Gr. Kestós = fita

cetac – Gr. Keetos = baleia

ciano – Gr. Kyanos = azul

ciat – Lat. sciaticus = relativo ao ísquio ou ao quadril

ciclo – Gr. Kýklos = circulo

cida – Lat. Cida = matador, de caedo = matar

cílio – Lat. cilium = cílio

cinese – Gr. Kinesis = movimento

cineto – Gr. kinesis = movimento

circa – Lat. circa = em volta de

cirri, cirro – Lat. = scissus = dividido

cisto – Gr. kýstis = vesícula

cito – Gr. kytos = célula

citri, citro – Lat. citrum = limão

clami, clamídia – Gr. chlamys = manto

clasi, clasia – Gr. klásis = ruptura, fratura

clasma – Gr. klasma = fragmento

clasto – Gr. klastós = quebrado

clatri – Lat. clatri, orum = grades, entrelaçamentos

cleist – Gr. kleysto = fechado

clini – Gr. Kline = leito

clise, cliso – Gr. klýsis = alargamento

clitor – Gr. kleitoris = clitóris

cliv – Lat. clivus = fenda, racha

cloaca – Lat. cloaca = esgoto

cloro – Gr. chlorós = verde

clostri – Gr. klóster = fuso

cnida – Gr. knide = urtiga

co – Lat. cum = companhia, contigüidade

coana, coano – Gr. chóanos = funil, colarinho

cóccix – Gr. kókkyx = cuco; semelhante ao bico do cuco

cóclea – Lat. cochlea = caracol

coco, cocci, coccu – Gr. kókkos = grão

códon – Lat. codex = registro, código, livro

cola – Lat. cola, sufixo referente a ambiente

cola, colo – Gr. kólla, goma

cole – Gr. cholé = bílis

coleo – Gr. koleós = estojo

coli – Gr. kolikós = cólon

colo – Lat. collum = pescoço

colon, coli – Gr. kólon = intestino grosso

columb – Lat. columba = pomba

comensal – Lat. comensale = que come junto

côndilo – Gr. kóndylos = nó nos dedos

condri – Gr. chondros = grão

condro – Gr. chóndros = cartilagem

conectivo – Lat. connectere = unir. Conectivo = conjuntivo

copro – Gr. kópros = fezes

cora, coro – Gr. chorá = região

corda – Gr. Chordé = corda ou cordão

corio – Lat. coriium = couro, pele

cormo – Gr. kormós = tronco

corona – Lat. corona = coroa

córtex – Lat. córtex = casca

creno – Gr. kréne = fonte

crino – Gr. krinos = lírio

crino, crina – Gr. krino = segregar, secretar

crio – Gr. krýos = frio

cripta, cripto – Gr. kryptós = escondido

criso – Gr. chrysós = ouro

crito – Gr. krites = separador, juiz

croma, cromo – Gr. Chroma = cor

crono, croni – Gr. chrónos = tempo

crossing over – Ingl. sobrecruzamento ou permuta

crotal – Gr. Krótalon = guizo

crusta – Lat. crusta = crosta, carapaça

cten, cteno – Gr. Klenos = pente

cunei, cuneo – Lat. cuneus = cunha

cuni – Lat. cunnus = vulva

datilo – Gr. Daktylos = dedo

deca, deci – Gr. Deka = dez

decídua – Lat. decídua = o que cai

decúbito – Lat. decumbere = deitar

deiscen – Lat. dehiscene = abrir-se

delfo – Gr. Delphýs = útero

demo – Gr. Démo = povo

dendri, dentro – Gr. déndron = árvore

derme, derma – Gr. derma = pele

desma, desmo – Gr. desmós – laço, ponte

deuto – Gr. deúte4ros = segundo, secundário

dextro – Lat. Dexter = direita

di – Gr. dis = em dois

dia – Gr. dia = através, separação

diástole – Gr. diástole = dilatação, expansão

diatom – Gr. diatomé = cortar em dois

dicti – Gr. diktyon = rede

dídimo – Gr. didymos = gêmeo

diérese – Gr. diaíresis = divisão

digit – Lat. digitus – dedo

dine – Gr. dine = turbilhão, rodamoinho

dino – Gr. deinós = terrível

diplo – Gr. diploós = duplo

dipsi, dipso – Gr. dipsa = sede

dis – Gr. dys = prefixo indicando dificuldade, imperfeição

doco – Lat. duco = levar, conduzir

dolico – Gr. dolichós = longo

dracunc – Lat. dracunculus = pequeno dragão

drepano – Gr. drepáne = foice

drome, dromo – Gr. dromein = correr

droso – Gr. drosós = orvalho. Inadequado para drosófila

duct, ducto – Lat. ductus = canal, de ducere = guiar

duoden – Lat. duodenum = com doze dedos (ref. ao comprimento)

e – Lat. ex = fora

eco – Gr. oikos = casa

ecto – Gr. ektós = fora

ectom – Gr. ektomé = excisão, retirada

edes – Gr. hedýs = agradável, válido para Aede

edro – Gr. hédra = banco, cadeira

efere – Lat. ex = fora + fero = levar (centrífugo)

eido, eidos – suf. Gr. eidos = semelhante, em forma de

elaio – Gr. élaion = azeite

elasm – Gr. elasmós = lâmina

élitro – Gr. élytron = coberta, bainha

embrio – Gr. émbryon = feto

emo, emia – Gr. haima = sangue

en – Gr. em = dentro

endo – Gr. éndon = dentro

enta – Gr. entós = dentro

entero – Gr. énteron = intestino

entomo – Gr. éntomon = inseto

eo – Gr. éos = aurora

ependim – Gr. epéndyma = capa, roupa de cima

epi – Gr. epi = sobre

epino – Gr. epi = sobre, naio, habitar

equino – Gr. echinos = ouriço

equu, equi – Lat. equus = cavalo

erg, ergo – Gr. érgon = trabalho

eritem – Gr. erýthema = vermelhidão

eritro – Gr. erythrós – vermelho

erro – Gr. Eros = amor

eruct – Lat. eructaatio = arroto

escaf – skáphos = bote, barco

escato – V. scato

escio, escia – Gr. skia = sombra

esclero – Gr. sklerós = duro

escole – Gr. scólex = verme, mais específico, a cabeça dele

escorbuto – Lat. escorbutus

escorp – Lat. scorpio = escorpião

escrot – Lat. scrotum = bolsa

esfen – Gr. sphen = cunha

esfinct – Gr. sphinkter = unir firmemente

esôfago – Gr. oisophágos

espeleo – Gr. spéleos = caverna

esperma – Gr. sperma – semente

espir – Gr. speira = espira

espiro – V. spiro

esplancn – Gr. splágchnon = víscera

esplen – Gr. splén = baço

espondil – Gr. spóndylos = vértebra

espong, esponj – Gr. spóggos = esponja

esporo – Gr. sporá = semente

esquist – V. schist

esquiz - Gr. schizo = dividir

estafilo – Gr. staphylé = cacho de uva

estase – Gr. stásis = imobilidade, parada

estato – Gr. statós = parado

estea – Gr. stéar, steatos = gordura

esteato – V. steato

estelo, stelo – Gr. stele = coluna

esteno – Gr. sténosis = estreitamento

esteno – V. steno

estéreo – Gr. sstereós = sólido

esterno – Lat. stemum = osso do tórax

estoma – V. stoma

estoma, stoma – Gr. stoma = boca

estrepto – V. strepto

estrig – Gr. strix = coruja

estro – Lat. oestrum = ardor, calor sexual

estrob – Gr. stróbilos = pinha, "fruto" do pinheiro

estroma – Gr. stróma = manta, tapete

estrong – Gr. strongýlos = redondo

eta – Lat. aetas = idade

etio, etiol – Gr. aitios = autor, causador

eto – Gr. éthos = costume, comportamento

eu – Gr. eu = bem, afirmativamente

euri – Gr. eurýs = largo

ex – Gr. ex = fora

exantem – Gr. ex = fora, ánthema = florescência

excis – Lat. ex = fora, cedere = cortar

excreta – Lat. escreta, plural de excretum = separado

exo – Gr. ex = fora

exumaç – Gr. ex = fora. Lat. húmus = terra

fago, fagia – Gr. phágo = comer

falc, falci – Lat. falx, falcis = foice

falci – Lat. Falx, falcis = foice

falo – Gr. Phallus = pênis

fanero – Gr. Phanerós = visível, aparente

fasciol – Lat. fasciola = faixina

felaç – Lat. fellatio = ação de sugar, chupar

feno, fen – Gr. phaino = aparecer

feo, fei – Gr. phaiós = pardo, escuro

fero – Lat. fero = levar

ficea – Gr. phýkos = alga

fico – Gr. phýkos – alga

fila, filo – Gr. phylllón = folha

filax – Gr. phylaxis = proteção

filici – Lat. filix = feto, samambaia

filo – Gr. philos = amigo

filo – Lat. phylum, Gr. phýlon = raça, tribo, grupo

fimos – Gr. phimós = mordaça

fio – Gr. phyein = produzir

fissa, fiso – Gr. phýsa = ar

fise – Gr. phýsa = fole, pulmão

fita, fito – Gr. phytón = planta

flagel – Lat. flagellum = chicote

flavi, flavo – Lat. flavus = louro, amarelo

fleb – Gr. phléps, phlebós = veia

floema – Gr. phloiós = casca

fobo, fobia – Gr. phóbos = inimigo, medo

folículo – Lat. folliculum = bolsinha ou pequena vagem

fon, fono – Gr. phoné = som, voz

forame – Lat. forâmen = orifício

forese – Gr. phóresis = transporte

foro – Gr. phorós = que leva, que conduz

fosfo, fosfa – Gr. phósphoron = fósforo

foto – Gr. phós = luz

fove – Lat. fóvea = fosso, buraco

fragma – Gr. phrágma = parede, cerca

fren – Gr. phrén = mente

frut – Lat. fructum = fruto

fugo – Lat. fugare = fugir, afugentar

fung – Lat. fungus = cogumelo

fusca, fusco – Lat. fuscus = escuro fosco

galact – Gr. gála, gálaktos = leite

gameto, gameta – Gr. gametés = esposo

gamo, gamia – Gr. gamos = casamento

gangl – Gr. gánglion = nó

gastr – Gr. gáster = estômago

gel – referente a agelatina

gema – Lat. gemma = broto

gênese – Gr. génesis – formação, nascimento

genit – Lat. genitália = órgãos sexuais

geno – Gr. gennaó = que gera

geo – Gr. ge = terra

geria – Gr. géras = velhice, géron = velho

giber – Lat. gibber = corcunda

giga – Gr. gigas = gigante

gimno – Gr. gymnós = nu

gine, gineco – Gr. gyné = mulher

gira, giro – Gr. gyrós = curvo, redondo

girino – Gr. gyrinos = larva de sapo

gland – Lat. glândula = glândula

gland – Lat. Glans, glandis = bolota, cabeça de pênis, glande

gleno – Gr. glénos = pupila, menina do olho

glia – Gr. gloiós = cola

glicer – Gr. glykerós = de sabor doce

glici, glice – Gr. glýkys = doce, açúcar

glifa, glifo – Gr. Glyphé = entalhe

globo, globu – Lat. Globus = esfera

glomerul – Lat glomerulus = pequeno novelo

glossa, glossi – Gr. glóssa = língua

gluta, glute – Lat. glúten = grude

gnato – Gr. gnathos = mandíbula, queixo

gnose – Gr. gnósis = conhecimento

gogia, gogo = Gr. agogé = condução

gona – Gr. gónos = semente

gono – Gr. gónos = referente a reprodução

gradi, grado – Lat. fradus = passo, grau, gradação

grafi – Gr. grápho = escrever, descrever

grama – Gr. grámma = registro, inscrição

grami – Lat. gramen = relva, capim

grânulo – Lat. granulum = grãozinho

graxo – Lat. grassia = gordura

gregar – Lat. gregarius = referente ao rebanho

hal, halo – Gr. háis = sal

haplo – Gr. haploós = simples

hapto – Gr; haptein = agarrar, firmar

hebe – Gr. hebe = juventude

hecto – Gr. hekatón = cem

helio – Gr. hélios = sol

helmin – Gr. hélmins = verme

hemera – Gr. Heméra = dia

hemi – Gr. hemi = meio, metade

hemo, hemia – Gr. haima = sangue

hepato, hepar – Gr. hépar = fígado

hermafrodita – Lat. hemaphrodidtus (Hermes + Afrodite)

herpes – Gr. hérpes = rastejar, serpentear

herpes – Gr. herpes = réptil

hetero – Gr. héteros = diferente

hexa, hexo – Gr. héx = seis

hialo, ialo – Gr. hialós = transparente, translúcido como vidro

hiber – Lat. hiberna = inverno

hidatid – Gr. hydális = gota d'água

higi – Gr. hygiés = são, sadio. Gr. hygieia = saúde

higr – Gr. hygrós = úmido

hímen – Gr. hymén = membrana

hiper – Gr. hýper = acima de

hipno – Gr. hýpnos = sono

hipo – Gr. hýpo = abaixo de

hipo – Gr. hippos = cavalo

hirsut – Lat. hirsutus = peludo

hirud – Lat. hirudo = sanguessuga

hister – Gr. hystéra = útero

histio, istio – Gr. histion = tecido

holo – Gr. hólos = todo, inteiro

homeos – Gr. homoios = semelhante, igual

homo – Gr. homós = semelhante, igual

homo – Lat. homo, hominis = homem

hopl – Gr. hoplon = arma

hormon – Gr. homáo = exciter

iatria, iatro – Gr. iatréia = cura, medicina; Gr. iatrós = médico

icteric – Gr. ikteros = amarelidão

icti, icte – Gr. ichthýs = peixe

idae – sufixo de família em Zoologia

idio – Gr. idios = peculiar

idio – Gr – idios = peculiar, próprio

íleo – Gr. elleo = enrolar

ilia, ílio – Lat. ilia = flancos

im, in – Lat. in = para dentro

imunid – Lat. Immunis = livre, isento

inae – sufixo de subfamilia em zoologia

infra – Lat. infra = abaixo

ini – sufixo de tribo em Zoologia

insula – Lat. insula = ilha

inter – Lat. inter = entre

isso – Gr. isos = igual

isquem – Gr. ischaimos = que pode deter o sangue

ísquio – Gr. ischion = anca

ísquio – Gr. ischion = anca

ite – suf. Gr. = inflamação

jejuno – Lat. jejunum = jejum

kalazar – V. calazar

kwashiorkor – Ashanti, dial.afric.kwashi = criança, orkor = vermelho

lab – Alemão, lab = coalho, coalheira

labil – Lat. labilis = instável

lacert – Lat. lacerta = lagarto

lacto – Lat. lac. Lactis = leite

lago – Gr. lagós = lebre

lamella – Lat. lamella = pequena lamina

laque – Lat. laqueare = enlaçar

lecit – Gr. lékhilos = gema de ovo

lema – Gr. lémma = pele

lepi – Gr. lepis = escama

leps – Gr. lépsis = ataque

lepto – Gr. leptós = delgado

leuco – Gr. leukós = branco

levo – Lat. laevus = esquerdo

libid – Lat. libido = desejo

limno – Gr. limnos = lago

linfa, linfo – Lat. limpha = linfa

linhi, ligni – Lat, lignum = madeira

lio – Gr. lýo = dissolver

lipo, lipi – Gr. lipos = gordura

líquen – Gr. leichén = líquen

lise – Gr. lýsis = dissolução, destruição

liss, lisso – Gr. lissós = liso

lito – Gr. lithos = pedra

lobo – Gr. lobos = lóbulo de orelha

loco – Lat. lócus = lugar

logia, logo – Gr. logos = tratado, estudo

lume, lumi – Lat. lúmen = luz

luteo, lútea – Lat. luteum = amarelo

macro – Gr. makrós = longo, comprido

malaci, malaco – Gr. malakia = moleza

maleita – Lat. maledicta = referindo-se á febre amarela

malo, mali – Lat. malum = maçã

malt – Ingl. malt = produto da semente da cevada

manti, manto – Gr. mantis = profeta

marsup – Lat. marsupium = bolsa

masti – Gr. mástix = chicote

masto – Gr. mastós = seio, mama

medula – Lat. medulla, tutano, ceme

mega – Gr. mégas = grande

meiose – Gr. meiosis = diminuição

mela, melan – Gr. melas = negro

mening – Gr. méninx = membrana

meno – Gr. mén, menos = mês. Válido para menstruação etc

mensa – Lat. mensa = mesa

meris, mero, lmeristema – Gr. merismós = divisão

mero – Gr. meros = parte ou pedaço

meso – Gr. mésos = meio

meta – Gr. metá = meio, entre, depois

metaabol – Gr. metábole = mudança, transformação

metástase – Gr. metástasis = emigração, mudança

metri, metra – Gr. métra = útero

mice, mico – Gr. mykes = fungo, cogumelo

micro – Gr. mikrós = pequeno

mieli, mielo – Gr. myelós = medula

miia – Gr. myia = mosca

mimet – Gr. mimetikós = imitativo

mio, mios – Gr. nýs, mýos = músculo

miracid – Gr. meirakidion = jovenzinho

miria – Gr. myria = dez mil

mirmec – Gr. murmekos = formiga

miso – Gr. misos = ódio, mýsos = sujeira, impureza

mito – Gr. mitos = fio, filamento

mixa, mixe – Gr. myxa = muco

misa, mixi – Gr. mixis = mistura

molusc – Lat. molluscus = mole

monera – Gr. monerés = solitário

mono – Gr. monos = um, único

morbi – Lat. morbus = doença

morfe, morfo – Gr. morphe = forma

morfin – Lat. Morpheus, deus do sono

morula – Lat. morus, diminutivo = mórula, amorazinha

moto – Lat. motus = movimento

muco – Lat. muçus = muco

mur, mure – Lat. murus = muro, parede

mus – Lat. mus = rato; musculus = ratinho

mutaç – Lat. mulatio = mudança

nano – Gr. nannós = anão

naso – Lat. nasus = nariz

nati, nato – Lat. natus = nascimento

natro – Lat. natrium = sódio

naupl – Lat. Nauplius = filho de Netuno (mitologia)

necat – Lat. necator = assassino

necro – Gr. nekrós = morto, cadáver

nect – Gr. nekton = capaz de natar

nefel – Gr. nephéle = nuvem

nefro, nefri – Gr. nephrós = rim

nema – Gr. nema, atos = fio, filamento

neo – Gr. néos = novo

neuro, Neuri – Gr. neúron = nervo

nexo, nexi – Lat. nexus = ligação, enlace

necti, nicta – Gr. nýx, nyktós = noite

nid – Espanhol, nido = ninho

ninfa, ninfo – Gr. nýmphe = noiva

nocti – Lat. nox = noite

nomo – Gr. nómos = lei

noto – Gr. nóton = dorso, costas

nucl – Lat. nucleus = caroço

núcleo – Lat. nucleus = caroço

nucleol – Lat. nucleolus = carocinho

nud, nudi, nudo – Lat. nudus = nu

nuli – Lat. nullis = nenhum

obstetr – Lat. obstetrix = parteira

ocip – Lat. occiput = oposto, contrário

octo – Gr. okto = oito

odon – Gr. ódooús = dente

ofi – Gr. ophis = serpente, cobra

ofto, oftalm – Gr. ophthalmós = olho

oico – Gr. óikos = casa

oide, oides – suf Gr. eidos = semelhante, em forma de

oidea – sufixo de superfamília em Zoologia

oideas, oideae – sufico de subfamília em Botânica

oligo – Gr. óligon = pouco

oma – Gr. omados = concentraação, conjunto, também designa tumor

oma – Gr. omma = olho

oma – radical de origem grega; conjunto ou tumor

omo – Gr. omos = ombro, espádua

onco – Gr. ónkos = farpa e também massa, tumor

oni, onic – Gr. ónyx = unha

onir – Gr. óneiros = sonho

onte, onto – Gr. ón, óntos = ser, organismo

oo – Gr. oón = ovo

opercul – Lat. operculum = tampa

opia – Gr. óps = olho

opist – Gr. ópisthen = atrás

opsia – Gr. ópsis = vista

opti, opto – Gr. óptos = visível

ora, oral – Lat. os, oris = boca

orex – Gr. órexis = apetite

organ – Gr. órganon = órgão

orni, ornit – Gr. ómis = ave

oro – Lat. os, oris = boca

orqui – Gr. órchis = testículo

orto – Gr. orthós = reto, direito

osmi – Gr. ormé = cheiro, aroma

osmos – Gr. osmós = impulso

oste, osteo – Gr. ostéon = osso

ostio – Lat. ostium = abertura, entrada

ostrac – Gr. ostrakon = concha

oti, Oto – Gr. oýs, otós = orelha

ovi, ovo – Lat. ovum = ovo

ovulo – Lat. ovulum = ovinho

ox – radical indicando oxigênio

oxal – Gr. oxalis = azedo

oxi, oci – Gr. okýs = agudo, ácido

pago – Gr. pagos = coisa fixada

paleo – Gr. palaiós = velho, amigo

palp – Lat. palpus = carícia, carinho

palu – Lat. palus = pântano, brejo

pan – Gr. pan = tudo

paqui – Gr. pachys = grosso

para – Gr. Pará = ao lado de

para, paro – Lat. parece = parir

paralis – Gr. parálysis = relaxamento dos nervos

paramecio – Gr. paramékes = oblongo

paridad = Lat. parere = parir, produzir

parteno – Gr.parthénos = virgem

pato, patia – Gr. pathos = doença

pausa – Gr. pausolé = fim, descanso

pé – Lat. pés, pedis = p´

pecilo – Gr. poikilos = variado

peciol – Lat. petiolus = pequeno pé

pecta, pecto – Gr. pektós = fixado

ped. Pedi – Lat. pés, pedis = pé, pata

pedi, pedo – Gr. pais, paidós = criança

pedo – Gr. pedon = solo

pelag – Gr. pélagos = oceano

pelagra – Lat. pellis = pele + Gr. ágrios = rude, selvagem

pelec – Gr. pélekis = machado

pelv – Lat. pélvis = bacia

penia – Gr. penia = penúria, pobreza

penicil – Lat. penicillus = pincel

penta – Gr. pénte = cinco

pepto – Gr. pépto = digerir

peri – Gr. Peri = ao redor

peta, peto – Lat. petere = procuraar, buscar

phlebo – Gr. phlébs = veia

picno – Gr. pyknós = espesso, grosso

pielo – Gr. pyelos = pelve

pige, pigi – Gr. pygé = nádega

pila, pile – Gr.pýle = porta

pin, pini – Lat. pinna = barbatana

pino – Gr. pino = beber

pio, pie – Gr. pýon = pus

pir, piro, piru – Gr. pýr, pyrós – fogo

piren – Gr. pyrén = grão, caroço

piret – Gr. pyretós = febre

piro, piru – Gr. pýr, pyrós = fogo

pirro – Gr. pyrrhótes = avermelhado

pisum – Lat. pisum = ervilha

pitec – Gr. pithekos = macaco

pituita – Lat. pituita = muco

plancto – Gr. plagtós = errante, em deriva

plasi – Gr. plásso = formar, formação

plasia – Gr. plásis = formação

plasma – Gr. plasma = obra modelada

plasto – Gr. plasstós = modelado

plat – Gr. platýs = chato

pleio – Gr. pleion = mais

pleo – Gr. pleion = mais

plero – Gr. plerósis = enchimento

plexo – Lat. plexus = trança

pluri – Lat. plus, pluris = muitos

pne, pnei – Gr. pnóia = respiração

pneu – Gr. pneúma = ar, por extensão, algo oco

pneumo – Gr. pneúmon = pulmão

podo, pode – Gr. poús, podós = pé, por extensão, pata e até apêndice

poiese, poese, poiet – Gr. pólio = fazer

poli – Gr. polýs = muito

pólio – Gr. pólios = cinzento (ref. ao material cinzento do SNC)

polip – Gr. polýpous = muitos pés

porfir – Gr. pórphyra = púrpura

pori, poro – Gr. poros = orifício

porta – Lat. porta = passaagem

post – Lat. post = depois

potam – Gr. Potamós = rio

prand – Lat. prandium = refeição

preda, predad – Lat. praedatore = caçador, predador

príon – Lat. prior = o anterior, o primeiro entre dois

pro – Gr. pró = antes, no sentido de primeiro ou primitivo

procel – Lat. procella = tempestade

procto – Gr. proktós = ânus

profilax – Gr. prophylaké = precaução

proso – Gr. proso = para adiante

prostet – Gr. prósthesis = adição

prot – Gr. prótos = primeiro, primitivo

proter – Gr. próteror = dianteiro

protes – Gr. próthesis = adição

proto – Gr. prótos = primeiro, o mais primitivo

psamo – Gr. psámmos = areia

pseudo – Gr. pseudés = falso

psic – Gr. psyché = mente, alma

psitac – Gr. psittakós = papagaio

pssor – Gr. psóra = prurido, coceira

ptero, pteri – Gr. pteron = asa e, por extenção, nadadeira

ptial – Gr. ptýalon = saliva

ptila – Gr. ptilon = pluma

ptise – Gr. ptýo = cuspir

pueri – Lat. puer = criança

putr – Lat. putris = podre

quadri – Lat. quattuor = quatro, quádruplo

queli, queilo, quilo – Gr. cheilos = lábio

quel, quelo l- Gr. chelone = tartaaruga

queta – Gr. chaite = cerda

quiasma – Gr. chiásma = disposição em X

quilo – Gr. chilioi = mil

quilo – Gr. chilós = suco

quimo – Gr. chymós – suco

quiro – Gr. cheir mão

quist – Lat. cystis = vesícula, saco

quitin – Gr. chitón = túnica

raqui – Gr. rháchis = coluna vertebral

rati – Lat. ratis = jangada

ren, renal – Lat. renes = rins

reo, reia – Gr. Rhéo = fluir, corer

rept – Lat. reptare = rastejar

retin – Lat. Rete = rede, teia

rexe – Gr. Rhéxis = ruptura

rin, rino – Gr. rhis, rhinós =nariz

rinco – Gr. rhygkhos = bico

riza – Gr. rhiza = raiz

rodo – Gr. rhódon = rosa

rroi – Gr. rhoia = fluxo

rub – Lat. ruber = vermelho

saacarí, sacaro – Gr. sáccharon = açúcar

salping – Gr. sálpinx = trompa

sapr. Sapro – Gr. saprós = podre

sarco – Gr. sarx, sarkós = carne

sativum – Lat. sativum = que se semeia ou cultiva

saturn – Lat. saturnus = chumbo

saur, sauro – Gr. Saúros = lagarto

scab – Lat. scabies = sarna

scato – Gr. skór, skatós = excrement

schist – Gr. Schistós = fendido, cortado, dividido

schizo – V. esquizo

scopia – Gr. skopéo = ver, examinar

sema – Gr. sema = sinal

semi, semio – Gr. semeion = sinal

seps – Gr. sépsis = putrefação

septa, septo – Lat. septum = parede, cerca

septic – Gr. septikós = putrefato

ser, ser – LaT. serum = soro

sial - Gr. sialon = saliva

ssigmo, sigma – Gr. sigma = letra S

silic – Lat. sílex = pedra

sim, sin – Gr. sým = junto

sinistr – Lat. sinister = funesto, desfavorável

síntese – Gr. synthesis = composição, formação

siren – Lat. sirena = sereia

siring – Gr. syrinx = tubo

sístole – Gr. systole = contração

sita, sito – Gr. sition = alimento, trigo, pão

sol – referente á solução

solen – Gr. solén = canal

soma – Gr. soma = corpo

spad – Gr. spadón = fenda

spiro – Gr. speira = enrolamento, espiral

steato – Gr. stéatos = gordura]steno – Gr. sthénos = força

stilo – Gr. stylon = estilete, coluna

stoma – Gr. stoma =boca

strepto – Gr. streptós = entrançado

súber – Lat. súber = cortiça

succin – Lat. succinum = âmbar

suctor – Lat. sugare = sugar

sudor – Lat. sudor = suor

sulf – Lat. sulfur = enxofre

tálamo – Gr. thálamos = leito nupcial

talass – Gr. thálassa = mar

tanat – Gr. thánatos = morte

taqui – Gr. tachys = rápido

taxi – Gr. táxis = ordem, arranjo

teca – Gr. théke = estojo

tel, tele – Gr. téle = longe

tel, teli – Gr. thelé = mamilo

telo – Gr. telós = fim

teni, tênia – Gr. tainia = fita

terap – Gr. therapeia = tratamento

terat – Gr. terás = monstro

terio – Gr. téreo = guardar

terio – Gr. térion = lugar, onde

terio – Gr. thérion = animal

termi, termo – Gr. thérme = calor

testic – Lat. testiculum = testículo

tétano – Gr. tétanos = tétano

tetra – Gr. tetra = quatro

tidal, tide – Ingl. tide = maré

tigma, tigmo – Gr. thigma = toque, contato

tilaco – Gr. thylakos = saco

tinam – Tupi-guarani = um tipo de ave, macuco

tio – Gr. theion = enxofre

tireo – Gr. Thyreós = escudo

tisan – Gr. thysanos = franja

toco – Gr. tókos = parto

tomo – Gr. Tomé = ação de cortar

tono, tônus – Lat. tônus = vigor

topi, topo – Gr. topos = lugar

tracom – Gr. tráchoma = aspereza

trans – Lat. trans = através

traque – Gr. trachys = rude, áspero, descrevendo o tubo respiratório

trauma – Lat. trauma = choque, ferida

trema – Gr. trema = abertura

tri – Gr. trias = três

tricô, trica, triquia – Gr. thrix = cabelo

tripano – V. trypanon

trips – Gr. tripsi = esmagamento

tripsi – Gr. thripsis = ação de amolecer

trofi, trofo – Gr. trophé = nutrição

trombi, trombo – Gr. thrombos = coágulo

tropo, tropi – Gr. tropos = mudança, desvio

trypanon – Gr. trypanon = verruma, furador

tuber – Lat. Tuber = tumor, excrescência

turb, turbe – Lat. turbo = turbilhão

turge, turgo – Lat. turgidus = inchado

ubiqui – Lat. ubique = em todos os lugares

ula, ulo – Lat. = diminutivo

ula, ulo – Gr. oúlos = crespo

unc – Lat. uncus = gancho

ura, uro – Gr. oura = cauda

urese – Gr. oúresis = micção, ato de urinar

uro – Gr. oúron = urina

vacina – Lat. vacca = vaca

vacúolo – Lat. vacuus = vazio + ulo = diminutivo

valv – Lat. valva = tampa

venéreo – Lat. venereus = referente a Vênus

vesic – Lat. vesica = vesícula, bexiga

vilo – Lat. villus = pêlo

vírus, virose – Gr. vírus = veneno

viscer – Lat. víscera = órgãos internos

vita – Lat. vita = vida

vitelo – Lat. vitellum = gema de ovo

xanto, xanti – Gr. xanthós = amarelo

xeno – Gr. xénos = estranho, estrangeiro (referente a hospedeiro)

xero – Gr. xeros = seco

xifo – Gr. xiphos = espada

xilo – Gr. xylón = madeira

zigo – Gr. zygós = união

zima – Gr. zyme = fermento, lêvedo

zoo – Dr. Zóo = animal

zwitter – Alemão, zwitter = hibrido, mestiço

Referências Bibliográficas

Academia Brasileira de Letras – "Vocabulário Ortográfico da Língua Portuguesa". Ed. Imprinta, 2004.

Alberts, B. et al. – "Biologia Molecular da Célula". Ed. Artmed, Porto Alegre, 2004.

Allaby, M. – "Concise Dictionary of Zoology". Oxford Univ. Press, 1991.

Amaral, P.P.R. e Nakaya, H.I. – "DNA não-codificador". Ciência Hoje, julho de 2006, p. 36.

Alterthum, F. et al. – "Microbiologia", Ed. Atheneu, 2008.

Art, H.W. – "Dicionário de Ecologia e Ciências Ambientais". Ed. Melhoramentos, São Paulo 1998.

Artaxo, O. – "A Amazônia e as Mudanças Globais". Ciência Hoje, março de 2006, p. 20. Ast, G – "Genoma Alternativo". Sci. Am. Brasil, maio de 2005, p. 51.

Belizário, J.C – "Citocinas: Os Guias da Defesa do Organismo". Ciência Hoje, maio de 2006, p.36.

Brusca, R.C. e Brusca, G.J – "Invertebrates". Sinaver Associato Inc. 1990.

Cano, M.I.G. – "A Vida nas Pontas dos Cromossomas (Telômeros)". Ciência Hoje, agosto de 2006, p.16.

Carey, J.C. et al. – "Genética Médica". Ed. Guanabara Koogan, Rio de Janeiro, 2000.

Carrera, M. – "Insetos de Interesse Médico e Veterinário". CNPQ. Editora, Curitiba, 1991.

Carvalho, H.F e Becco-Pimentel, S. – "A Célula 2001". Ed. Manole, Barueri, São Paulo, 2001.

Champbell, N. – "Biology" Ed. Pearson, 2008.

Champe, P.C et al. – "Bioquímica Ilustrada". Ed. Artmed, Porto Alegre, 2006.

Clausen, H. – "A e B em O" (Conversão de um tipo de sangue em outro). Ciência Hoje, maio 2007 p. 14.

Clugston, M.J. – "Dictionary of Science". Penguin Books, Londres, 1998.

Codeço, C.T e Coelho, F.C. – "Pandemia: Risco para a Humanidade?". Ciência Hoje, março de 2006, p. 27.

Cohen, J.E. – "A Maturidade da População". Sci. Am. Brasil, outubro de 2005, p. 40.

Cookson, C. – "Mãe de todas as células". (Células-tronco) Scientific American, ago 2005 p 64.

Costa, Felipe A.P.L. – "Mais um ramo em nossa árvore evolutiva" (incluindo Australopithecus sediba). Ciência Hoje out. 2010 p. 70

Doney, S.C. – "Perigos da Acidificação". Sci. Am. Brasil, abril de 2006, p. 58.

Dumm, C.J. – "Embriologia Humana". Guanabara Koogan, 2006.

Eynard, R. et al. – "Histologia e Embriologia Humana". Artmed 2010-12-20.

Farias, S.L. – "Do DNA à proteína". Ciência Hoje, mai 2007 p.76.

Fearnside, P. – "A vazante na Amazônia e o Aquecimento Global". Ciência Hoje, outubro 2006, p. 76.

Fernandes, V. – "Zoologia". Ed. Pedagógica e Universitária Ltda., São Paulo, 1981.

Ferraz, M. – "Células-tronco, cura para muitos males". Ciência Hoje, jun 2007 p. 38.

Frota-Pessoa, O. – "Os Caminhos da Vida", 3 volumes. Ed. Scipione, São Paulo, 2001.

Gonçalves, V.F et al. – "O annus mirabilis da Biologia Molecular". Ciência Hoje, ago 2010 p. 73.

Gosling, J.A. et al. – "Anatomia Humana". Ed. Manole Ltda 1992.

Hall, J.E. et al. – "Tratado de Fisiologia Médica". Guanabara Koogan, 2002.

Hochedlinger, K. – "As células que curam" (células-tronco) Sci Am, maio 2010 p. 25.

Houaiss, A. – "Dicionário Houaiss da Língua Portuguesa". Ed. Objetiva, Rio de Janeiro, 2009.

Junqueira, L. e Carneiro, J. – "Biologia Celular e Molecular". Ed. Guanabara Koogan, 2005.

Junqueira, L. e Carneiro, J. – "Histologia Básica". Ed. Guanabara Koogan, 2004.

Leakey, M. e Walker, A. – "Os Primeiros Hominídeos da África". Sci. Am. Brasil. Edição especial: Evolução Humana. 2006, p. 16.

Lewinsohn, R. – "Carlos Chagas, precocidade e ressentimento" Sci Am Nov 2003 p. 18.

Lima e Silva, P. et al. – "Dicionário Básico de Ciências Ambientais". Thex Editora, Rio de Janeiro, 1999.

Lincoln, R. et al – "Dictionary of Ecology, Evolution and Systematics". Cambridge Univ. Press, 1998.

Linhares, S. e Gewandsnajder, F. – "Biologia Hoje". 3 volumes. Ática, 2003.

Lopes, S. – "Bio". Editora Saraiva, 3 volumes, 2008.

Malm, O. – "Nova Ameaça do Clima". Ciência Hoje, novembro de 2005, . 21.

Manuila, A. et al. – "Dicionário Médico". Guanabara Koogan, 2003.

Marzzoco A. e Torres, B. – "Bioquímica Básica". Ed. Guanabara Koogan. Rio de Janeiro, 1999.

Mattick, J.S. – "Páginas Ocultas do Livro da Vida". Sci. Am. Brasil, novembro de 2004, p. 54.

Melo, I.S e Azevedo, J.L. – "Controle Biológico" vol. I. Ed. Embrapa, Jaguariúna. São Paulo, 1998.

Mims, C. et al. – "Microbiologia Médica". Ed. Manole. São Paulo, 1999.

Musser, G. – "O Clímax da Humanidade". Sci. Am. Brasil, outubro de 2005, p. 36.

Neves, D. – "Parasitologia Humana". Ed. Atheneu, 2009.

Nobre, C. A. – "O Aquecimento Global e o Papel do Brasil". Ciência Hoje, dezembro de 2004, p. 38.

Nultsch, W. – "Botânica Geral". Ed. Artmed. Porto Alegre, 2000.

O'Brien, S.J.O. et al. – "A evolução dos gatos" (felines em geral) Sci Am ago 2007 p. 56.

Oliveira, L.H.S. – "Virologia Humana". Ed. Cultura Médica, Rio de Janeiro, 1994.

Parentoni, R. – "Bicos sob Medida". Resumo de pesquisa atual sobre evolução em Galápagos. Ciência Hoje, setembro de 2006, p. 18.

Parra, J.R.P. – "Controlando Pragas com Inimigos Naturais". Ciência Hoje, novembro de 2004, p. 18.

Pasternak, J. – "Uma introdução à Genética Molecular Humana". Guanabara Koogan, 2007.

Pimm, S. e Jenkins, C. – "Conservação da Biodiversidade". Sci. Am. Brasil, outubro de 2005, p. 58.

Pough, F.H. et al. – "A vida dos Vertebrados" Atheneu Editora, 1993.

Purves, W.K. et al. – "Vida, a Ciência da Biologia". 3 volumes. Ed. Artmed. Porto Alegre, 2002.

Queiroz, F.A. – "A morte da geração espontânea" Sci Am, Ed Especial: O homem em busca das origens. 2007 p. 27.

Raven, P.H. et al. – "Biologia Vegetal". Ed. Guanabara Koogan, 2007.

Rumjanek, F.. – "Afinal, quem somos?" (células do corpo humano e células hóspedes). Ciência Hoje, ago 2010 p. 42.

Rumjanek, F. "O fim do macho? (XY)". Ciência Hoje, mar 2008 p. 21.

Shors, T. J. – "Estimulado, cérebro produz e reserva novas células nervosas". Sci Am, Ed. Especial 2009 p. 62.

Schultz, A. et al. – "Introdução à Botânica Sistemática". Vol. 2. Ed. da Univ. Federal do Rio Grande do Sul, Porto Alegre,

1990.

Silva, Hilton O. e Cunha, F. – "Homem das Flores, Novo Desafio Para a Evolução Humana". Ciência Hoje, janeiro--fevereiro de 2005, p. 10.

Silva, M.V. de Freitas – "Pequenos RNAs, Um Mundo Novo e Revolucionário". Ciência Hoje, julho de 2004, p. 30.

Soares, J.L. – "Dicionário Etimológico e Circunstanciado de Biologia". Ed. Scipione, São Paulo, 1993.

Steams, S.G. – "Sexo é realmente necessário?" Sci. Am, ago 2010 p. 48.

Steindel, M. Dias, J.C. e Romanha, A.J. – "Doença de Chagas: Mal que Ainda Preocupa". Ciência Hoje, julho de 2005, p. 32.

Tattersall, I. – "Partindo da África de novo?" (Espécies humanas emigraram da África). Sci. Am, Ed. Especial: Novo olhar sobre a evolução humana. 2006 p. 40.

Tattersall, I. – "Não Estávamos Sozinhos". Sci. Am. Brasil. Edição especial: Evolução Humana. 2006, p. 22.

Thorne, A.G. – "A evolução multirregional dos humanos". Sci. Am, Ed. Especial: Novo olhar sobre a Evolução humana 2006 p. 48.

Usinger, R.L., Storer, T.I. e Stebbins, R. – "Zoologia Geral" Ed. Nacional, São Paulo, 2002.

Wayt Gibbs, W. – "Além do DNA". Sci. Am. Brasil. Edição especial: Genoma, em 2006, p. 4.

Wong, K. – "Em Busca do Primeiro Homem". Sci. Am. Brasil. Edição especial: Evolução Humana. 2006, p. 6.

Wong, K. – "Quem eram os Neandertais?" Sci. Am, Ed. Especial: Novo olhar sobre a evolução Humana. 2006 p. 30.

Impressão e acabamento
Gráfica da Editora Ciência Moderna Ltda.
Tel: (21) 2201-6662